연체동물 이매패류의 생리생태

정의영, 김진희, 류동기, 박갑만, 박관하, 박성우, 소재귀,
신윤경, 이정식, 이정열, 이창훈, 최진우, 허영백 공저

(주)바이오사이언스출판

연체동물 이매패류의 생리생태

인쇄일 | 2008년 08월 16일

발행일 | 2008월 08월 30일

저 자 | 정의영, 김진희, 류동기, 박갑만, 박관하, 박성우, 소재귀, 신윤경, 이정식, 이정열, 이창훈, 최진우, 허영백

발행처 | (주)바이오사이언스출판

발행인 | 문정구

등록번호 | 제22－3079호

주 소 | 137－060 서울시 서초구 방배동 479-4 호산B/D 201호

전 화 | TEL: (02)581－4057~8 FAX: (02)581－4059

Homepage | http://www.biobooks.co.kr

E－Mail | bioscience06@hanmail.net

ISBN | 978-89-92709-12-5 93520

값 12,000원

머 리 말

저서생물군에 속하는 연체동물 이매패류는 식량자원으로 이용되고 있어 우리 인간생활과 밀접한 관련을 가지는 동물이다. 이와 같이 이들은 먹이사슬과 관련이 있을 뿐만 아니라 여과섭식자 또는 퇴적물섭식자로 청소부의 역할을 하며 특히, 어떤 종은 생물지표종으로서 생태학적으로 중요한 역할을 하는 것도 있다. 그리고 이매패류 중 어떤 종들은 지리적 특성을 연구하는데 필요한 대상이 되기도 하며, 때로는 과거의 수계형성과정을 추정하는데 중요한 역할을 하기도 한다. 이와 같이 연체동물 이매패류는 매우 특징적 역할을 하고 있음에도 불고하고 이들에 대한 깊은 연구가 아직도 잘 이루어지지 않고 있어, 그 동안 한국산 연체동물 이매패류를 대상으로 연구 보고된 논문들은 비교적 적은 편이다. 또한 이 분야의 참고가 될 수 있는 우리말로 기록된 전문도서도 구하기 어려워 연구하는데 어려움이 많았다. 이 점을 감안하여 이번에 한국산 이매패류를 연구하고 있는 연체동물 연구자들이 한국산 이매패류를 연구, 보고하여 학술지에 수록된 논문들을 분야별로 구분하여 책을 출간하였다.

이 책은 연체동물학 이매패류를 공부하는 대학 및 대학원 학생들을 위해 쓰여진 연체동물학 입문도서인 동시에 이 분야 전공 연구자들을 위한 전문도서이다. 특히, 연구보고서나 논문을 작성하려는 연체동물학 연구자들을 위해서 전 세계적으로 이미 정립된 연체동물의 전문용어들과 실험방법 및 고찰을 위한 관련 참고문헌을 다양하게 제시하였으며, 연구에서 야기될 수 있는 다양한 문제점들을 해결하기위한 내용들도 일부 다루었다.

본 저서는 총 9장으로 구성되어 있으며, 책의 내용에는 연체동물의 분류와 형태 등 일반적인 연체동물이 소개되어 있다. 그리고 담수산 이매패류에서는 발생 및 생리, 생태학적 특징 등을 다루었고, 해산 이매패류에서는 난발생형, 배우자형성과정, 생식소의 성숙과 산란 및 인위적 제어, 유생의 생리생태 및 변태, 대사생리 및 여과섭식, 혈구의 기능 및 혈액 성상, 신경계물질, 호르몬 및 생리기능 조절물질, 연령과 성장, 자원보존을 위한 모패보호지역 탐색 등을 다루었다.

13명의 저자들이 의욕을 가지고 연체동물 이매패류의 생리생태를 저술하고자 나름대로 열심히 정리하여 보았으나 의욕에 비해 부족한 부분이 볼수록 눈에 띈다, 집필자에 따라 문장의 구사능력이나 논리의 전개에 있어서 통일성이 결여되고 또한 내용에 질적 차이가 있어 이를 보완하고 통일성을 기하려고 노력하였지만 만족한 수준에 이르지 못하였다. 앞으로 독자 여러분들의 기탄없는 편달과 조언을 받아들여 잘못된 점을 계속 수정하고 보완한다는 전제 아래 출간하였음을 밝혀 둔다. 끝으로 여러 가지 문제점이 많은 상태에서 시작하여 본 저서가 출간되기까지 시종일관 힘써주신 군산대학교 수산생명의학과 박성우 교수님께 감사드리며, 본 저서 출판은 군산대학교 수산과학연구소의 지원을 받아 이루어졌기에 감사드린다. 어려운 여건 속에서도 기꺼이 본 저서를 출간하는데 도움을 주신 바이오사이언스 문정구 부장님의 의지에 심심한 사의를 표하는 바입니다.

2008년 8월

대표저자 정의영 씀

저자 약력

■ 정의영(鄭義泳)

- 고려대학교 생물학과 졸
- 수산학박사(부경대학교)
- 군산대학교 해양과학대학 해양생명과학부 교수(전), 명예교수(현)
- 다이브코리아 부설 한국해양환경생태연구소 소장(현)
- 한국패류학회 회장(전), 이사(현) 및한국발생생물학회 회장(전), 이사(현)
- 세계 3대 인명사전에 등재: IBC (캠브리쥐, 영국) 2008년에 발행된 2000명의 뛰어난 과학자 인명록에 등재, ABI, Inc. (미국) 2008년에 발행된 21세기의 위대한 정신 인명록에 등재, Marquis Who's Who(미국) 2008에 발행된 과학기술부문 인명록에 등재

e-mail: eychung@kunsan.ac.kr

■ 김진희(金進熙)

- 부산수산대학 자원생물학과 졸
- 이학박사(부경대학교)
- 부경대학교 겸임 조교수 및 군산대학교 강사 역임
- 한국해양연수원 연안수산양식과정 외국인연수 교육 강사 역임
- 부경대학교 해양과학공동연구소 연구원
- (주)한국해양수산기술연구소 소장

e-mail: jiny90000@hanmail.net

■ 류동기(柳東基)

- 부경대학교 자원생물학과 졸
- 이학박사(제주대학교)
- 군산대학교 해양생명과학부 교수(현)

e-mail: dongki@kunsan.ac.kr

■ 박갑만(朴甲萬)

- 강원대학교 생물학과 졸
- 이학박사(강원대학교)
- 연세대학교 의과대학 연구강사
- 관동대학교 의과대학 기생충학교실 교수(현)

e-mail: gmpark@kd.ac.kr

■ 박관하(朴寬夏)

- 충북대학교 약학과 졸
- KAIST 생명과학과 이학석사
- University of Iowa 의대 약리학과 Ph.D
- KIST, 한국화학연구원 연구원
- Cornell University 의대 약리학과 Post. Doc.
- CJ 종합연구소 선임 및 수석연구원
- 군산대학교 해양과학대학 수산생명의학과 교수(현재)

■ 박성우(朴性佑)

- 부경대학교 양식학과 졸
- 농학박사(일본 동경대학교)
- 국립수산과학원 수산연구사 및 수산연구관
- 군산대학교 해양과학대학 수산생명의학과 교수(현)

e-mail: psw@kunsan.ac.kr

■ 소재귀(蘇在貴)

- 서울대학교 해양학과 졸
- 이학박사 (서울대학교)
- 한국해양연구원 책임연구원 (현)

email: jkso@kordi.re.kr

■ 신윤경(辛胤庚)

- 부경대학교 자원생물학과 졸
- 이학박사(부경대학교)
- 국립수산과학원 해양수산연구사 (현)

e-mail: ykshin@nfrdi.re.kr

▣ 이정식(李正植)
· 강릉대학교 생물학과 졸
· 이학박사 (부경대학교 해양생물학과)
· 연세대학교 생명과학과 Post-Doc.
· 전남대학교 수산해양대학
수산생명의학과 교수 (현)
e-mail: ljs@chonnam.ac.kr

▣ 이정열(李廷烈)
· 부경대학교 양식학과 졸
· 수산학박사(부경대학교)
· 군산대학교 해양생명과학부 교수(현)
e-mail: yjeong@kunsan.ac.kr

▣ 이창훈(李昌勳)
· 서울대학교 해양학과 졸
· 이학박사 (서울대학교)
· 한국해양연구원 남해연구소 Post-Doc.
· 주식회사 네오엔비즈 책임연구원
e-mail: chlee@neoenbiz.com

▣ 최진우(崔震雨)
· 서울대학교 해양학과 졸
· 이학박사 (서울대학교)
· 한국해양연구원 책임연구원 (현)
email: jwchoi@kordi.re.kr

▣ 허영백(許永伯)
· 부경대학교 양식학과 졸
· 수산학박사(부경대학교 수산생물학과)
· 국립수산과학원 수산연구사
· 국립수산과학원 양식환경연구센터(현)
e-mail: ybhur@nfrdi.re.kr

차 례

제 1 장
담수산 이매패류의 생리생태

1. 이매패강(Bivalvia)의 특징

1) 연체동물의 개요

연체동물은 지구상에 절지동물 다음으로 많은 종을 포함하고 있다. 특히 연체동물은 식용으로 우리 인간의 식생활과도 밀접한 관계를 가지며, 서식처도 또한 다양하다. 크기는 현미경적인 크기부터 두족류의 일종인 *Architeuths*의 경우 그 길이가 18 m에 달하며 무게도 450 kg으로 대형까지 다양하다. 우리나라의 경우 오징어, 문어와 같은 두족류, 바지락, 홍합, 대합, 굴, 전복, 키조개, 피조개, 가리비, 재첩 등의 부족류와 소라, 고둥, 삿갓조개, 개오지 등의 복족류는 식용으로 널리 이용되고 있다. 그러나 일부 종은 피해를 주는데, 예를 들면, 부족류의 일종인 ship-worm의 경우는 배에 구멍을 내기도 하며, 구슬우렁이 무리는 치설(radula)로 굴에 구멍을 뚫어 잡아먹기 때문에 굴양식업자들에게는 큰 피해를 주기도 한다. 연체동물의 패각은 외투막에서 분비한 단백질에 의해 성장한다. 이매패류의 패각은 3층으로 구성되어 있는데, 가장 바깥층은 단백질의 일종인 콘키올린(conchioline)이 주성분인 각피층(periostracum)이며, 담수산은 매우 두껍지만 해산패류는 얇다. 이유는 담수 환경은 물속에 유기물이 부패 할 때 나오는 산(acid)에 대한 보호 기능으로 알려져 있다. 중간층은 능주층(prismatic layer)으로 가장 두꺼운데 이 층은 외투막에서 분비된 칼슘성분과 단백질의 기질성분이 합해져 만들어진다. 제일 안쪽은 진주층(nacreous layer)으로 광택을 띤다.

2) 연체동물의 분류

연체동물문(Phylum Mollusca)은 크게 8강(class)으로 나눈다.

(1) 미공강(Caudofoveata)

벌레 모양이며 머리와 배설계는 없고 치설을 가지고 있으며 자웅동체이다. 모두 해산종이며 바닥을 뚫고 들어가서 수직으로 서서 생활한다. 종수는 약 70여종이 알려져 있다. 우리나라에서 현재까지 보고된 종이 없다.

(2) 관복강(Solenogastres)

벌레모양을 하며, 머리는 없고 복부쪽에 긴 홈을 가지고 있다. 자웅동체이며 자유생활을 한다. 180여종이 알려져 있으나 우리나라에서는 아직까지 보고된 적이 없다.

(3) 단판강(Monoplacophora)

삿갓모양의 패각을 가지며 외투막에 5-6쌍의 아가미와 치설이 있고 자웅동체이다. 고생대 화석으로 알려져 왔으나 1952년 남미의 코스타리카 서부 바다 밑에서 채집되었다. 10여종이 밝혀져 있다. 우리나라에서는 알려져 있지 않다.

(4) 다판강(Polyplacophora)

등쪽에 8개의 판(plate)을 가지는 군부류(chiton)가 속한다. 몸은 길고 납작하며 아가미는 여러 개이며 자웅동체이다. 발생 시 담륜자(trochophora) 시기는 있으나 피면자(velizer) 시기는 없다. 우리나라에서는 7종이 알려져 있고 바위에 붙어산다. 군부는 멀리 이동하지 않고 일정 범위내에서 이동하면서 사는 "stay at home" 종이다.

(5) 굴족강(Scaphopoda)

몸은 길고 양쪽 끝에 구멍이 나 있는 하나의 패각을 가지고 있다. 뿔조개류가 속하는데, 발로 땅을 파고 들어간다고 해서 굴족이라 부른다. 치설과 촉수를 가지며, 머리는 없고 외투막에서 호흡을 하며 자웅동체이며 담륜자 시기를 갖는다. 모두 해산종이며 tusk shell 또는 tooth shell이라 부른다. 진흙이나 모래가 많은 조간대에서 6,000m 바다 밑까지 서식한다. 아가미가 없고 외투막에서 가스교환을 한다.

(6) 복족강(Gastropoda)

나선형으로 몸은 비대칭이다. 치설을 가지며 머리가 잘 발달해 있다. 발은 크고 납작하며 1-2개의 아가미를 갖는다. 신경절이 잘 발달하였으며 자웅동체 또는 자웅이체이며 담륜자 또는 피면자 시기를 갖는 종이 있다. 연체동물 중에서 가장 많은 종수를 가지며, 바다에서 육상까지 그 서식 범위가 가장 넓다. 현재 살아있는 종이 35,000여종, 화석종으로 15,000여종이 알려져 있다. 연체동물 중 복족류만 뒤틀림현상(torsion)이 일어나서 꼬이게 된다. 이 현상은 발생초기에 일어난다. 복족강은 다시 전새아강(Prosobranchia), 후새아강 (Opistobrancia), 유폐아강(Pulmonata) 등 세 강으로 나눈다. 전새아강은 전복이나 삿갓조개 등이 포함되며 한쌍의 촉각을 가지며 자웅이체이며 대부분이 해산종이며 담수나 육상에 서식하는 종도 일부 있다.

전새아강은 다시 3개의 목으로 나눈다.

① 원시복족목(Achaeogastropoda): 모두 해산이며 아가미, 심장, 신관이 각각 2개씩이다. 배말, 배무래기, 전복, 구멍삿갓조개, 오분자기 등이 속한다.

② 중복족목(Mesogastropoda): 오른쪽 기관은 소실되고 왼쪽 것만 남아 아가미, 심장, 신관이 모두 한 개이다. 담수산은 논우렁이류와 다슬기류가 속한다. 육산패류중에는 산우렁이류와 깨알달팽이류가 속한다.

③ 신복족목(Neogastropoda): 한 개의 아가미와 수관(siphon)을 가지는 것이 특징이다. 일반적으로 육식성이고 뚜껑을 가지며 뿔소라와 무륵류가 속한다.

후새아강: 아가미가 뒤에 있는 무리로 군소류가 여기에 속한다.

이 아강에 속하는 종들은 발생초기에 뒤틀림 현상이 일어났다가 다시 한번 뒤틀림현상이 일어나 외투강이나 항문이 뒤쪽으로 되돌아가 있다. 2쌍의 촉각을 가지며 패각은 퇴화했거나 전혀 없는 경우도 있다. 모두 자웅동체종이며 대부분 해산종으로 바위 아래나 해초에 붙어살며 바다에 떠서 사는 종도 있는데 갯민숭달팽이(sea slug), 군소(sea hare), 물민챙이(bubble shell) 등이 속한다. 후새아강은 다시 순새류(Tectibranch)와 나새류(Nudibranch)로 나누는데, 순새류는 아가미와 패각이 일반적으로 있지만 나새류는 패각이 없고 아가미는 2차 아가미로 등의 양쪽을 따라 있거나 항문 둘레에 있기도 한다.

유폐아강: 주로 육산패류와 담수패류가 속하며, 발생 초기에 뒤틀림이 일어나며 원래의 아가미는 없어지고 외투막 벽에 혈관분포가 많아져서 여기서 가스교환이 일어난다. 물속에 사는 유폐류중에는 2차 아가미가 생성된 경우도 있다. 유폐아강은 다시 3개의 목으로 나눈다.

① 기안목(Basommatophora): 한쌍의 촉각을 가지며 촉각 아래 눈이 붙어 있다. 대부분 담수산이며 기수지역에도 산다. 물달팽이 무리가 여기에 속한다.

② 수병안목(Systellommatophora): 2쌍의 촉수를 가지며 큰 촉각 끝에 눈이 나 있다. 자극을 받으면 촉각 자체가 수축하며 눈과 함께 외투강 안으로 들어간다. 우리나라에서는 아직까지 보고된 종이 없다.

③ 병안목(Stylommatophora): 2쌍의 촉각을 가지며 촉각의 끝에 눈이 붙어 있다. 대부분 육산종이며 패각이 없는 종도 있다. 자극을 받으면 눈이 촉각의 안으로 말려

수축하는(retraction) 점이 수병안목과 다르다.

(7) 부족강(Pelecypoda)=이매패강(Bivalvia)

두 장의 패각을 가지며 등쪽의 인대(hindge ligament)로 서로 붙어 있다. 머리는 퇴화되었고 입에는 순판(labial palp)이 있고 치설은 없다. 머리 부분에는 눈이 없지만 외투막 가장자리에 눈을 가진 종이 있다(예, 전복. 가리비 등). 발은 도끼모양(wedge shaped)을 하고 아가미는 판상이다. 자웅동체종이 일반적이며 전형적인 담륜자나 피면자 시기를 가진다. 아가미는 먹이섭취뿐만 아니라 가스교환이 일어나는 곳이기도 하다. 석패과 패류의 경우 아가미에서는 수정란이 초기 발생단계를 거쳐 glochidium이라는 유생단계까지 발생이 일어나는 곳으로 보육낭(brood pouch)의 기능을 한다. 대부분의 부족류의 아가미는 하나의 아가미가 두층으로 분화되어 있다.

이와 같은 아가미의 형태를 판새(lamellabranchia)라고 하는데, 외반새와 내반새가 있다. 아가미 벽에는 수많은 수관들이 모여 가로로 출수공과 연결된 큰 관이 생기는데, 이것을 상새방(suprabranchial chamber)라 부른다. 물의 이동은 입수공을 통해 들어와서 외투강, 수공, 수관, 상새방을 거쳐 출수공으로 빠져 나간다. 부족강은 다시 4개의 목으로 나눈다.

① 원새목(Prosobranchia): 아가미 구조가 간단하며 둘로 분리되지만 매우 짧다. 주로 해산종이며 화석종이 대부분이다.

② 사새목(Filibranchia):
아가미가 길고 가늘며 둘로 나누어 져서 끝이 오른쪽으로 구부러져 있다. 대부분 해산종으로 꼬막조개, 홍합, 가리비나 굴이 여기에 속한다.

③ 진판새목(Eullamellabranchia): 두개의 반새로 나누어져 있으며 여과성 섭식방법(filter feeder)을 하는 가장 분화된 아가미를 가지고 있다. 해산종은 백합과가, 담수종은 석패과와 재첩과가 이에 속한다.

④ 격새목(Septibranchia): 퇴화된 아가미 형태로 구멍난 한쌍의 근육성 격막상이며 이 격막은 입수방(inhalant chamber)과 상새방 사이에 위치한다.

(8) 두족강(Cephalopoda)

패각은 없거나 일부 남아 있는 종도 있다. 문어류는 패각이 퇴화되어 없고, 갑오징어는 몸안에 패각을 가지고 있다. 두부는 잘 발달하였으며 눈과 치설을 갖는다. 신경계가 발달된 뇌를 자진다. 자웅이체이다. 모두 해산종이며 육식성이다. 발 부분이 변형되어 팔과 촉수로 되고, 일부는 깔때기(funnel)로 변형되어 물을 내뿜어 이동하게 된다. 두족강은 다시 사새아강(Tetrabranchia)과 이새아강(Dibranchia)으로 나누어진다.

① 사새아강: 두쌍의 아가미를 갖는데, 다시 2개의 목으로 분류된다. 앵무조개목(Nautiloidea)은 캄브리아기 때부터 번성하였고, 현존하는 것은 앵무조개 속(*Nautilus*)의 1속(genus)만 남아 있다. 발은 10개 이상이고 빨판은 없으며 패각속에 격막(septum)이 있는 것이 특징이다.

② 이새아강: 한쌍의 아가미를 가지며 십완목(Decapoda)과 팔완목(Octopoda)이 있다. 십완목은 8개의 짧은 팔과 2개의 긴 촉수를 가지며 옆지느러미가 있다. 촉수는 끝에만 빨판을 갖는다. 꼴뚜기나 오징어류가 여기에 속한다. 팔완목은 8개의 팔을 가지며 지느러미가 없다. 문어나 낙지가 여기에 속한다.

3) 이매패류의 형태와 기능

(1) 패각(shell)

패각은 옆으로 납작하며, 두 개의 패각은 등쪽의 인대에 의해 붙어있고 패각을 열게 하는 일을 한다(그림 1-1). 패각의 안쪽에 붙어있는 폐각근(adductor muscle)은 닫는 작용을 한다. 인대와 폐각근은 서로 반대의 힘이 작용하게 된다. 두꺼운 패각을 갖는 가장 큰 목적은 천적으로부터 몸을 보호하기 위함이다(그림 1-2). 각정쪽에 최초로 생긴 부위를 태각(umbo)라고 하는데, 태각을 중심으로 동심원상으로 성장선(growth line)이 나타나고 부분부분 성장맥이 촘촘하게 나타나는가 하면 듬성하게 나타나기도 한다. 촘촘한 부분의 성장선은 겨울동안에 만들어진 것이며 듬성한 부위는 주로 여름에 만들어진 것으로 이를 통해 패류의 나이를 추정하기도 한다. 일종의 나무의 나이테(annual line)와 같은 현상이다. 이와같은 경우는 패각의 안쪽에 폐각근이 붙었던 자리인 폐각근흔(adductor muscle scar)에서도 나타나 일부 종에서 관찰이 가능하다. 패각의 제일 안쪽에는 광택을 내는 진주층이 있는데 진주층을 포함한 패각 단백질의 분비는 외투막(mantle)의 끝부분에서 활발히 분비된다. 그런데 가끔 작은 모래나 기생충 등이 외투막과 진주층 사이에 들어가게 되면 몸의 방어 기작의 하나로 그 물질을 외투막에서 분비하는 진주성분으로 둘러싸게 된다. 계속해서 진주층이 싸여 커다란 진주가 된다. 이와 같은 원리를 이용하여 인위적으로 외투막과 진주층 사이에 이물질(핵=nucleous)을 넣어 만든 진주가 인공진주이다(그림 1-3). 인공진주의 모패(mother of pearl)는 주로 담수 이매패류가 사용되며, 해산패의 경우는 굴을 사용한다. *Meleagrina*는 진주양식을 위해 일본에서 주로 사용되고 있다. 담수 이매패류 중 두드럭조개(*Lamprotula gottschei*)와 같은 두꺼운 패각을 잘라 일정한 크기로 둥글게 갈아 진주핵으로 사용한다. 모패로는 진주조개(*Pinctada fucata*)가 사용되고 있다. 그러나 부족류의 일종인 ship-worm은 나무를 뚫고 들어가 구멍을 내기 때문에 목선은 치명적이다.

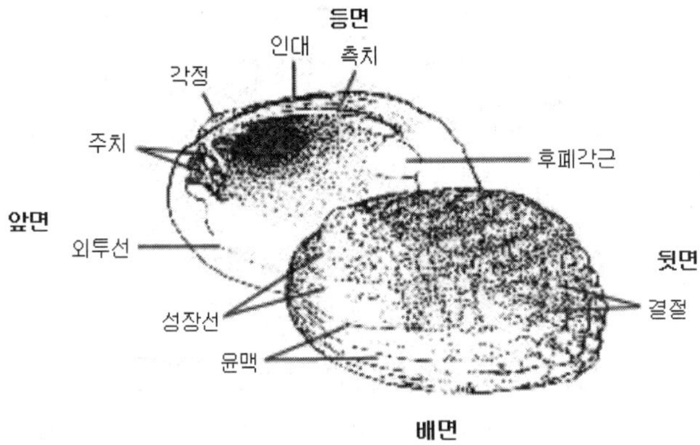

그림 1-1. 패각의 외부구조

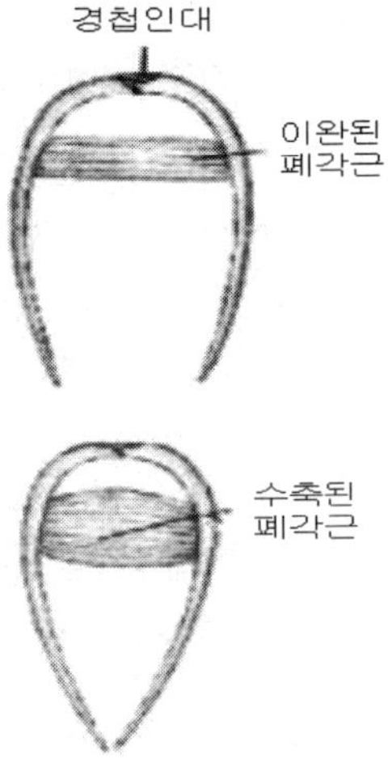

그림 1-2. 패각의 여닫이

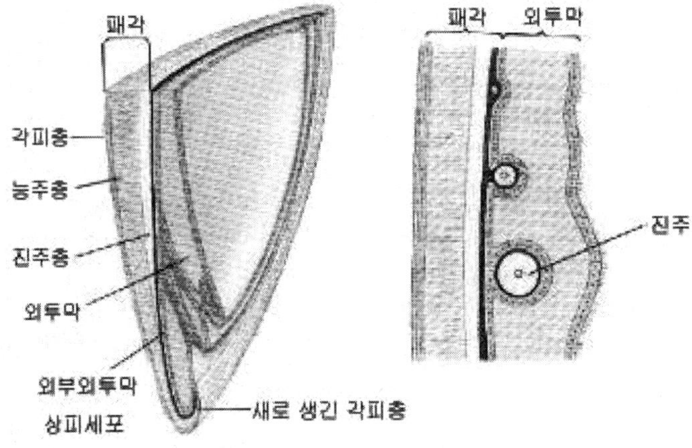

그림 1-3. 이매패류의 패각과 외투막의 구조 및 진주형성

(2) 몸체와 외투막(body and mentle)

내장(visceral mass)은 등쪽 중간부위에 있고, 근육성 발은 내장 복부쪽 앞쪽에 붙어 있다. 패각 뒤쪽의 외투막 가장자리가 변형되어 두 개의 구멍이 생기는데, 복부쪽(아랫쪽)이 입수공이고 등쪽(위쪽)에 것이 출수공이다. 수공 끝의 직경은 입수공이 넓고 출수공이 좁다. 이것은 물이 천천히 들어와서 아가미를 지나 빠르게 출수공으로 나가는 원리로 노폐물을 가능한 멀리 보낼 수 있다(그림 1-4).

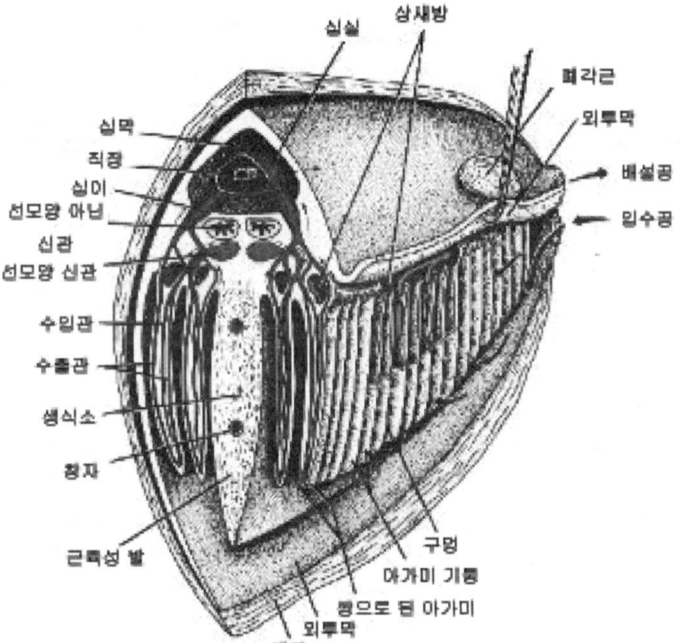

그림 1-4. 담수패류의 호흡기계와 순환기계의 구조

(3) 이동(locomotion)

이매패류는 발을 이용하여 이동하거나 바닥을 파고 안쪽으로 들어 갈 수 있다. 혈액이 발쪽으로 몰리면 부풀어 오르게 되며 진흙이나 모래 속에 고정이 가능하다. 그리고 세로 근육은 발을 짧게 하기 위해 수축하며 그리고 몸을 앞쪽으로 당기게 된다. 가리비와 개가리비과(file shell)의 종들은 제트 추진력을 얻기 위해 두 장의 패각을 세게 부딪쳐 갑자기 움직임으로서 수영을 할 수 있다. 외투막 끝은 방출된 물의 수류를 직접 일으키고 패류는 어떤 방향으로도 수영이 가능하다.

(4) 아가미(gills)

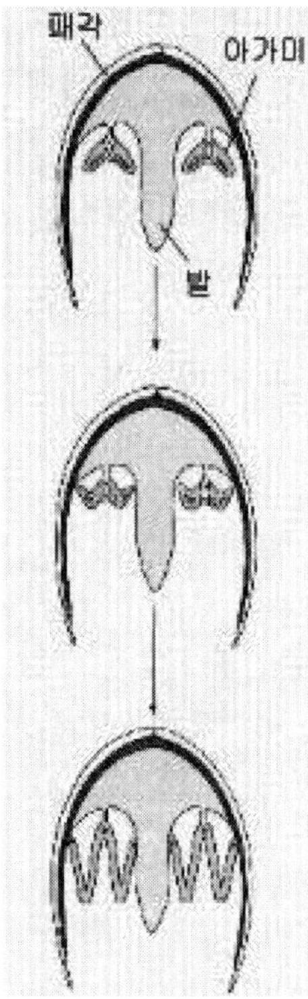

그림 1-5. 이매패류 아가미의 진화과정

가스교환은 외투막과 아가미에 의해 이루어진다. 대부분의 이매패류의 아가미는 여과성 섭식을 위해 고도로 분화되어 있다. 이들은 중심축의 양쪽에 필라멘트들이 길게 늘어진 형태의 원시아가미로부터 유래되었다. 길다란 필라멘트의 끝이 중심축의 뒤쪽으로 접힘으로서 아가미 필라멘트는 길고 가느다란 W 형태가 된다(그림 1-5).

양쪽에 붙어있는 필라멘트는 섬모결합 또는 조직 융합에 의해 결합된다. 아가미 벽에는 수많은 수관들이 모여 가로로 출수공과 연결된 큰 관이 생기는데, 이것을 위아가미방(suprabranchial chamber)이라 부른다. 물의 이동은 입수공을 통해 들어오고 섬모운동에 의해 나아가게 되며 그리고 층판(lamellae)에 있는 필라멘트 사이의 구멍을 통해 수관으로 들어간다. 다시 등쪽의 위아가미방을 통해 출수공을 통해 배출된다.

(5) 섭식(feeding)

대부분의 이매패류는 여과성 섭식(filter feeder) 방법을 이용하며 산소와 유기물은 수류를 통해 입수공으로 들어온다. 아가미에 있는 선세포(gland cells)와 순판(labial palps)에서는 다량의 점액을 분비한다. 물은 수공을 지나 수관으로 올라가며 수공으로 들어가지 못하는 큰 유기물은 순판에서 분비한 점액에 잡히게 되고 먹이가 든 점액덩어리는 아가미 아래에 있는 먹이홈(food groove)으로 섬모운동에 의해 이동하게 된다. 작은 먹이는 먹이홈을 따라 순판으로 이동한다. 일단 입을 통해 들어온 먹이는 식도로 이동하게 된다. 식도에는 먹이가 든 점액이 줄(cord)처럼 감기면서 위쪽으로 이동한다. 이 같이 감기는 것은 위 속에 있는 긴 젤라틴성분의 작은 막대기 모양의 결정모양(crystalline style)이 계속 돌아가기 때문이다(그림 1-6).

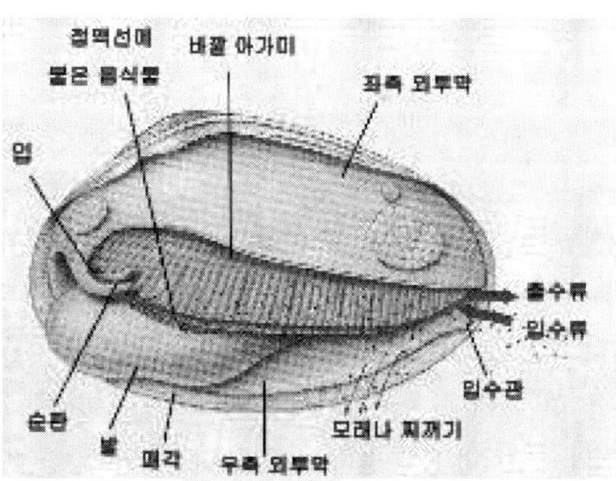

그림 1-6. 담수패류의 섭식 기작

(6) 내부 구조 및 기능(internal structure and function)

여과성섭식을 하는 이매패류의 위의 바닥은 먹이 종류를 구분하기 위해 섬모관으로 싸여 있다. 위속으로 열려있는 실린더 모양의 주머니는 결정상봉(crystalline style)이라고 불리는 막대는 젤라틴 성분을 분비한다. 이것은 위속으로 밀어주고 style sac에 있는 섬모에 의해 회전하게 된다. 봉의 회전은 효소(amylase 등)에 의해 먹이 자체의 표면을 녹이게 된다.

3개의 방을 가진 심장은 위심강내에 위치하며 2심방 1심실이며 분당 0.2 내지 30번 정도로 느리게 박동한다. 외투막에서 산소를 받은 혈액은 심방을 거쳐 심실로 이동한다. 나머지 혈액은 소정맥, 대정맥을 거쳐 콩팥을 지나 아가미로 가서 다시 새로운 산소를 받아 심방으로 간다. 혈색소는 헤모시아닌이다. 쌍으로 된 U자 모양의 콩팥은 심장의 바로 아래 뒤편에 위치하며, 신관의 끝은 위심강으로 열린다. 방광에 해당하는 위심강 부분은 상새방쪽으로 열려있어 노폐물은 출수공을 통해 몸밖으로 분비된다. 3쌍으로 구성된 신경계는 연합과 하나의 신경에 의해 연결되어 있다. 감각기관은 덜 발달되어 있다. 가리비류는 외투막 가장자리를 따라 작은 푸른 눈을 여러개 가지고 있다. 각각의 눈은 동공, 렌즈, 망막과 색소층으로 구성되어 있다. 가리비와 개가리비의 외투막 가장자리에 위치한 촉수는 촉감과 화학수용기 세포를 가지고 있다.

(7) 발생과 발달(reproduction and development)

일반적으로 자웅이체이며, 배우자는 상새방으로 분비되어 출수공을 통해 수류를 타고 몸 밖으로 산란한다. 굴 한마리는 한 계절 동안에 5천만개 정도의 알을 산란한다. 대부분의 이매패류의 수정은 체외에서 이루어진다. 수정란은 담륜자, 피면자, 유패의 시기를 거친다. 대부분의 담수산 이매패류는 체내수정을 한다. 알은 아가미의 수관으로 떨어져서 입수공으로 들어온 정자와 수정하게 된다. 아가미 속에서 피면자 시기에 해당되는 두장의 패각을 가진 글로키디움(glochidium)이라는 유생으로 발생한다(그림 1-7). 이 유생이 체외로 방출되면 물에 떠 있다가 물고기나 다른 동물에 부착되어 일정기간동

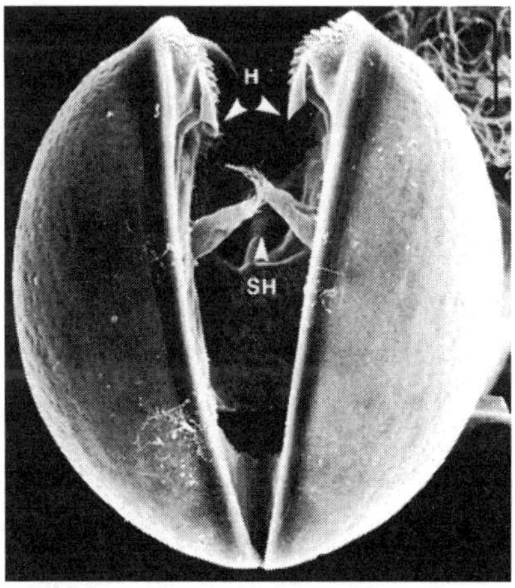

그림 1-7. 담수패류의 유생(글로키디움). 용어: H, hook(갈고리); SH, sensory hair(감각털).

안 기생생활을 거친다. 이때 어류에 부착 부위는 주로 지느러미나 아가미이다.

(8) 굴파기(boring)

많은 부족류는 진흙이나 모래속으로 파고 들 수 있다. 그러나 어떤 종들은 나무나 돌 등 매우 단단한 물체를 뚫고 들어갈 수 있는 기작으로 진화되었다. 이들은 shipworm이라고 부르며, *Teredo, Bankia*와 그 외 몇가지 속(genus)에 속하는 종들이 있다. 이들은 목선이나 부두에서는 매우 해로운 것이다. 이들 종들의 패각에는 현미경적 치설을 가지며 매우 효과적으로 나무를 갈수 있는 기능을 가지고 있다. 점점 나무속으로 깊이 파고들어 가면서 소화관속으로 미세한 나무 조각들을 끊임없이 보낸다. 이때 공생 박테리아(symbiotic bacteria)에서 만들어지는 섬유분해효소(cellulase)의 공격을 받게 된다. 흥미로운 것은 이들 박테리아는 그들의 숙주에 매우 중요한 질소를 고정할 수 있다. 일부 종들은 돌을 파고들 수 있다. *Pholas* 조개는 석회암, 이판암, 사암, 그리고 가끔은 나무나 이탄속으로 파고 들어간다. 이들은 가시가 나 있는 강한 패각을 가지고 있다. 이것은 발과 함께 몸통을 고정시키는 동안 점차적으로 바위를 뚫는데 사용된다. *Pholas* 조개는 15 cm까지 자라며 바위속 30 cm까지 파고들 수 있다.

4) 연체동물의 생식과 발생

(1) 생식법

연체동물의 생식은 정자와 난자의 수정을 통해 이루어지는 양성생식(bisexual reproduction)이 보통이다. 원시적인 체외수정(external fertilization)은 다판강과 원시 복족목이 대부분이며 굴족강의 이매패강이 속한다. 그 외에 연체동물은 체내수정(internal fertilization)을 한다. 자웅동체의 후새아강, 유폐아강, 전새아강의 일부종과 이매패강의 일부는 동일한 생식소내에서 생산하는 정자와 난자에 의해 자가수정(self-fertilization)이 가능성이 있기도 하지만 타가수정(cross-fertilization)이 보통이다. 단위생식(parthenogenesis) 자연조건하에서 가능하지만 극히 드물다.

(2) 성의 결정

생식소는 자웅이체(gonochorium, dioecism)에서도 환경조건 이외에 의해서도 정소나 난소로도 변할 수 있는 잠재능력을 항상 가지고 있다. 성염색체(이형염색체)는 전새아강의 몇 종에서 보고되었다.

(3) 성의 분화

초기의 생식세포는 정자와 난자의 어느 것으로도 분화되며 환경의 조건에 따라 다양한 분화가 가능하며, 동일한 생식소내에서도 복잡하다.

가. 자웅동체 현상(monoecious, hermaphrodite)

전새아강의 대부분은 자웅동체이지만, Calyptraeidae의 *Calyptraea, Crucibulum, Crepidula* 등은 자웅동체로서 하나의 생식소내에 정소와 난소가 있고 시간적으로 다르게 기능적이 된다. 정소가 기능적으로 우세한 때에는 개체는 수컷발달 단계에 있다고 말하며, 난소가 우세한 경우에는 암컷 발달단계에 있다고 말한다. 수컷 형질이 먼저 나타나서 그 후 암컷상이 되는 것을 웅성선숙의 자웅동체(protandric hermaphrodite), 반대의 경우를 자성선숙(protogynous)의 자웅동체라고 한다. Valvata와 Rissoella에서는 정자와 난자가 동시에 성숙하므로 동시자웅동체(simultaneous hermaphrodite)라 한다.

가) 자웅성(sexuality)

Monoecious(자웅동체)는 그리스어 monos(one)와 oecium(house)의 합성어로, 자웅동체 및 양성을 가지는 자웅이체 중 우발적인 비정상 개체의 호칭이다. 개체의 여러 가지 형질・구조・기능에 있어 총체적으로 나타나는 차이가 자웅성이다. 이매패류의 경우, 이 자웅성의 발현이 자웅이체 종으로 부터 자웅동체 종에 이르기까지 유전적 또는 환경변화에 따라 넓은 변이를 나타내고 있다. 즉, 같은 속의 종간에서도 또는 같은 종에 속하는 집단간에서도 자웅성이 변하는 개체가 있다. 완전한 자웅이체로 보여지는 종 중에서도 일부 자웅동체의 개체가 발견되고 있다. 발생도중에 자웅의 두 가지 형질이 나타나 잠재적으로 암컷이 수컷으로, 수컷이 암컷으로 성을 전환하는 능력을 가지는 것들이 많이 있다. 일반적으로 자웅동체는 자웅성 형질이 동일 개체에 비교적 많이 중복하여 나타나는 경우를 말하고, 자웅이체(dioecious)는 자웅성 중 어느 한쪽의 성이 개체에 나타나는 경우를 말한다. 자웅동체 현상의 유형은 다음과 같이 분류하고 있다.

나) 자웅동체 현상의 유형

이매패의 자웅동체 현상에 관하여는 Coe(1943, 1945)와 Fretter and Graham(1964),

등의 보고가 있다. 그중 Coe(1943, 1945)는 자웅동체 현상의 유형을 4가지(기능적 자웅동체 현상, 연속적 자웅성, 주기성을 가진 연속적 자웅성, 교대 자웅성)로 나누고 있다. 이들 4 가지 유형의 분류 기준은 다음과 같다.

① Type I. 기능적 자웅동체 현상(functional hermaphroditism)

자웅동체성 이매패류의 대부분은 I 형에 속한다. 정상의 자웅동체에서 난소 및 정소내에 생애에 걸쳐 난과 정자가 병행하여 발달하므로 일부 자가수정도 관찰되기도 한다. 통상은 2 개체간에 정자를 서로 교환하여 생식이 이루어지나 성전환(sex reversal)은 일어나지 않는다. 예) 담수산 재첩류(2배체, 3배체), 가리비류, 새조개, 석패과 패류(펄조개, 말조개 등), 산골조개류(*Sphaerium* spp.; *Pisidium* spp.). 특히, 북아메리카 대서양 연안산 양만가리비(*Argopecten irradians*)의 경우는 한 개체의 생식소내에 양성의 생식세포가 출현하고 있으나 정자의 쪽이 난모세포 보다 약간 일찍 성숙한다. 그러나 양성의 배우자가 함께 성숙에 도달하기 까지는 방란·방정은 일어나지 않는다. 통상 이 종은 짧은 시간차를 두고 방란과 방정이 일어나고 있어 자가수정이 일어날 기회를 줄이는 것으로 생각된다(Sastry, 1963). I형에 속하는 자웅동체 종들은 웅성선숙(protandry) 및 자성선숙(protogynous) 현상이 나타나 자가수정을 방지하는 현상을 보인다.

② Type II. 연속적 자웅성(consecutive sexuality)

II형에 속하는 종들은 생애에 단 1회만 성전환을 한다. 일반적으로 성전환은 웅성에서 자성으로 일어나고 있다. 개체가 어릴때에는 정소내에 정자가 나타나는 수컷의 개체수가 암컷보다 많으나, 좀더 나이가 많아지면 난소내에 발달중인 알을 가지는 암컷의 개체수가 보다 많아진다. II형에 속하는 종으로는 아메리카 대서양 연안산인 *Mercenaria mercenaria*를 예로 들 수 있는데, 유패기에는 기능적 수컷으로 나타나나 성패가 되면 자웅동체로 변한다. 대부분의 개체에서는 웅성선숙이 일어나고 있으나 나이가 많아짐에 따라 생식소내에 암컷의 성을 나타내는 구역이 점차 넓어지게 된다. 그러나 이 현상은 예외로 자웅이체의 개체에서도 나타나고 있다.

③ Type III. 주기성을 가진 연속적 자웅성(rhythmical sexuality)

III형은 성전환이 일정한 리듬을 가지고 매년 짧은 간격으로 규칙적으로 반복된다. 수정이 아가미속에서 일어나 어느 정도까지 발생이 진행된 유생들은 체외로 방출된다. 이에 속하는 종으로는 유생형(larviparous type)굴에 속하는 넓적굴

(*Ostrea edulis*), 북아메리카 태평양 연안산 올림피아굴(*Ostrea lulida*), 그리고 토굴(*Ostrea densellamellosa*) 등을 들 수 있는데, 이들 굴의 생식소는 원칙적으로 자웅동체성을 나타내며, 자웅성의 비율 차이는 있어도 항상 난과 정자들이 병행하여 출현한다.

④ Type Ⅳ. 교대 자웅성(alternate sexuality)

기능적 자웅이체인 성체에서 성전환이 일어나는 경우, 이들의 성전환 방향 및 시기는 규칙성을 나타내고 있지 않으므로 다음 번식기에 그 성체가 나타내는 자웅성은 예측할 수 없게 된다. 이와 같이 성전환과 더불어 자웅성이 교대되게 되는데 이를 교대 자웅성이라 한다. Ⅳ형에 속하는 종으로는 체외수정종인 난생형(oviparous type) 굴인 참굴(*Crassostrea gigas*)과 버지니아굴(*C. virginica*), 털굴(*C. echinate*), 강굴(*C. rivularis*), 바윗굴(*C. nippona*) 등을 들 수 있다. 버지니아굴의 경우, 어린 개체들의 70%는 기능적으로 수컷이지만 산란 후 2년된 개체에서는 암・수의 비율이 거의 동일한 비율로 나타나며, 나이가 좀더 많아지게 되면 암컷의 비율이 높게 나타나게 된다고 보고되어 있어(Galtsoff, 1964), 자웅성이 교대되고 있음을 추측케 한다.

Ⅳ형에 속하는 종들은 번식기에 성체 개체들의 성은 잘 분리되어 있으나 자웅동체 개체들의 출현수가 극히 적은 것이 특징이다. 그 예로서, Amemiya(1929)는 성적으로 성숙한 120 개체의 참굴을 대상으로 조사한 결과, 그 중 1개체(0.8%)가 자웅동체 현상을 나타내었다고 보고되었다.

다) 웅성선숙 및 자성선숙(protandry and protogyny)

① 웅성선숙(protandry)

웅성선숙은 기능적 자웅동체현상에 있어서는 정소 및 기타의 웅성생식기관이 난소 및 기타의 자성생식기관에 앞서 성숙하는 현상으로, 후에 자성 생식기관도 성숙하여 완전한 자웅동체의 개체로 된다. 웅성선숙은 연속적 자웅성에 있어서는 정소 및 기타의 생식기관이 먼저 성숙하여 웅상을 나타내고 방정을 행하는 경우로, 자웅이체 동물의 수컷과 같이 행한다. 방정 후에는 웅성생식기관이 퇴화하고, 난소 기타의 자성생식기관이 성숙하여 자상으로 변한다.

② 자성선숙(protogyny)

자웅동체 생물중에서 처음에 자상(female phase)이 발달한 것 중에 웅상(male

phase)이 나타나는 현상으로서, 웅성선숙에 대립되는 말이다. 그러나 기능적 자웅동체 현상이나 연속적 자웅동체현상이 나타나는 동물에서 실제로 처음에 "자상"에서 기능적인 암컷으로 되는 예는 적다. 칠성장어 또는 어떤 종의 개체에서는 성숙란을 생성하지 않고 정소로 분화한다. 패류이외의 많은 어류에 있어서도 자성성숙이 확인되고 있다. 웅상의 발현에 대하여 생식선과 2차 성징에서도 웅성화가 보여지는 것이 많다.

라) 난정소와 정소난(ovotestis and testis-ovum)

① 난정소(ovotestis)

포유류 등의 간성에서 난소중에 약간의 정소조직이 혼재하고 있는 경우에 난정소라고 부른다.

② 정소난(testis-ovum)

자웅이체의 동물의 정소중에 때때로 난모세포와 유사한 외관의 세포가 발견되어 정소난이라 부른다. 갑각류, 어류, 양생류 등에서 자연적으로 꽤 많이 보여진다. 실험적 처리에 의해서 높은 율로 형성시킬 수도 있다. 이것이 엄밀한 의미에서 난인가 아닌가는 논란이 있으나, 생식세포에 성적 양능성이 있는 것을 나타내는 것도 있다.

마) 성전환(sex reversal)

개체의 성이 발생도중에 역전하는 현상, 암컷 또는 수컷으로서 기능을 발휘하는 개체가 여러 가지 원인 때문에 반대 성의 기능을 하는 예가 있는데 이것을 성전환이라 한다. 치어인 송사리나 금붕어에 안드로겐 또는 에스트로겐을 투여하면 유전적인 성과는 반대인 성의 기능적 전환을 시킬 수 있다. 성전환 도중에 성징이 불완전한 상태로 있는 것을 간성이라 한다.

바) 간성과 성 Mosaic

① 간성(intersex)

자웅이체 현상과 자웅동체 현상은 정상발생의 상태에서 나타나는 현상이다. 정상적으로 자웅이체인 동물에서 선천적 또는 후천적 원인에 의해 비정상적인 자웅동체 현상을 나타내는 것이 때때로 보이는데 이것을 의자웅동체(pseudohermaphrodite)라 한다. 의자웅동체는 변칙적 또는 기형적인 점이 특징이므로 기능적이지는 못하다. 의자웅동체는 간성과 자웅 모자이크로 나누어진다. 간성은 정상적인 자웅이체 동물이 무언가의 원인에 의해 성전환을 일으킨 뒤 그 결과, 암컷 형질과 수컷 형질이 동일 개체 내 혼합하여 나타나는 현상을 말한다.

② 성 모자이크즘

둘 이상의 유전자형이 다른 세포로부터 이루어진 생물 개체의 것으로 모자이크가 일어나게 되는 원인은 개체 발생의 과정에서 체세포에 염색체의 절단이나 결손 등이 일어나서 체세포 돌연변이가 일어나는 것 또는 수정과정에서의 이상 등에 의해 일어나는 현상을 말한다. 참고로 인간은 털의 유무 등의 형질이 몸의 일부에서 다르게 나타난다. 또 몸의 좌우로 나누어져, 각각 따로 유전적 형질이 몸의 일부에서 다르게 나타나기도 한다. 또 몸의 좌우로 나누어져, 각각 따로 유전적 형질이 발현되는 경우도 있다. 자웅모자이크 현상도 잘 알려져 있다. 어린 발생시기의 생물에 방사선 조사 등의 수단에 의해 실험적으로 체세포에 돌연변이가 일어나 모자이크를 일으킬 수 있다.

나. 자웅이체현상(gonochorism, dioecious)

자웅이체를 나타내는 것은 미공강, 다판강, 단판강과 전새아강에 속하는 종들이 대부분이고, 굴족강과 이매패의 대부분과 두족강이다. 외부의 형태학적으로는 암수의 구별이 어렵다.

(4) 성전환

자웅이체의 종에 있어서 모두 반대의 성이 되는 엄밀한 의미에서의 성전환 현상(sex reversal)은 알려져 있지 않다. 보통은 자웅이체인 종에 있어서 개체군 중에서 몇 개체가 정소조직과 난소조직이 혼합된 자웅동체가 발견되고 있다.

(5) 이매패류의 생식소

생식기계는 매우 간단하며 기본적으로 좌우 한쌍의 생식소와 한쌍의 생식수관으로 이루어지며, 생식소는 정중선에서 융합하여 하나로 되어 있는 종이 많고 생식수관은 부속선을 가지지 않고 배우자의 단순한 통로로 되어 있다.

가. 생식소

생식소는 중장선에 밀접해 있거나 밀착해 있고 중장선의 소포와 혼합되어 있는 경우가 많다. 그러나 일부 부등근류(anisomyaria)에서는 생식소를 포함하는 내장덩어리가 족사의 뒤쪽부위에 있다. 일부 사새류(*Mytilus, Brachidontes, Anomia, Placuna*)에서는 생식세관이 뒤쪽족부근육부근으로부터 좌우 외투막의 조직내로 넓어지며, 그 외투막 부근의 생식소가 오히려 생식활동의 주체가 된다. 생식소는 대단히 많은 소포(alveolus)와 이것을 연결하고 있는 크고 작은 생식세관(genital canal)으로 이루어져 있고, 전체가 하나의 덩어리를 이루거나 여러 개의 소엽을 형성하고 있다. 생식세포는 소포의 내벽 및 이것과 직접 연결하고 있는 소생식세관(minor genital cananl)의 관벽을 형성하고 있는 생식상피에서 생성된다. 자웅동체에서는 생식소 전체가 앞쪽과 뒤쪽 또는 중심부와 주변부에 위치하는 정소부위와 난소부위로 나누어져 배우자를 형성하거나 또는 하나의 소포내에서 정자와 난자를 생산한다.

나. 생식수관

생식소내의 소생식세관은 서로 합쳐져서 보다 큰 주생식세관(major genital cananl)이 된다. 이 관은 섬모상피로부터 이루어지며 성수배우자를 방출구로 보낸다. 방출구 근처에서는 한쌍의 커다란 생식수관(gonoduct)이 되지만, 종에 따라서는 넓은 방의 생식소실(genital vesicle)이 되어 방란.방정전에 난자 또는 정자를 일시적으로 저장한다. 생식수관은 배출기관계와 관련이 커서 연결하고 있는 부분은 ① 신장근처의 위신관(reno-pericardial canal), ② 신장의 중간, ③ 신관의 기부, ④ 개구직전의 신관 등, 종에 따라 다르며, 보다 고등한 종에서는 연결되지 않고 신관과는 별도로 열려있다. 생식구(genital aperture) 또는 신생식구(reno-genital aperture)는 상새관(supra-branchial cananl)과 내새와 내장 덩어리벽 사이의 외투강상부에 개구하고 있다.

(6) 생식행동

가. 방란방정

우리나라에 서식하는 냉해성 패류는 온도가 떨어지는 가을부터 생식세포가 발달을 시작해서 다음해 봄에 성숙하여 방란방정을 한다. 열대나 온대지방의 종은 봄에 생식세포의 활동이 볼 수 있고 방란방정은 초여름부터 가을에 걸쳐 일어나는 것이 일반적이다. 같은 종에서도 따뜻한 지방에서는 방란방정이 빨리 시작되며, 추운지방은 늦고 그 시기도 짧다.

체외수정을 하는 패류는 직접적으로 생식소로부터 물속으로 배우자를 방출하여 수정을 한다. 방란방정의 개시를 자극하는 환경요인으로서 수온의 변화가 가장 중요하다. 종에 따라서는 방란방정을 유발하는 특유의 임계온도가 있다. 또 근처에 동종의 난자랑 정자가 존재하는 경우에는 개체군이 일제히 방란방정을 일으키는 사실이 버지니아굴(*Crassostrea virginica*)에서 알려져 있다. 그 외에 강한 바람에 의한 심한 파도, 염분농도의 변화, 월령이나 조석과의 연관해서도 일어난다.

나. 산란양식과 난낭

이매패강의 난은 한 개씩 난황막으로 둘러싸여, 하나하나씩 흩어져서 물속으로 방출된다. 축적되어 있는 난황의 양에 따라 크기가 다르다.

다. 보육

이매패강의 대부분의 종은 난생이지만 난을 보육하는 종도 일부 있으며, 발생 도중까지의 난지지대(egg retention)와 변태를 마치기까지의 난태생도 있다. 외투강에 보육하는 것이 최초의 형태로 주로 익형아강의 Arcidae, Ostreidae에서 나타난다. 그외 보육의 주된 부위는 아가미로, 상새강, 내외 아가미의 양쪽이나 한쪽, 아가미의 보육낭 및 외투막의 일부이다.

2. 담수 이매패류의 특징

1) 한국산 담수 이매패류

담수산 이매패류는 익형아강(Pteriomorphia), 고이치아강(Palaeoheterodonta), 이치아강(Heterodonta), 담치목으로 분류된다. 우리나라에는 부족강 담치목에 홍합과 1종과 석패과 11종이 분포하고 있다. 그리고 백합목에 재첩과 6종, 산골과 2종 및 계화도조개과 1종이 분포한다. 담수패류의 서식처는 강, 연못, 저수지, 계류에 주로 서식하지만 우리나라에서는 인공댐이 많아 서식처로서 좋은 장소이다. 또한 지하수나, 동굴, 용천수 등에서도 서식한다. 대칭이 등의 석패과 종들은 유생이 다른 수서동물에 일정 기간 동안 기생생활을 거친 후 유패가 된다.

석패과(Unionidae)는 우리나라에 7속 11종이 서식하며, 일본이나 중국에도 유사종이 많다. 패각은 중대형이며 난형 또는 가늘고 긴 것도 있다. 각정 부위는 침식되기도 하며, 작은 돌기가 많이 퍼져 있기도 한다. 각정은 전방으로 기울어지고 후방부는 익상형으로 넓어진다. 인대는 외재하며 후방에 위치한다. 교치는 통상 의주치와 후측치가 있으나 없는 종도 있다. 패각은 두꺼운 편이며, 안쪽은 강한 진주광택을 낸다. 아가미는 보육낭으로 작용하며 글로키디움이라는 유생을 가지는 것이 석패과의 큰 특징이다. 유생은 일정 기간 동안 어류 등의 수서동물에 기생시기를 거친 후 탈락되어 독립생활을 하는 유패가 된다. 석패과 종들은 자웅이체이다. 이매패류에서 나타나는 자웅동체 현상은 해산종에서 보다 담수종에서 많이 나타나는데 이것은 종의 진화적인 적응현상이라고 추정 보고하였다(Purchon, 1951).

2) 담수산 이매패류의 발생

담수패류의 경우 체내수정을 한다. 알은 수관으로 떨어져서 입수공을 통해 들어온 정자와 수정하게 된다. 아가미내에서 피면자 시기에 해당되는 유생인 글로키디움까지 발생시기를 거친다. 일정기간동안 발생을 거친 유패는 체외로 방출되면 물고기 등 수서생물에 부착하여 일정기간 기생생활을 거친다. 이때 물고기에 부착되는 부착 부위는 주로 지느러미와 아가미이다. 석패과에서는 아가미속에서 유생의 배발생이 일어나기 때문에 아가미를 보육낭(marsupium)이라 부른다. 석패과의 *Strophitus edentulus*와 *Anodonta imbecillis*의 경우는 물고기에 기생을 하지 않고 바로 변태를 한다(Lefevre & Curtis, 1912; Howard, 1914). 유생이 숙주에 부착하는데 있어서는 선택적이지 못하다는 보고도 있다. 즉 실험을 통해 종이조각, 나무, 머리털, 플라스틱 조각에 유생이 부착되는 것을 관찰하고 이것은 곧 촉각에 의한 자극이 부착을 유도하는데 충분하다고 보고하였다(Arey, 1921; Coker *et al*, 1921; Wood, 1974). 그러나 Arey(1921)는 상피세포의 증식에 의해 숙주세포가 유생을 완전히 덮어 피낭 형성할 때까지 부착을 유지하는데 화학적인 자극이 필요하다고 하였다. 어류 등에 부착되어 변태 후의 유생의 크기는 *Margaritifera margaritifera*에서 유생은 7배 정도 커진다고 보고하였으나(Murphy, 1942), *Elliptio complanata*와 *Lampsilis radiata*의 유생은 변태동안 그 크기가 증가치 않았다고 보고하였다(Matteson, 1948). 우리나라에서는 *Lamprotula coreana* 유생을 10종의 물고기에 부착하였는데 이중 피라미에서만 부착된 유생을 관찰하였고 개체당 평균 부착수는 1.6개로 보고하였다(Choi *et al*, 1968). 변태는 발생하는 동안에 종에 따라 차이가 나며 유생의 생존은 적당한 숙주가 없을 경우 수온에 의존하게 되며, *Lampsilis radiata*의

1% 미만의 유생이 20℃에서 36시간, 12℃에서 144시간, 10℃에서 216시간 각각 생존하였다고 보고하였다(Telda & Fernando, 1969). 또한 석패과 유생의 발달과 분산의 형태는 곧 종의 수명과 지리적 분산의 중요한 역할을 하는 것으로 보고하였다(Mayr, 1971; Jackson, 1974). Unionacean에서 유생이 보육낭내에 들어있는 기간에 따라 두가지로 분류하여 “long-term breeder”와 “short-term breeder”로 나눌 수 있다(Kat, 1984).

3) 석패과 패류 유생(glochidium)의 어체 부착

석패(石貝)라는 의미는 ‘돌처럼 딱딱하다’는 뜻이다. 두드럭조개나 칼조개는 패각이 매우 단단한데, 두드럭조개는 두께가 7㎜까지 되는 것이 있다.

한국에 서식하는 석패과 종은 모두 10종이 있다. 즉 대칭이(*Anodonta arceaformis*), 작은대칭이(*A. arcaeformis flavotincta*), 펄조개(*A. woodiana*), 두드럭조개(*Lamprotula coreana*), 곳체두드럭조개(*L. gottschei*), 귀이빨대칭이(*Cristaria plicata*), 말조개(*Unio* (*Nodularia*) *douglasiae*)). 작은말조개(*U. d.sinuolatus*), 칼조개(*Lanceolaria acrorhyncha*), 도끼조개(*Solenaia triangularis*) 등이다.

강이나 호수에서 가장 깊은 곳에 사는 종은 두드럭조개 무리이고, 중간에 사는 종은 대칭이 무리이며, 제일 밖(얕은 곳)에 사는 종은 작은말조개, 말조개이다. 이들 석패과의 종들은 발생 방법이 다른 패류에 비하여 특이하며, 체외로 방출된 유생은 물고기 등 다른 동물에 붙어 일정 기간 동안 기생 생활을 한다는 것이다. 이들은 모두 자웅이체이며, 발생은 암컷의 생식소에서 발생된 미수정란이 바깥아가미(outer-demibranch)의 수관(water-tube)에 채워지고, 수컷의 정자가 암컷의 입수공을 통해 유입되어 수관에서 수정이 일어난다. 바깥아가미는 보육낭(marsupium)으로 작용하여 이곳에서 배 발생을 하게 되며, 성숙하면 유생으로 방출되어 어류 등의 수서동물에 부착하게 된다.

아가미의 보육낭에서 배 발생을 하는 패류는 석패과 외에도 난태생인 산골과(Sphaeriidae), 재첩과(Corbiculidae), Mutelidae가 있는데 Mutelidae는 북미산으로 한국에는 서식하지 않는다. 재첩, 산골의 발생에 대해서는 각 종의 설명문에서 찾아보기 바란다.

석패과의 배 발생이 아가미에서 일어나는 것은 독특한 적응 현상으로 보는데, 해산 패류에서는 해수의 비중이 높기 때문에 유생(담륜자, 피면자)이 부유 생활을 하면서 먼 곳까지 퍼져 나갈 수 있으나, 담수패류는 유생이 부유 생활을 할 수 없다. 따라서 체내에서 발생을 하고(해산의 담륜자, 피면사 시기까지) 유생이 되어 어류 등에 붙는다. 이동성이 거의 없는 담수산 석패과 종들은 유생이 이동성이 강한 어류 등의 수서동물에 부착하여 일정한 기간 기생 생활을 한 후에 탈락하므로 먼 곳까지 퍼질 수 있는, 일종의 방산적응을 하는 진화상의 이점을 가지고 있다. 유생이 어류 등에 부착하는 방법은 유생사(larval thread)와 갈고리(hook)를 생각할 수 있다. 유생사는 종에 따라 길이, 굵기 정도가 다른데, 길게 뻗어 물에 뜨고 이 유생사에 어류 등이 닿게 되면(감기게 되면) 다음에는 예리한 갈고리로 숙주에 부착하게 된다. Arey(1921)는 석패 과의 유생을 분류하여 갈고리가 있는 것(hooked type), 갈고리가 없는 것(hookless type), 도끼머리형(axe-headed type)으로 나누었는데, 한국 종은 모두가 갈고리를 가지고 있다. 갈고리를 갖는 유생은 지느러미, 비늘, 아가미 등 어느 부위나 부착할 수 있으나, 갈고리가 없는 경우는 호흡 수류를 따라 들어가서 아가미(gill filament)에 걸려 그 곳에서 기생하게 된다. 여기서 말하는 갈고리라는 표현은 광학현미경으로 볼 때의 갈고리를 말하는데, 주사현미경으로 보면 갈고리에는 많은 작은 갈고리(hooklet, spine)가 있다. 이 작은 갈고리들은 더욱 견고하게 숙주에 부착하는 일을 한다고 본다. 모패에서 방출된 유생은 감염(부착)되기 전까지 생존 기간에 문제가 있는데, 그 기간도 종에 따라 다르지만 주로 수온에 영향을 받는 것으로 보고되어 있다. 저온에서 오래 생존하는 경향이 있으며, 36시간에서 216시간 동안의 큰 폭으로 차이가 나타난다는 보고가 있다. 한국산 작은대칭이는 16℃에서 3일간(72시간) 생존하는 것을 관찰하였다.

실험실에서의 유생 부착 실험은 수조에 어류를 넣고, 유생이 성숙한 패류(일반적으로 아가미가 많이 부풀어 오르고 검은 갈색으로 바뀜)의 아가미를 잘라 그 곳에서 흘러나오는 유생 덩어리를 물에 휘저어서 감염시킨다. 감염시킨 후에 관찰해 보면 지푸라기, 가는 유리막대, 나뭇가지 등을 유생들이 물고 있는 것을 보아 숙주 선택성은 없고 무작위적으로(아무 것이나) 닿는 것에는 어디에나 부착한다고 본다. 일단 이렇게 숙주에 부착하면 유생은 숙주세포로부터 유생 발생에 필요한 양분을 얻는다. 종에 따라서는 방사상의 haustoria를 어류의 근육속에 넣어 양분을 흡수한다. 그런가 하면, 숙주는 유생 부착의 자극으로 표피 세포층이 세포분열을 하여 유생의 둘레를 싸게 한다. 결과적으로 유생은 숙주의 표피 조직으로 완전히 싸이게 되어 더 단단하게 부착되는 결과가 된다(SEM 사진 참조).

다음은 유생이 어류의 어느 부위에 주로 붙으며, 몇 마리까지 붙는지 등을 설명하고자 한다. 한 마리의 어류에 3,000여 마리의 유생이 붙은 것을 관찰한 기록이 있다. 그리고 많은 유생이 부착하여도 어류가 죽는 예는 드물지만, 작은 어류는 2차 감염으로 죽는 경우도 있는 것으로 보고되고 있다. 표 1-1은 작은대칭이의 유생을 붕어(*Carassius auratus*)

에 감염(부착)시킨 결과이다. 표 1-1에서 가슴지느러미에 30.1%로 가장 많이 부착했고, 다음으로 꼬리지느러미에 22.3%로 부착하였으며, 배지느러미, 아가미, 등지느러미 순으로 부착하였다. 이 결과는 패류 유생의 특징 때문이 아니고 어류의 지느러미의 운동성에 기인한다고 본다. 즉, 많이 움직이는 부위가 유생들과의 접촉 기회가 많아진 결과로 본다. 운동성 외에도 숙주에 따른 지느러미의 면적도 문제가 될 수 있다.

표 1-2에서 유생의 숙주 부착 후의 성장은 작은대칭이의 경우는 큰 차이가 없는 결과를 얻었다. 외국의 실험에서 *Margaritifera margaritifera* 같은 종에서는(Kat, 1984) 부착 기간에 7배가 증가했다는 보고도 있다. 부착 후 숙주의 표피 조직이 유생을 덮어 피낭(cyst)을 완전히 형성하는 데(SEM 사진 참조) 소요되는 시간은 2시간에서 36시간까지 다양한 보고를 하고 있는데, 줄납자루에 펄조개의 유생을 부착 시켰을 때에는 4시간이 소요되는 결과를 얻었다. 부착한 유패는 일종의 변태를 하게 되는데 갈고리, 작은 갈고리, 감각털(sensory hair)등이 퇴화되고, 발 등의 기관이 발달하게 된다. 다음은 부착 기간과 탈락의 문제가 남는다. 부착 기간(부착 시작에서 탈락까지)은 일부 종에서는 16일부터 피낭이 얇아지는 것을 관찰하였고, 14일의 피낭 내 유생에서 입수공, 출수공의 관찰이 가능하였다. 작은대칭이와 같이 수온이 낮을 때 유생을 방출하는 종(동계 산란 종)은 부착 기간이 더 길 것으로 본다. 유생이 수주로부터 탈락되는 기작은 확실하게 밝혀진 사실은 없지만 유생에서 분비하는 분해효소가 관여하던지, 또는 패각의 여닫이 같은 기계적인 힘이나 발의 움직임 등이 작용할 것으로 추측한다.

표 1-1. 숙주 물고기인 붕어(*Carassius auratus*)의 몸에 부착된 작은대칭이(*A. arcaeformis flavotincta*) 유생의 개체수

	물고기의 부착 부위						
유생의 수	가슴지느러미	꼬리지느러미	배지느러미	등지느러미	아가미	비늘	합계
	628	465	359	203	252	176	2083
%	30.1	22.3	17.2	9.7	12.1	8.4	100

표 1-2. 숙주 물고기에 부착하기 전과 부착 후 탈락된 작은대칭이 유생의 크기 비교

	유생의 크기 (mm)	
	부착하기 전 크기	부착하여 변태 후 탈락된 크기
유생 패각의 길이	0.345	0.356
유생 패각의 높이	0.340	0.350
유생 패각의 인대길이	0.265	0.273

4) 담수산 패류와 어류간의 산란 행동

패류(이매패)에 산란하는 어류에는 두 개의 아과가 있는데, 납자루아과(*Acheilognathinae*)와 잉어아과(*Cyprininae*)가 있다. 납자루아과에는 흰줄납줄개(*Rhodeus ocellatus*), 납줄갱이 (*R. suigensis*), 각시붕어(*R. uyekii*) 등과 줄납자루(*Acheilognathus yamatsutae*), 큰납지리(*A. macropterus*), 가시납지리(*A. gracilis*) 등이 있고, 잉어아과에는 참중고기(*Sarcocheilichthys wakiyae*), 중고기(*S. czerskii*)가 있다. 이들 어류는 한국, 중국, 일본에 주로 분포하며, 산란을 패류에 한다는 점에서 흥미를 갖게 한다. 그래서 여기서 간단히 살펴보면, 물고기는 담수산 이매패(주로 석패과 조개)에 산란을 하는데, 재첩과(corbiculidae)에도 산란하는 것이 확인되었다. 지금까지 산란이 확인된 패류는 작은대칭이, 펄조개, 곳체두드럭조개, 칼조개, 말조개 등의 석패과 패류와 재첩과의 재첩이다. 패류 안에 산란을 하는 부위는 주로 아가미와 외투강인데, 아가미에 산란하는 어류는 줄납자루아과의 어류이고, 외투강에 산란하는 것은 잉어아과의 중고기 무리이다. 줄납자루 무리는 산란관을 출수공에 넣어 산란하는데 주로 안쪽아가미(inner demibranch)에 산란한다. 패류를 채집하여 해부를 해 보면 안쪽아가미의 수관(water tube) 속에서 알과 치어의 발생을 관찰할 수 있다. 특기할 사실은 그 이유를 확실히 설명할 수 없으나 바깥아가미의 수관에는 패류의 유생(glochidium)이 들어 있는 사실과 관련이 있을 것으로 유추할 수 있다. 어류의 산란기와 패류의 가임기(breeding season)가 일치하지 않는데도 불구하고 안쪽아가미에만 산란하고 있는 것이 의문으로 남아 있다. 암놈의 물고기가 출수공에 산란관(ovipositor)을 넣어 산란을 하면 수놈이 방정을 하게 되고, 입수공의 수류를 따라 들어간 정자는 아가미의 수관으로 올라가서 그 곳에서 수정을 하게 되며, 약 1개월의 발생 시기를 거친 출수공으로 나간다. 출수공으로 나갈 때는 약 1.2 ㎝ 정도의 치어가 된다. 이렇게 어류가 패류에 산란하므로 알이나, 발생 중의 유생이 천적으로 부터 보호를 받는다는 점에서 매우 유리한 적응을 했다고 본다. 물고기 알 때문에 패류의 아가미 호흡에 지장을 받을 것 같으나 치명적인 결과는 없는 것으로 본다. 이렇게 어류가 패류에 보호(이익)을 얻는 반면, 패류는 어류에 유생을 부착(기생)시키는("석패과 패류 유생의 어체 부착" 참조)면서 진화해 왔다고 본다. 한쪽만 보면 모두가 기생 관계이나 양쪽을 보면 모두 공생관계이다.

앞에서 설명한 것처럼 줄납자루 무리는 아가미에 산란하는 반면, 중고기 무리는 외투강(mantle cavity)에 산란하는 특징을 갖고 있다. 중고기는 산란관을 입수공에 넣어 산란하며, 결과적으로 알이 외투강에 들어 있게 된다. 외투강에서 수정, 발생하여 입수공으로 방출되는 시기는 역시 약 한 달이 걸리는 것으로 알려져 있다. 재첩의 경우도 외투강에 중고기 무리가 산란하는 것이 확인되었다. 산란관을 갖는 어류도 결국은 줄납자루 무리와 중고기 무리에 제한되는데, 물론 암놈만이 갖는다. 수놈이 혼인색을 나타낼 시기에 암놈의 산란관이 점점 길어지는데, 산란기에는 체장의 반 정도까지 길어진다. 한 마리의 패류 속에 줄납자루 무리의 물고기 알이 60여 개나 들어 있는 것이 관찰된 경우도 있다. 줄납자루의 알은 직경이 약 2 ㎜로 수관에 들어갈 수 잇는 크기이고, 중고기 무리의 알은 약 5 ㎜ 정도로 너무 크다. 어류의 패류에 대한 산란 선호도(주로 어느 패류를 집중적으로 선택하는가?)의 실험에서는 지금까지는 말조개, 곳체두드럭조새, 작은대칭이, 펄조개 순으로 나타났다. 암컷의 산란 요인 실험에서 수놈의 유무보다 패류의 유무가 더 중요하다는 결론도 실험에서 얻었다.

줄납자루의 산란 행동을 보면, 세력권을 확보한 수컷은 세력권 안으로 들어온 암컷을 패류 쪽으로 인도한다. 이 때 암수의 몸을 심하게 떨면서 패류의 입수공과 출수공 부근에 주둥이(입)를 접근시킨다. 그 다음에 수놈이 입·출수공 주변에 방정한다. 입수공으로 물의 흐름을 따라 들어온 정자는 이미 산란된 알과 수정하게 된다. 또 하나의 문제는 아가미나 체강에 발생 중인 알을 해부해서 비이커에 넣고, 통기를 해주고 하여도 발생이 잘 되지 않는다는 점이다. 즉, 물고기 알은 발생 시 패류에서 분비하는 어떤 물질의 영향을 받는 것이 아닌가 추측할 수 있다.

5) 담수산 이매패류 패각의 미세구조

패각은 외투막에서 분비되는 결정체와 유기매질물질을 주성분으로 이루어지며, 패각은 전형적으로 각피층, 각주층, 진주층으로 이루어져 있다. 조사 결과, 작은대칭이의 패각은 3층으로 구성된 전형적인 형태를 보이며, 가장 바깥은 각피층으로서 담수패 7종 모두 두껍고 단층을 이루고 있다(그림 1-8). 그러나 바깥 각피층이 모두 매끈한데 비해 칼조개의 경우 각피층에 각질들이 불규칙하게 덮혀 있다. 석회질로 구성된 각주층은 작은대칭이 펄조개, 칼조개, 도끼조개에서는 패각에 수직으로 늘어선 각주들이 편편하게 나타난 반면 말조개와 곳체두드럭조개의 각주층은 수직으로 일정한 크기의 각주들이 선명히 박혀 있다. 그러나 작은말조개의 각주층은 패각에 각주들이 비스듬히 형성되어 있다. 진주층은 탄산칼슘의 결정체인 "아라고나이트" 라고 하는 편평한 결정체의 층판으로 구성되어 있다. 진주층의 경우, 작은대칭이의 일정한 크기의 미세한 아라고나이트 입자가 패각에 수평하게 층판모양으로 배열하고 층판의 두께는 0.4 ㎛이다. 펄조개의 진주층은 매끈하며 일정한 두께(0.4 ㎛)의 층판들로 구성되어 있으며, 말조개의 진주층도 일정한 두께의 층판 결정체로 구성되고 두께는 1.4 ㎛이다. 작은말조개의 진주층은 평판 결정체가 다양한 크기와 일정한 두께로 구성되며 두께는 1.2 ㎛이다. 곳체두드럭조개의 진주층은 결정체의 두께가 1.7 ㎛로서 이매패류 중 가장 두꺼우며 크기도 일정하게 구성되어 있다. 칼조개의 진주층도 일정한 층판으로 구성되었으며 두께는 1.0 ㎛이다. 도끼조개의 진주층은 관찰 대상 6종과는 달리 형태가 불규칙하며 층판의 두께는 0.2-0.4 ㎛이다(그림 1-9).

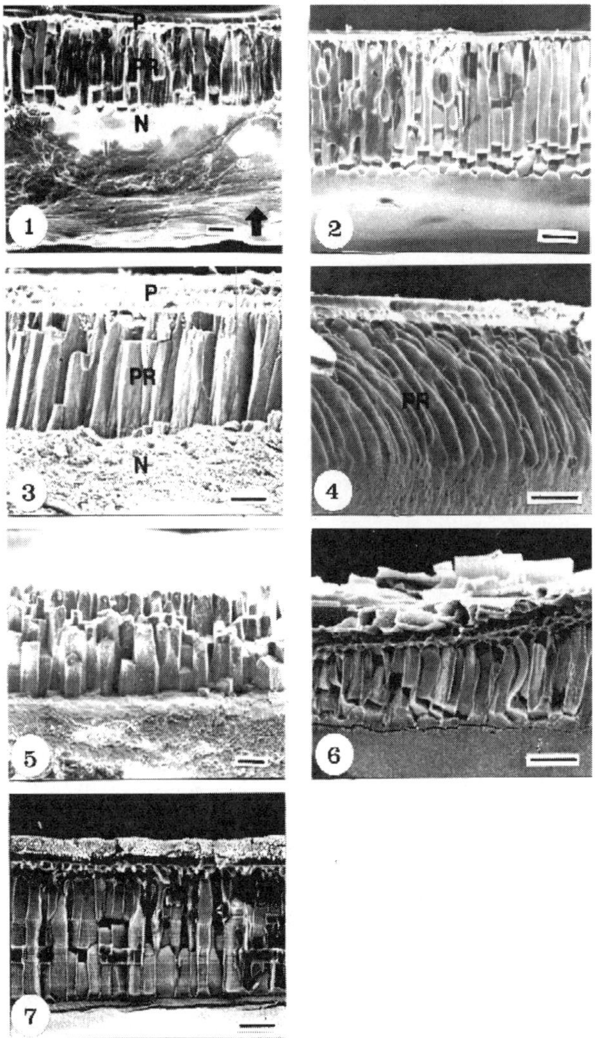

그림 1-8. 담수 이매패류의 종별 패각의 구조.
1, 작은대칭이; 2, 펄조개; 3, 말조개; 4, 작은말조개; 5, 곳체두드럭조개; 6, 칼조개; 7, 도끼조개.

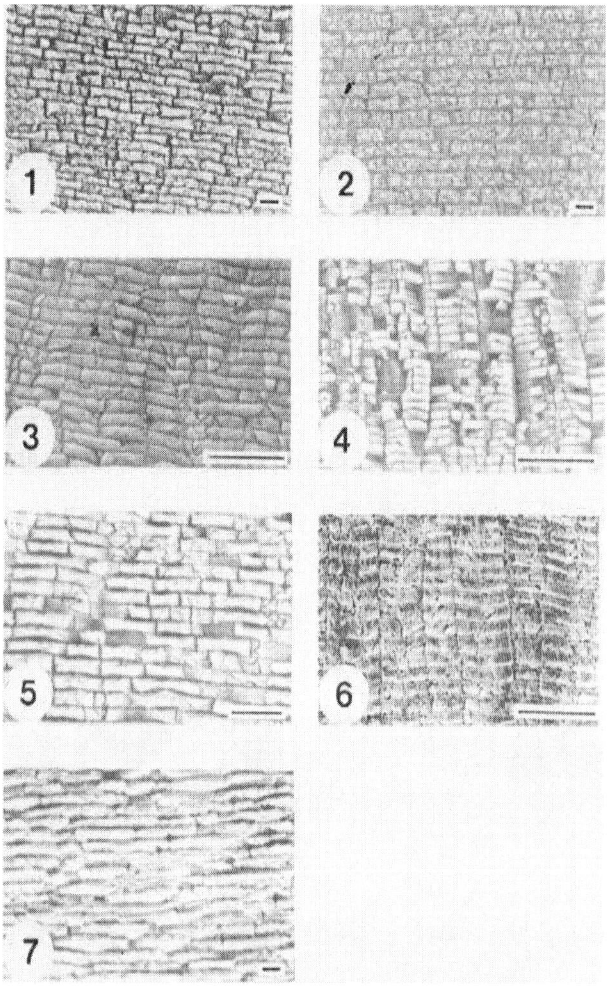

그림. 1-9. 담수 이매패류의 종별 진주층의 미세구조.
1, 작은대칭이; 2, 펄조개; 3, 말조개; 4, 작은말조개; 5, 곳체두드럭조개; 6, 칼조개; 7, 도끼조개.

6) 담수산 패류 유생의 어류 부착과 피낭형성

담수산 석패과의 유생은 이동성이 강한 어류 및 수서동물에 부착하여 일정 기간 기생생활을 거친 후 변태되어 유패로 성장하게 된다. 유생이 숙주에 부착하는 방법은 처음에는 점액성을 가진 유생사를 내어 물고기를 감게 되고 다음으로 두장의 유생의 가장자리 부근에 잘 발달된 갈고리를 이용하여 부착하게 된다. 작은대칭이의 유생을 실험실내에서 169마리 붕어에 부착시켜 본 결과, 숙주에 부착된 유생의 총 수는 2,083개체로 이중 30%

인 628개체가 가슴지느러미에 붙어 가장 높은 부착율을 보였고, 꼬리지느러미에 22%, 배지느러미 17% 순서였다. 또한 아가미에도 12%인 252개체의 유생이 부착되었으며 비늘에도 8%인 176개체가 부착되어 있는 것을 관찰하였다. 붕어 한 마리에 가장 많이 부착된 것은 28개체였다(표 1-1). 유생이 숙주에 노출되어 30분에 지느러미에 부착되었으며, 숙주의 상피조직이 부착된 유생을 둘러싸 일차적인 피낭 형성을 하는데 24-27시간이 소요된다. 초기에 피낭이 형성되는 동안에 숙주의 상피조직들이 활발하게 이동하여 부착된 유생을 덮게 되며, 이때의 상피조직은 엉성하게 형성된 것을 볼 수 있다. 부착 후 4일에는 유생의 대부분을 덮게 되며 일부는 완전히 피낭으로 덮혀 있는 것도 볼 수 있다. 부착 5-6일에는 상피조직이 조밀하게 형성되어 완전히 유생을 싸게 되며, 부착 7일에 다시 피낭 형성된 조직이 느슨해지는 것을 볼 수 있다. 부착 8일부터는 유생을 덮고 있는 상피조직들이 엉성하게 되면서 유생의 일부가 노출되기 시작한다. 부착 후 12일에는 유생을 싸고 있던 상피 조직들이 없어지고 유생이 완전히 노출되어 13일부터 탈락된다. 실험에서 부착기간은 16℃ 수온에서 13-15일 경과한 후에 모두 탈락되었으며 부착 전 유생과 탈락된 유패의 크기는 없었다(그림 1-10).

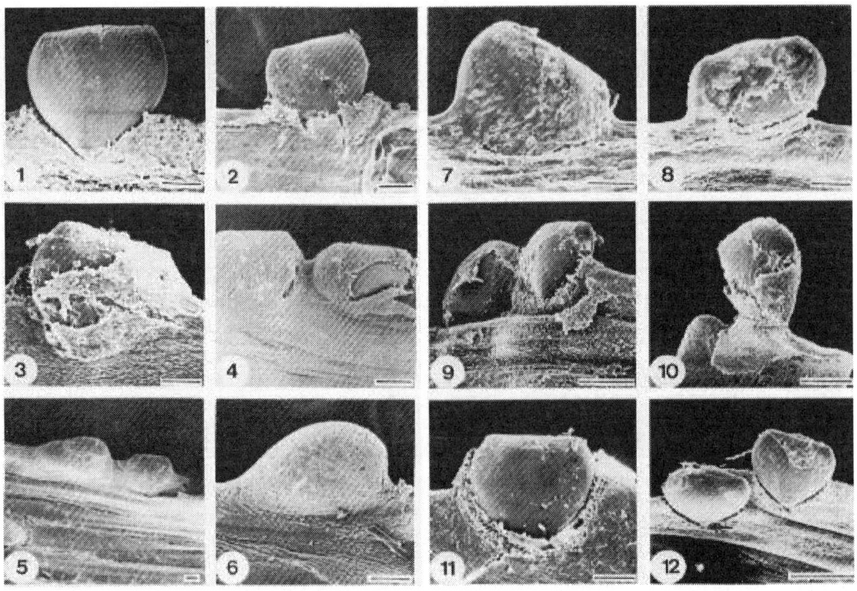

그림. 1-10. 작은대칭이 유생의 어체 부착 후 탈락까지의 변태 과정.
1, 유생이 물고기 지느러미에 감염 후 30분 경과; 2, 부착 후 2일 경과; 3, 부착 후 3일 경과; 4, 부착 후 4일 경과; 5, 부착 후 5일 경과; 6, 부착 후 6일 경과; 7, 부착 후 7일 경과; 8, 부착 후 8일 경과; 9, 부착 후 9일 경과; 10, 부착 후 10일 경과; 11, 부착 후 11일 경과; 12, 부착 후 11일 탈락 직전 모습.

(1) 어류와 패류 유생과의 상호 관계

납자루아과 어류와 중고기속 어류는 일부 석패과의 내반새와 체강(pallial cavity)에 산란을 하는 특이한 산란습성을 가진 반면, 석패과 패류는 독립 영양 생활의 능력이 없는 유생을 물속으로 방출하여 어류 등의 수생동물에 부착, 일정 기간 기생 생활을 거친 후 숙주로부터 이탈하여 독립 생활을 하는 상호관계를 가지고 있다. 그러나 납자루아과 어류와 중고기속 어류가 선택적으로 일부 석패과를 산란 숙주로 이용하는 반면, 석패과의 유생은 어류에 대한 선택성이 없이 대부분의 어류에 부착하는 것으로 알려져 있다.

석패과 패류의 유생은 모패로부터 나와 물속을 떠다니다가 주된 부착 숙주로 이용되는 어류에 부착하게 되는데, 어류의 활동이나 접촉 기회가 가장 많은 시기에 유생을 방출함으로서 최대의 부착 효과를 얻는 것으로 보인다. 국내에 서식하는 말조개, 작은말조개, 칼조개 그리고 곳체두드럭조개 등 대부분의 석패과 종들은 하계 산란종으로 5-8월이 산란기이며, 유생의 방출 시기가 석패과 패류를 주된 산란 숙주로 이용하는 어류의 생활사와 밀접한 관계가 있어 패류내 산란을 하는 납자루아과와 중고기속의 산란기인 4-8월과 일치하는 경향을 보인다. 한편 납자루아과와 중고기속 어류는 산란기 동안에 석패과 종들을 산란 숙주로 이용함으로서 패류를 중심으로 세력권을 정하고 세력권 방어 행동을 하며 암컷을 유인하여 산란 행동을 하는 등 주로 패류 주위에서 생활이 이루어지는데 패류는 이 시기에 유생을 방출하여 유생의 부착 기회를 높이는 것으로 생각된다. 한편 동계 산란종인 대칭이와 작은대칭이는 월동을 위해 어류들이 군집을 형성했을 때 유생을 방출한다. 석패과의 일종은 어류의 수심별 이동, 산란 시기의 이동, 무리 형성, 소하성 어류의 소하시기와 강해 시기 등과 일치시켜 유생을 방출함으로서 유생의 부착 기회를 높인다고 하였으며(Davenport & Warmuth, 1965), *Ambloplites rupestris*는 산란기에 산란소(nest)와 세력권을 석패과가 주로 서식하는 장소에 형성하는데 이때 패류와 접촉이 많아지게 되고 석패과 패류는 이 시기에 유생을 방출하여 부착 기회를 높인다고 보고한 바 있다(Kat, 1983). 또한 일부 종은 유생의 형태나 패류의 일부분을 숙주 어류의 먹이와 유사하게(mimicry)하여 어류를 유인하여 부착율을 높이기도 한다(Kat, 1984). 모패에서 수중으로 방출된 유생은 유생사를 늘어뜨리고 물속을 떠다니다가 어류 등과 같은 숙주와 일차 접촉을 하게 되고 이차적으로 감각모, 갈고리, 작은 갈고리 등을 이용하여 숙주에 견고하게 부착하게 된다.

7) 담수산 석패과 각 종의 발생

(1) 작은대칭이(*A. arcaeformis flavotincta*)

본 종의 정자 발생은 년 중 일어나지만 5월부터 6월까지는 방정이 끝나고 정소내에서 전체적으로 소포의 크기가 감소되면서 일부는 결체조직에 의해 대치되면서 비어 있다. 소포내에는 정세포와 정자로 채워져 있으며, 일부 개체에서는 sperm-morulae가 소포의 대부분을 차지하면서 배아상피(germinal epithelium)를 따라 정원세포가 형성되고 있다. 10월부터 이듬해 4월까지는 정자가 방출되면서 소포 속에는 성숙된 정자가 대부분을 차지하고, 정자 형성도 활발하게 이루어지며 일부는 방정으로 인해 내강(lumen)이 비어 있다. 이와 같이 본 종은 주로 겨울 동안 성숙된 정자를 가지며 일부 개체에서는 정자 형성세포를 통해 계속 발생이 진행되는 것도 볼 수 있다. 난의 발생은 5월부터 7월까지는 방란이 끝나고 난소의 대부분이 결체조직으로 차 있으며 난소내의 성숙여포의 빈도는 매우 낮으며 방란되지 않은 난도 들어 있다. 일부 개체에서는 난원세포와 난모세포가 여포벽에 붙어 새로 생성되고 있다. 8월부터는 난황생성에 의해 난모세포의 발달이 급속히 진전되면서 성숙된 난모세포로 난소가 차게되는 10월초까지 계속된다. 이 시기에는 미성숙난과 성숙난이 난소의 대부분을 차지하며 난의 크기는 95～105 ㎛이다. 10월부터 4월말까지는 방란이 일어나면서 난소의 내강이 일부는 비어 있으며 방란되기 직전의 난모세포는 125～135 ㎛크기를 보인다. 이 시기의 특징은 성숙과 방란시기로서 대부분의 개체에서 성숙된 여포에 의해 난소가 커지고 난소의 대부분을 차지하고 있다. 일부 개체에서는 난소내에 새로 만들어지는 소포가 나타나며 속에는 영양과립들로 차 있고 난원세포도 볼 수 있다. 생식소 내의 조직변화를 종합해 보면 본 종의 산란기는 10월 중순부터 이듬해 5월 중순까지로 동계산란(winter breeder) 한다.

유생을 가진 암컷에서는 4개의 아가미 중 바깥아가미를 보육낭으로 사용하며, 보육낭의 색은 시간이 경과함에 따라 열은 회색에서 짙은 갈색으로 변한다. 수정막 속에 있을 때의 패각은 갈색의 반점이 없으나 유생시기에는 작은 반점이 많이 생기는 것을 관찰 할 수 있다. 보육낭내의 유생은 유생사에 엉켜 하나 하나 떨어져 있다. 유생의 형태는 아삼각형이며 좌우대칭이다. 유생의 크기는 각장×각고×각폭이 345×340×165 ㎛이며, 저배율에서도 패각의 표면에 작은 구멍을 볼 수 있다. 2장의 패각의 끝에는 안쪽으로 굽은 첨판에 갈고리를 가지며 갈고리 판의 길이는 45 ㎛크기이며 크고 작은 갈고리들이 첨판에 배열하고 있으며, 큰 갈고리는 중앙에 두 줄로 배열하고 그 수는 12개이며 주변에는 수많은 작은 갈고리가 배열하고 있다. 패각의 안쪽 외투막에는 감각털이 있는데 안쪽 가장자리에 각각 하나씩 있고 첨판 아래 3개씩 있는 것을 관찰 할 수 있다. 또한 외투막의 배면의 중앙으로부터 가늘고 긴 유생사가 구멍으로 나 있으며 유생사의 직경은 1.2 ㎛이다. 또한 패각을 연결시키는 인대를 볼 수 있고, 인대의 길이는 265 ㎛이며 주변에는 크고 작은 구멍이 나 있는 것을 볼 수 있다. 패각의 내외 표면에는 수많은 구멍을 가지고 있으며 외각 표면에 난 구멍은 매끈한데 비해 안쪽은 거칠게 되어 있다. 한편, 패각에 나 있는 구멍은 안쪽과 바깥으로 연결되어 있으며 바깥면은 얇은 막으로 덮여 있다(그림 1-11).

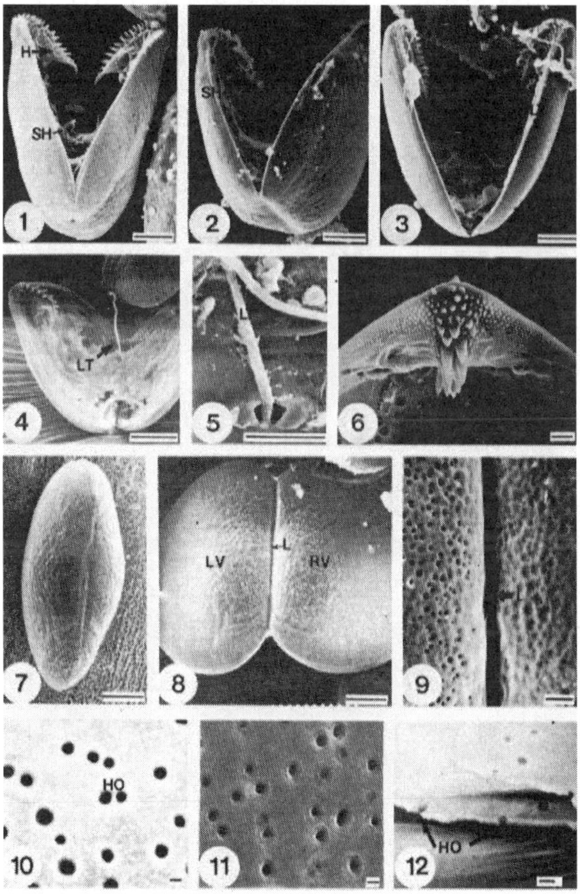

그림. 1-11. 작은대칭이 유생의 전자현미경적 미세구조. 1, 측면에서 본 유생의 모습; 2, 유생의 안쪽 외피세포에 나 있는 감각털; 3, 유생사의 모습; 4, 유생사가 돌출된 모습; 5, 유생사를 확대한 모습; 6, 작은 갈고리가 배열된 모습; 7, 등쪽에서 본 모습; 8, 유생의 좌.우 패각의 모습; 9, 인대로 연결된 유생의 모습; 10, 패각의 안쪽에 나있는 불규칙한 구멍들; 11, 패각의 바깥쪽에 나 있는 구멍; 12, 유생의 패각의 안쪽 크리스탈층의 모습. 약어 갈고리(H, hook), 구멍(HO, hools), 인대(L, ligament), 유생사(LT, larval thread), 왼쪽패각(LV, left shell valve), 오른쪽 패각(LV, light shell valve), 감각털(SH, sensory hairs).

(2) 펄조개(*A. woodiana*)

정자발생은 일년 내내 일어나며 1월부터 2월까지 겨울동안에는 정자의 발생이 감소되어 나타난다. 이 시기에는 회복되는 단계로서 sperm-morulae가 정소내에 대부분을 차지하며 전형적인 정자 발생은 일어나지 않고 있다. 3월에서 4월에 걸쳐 점차 정자 발생이 시작되면서 소포의 벽에는 정원세포의 분열이 일어나면서 주로 1차 정모세포와 2차 정모세포의 발생이 두드러지고 내강 내에는 정세포와 정자도 나타난다. 5월부터는 대부분의 개체에서 정자발생이 진전되어 정세포와 성숙된 정자로 소포를 채우게 되며 일부는 방정으로 비어 있다. 여름동안인 6월에서 9월에는 정소내에 소포가 새로 생성되면서 sperm-morulae가 많이 나타나는 것이 특징적이다. 10월말부터는 새로 생성되는 소포는 드물고 방정으로 인해 정소의 대부분은 비어 있으며 성숙된 정자가 일부 남아 있다. 이와 같은 조직변화는 12월까지 계속 된다. 난 발생은 3월에서 4월까지는 성장단계로 난 발생이 빨라지면서 난모세포는 점점 커지면서 난소 안쪽으로 나와 있다. 이 때의 난 벽은 두꺼워지며 난모세포는 난황의 축적으로 인해 크기가 증가되어 있다. 이 시기의 난의 직경은 100～110 ㎛이다. 4월말부터는 난의 방출이 시작되면서 여포벽으로 부터 떨어져 있으며 내강내로 이동되어 있다. 5월부터는 난의 크기가 최대를 보이며 직경은 130～140 ㎛에 도달한다. 이것은 방란이 이루어지는 10월까지 계속된다. 일부 개체에서는 난황생성이 일어나면서 새로운 난모세포를 만드는 개체도 있다. 11월부터는 방란으로 인해 대부분의 난소는 비어 있으며 이것은 12월까지 계속된다. 이와 같이 난자과 정자형성의 과정을 통해 본 종의 산란시기는 5월부터 11월까지 하계산란(summer breeder) 한다.

성숙된 암컷에서는 바깥 아가미를 보육낭으로 사용하며 유생이 성숙되면서 보육낭의 색은 갈색을 띠게 된다. 보육낭내의 유생은 하나 하나가 유생사에 얽혀 있다. 유생의 형태는 아삼각형이며 좌우대칭이다. 유생의 크기는 각장×각고×각폭이 255×270×119 ㎛이며 패각의 바깥표면에는 크고 작은 구멍이 전체적으로 나 있는 것을 볼 수 있다. 양쪽 패각의 끝에는 안쪽으로 굽은 첨판을 가지며, 첨판의 길이는 41 ㎛이며 작은 갈고리들이 첨판에 배열되어 있다. 큰 갈고리는 중앙에 두 줄로 배열하고 그 수는 12개이며 그 가장자리에는 불규칙한 크기의 갈고리들이 수 없이 있다. 또한 패각의 외투막에는 감각털이 배면의 가장자리와 꼭대기 부근에 각각 4개씩 있으며 가늘고 긴 유생사도 배면의 중앙에서 나 있는 것을 볼 수 있고 유생사의 직경은 1.5 ㎛이다. 패각은 인대로 연결되어 있으며, 인대의 길이는 200 ㎛이며 주변의 패각에는 많은 구멍이 나 있는 것도 볼 수 있다. 패각의 내외 표면에는 수많은 구멍을 가지며 외각 표면에는 매끄럽고 일정한 크기의 구멍이 나 있다(그림 1-12).

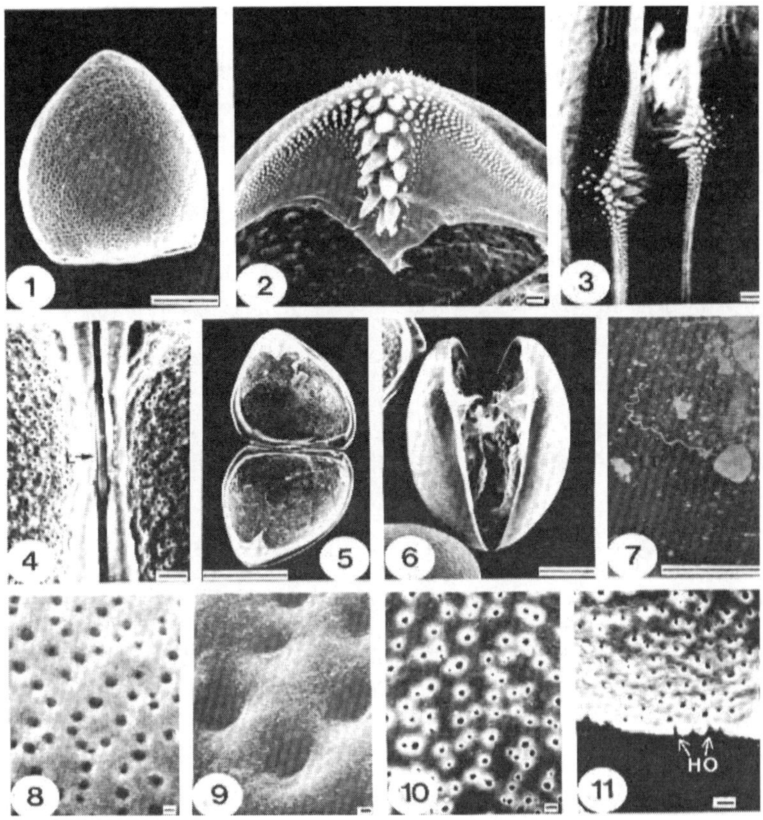

그림. 1-12. 펄조개 유생의 미세구조.
1, 측면에서 본 유생의 모습; 2, 크고 삭은 가시가 나 있는 패각의 모습; 3, 패각을 닫았을 때의 갈고리의 모습; 4, 2장의 패각으로 연결된 인대의 모습; 5, 유생의 내부 안쪽 모습; 6, 약간 열려있는 패각의 모습; 7, 밖으로 나 있는 유생사; 8, 수 많은 구멍이 나 있는 바깥쪽 패각; 9, 확대된 바깥쪽 패각의 모습; 10, 패각의 안쪽에 나있는 불규칙한 구멍들; 11, 안쪽과 바깥으로 열려있는 구멍의 모습. 약어; 구멍(HO, hools).

(3) 말조개(*U. douglasiae*)

정자발생은 일년 내내 일어나며 겨울동안인 11월말부터 2월초까지는 초기 정자형성 단계에 있는 세포의 수는 감소되어 있다. 이 시기에는 방정 후 회복 단계로서 정원세포와 sperm-morulae가 소포의 대부분을 차지하고 소포의 크기는 감소되며 일부 개체에서는 새로 생성되는 소포를 볼 수 있다. 2월말부터는 정자발생이 활발해지며 전달에 보이지 않던 정세포가 소포내에 나타나며 소포의 크기도 점차 커지는데 이것은 발생이 활발한 5월초까지 계속된다. 4월 중순부터 11월 중순까지는 주로 방정이 일어나면서 정세포와 정자가 소포의 내강내에 차 있으며 일부는 방정으로 인해 비어 있다. 11월 중순부터 12월까지는 방정이 끝나고 정소내 소포가 비어있는 것이 대부분이며 이것은 다시 결체조직으로 대체되는 것을 볼 수 있다. 난 발생은 2월부터 5월초까지는 난황생성에 의해 난 생성이 활발해지고 난모세포의 성장도 급격히 늘어나면서 난소가 점차 커지는 것을 볼 수 있다. 4월부터는 성숙된 난모세포가 난소의 대부분을 차지하고 이때 난의 직경은 95~105 ㎛로 난모세포는 핵과 인을 볼 수 있다. 5월에는 급격히 발달된 난모세포가 난소내에 거의 전부를 차지하며 방란 직전의 난은 직경이 135~145 ㎛로 커진다. 5월부터는 일부 개체에서 방란이 일어나고 소포내에는 주로 성숙된 난들로 채워져 있다. 따라서 실제 방란기인 4월 중순부터 11월 하순까지는 소포의 대부분이 성숙된 난모세포로 채워지고, 방란으로 인해 내강이 비어 있는 것이 많이 나타난다. 이 시기에 일부 개체에서는 여포벽에 붙어 생성되는 난원세포와 함께 영양과립이 다량으로 난소내에 차 있다. 11월부터 12월 하순까지는 방란이 끝나면서 난소가 퇴화되거나 작아지고 대부분은 비어 있으며 방란되지 않은 성숙난도 일부 남아 있다. 1월과 2월에는 주로 영양과립이 풍부하게 난소 내에 나타나고 난원세포가 새로 생성되고 있다. 생식소의 조직변화를 통해 본 종의 산란 시기는 4월 중순부터 11월말까지로 하계 산란임을 알 수 있다.

성숙된 암컷에서 유생은 바깥 아가미를 보육낭으로 사용하며 보육낭의 색은 옅은 회색을 띠고 있다. 유생이 보육낭안에 들어있을 때는 오이씨모양의 두겹에 싸여 덩어리를 형성하며, 성숙되면 날개로 방출한다. 유생의 형태는 아삼각형이며 좌우대칭이다. 유생의 크기는 각장×각고×각폭이 174×158×132 ㎛로 각장에 비해 각폭이 커서 구형에 가까운 아삼각형이다. 양쪽 패각의 끝에는 안쪽으로 굽은 첨판이 있으며 첨판의 길이는 18 ㎛이며 크고 작은 갈고리들이 첨판에 나있고 큰 갈고리는 3열로 21개이며 그 가장자리에는 작은 갈고리들이 수 없이 나 있다. 또한 패각의 외투막에는 감각털과 가늘고 긴 유생사가 있는데, 감각털은 배면과 첨판 아래 각각 3개씩 나 있으며 유생사는 직경이 2.3 ㎛이다. 패각의 내외 표면에는 구멍이 없으며 패각의 바깥 표면은 매끄러운데 반해 안쪽 표면은 수많은 돌기로 덮여 있다(그림 1-13).

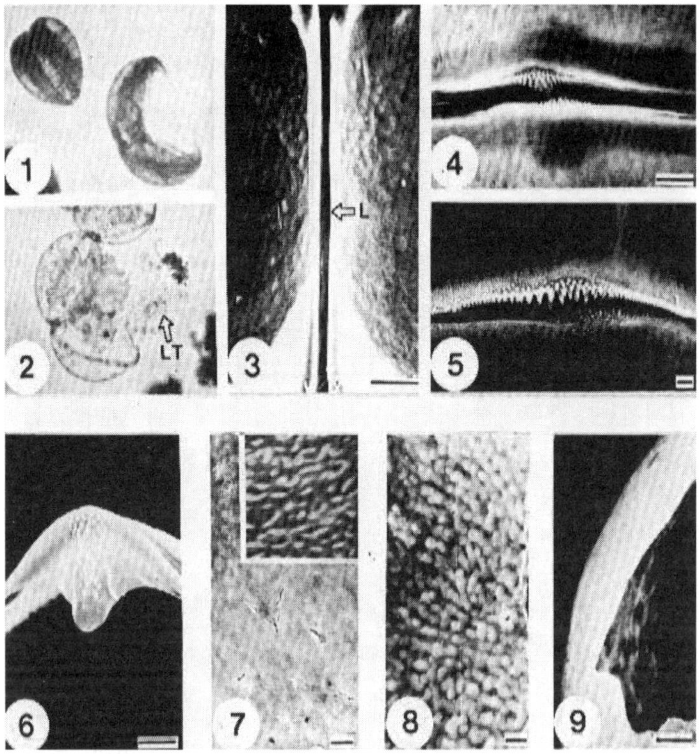

그림. 1-13. 말조개 유생의 미세구조.
1, 측면에서 본 유생의 모습; 2, 유생사; 3, 인대의 모습; 4, 패각이 닫힌 모습; 5, 수많은 가시가 나 있는 갈고리의 모습; 6, 갈고리에 가시가 배열된 모습; 7, 구멍이 없이 매끈한 외부 표면; 8, 작은 돌기가 나 있는 내부 표면; 9, 측면에서 본 유생의 모습. 약어; 인대(L, ligament), 유생사(LT, larval thread).

(4) 작은말조개(*U. douglasiae sinuolatus*)

정자 발생은 일년 내내 일어나지만, 겨울동안인 12월부터 2월까지는 초기 정자 형성단계에 있는 세포의 수는 감소되어 나타난다. 12월에서 1월까지는 회복단계로서 전에 이미 만들어져 방출되지 않은 정자들도 남아있으나 점차 정원세포와 sperm-morulae가 발생되어 정소내 소포를 채우고 있다. 이때는 전형적인 정자 발생은 볼 수 없으며, 대부분은 sperm-morulae를 생성하는 쪽으로 활성을 나타내고 있다. 정자발생의 속도가 증가되는 것은 정자가 집중적으로 만들어지고 소포가 생겨 커지면서 활발히 생성하는 2월초부터 5월말까지로 보인다. 이때는 전 달에 나타나지 않았던 정세포가 급격히 증가되는 것이 특징적이다. 3월초부터 6월말까지 주로 방정이 일어나는 시기이고 정세포와 많은 정자가 소포에 많이 남아 있다. 소포속에는 방정으로 비어 있는 것이 많다. 방정 후에도 정자발생은 남아 있는 정자 형성세포에서 계속 일어나며, 8월에서 11월까지도 소포 속에는 정자가 일부 남아 있는 것을 볼 수 있다. 정자 발생단계를 종합해 보면 첫째, 회복단계에서는 정원세포와 sperm-morulae의 빈도가 높게 나타나며 둘째, 활동기로서는 1차 정모세포, 2차 정모세포, 정세포 등이 많이 나타나며 소포의 내강속에는 성숙된 정자가 분포하고 셋째, 성숙단계에서는 주로 성숙된 정자가 대부분을 차지하며 정자형성 활동은 감소한다. 난 발생을 보면 12월부터 1월말까지는 난소에서 여포벽에 붙어 발생되는 난원세포를 주로 볼 수 있으며 이때 난의 크기는 10～12 ㎛이며 세포의 대부분은 핵 물질로 차 있다. 일부 개체에서는 아직도 전에 만들어진 성숙 난모세포가 남아 있는 것을 볼 수 있다. 1월 중순경에는 여포벽을 따라 영양과립들로 꽉 차 있으며 또한 난원세포도 나타나고 있다. 2월부터는 난황생성에 의해 1차 난모세포의 성장이 빨라져서 성숙중인 난 직경이 50～60 ㎛크기를 보이며, 난소에 성숙된 난모세포가 가득차게 되는 6월초까지 계속되며, 이 시기에 난은 직경이 85～95 ㎛ 크기이다. 6월말부터 7월까지는 난소안이 일부 방란으로 인해 비어 있으며 이것은 보육낭으로 난이 이동하는 것과 일치되는 것을 알 수 있다. 방란이 끝난 9월부터 11월말까지는 난소의 크기가 작아지며 퇴화된 소포는 결체조직으로 대치되며 또한 아직도 일부 성숙난들이 남아 있는 것을 볼 수 있다. 이와 같이 생식소의 조직변화를 통해 생식소의 년 주기는 분열증식기(12월-1월), 성장기(1월-3월), 성숙기(2월-4월), 방출기(3월-9월) 그리고 퇴화 및 휴지기(10월-12월)로 구별되며 본 종의 산란시기는 4월부터 8월중순까지 하계산란종이다.

유생을 가진 암컷은 바깥 아가미를 보육낭으로 사용하며 보육낭은 옅은 회색을 띠고 있다. 보육낭내의 유생은 말조개 유생과 같이 두겹으로 붙은 오이씨 모양의 덩어리 형태를 한다. 유생의 형태는 아삼각형이며 좌우대칭이다. 유생의 크기는 각장×각고×각폭이 190×160×148 ㎛로 각폭이 커서 전체적으로 둥근 형태를 하고 있다. 패각의 바깥표면에는 구멍이 나 있지 않고 매끄럽게 되어 있다. 양쪽 패각의 끝에는 갈고리가 난 첨판을 가지며, 첨판의 길이는 17 ㎛이며 크고 작은 갈고리들이 첨판에 나 있는데 큰 갈고리는 말조개와 같이 3열로 배열되어 있으며 그 수는 21개이며 가장자리에는 수많은 작은 갈고리들이 나 있다. 감각털은 외투막의 배면과 첨판 아래에 나 있으며, 패각에 얇은 난막으로 덮혀 있는 감각털을 볼 수 있다. 유생사의 직경은 2.4 ㎛이다. 인대의 길이는 136 ㎛이다. 패각의 바깥 표면에는 구멍을 볼 수 없으며, 패각의 안쪽 표면에는 수 많은 돌기로 덮혀 있다(그림 1-14).

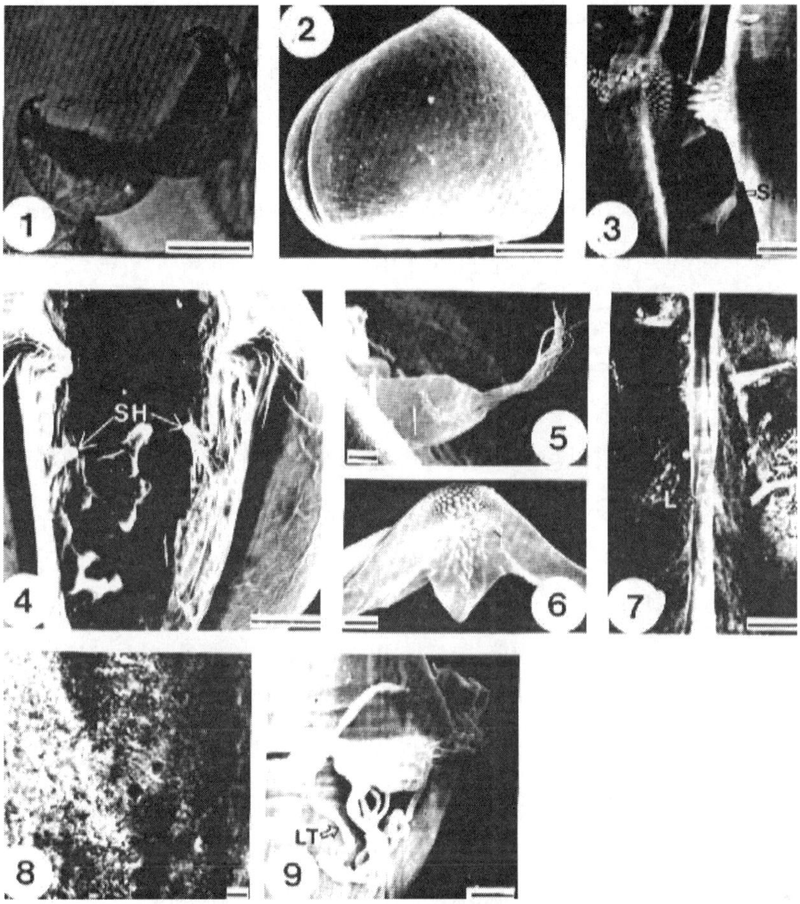

그림. 1-14. 작은말조개 유생의 미세구조.

1, 감각털의 모습; 2, 유생의 모습; 3, 갈고리의 모습; 4, 감각털이 돌출된 모습; 5, 확대된 감각털; 6, 갈고리에작은 가시가 난 모습; 7, 인대; 8, 작은 돌기가 나 있는 내부 표면; 9, 바깥으로 나온 유생사의 모습. 약어; 유생사(LT, larval thread), 감각털(SH, sensory hairs).

(5) 곳체두드럭조개(*L. gottschei*)

겨울동안인 12월부터 2월까지는 정소내에 주로 sperm-morulae를 생성하는 쪽으로 활성화되었으며 초기 정자형성단계에 있는 세포의 수는 극히 드물다. 3월부터 5월 중순까지는 정자발생이 활발해지고 소포의 내강내에는 정모세포와 정자가 많이 나타난다. 6월부터 8월까지는 방정이 일어나는 시기이며, 성숙된 정자가 대부분을 차지하고 정원세포의 수는 감소된다. 9월부터 11월까지는 주로 방정이 일어나서 정소내 소포의 크기가 감소되거나 비어 있으며 아직도 일부는 성숙된 정자가 많이 남아 있다. 난 발생은 주로 3월부터 활발해지는데, 이때의 난의 직경은 115 ㎛이며 이것은 5월 중순까지 계속된다. 6월부터는 방란이 일어나면서 여포속에는 주로 미성숙난과 성숙난이 같이 들어 있으며 난의 직경은 최고 130~140 ㎛를 보이며 이것은 9월까지 비슷한 양상을 보인다. 10월부터 11월까지는 주로 방란이 일어나서 난소의 크기가 감소되거나 비어 있으며 아직도 일부는 난이 많이 남아 있다. 10월부터 11월까지는 주로 난소가 비어 있는 것이 대부분이며 여포벽에서 새로 생성되는 난원세포도 적다. 겨울동안에는 주로 난소내에 영양과립으로 차 있으며 드물게 난원세포도 가지고 있다. 따라서 본 종의 산란시기는 6월 초순부터 8월 말까지 하계산란종임을 알 수 있다.

유생을 가진 암컷에서는 다른 종과는 달리 4개의 아가미 중 바깥 아가미와 4개의 아가미 모두를 보육낭으로 사용하며 보육낭의 색은 옅은 갈색에서 담황색으로 변한다. 보육낭내의 유생은 점액질에 하나 하나 떨어져 있다. 수정막 속에서 두장의 패각을 이루고 있다. 광학현미경으로 관찰해 보면 유생의 형태는 타원형을 보이며, 좌우대칭이다. 유생의 크기는 각장×각고×각폭이 286×312×154 ㎛로 각장보다 각고가 커서 타원형을 하고 있다. 패각의 표면에는 구멍이 나 있으며 패각의 양쪽 끝에는 갈고리를 가진 첨판이 있으며 길이는 36 ㎛이며 크고 작은 갈고리들이 첨판에 나 있는데 큰 갈고리는 2줄로 나 있고 그 수는 12개이고 가장자리에는 수많은 작은 갈고리들이 나 있다. 또 패각의 안쪽 외투막에는 배면과 첨판 아래 감각털이 2개씩 나 있으며 유생사도 패각의 배면 중앙에서 나와 바깥으로 나와 있으며 직경은 6.2 ㎛이다. 인대의 길이는 257 ㎛로 2장의 패각을 연결시키고 있다.

(6) 칼조개(*L. acrorhyncha*)

본 종의 정자 발생은 연중 일어나며 2월말부터 5월초까지는 성장단계로 정소내에는 소포로 차게 되며 발생중인 정모세포가 급격히 증가되면서 정세포와 일부 성숙된 정자도 내강에 차 있다. 5월부터는 정세포와 정자가 대부분을 차지하며 정원세포의 수가 감소되어 나타나며, 소포가 전보다 크게 확장되면서 정자의 일부는 내강안에 들어 있다. 이런 상태는 9월 하순까지 계속되며 9월부터 12월까지는 정소내에 소포가 위축되고 결체조직이 상당부분을 차지하며 성숙된 정모세포도 일부 남아 있다. 겨울동안에는 주로 sperm-morulae가 소포내에 나타나면서 정모세포는 드물게 보인다. 1월부터 2월까지는 발생이 진전되어 정원세포가 커지면서 정모세포도 함께 나타난다. 난 발생은 연중 난소내에 난모세포를 보유하는데 2월에서 5월에는 주로 난병을 따라 난이 생성되고 난원세포는 드물며 난모세포가 내강내에 차 있다. 이때의 난의 직경은 160～170 ㎛이며 5월부터 8월에는 여포가 급격히 커지며 일부 성숙된 난들은 아가미로 방출되고 다시 결체조직으로 채워지며 한편으로 새로운 여포군이 형성되는 것을 볼 수 있다. 이 시기의 난의 직경은 190～200 ㎛로 최대치를 보인다. 9월부터는 성숙난의 방란으로 인해 난낭이 공포상태로 비어 있는 것이 대부분이며, 11월에는 난낭은 급격히 수축되면서 결체조직으로 차 있다. 12월부터 1월 사이에는 새로운 여포군이 형성되면서 난원세포가 생성되고 있다. 이와 같은 결과로 미루어 본 종의 산란시기는 5월 중순부터 8월 하순까지 하계산란종임을 알 수 있다.

유생은 바깥아가미에서 성숙되며 유생이 들어있는 보육낭은 붉은색, 노란색, 흰색을 띠며 형태는 오이씨 모양의 덩어리를 형성하고 있다. 유생의 형태는 아삼각형이고 좌우대칭이며 크기는 각장×각고×각폭이 208×198×149 ㎛이다. 패각의 표면에는 구멍이 없으며 매끈한 망상구조를 하고 있다. 패각의 안쪽에는 수많은 돌기들이 나 있다. 패각의 양쪽 끝에는 갈고리를 가진 첨판이 있으며 첨판의 길이 13 ㎛이며 크고 작은 갈고리들이 첨판에 나 있는데, 큰 갈고리는 3열로 나 있으며 그 수는 15개이며 가장자리에는 수많은 작은 갈고리들이 나 있다. 또한 패각의 안쪽 외투막에는 배면에 하나 첨판 아래에 각각 2개씩 감각털이 나 있으며 유생사도 패각의 안쪽으로부터 나와 있는 것을 볼 수 있다. 유생사의 직경은 7.5 ㎛이다. 패각을 결합시키는 인대의 길이는 150 ㎛이다.

(7) 도끼조개(*S. triangularis*)

본 종의 정자 발생은 겨울동안인 12월부터 2월까지는 주로 정소내에 정원세포가 생성되며 초기 정자 형성단계에 있는 세포는 드물다. 3월부터는 정소내에서 정자발생이 활발해져 내강안에는 정모세포와 성숙된 정자도 보이며 일부 소포의 내강내에는 방정으로 비어 있다. 4월부터는 정자발생이 활발해지고 소포의 크기도 커지면서 성숙된 정자로 대부분 차 있으며 소포의 일부는 방정으로 비어 있는 것을 볼 수 있다. 이와 같은 상태는 9월까지 계속된다. 10월부터는 소포의 크기가 작아지며 일부는 결체조직으로 대체되었다. 그러나 본 종의 정소조직에서는 sperm-morulae는 볼 수 없다. 난 발생은 2월말부터 활발해 지며 여포속에는 난원세포가 생성되고 일부는 난모세포가 소포내에 차 있다. 3월에는 난소내에 난모세포로 차며 소포가 급격히 커져 있다. 이때의 난의 직경은 20～30 ㎛이며, 4월부터 8월말까지는 성숙된 난모세포가 소포내 대부분을 차지하고 일부 성숙 난들이 방란되면서 비어 있거나 결체조직으로 대체되며, 이때의 난의 크기는 40~50 ㎛이다(표 1-3). 9월부터는 방란으로 인해 난낭이 공포상태로 비어있거나 수축되면서 결체조직으로 대체된다. 11월부터 1월까지는 새로운 여포군이 형성되면서 영양과립으로 차 있다. 따라서 본 종의 산란시기는 4월 중순부터 8월까지 하계산란종임을 알 수 있다.

표 1-3. 담수산 석패과 종들의 난소내의 난자의 크기

종명	난자의 크기 (㎛)
작은대칭이	130 ± 10.5
펄조개	135 ± 11.5
말조개	140 ± 12.6
작은말조개	90 ± 8.7
곳체두드럭조개	135 ± 12.0
칼조개	195 ± 17.4
도끼조개	45 ± 2.8

(8) 민물담치(*Limnoperna fortunei*)

민물담치는 상수도의 수원지가 되는 강이나 호수에 서식하면서 수원지에서 상수도에 연결된 급수관, 취수구 및 가압장 등의 내부 벽면에 다량 부착하여 수질을 변화시키며 생활용수의 공급을 방해하는 종으로 알려져 있다. 또한 본 종은 유속이 느리고 수심이 깊은 곳에서 생존이 가능하고 다른 종들에 비해 번식력이 강한 종으로 보고되고 있다. 우리나라에서는 서울과 인천지역의 공업용수와 생활용수를 공급하는 용수관내 착수지 및 정수장, 울산과 마산지역의 공업용수를 공급하는 낙동강 취수장과 가압장의 용수관내와 내부벽에 다량 서식하고 있다. 본 종의 급격한 증식은 생활용수의 유속감소, 수질의 변화, 부패된 패각의 축적이 문제가 된다. 민물담치는 자웅이체이며, 12월에서 4월까지 생식소는 발달이 미약하여 축소되어 있으며 난은 거의 관찰되지 않는다. 5월에 미성숙 난이 나타나며 생식소의 크기도 증대되며 이 시기의 수온은 18℃~22℃ 정도이다. 5월 중순경에는 난은 80 ㎛ 정도의 크기를 보이며, 난의 수는 적고, 완전한 성숙난은 발견되지 않는다. 6월에는 난의 성숙도는 난황이 어느 정도 채워져 있으면서 난핵포가 관찰되는 난 형성의 초기 단계에 있다. 6월 중순경에는 일부의 난은 성숙되어 난핵포가 희미하게 보이는 정도이다. 7월에서 8월까지는 난황이 충분히 채워진 성숙난의 출현 빈도가 매우 높게 나타나고, 뚜렷한 난의 형태를 갖추게 된다. 실험을 통해 수정 후의 난의 발생 과정을 보면, 15

분 후에 수정돌기가 관찰되며, 완전한 담륜자 유생에 이르기까지 약 2시간10분이 소요되었다. 따라서 수정 후 담륜자 유생이 출현하기까지 5시간 30분~6시간 10분 정도의 시간이 걸린다. 8월 하순경에 초기 단계의 D 유생과 면반(velum)이 관찰되며, 매우 활발한 운동성을 보여주는 단계로서 이 시기에 영양분의 섭취가 활발히 이루어지고 있음을 관찰할 수 있다. 본 종의 유생의 성장 상태를 보면 9월초에 각장이 167.61 ± 10.98 ㎛, 각고가 13.7 ± 11.9 ㎛ 이며, 유생 이후 D형 유생과 각정 시기까지의 성장 과정은 각장이 약 230 ㎛, 각고가 약 190 ㎛이 되었을 때 각정이 거의 완전한 형태를 갖추고 있음을 볼 수 있다. 결과적으로 민물담치 유생의 출현 시기는 8월 하순부터 9월 중순까지이며 D형 유생과 각정기는 8월말 이후로 추정할 수 있다. 유생의 성장과정을 보면, 수정 후 23시간이 지나면 초기 D-형 유생기로서 각장이 120~150 ㎛, 각고가 88~120 ㎛정도이며, 2일이 경과하면 각장이 150~190 ㎛, 각고가 120~170 ㎛ 정도이며, 10일이 경과하면 각장이 220~250 ㎛, 각고가 200~230 ㎛으로서 각정기 유생 상태가 된다. 유패로 볼 수 있는 단계는 수정 후 18일경으로 이때의 패각은 전단부위가 급격히 성장하기 시작하며 각고가 각장보다 더 커지는 상태이다. 이때의 패각의 크기는 각장이 250 ㎛ 이상이며, 각고는 230 ㎛정도이다. 이와 같은 유생의 성장 시간은 trochophore 유생 생활형을 갖는 대합이나 가무락과 매우 유사하다.

(9) 재첩(*Corbicula fluminea*)

재첩은 난태생을 하며 석패과에 속하는 종과 마찬가지로 아가미(반새)에서 성장하여 유생으로 체외로 방출되나 석패과의 종들이 외반새를 보육낭으로 이용하는 것과는 달리 주로 내반새를 이용하며 간혹 외반새도 보육낭으로 이용되기도 한다. 생식소에 있는 난의 크기는 약 170 ㎛이나 반새 속에 있는 미수정란은 약 194 ㎛이며 전체적인 난할 과정은 18℃에서 수정 후 2할구까지 약 76분이 소요된다. 난할과정을 거쳐 담륜자 시기까지는 수정 후 약 3시간이 걸리며 유생 형성까지는 약 17시간이 소요된다. 이러한 과정을 거친 유생이 발을 움직여 운동하는 것을 관찰할 수가 있으며 이때의 유생의 크기는 각고가 168 ㎛ 각폭이 195 ㎛로 전형적인 D-form을 보인다. 또한 갈고리가 없고 발을 이용하여 운동을 할 수 있는 것으로 보아 재첩의 유생은 석패과의 종들과는 달리 어류 등에 부착, 기생 생활을 하지 않고 직접 독립적인 영양 생활을 하는 것으로 생각한다. 내반새속에 들어 있는 유생은 평균 3~36개이다.

(10) 일본재첩(*Corbicula japonica*)과 참재첩(*C. leana*)

일본재첩은 자웅이체이며 난생을 하는 것으로 알려져 있으며, 생식소는 내장낭의 소화맹낭 하부로부터 족부의 외벽근층내에 있는 섬유성 망상 결합조직까지 분포되어 있다. 미성숙 난소나 정소는 소화맹낭 주위에 극히 좁게 분포하고 있어 외관상 식별이 어려우나, 생식소가 결합조직층까지 확장 발달되어 간다. 완전히 성숙한 개체의 생식소를 절개하여 보면 암컷의 난소 부위에는 많은 회흑색의 난들이 있는 것을 볼 수 있고, 수컷은 유백색 정자들의 혼탁액을 볼 수 있다. 그러나 방란 또는 방정을 마치게 되면 생식소는 차츰 퇴화 위축되어 암수의 성을 식별할 수 없게 된다. 참재첩의 경우는 난소와 정소 모두 유백색을 띄고 있어, 매우 성숙한 상태가 아니면 족부근육층과 쉽게 구별할 수 없다. 일본재첩의 난자 형성을 보면 발달 초기 난소는 소화맹낭 아래쪽 족부 외벽근 층 내의 섬유성 망상 결합조직에서 소관들이 분지 되어 난소 소낭을 이루면서 발달하기 시작하는데, 이들은 점차 결합조직까지 차지한다. 난소 소낭을 이루고 있는 소낭막은 이중 결체성 섬유막으로, 내강상피가 생식상피의 기능을 하며 이들 내강에는 생식 상피와 연결된 미분화 간충조직과 색소 과립이 풍부하게 분포하고 있다. 분열 증식 중인 난원세포의 크기는 10 ㎛ 전후로 뚜렷한 인을 가진 핵이 세포질의 대부분을 차지하고 있다. 난원세포가 초기 난모세포로 성장하기 시작하면서 난병이 형성되고 이들 난병을 상피상에 부착한 채 중앙의 내강을 향해 긴 타원형으로 발달한다. 난모세포가 40~50 ㎛으로 성장하면서 생식상피 및 난소 소낭의 빈 공간에 풍부하게 분포하던 간충조직과 색소과립들이 차츰 흡수 소실되면 그 양이 줄게 된다. 난모세포가 60 ㎛ 전후로 성장되면 난소 소낭들은 그 수가 증가하여 족부 좌우 외벽층 내의 결합조직층 대부분을 차지하고, 난병을 가진 채 성장하던 긴 타원형의 난모세포들은 난병을 소실하고 구형으로 변형되면서 중앙의 내강을 차지한다. 난소가 완숙되면 발달된 난소 소낭이 족부내의 결합조직까지 차지한다. 구형의 완숙된 난모세포는 그 크기가 80 ㎛ 전후로 난소 소낭의 내강에 출현한다. 이 때 생식상피 상에는 어린 난원세포가 소수 나타날 뿐 초기 성장 중인 난모세포는 거의 찾아볼 수 없다. 완숙 난모세포는 난황막 외측에 얇은 젤리층을 형성하며, 세포질에는 난황과 소량의 지방 과립이 축적되어 있다. 중앙에는 커다란 핵이 있고 핵질은 망상으로 고루 분포하며 강한 호염기성 단일 인이 뚜렷하게 자리 잡고 있다. 산란기가 되면 난소 소낭의 중앙부 내강에 자리잡고 있던 완숙 난들은 거의 방출되며 일부 후기 활성 기의 난소세포들이 남아 있다. 이들 남아있는 난모세포 군들은 난낭 내에서 세포질 붕괴를 일으켜 퇴화 흡수되며 이와 함께 난소 소낭 자체도 위축 퇴화된다. 이러한 생식소 퇴화에 이어 곧 새롭게 분화 발달하면서 재배치된 족부 결합조직에서 신생 난소 소낭이 형성된다.

정자 형성을 보면 정소도 난소와 마찬가지로 소화 맹낭을 비롯하여 족부의 망상 결합조직 층에 위치하며 분지된 정소 세관들로 이루어져 있다. 초기 새로 생긴 정소 세관들은 내장낭이나 족부의 결합조직 층에서 세관 상으로 나타나기 시작하며, 이들 세관 상피에서 정원세포들이 다수 출현한다. 정소 세관의 생식상피가 보다 활발히 기능을 발휘하면서 상피 상에는 정원세포뿐만 아니라 정모세포들이 나타나기 시작하고 중층으로 배열되어 있다. 이 때 정소 세관의 내강에는 많은 미분화 간충조직이 색소과립과 함께 풍부하게 나타나며, 정소가 좀 더 발달하면 많은 정원세포, 정모세포 그리고 소수의 정세포들이 생식상피로 부터 중앙 내강을 향해 층상 배열하고, 일부 변태가 완료된 정자가 출현하게 된다. 변태된 정자들이 차츰 증가하면서 정자들끼리 밀집되어 두부를 외측 생식 상피 쪽을 향한 채 물결 모양의 흐름을 이루게 된다. 완숙기에는 내장낭을 비롯한 족부 결합 조직층 전체가 정소 세관으로 채워지면서 극소수의 정원세포들과 정모세포 층이 있을 뿐이고, 원래의 족부 결합조직들은 정소 세관들의 경계부에서만 소량 찾아볼 수 있다. 방정이 일어나면 충만되어 있던 정자들이 거의 방출되어 물결모양의 정자 배열은 붕괴되고 세관 내에 빈곳이 생겨나고 일부 정자들만 산재하고 있다. 이들은 곧 퇴화 흡수되면서 정소 세관도 위축 퇴화된다. 이 후 세관이 퇴화 소실되어감과 동시에 족부 결합조직들이 다시 발달하게 된다.

본 종의 생식 주기를 보면 조직학적으로 조사된 생식세포 형태와 분화를 근거로 생식주기는 초기 활성기, 후기 활성기, 완숙기, 부분 산란기, 퇴화 및 비활성 기의 연속적인 5단계로 구분 할 수 있다. 이를 다시 자세히 보면, 1) 초기 활성기: 암컷의 경우, 난소 소낭의 두터운 생식상피에서 난원세포가 분열 증식되고 있으며, 초기 발달중인 난모 세포가 출현한다. 수컷의 경우는 정소 세관의 두터운 생식 상피에 정원세포들이 출현하며 다수의 정모세포가 출현한다. 이 시기에 암수의 생식세포들 주변에는 미분화 간충조직과 호산성 과립 세포들이 나타나게 된다. 초기 활성기의 개체들은 2-4월에 걸쳐 출현한다. 2) 후기 활성기: 암컷의 경우, 난소 소낭 내에는 소수의 난원세포들과 다수의 발달 중인 난모세포들이 출현하며, 이 때 난소는 좀 더 비대해 지게 된다. 수컷의 경우, 정소 세관 내에는 정모세포, 다수의 정세포들과 일부 변태중인 정자들이 나타나며 정소 역시 비대 되어 있다.

(11) 산골조개(*Pisidium coreanum*)

산골조개는 수정을 하여 유패가 될 때까지 아가미에서 발생을 한다. 수정란은 아가미

내에서 막에 싸여 있으며 난할방식은 전형적인 전할이며, 성장하여 유패로 발달하는 난태생을 한다. 성패 내에서 가장 많은 유패를 보유하고 있는 개체는 19마리였다. 이들의 크기는 평균 각장×각고×각폭이 5.2× 5.1× 3.0 ㎜이며 유패를 보유하고 있는 성패 중에 가장 작은 개체는 3.6× 2.8×2.0 mm 이고 가장 큰 개체는 5.7× 5.1× 3.8 ㎜이다.

성패가 서식하고 있는 장소의 연간 수온의 변화는 4℃ ~ 19℃이나 유패를 보유하고 있는 개체는 4월 초순에서 11월 중순까지 나타나고 이때 서식지의 온도는 8℃ ~ 19℃ 범위이다. 유패를 보유하고 있는 개체 수는 6월 중순부터 7월 중순까지 전체의 50% 이상을 차지하는 것으로 보아 이 시기에 가장 활발한 발생을 하는 것으로 추정된다. 본 종의 생식소를 보면 하나의 생식소 내에서 정소와 난소를 모두 가지고 있다. 정원세포와 난원세포로부터 생성되어 성숙한 정자와 난이 방출되는 과정을 연중 반복하고 있는 것을 알 수 있으며, 정소에서 여러 단계의 정원세포와 난소에서 난원세포를 관찰하였다. 자웅 동체이면서도 정소와 난소 내에서 정자와 난의 발생 정도가 다른 것으로 보아 자가 수정을 하지 않는 것으로 여겨진다. 실제로 1월 중순에 채집된 개체를 실험실로 옮겨 수온을 10 ℃로 올려 주었을 때 약 30일 후에 유패를 방출하는 것을 관찰할 수 있다. 산골조개는 일정한 환경에 적응하여 생활함으로서 일년 내내 산란을 할 수 있지만, 수온이 8 ℃ 이하로 낮아지면 정자와 난들을 생식소 내에 보유하고 있다가 일정한 온도가 되면 다시 아가미 내에서 수정하여 발생하는 생활사를 가지고 있다(표 1-4).

표 1-4. 산골조개의 성체에 들어있는 유패의 평균 개체수와 수온

월	보육낭내 유패의 평균수*	수온 (℃)
1월	0	4.4
2월	0	1.3
3월	0	6.2
4월	0.7	9.7
5월	2.3	13.2
6월	5.4	14.6
7월	6.5	16.0
8월	3.4	18.8
9월	3.0	16.2
10월	0.6	8.7
11월	0.3	7.2
12월	0	5.9

*20개체에서 측정된 수치임.

참고문헌

Amemiya, I. 1992. On the sex-change of the Japanese common oyster, *Ostrea gigas* Thunberg. Proc. Imp. Acad. (of Japan). 5:284-286.

Arey, L. B. 1921. An experimental study on glochidia and the factors underlying their encystment. J. Exp. Zool. 33: 436-499.

Choi, K. C., S. S. Choi and O. K. Kwon. 1968. Ecological studies in the *Lamprotula coreana*. (II). On the attachment of the glochidia of *Lamprotula coreana* to the infectious fish body. Kor. J. Zool. 11:1-4.

Coe, W. R. 1934. Sexual differentiation in mollusks. I. Pelecypods. Quart. Rev. Biol. 18:154-164.

Coe, W. R. 1945. Development of the reproductive system and variations in sexuality in *Pecten* and other pelecypod molluscs. Trans. Conn. Acad. Sci. 36: 673-700.

Coker, R. E., A. F. Shira, H. W. Clark and A. C. Howard. 1921. Natural history and propagation of freshwater mussels. Bull. U. S. Bul. Fish., 37: 77-181.

Davenport, D. and M. Warmuth. 1965. Notes on the relationship between the freshwater mussel *Anodonta implicata* Say and the Alewife Pomolobus pseudoharengus (Wilson). Limn. and Oceano. 10:74-78.

Fretter, V. & A. Graham. 1964. Reproduction. In 'Physiology of Mollusca, Vol. 1' (eds. K. M. Wilbur & C. M. Yonge), Academic Press, New York., p. 127-164.

Galtsoff, P. S. 1964. The American oyster Crassostrea virginica Gmelin. U. S. Fish. Wildl. Serv. Fish. Bull. 64:1-480.

Howard, A. D. 1914. A second case of metamorphosis without parasitism in the Unionidae. Science 40:353-355.

Jackson, J. B. C. 1974. Biographic concequences of eurytopy and stenotopy among marine bivalves and their evolutionary significance, Amer. Natl. 108: 54-560.

Kat, P. W. 1983. Genetic and morphological divergence among nominal species of North American *Anodonta* (Bivalvia: Unionidae). Malacologia. 23:361-374.

Kat, P. W. 1984. Parasitism and the Unionacea (Bivalvia). Biol. Rev. 59: 189-207.

Lefevre, G. and W. C. Curtis. 1912. Studies on the reproduction and artificial propagation of freshwater mussels. Bull. U. S. Bur. Fish. 30:105-201.

Mayr, E. 1971. Populations, Species and Evolution. Harvard Univ. Press. Cambrige, Massachusetts, p. 102-108.

Murphy, G. 1942. Relationship of the freshwater mussel to trout in the Truckee River. California fish. and Game. 28:89-102.

Purchon, R. D. 1951. Hermaphroditism. Reprinted from Gazette King Edward 7. Med. Soc., Univ. Malaya 2.

Sastry, A. N. 1963. Reproduction of the bay scallop, *Aequipecten irradians* Lamarck. Influence of temperature on maturation and spawning. Biol. Bull., 125: 146-153.

Telda, S. and C. H. Fernando. 1969. Observations on the glochidia of *Lamplsilis radiata* (Gmelin) infesting the Yellow Perch, *Perca flavescens*(Mitchill) in the Bay of Quinte, Lake Ontario. Canadian J. Zool. 47:705-712.

Wood, E. M. 1974. Development and morpology of the glochidium larva of *Anodonta cygnea* (Mollusca: Bivalvia). J. Zool. London 172:1-13.

제 2 장
해산 이매패류의 난발생형과 배우자형성과정 중 생식세포의 분화

해산 이매패류의 난발생형에는 난생형과 난태생형의 2가지가 있는데, 난생형에는 대부분의 자웅이체 이매패류가 이에 속한다. 난생형 이매패류는 거의 모두가 자웅이체이며 체외수정(external fertilization)을 하는 종들이다. 이들의 특징은 암, 수 모패에서 각각 방란된 완숙란들과 방정된 정자들이 몸 밖의 해수 속에서 체외수정이 일어나며, 어미 개체로부터 영양공급을 받지 않고 난세포 내에 축적된 난황물질을 이용하여 발생이 일어나고 있어 난생(oviparity)이라 한다. 그러나 해산 난태생형 이매패류의 경우는 모두가 자웅동체이며 체내수정(internal fertilization)을 하는 종들로 유생형(larviparous type) 굴류인 *Ostrea* 속 굴류만 이에 해당되어, 난태생 종들의 수는 극히 제한되어 있다. 특히, 우리나라 토굴(*Ostrea densellamellosa*)은 난태생형 이매패로, 자웅동체라 하더라도 성적으로 성숙한 시기에 동일 생식소 내에서는 수정이 일어나지 않고 입수관 속에서 완숙란이 다른 개체의 정자와 맞나 체내수정이 일어난다. 토굴은 유생 발생시 모패의 아가미 조직으로부터 영양을 공급받지 않고 수정란 내에 축적되어 있는 난황물질을 이용하여 유생이 성장·발달하므로 토굴은 난태생(ovoviviparity)이다(Yang, 1999). 해산 이매패류는 대부분이 난생이므로 본 장에서는 난생 이매패류를 주된 대상으로 생식생물학적 특징을 다루고자 한다.

이매패류의 생식기구(reproductive mechanism) 연구에서 난형성과정(oogenesis)과 정자형성과정(spermatogenesis) 중에 출현하는 생식세포들의 분화 및 퇴화에 관한 연구는 그 종의 생식특성이나 생식유형(reproductive mode)을 연구하는데 매우 중요하다. 그러나 이매패류 난소 내에서 일어나는 난형성과정 중 난황형성기구(vitellogenic mechanism)에 관하여는 아직까지 이론적으로 명확하게 확립되지 못한 상태라 좀 더 상세한 연구가 요망된다. 최근 패류 중 복족류의 난황형성과정에 관한 보고로는 피뿔고둥(*Rapana venosa*)과 갈색띠매물고둥(*Neptunea arthritica cumingii*) 등이 보고되어 있는데 이들의 난황형성과정은 단지 자율합성에 의해서 일어나는 것으로 보고되어 있다(Chung *et al.*, 2002, 2004).

그러나 이매패류의 난황형성과정은 첫째로 난모세포 자체에서 일어나는 난황형성의 자율합성과정(autosynthetic vitellogenesis)과 둘째로 난모세포에 부착된 보조세포(follicle cell 또는 auxiliary cell)들이 함유하는 영양성분들 즉, 외인성 물질들이 엔도시토시스 (endocytosis)에 의해 난모세포 속으로 들어와 난황형성이 일어나는 타가합성과정(heterosynthetic vitellogenesis)을 통해서 일어난다. 이와 같이 난황형성이 일어나려면 상기 2가지 과정이 난황형성 시에 일어나는 것으로 최근 소수의 연구자들에 의해 보고되어 있다(Bottke *et al.*, 1982; Eckelbarger and Davis, 1996; Gaulejac *et al.*, 1995; Chung *et al.*, 2005, 2007). 따라서 난황형성과정에 관련되는 상기 2가지 과정을 규명하기 위해서는 난모세포 단계별로 난모세포질 내의 세포소기관자들이 각 과정에서 어떻게 관여하는지 그 기능과 이들에 의해 형성되는 난황형성물질들을 투과형전자현미경 관찰에 의해 상세하게 조사할 필요가 있다. 그리고 난모세포들의 퇴화에 관여하는 것으로 알려진 난모세포에 부착되어 출현하는 보조세포들의 형태 및 기능을 상세히 밝힐 수 있다면 이매패류의 종별 생식기구 규명에 크게 이바지 할 수 있을 것으로 사료된다.

이매패류의 정소 내에서 일어나는 정자형성과정 중 특히, 정자 구조의 형태적 특징은 종의 진화와 관계가 있어 분류학적 기준이 되고 있다. 특히 정자의 미부나 중편의 미세구조 보다는 핵의 모양과 첨체들의 형태가 과별 또는 종별로 큰 차이를 보이는 것으로 보고되어 있어(Popham, 1979; Kim, 2001), 최근에는 많은 연구자들이 이매패류 정자의 미세구조적 차이를 종의 분류에 이용하고 있다. Franzen (1956)은 정자의 type을 체외수정 종들에서 나타나는 원시형(primitive type)과 체내수정을 하는 복족류의 종들에서 흔히 나타나는 변형형(modified type)의 2가지로 구분하였다. 특히, 이매패류에서 나타나는 원시형 정자들의 형태학적 특징은 핵과 첨체로 이루어진 두부와 중편부 및 편모로 이루어져 있으나 이들의 외형적 특징은 과별 또는 종별로 다르게 나타난다.

본 장에서는 이매패류의 난발생형별 생식생물학적 특징과 그리고 난형성과정 중 난황형성기작 및 보조세포에 의한 난모세포의 퇴화과정을 전자현미경 관찰에 의해 종별로 규명하고, 정자형성과정에서 나타나는 과(family)별 및 종(species)별 형태학적 특징을 미세구조 관찰에 의해 상세하게 비교·고찰하려한다.

1. 난발생형별 생식소의 내부구조 및 외부형태

해산 이매패류는 난생형과 난태생형의 2가지 형으로 나누어지며, 종에 따라 암・수 개체의 성이 완전 분리, 일부 혼합 또는 완전 혼합된 것으로 구분되어 나타난다. 이매패류의 난발생형에 따른 생식소의 내부구조 및 외부형태는 과(family)별로 뚜렷한 차이를 보인다.

1) 난생형(oviparous type)

대부분의 해산 이매패류의 난발생형은 난생형이나 생식소가 내장낭(중장선, 소화맹낭, 생식소가 함께 섞여 있음) 속에 존재하는 경우와 생식소가 별도로 상기 기관들과 구분되어 있는 2가지 경우가 있다. 생식소가 내장낭 속에 분포하는 이매패류의 내부구조를 조직학적으로 관찰하여 보면, 생식소가 발달하기 시작하는 시기에는 중장선과 소화맹낭으로 이루어진 내장낭 하부에 주로 분포하나, 생식소가 성숙하게 되면 족부의 망상결체조직(reticular connective tissue)까지 분포한다. 그러나 예외로 가리비과(Pectinidae)의 이매패류는 생식소가 소화맹낭과 후폐각근 사이에 분리되어 나타나 육안관찰에 의해 외형적으로 뚜렷하게 구분된다. 그러나 일반적으로 난생형 이매패류 생식소의 내부구조를 조직학적으로 관찰하여 보면, 난소는 수많은 난소소낭(oogenic follicle)으로 구성되어 있으며, 정소도 다수의 정소소낭(acinus)들로 이루어져 있다.

(1) 자웅이체 종(dioecious species)

난생형 해산 이매패류 생식소의 외부형태를 보면, 백합과(Veneridae), 굴과(Ostreidae) 꼬막조개과(Arcidae), 죽합과(Solenidae), 재첩과(Corbiculidae) 등에 속하는 조개류들은 생식소가 성적으로 성숙한 시기일지라도 암・수 생식소의 외형적 색깔이 유사하여 육안관찰로는 성을 구분하기 어렵다. 이때 면도날로 생식소를 살짝 긁어 보면 성숙난들과 유백색의 정자들이 흘러나와 해부에 의해서 용이하게 암・수의 성을 구분할 수 있는 자웅이체(dioecious) 종들이다. 그러나 산란 후는 생식소 내 생식세포들이 방출 또는 퇴화되어 생식소의 해부에 의해서도 암・수의 성을 구분하기 어렵다. 해산 난생형 중 개량조개과(Mactridae), 가리비과(Pectinidae), 키조개과(Pinnidae), 홍합과(Mytilidae) 등의 조개류들은 일반적으로 생식소가 성장・발달하기 시작하는 시기에는 난소의 색깔이 옅은 등적색 또는 적색을 나타내며, 성숙해지면 좀 더 짙은 색깔을 나타내게 된다. 반면,

수컷은 정소가 성숙해지면서 유백색 또는 황백색을 나타내어 외형 색깔에 의해서 암・수 성의 구별이 용이해 진다. 그러나 산란기 이후에는 생식소 내의 생식세포들이 방란・방정된 후 퇴화되어 난소의 색깔과 정소의 색깔이이 아주 옅어져 외형 색깔에 의해서는 암・수 성의 구별이 어렵게 된다.

(2) 자웅동체 종(hermaphrodite species)

난생종 중 예외로 가리비과의 대서양해만가리비(*Argopecten irradians irradians*)와 새조개과(Cardiidae)의 새조개(*Fulvia mutica*)의 경우는 세포・조직학적으로 모든 개체가 자웅동체(hermaphrodites)의 특징을 나타낸다. 다시 말해서 한 개체의 동일 생식소 내에 난소조직과 정소조직을 함께 가지므로서 이들 조직 내에는 웅성생식세포들과 자성 생식세포들을 각각의 조직 속에 가지는 자웅성을 나타낸다. 이들 종은 해수 속에 방란된 난자들이 다른 개체에서 방정된 정자들과 몸 밖의 해수 속에서 수정이 일어나는 체외수정을 한다. 이와 같이 난생형 자웅동체가 체외수정을 하는 반면, 난태생형 이매패류인 유생형 굴류는 자웅동체일지라도 체내수정이 일어나고 있어 수정하는 방법과 수정 장소가 서로 다르다.

2) 난태생형(ovoviviparous type)

해산 난태생(ovoviviparity) 이매패류에는 체내수정을 한 후, 유생을 방출하는 유생형 굴류인 *Ostrea* 속의 굴들이 이에 속한다. 예를 들어 유럽산 넓적굴(*Ostrea edulis*)과 미국 태평양 연안의 올림피아굴(*O. lurida*), 그리고 우리나라에 서식하는 토굴(*Ostrea densellamellosa*) 등이 이에 속하는데, 이들은 모두 자웅동체이며 체내수정을 하는 종들이다. 특히, 토굴의 생식특성을 예를 들어 설명하면 다음과 같다. 다른 유생굴들과 같이 토굴도 생식소 내에 난소 조직과 정소 조직이 함께 존재하는 자웅동체성(hermaphroditism)을 나타낸다. 생식소의 난소 조직 내에서 성숙 및 완숙된 난들이 비동시적으로 산란된 후, 난들은 입수관에 머물고 있다가 먹이와 함께 들어온 다른 개체들에서 방정된 정자들과 수정이 일어난다. 산란 후 1-3일이 경과되면 아가미 주위에 점액질로 포매되어 있는 담륜자 유생(trochophore larva)으로 된다. 이때 배는 모체로부터 영양을 의존하지 않고 단지 원래의 알 속에 축적되어 있는 난황을 영양성분으로 이용하여 모패의 아가미 속에서 성장・발달한다. 담륜자 유생들이 1-2일 경과하면 모패의 아가미 조직속에서 D상 유생(Prodissoconch larvae)으로 발달하게 되며 이들 유생은 모패의 아가미에서 해수로 방출되어 부유생활을 하게 된다. 그리고 10일 정도 더 경과되면 각정기 유생(umbo stage larvae)이 된다. 이윽고 이들 유생은 발이 발달하여 부착 직전의 유생(크기 320×360 ㎛ 정도)으로 자라게 되며, D형 부유유생에서 28일이 경과되면 부착기 유생(pediveliger stage)이 되어 기질에 부착, 서식하게 된다(Yang, 1999).

2. 배우자형성과정 중 생식세포들의 분화

이매패류의 난소와 정소 내에서 배우자형성과정(gametogenesis) 중에 생성되는 생식세포들의 분화 특징을 조사하기 위해서는 이들의 미세구조를 조사하여야 한다.

난형성과정 중 생식세포들의 분화를 조사하기 위해서는 일반적으로 투과형전자현미경(transmission electron microscope)으로 미세구조를 관찰하며, 정자형성과정 중 생식세포들의 분화과정을 조사하기 위해서는 투과형전자현미경과 주사형전자현미경(scanning electron microscope)에 의해 미세구조를 관찰하여 과별 종별 정자형성과정과 정자의 구조적 차이를 구분한다. 난형성과정 및 정자형성과정은 출현하는 자성 및 웅성생식세포들의 미세구조적 분화 특징에 따라 편의상 몇 가지 단계로 구분할 수 있다.

1) 난형성과정(oogenesis)

이매패류는 비록 종이 다르다 할지라도 난형성과정은 대부분의 연체동물에서 나타나는 특징과 기본적으로 동일한 양상을 나타낸다. 난형성과정은 생식세포들의 미세구조 및 활성 등 형태적 특징을 근거로 (1) 전감수분열단계(premeiotic phase), (2) 전난황형성단계(previtellogenic phase), (3) 난황형성단계(vitellogenic phase), (4) 의 4단계로 구분하고 있다(Eckelbarger and Davis, 1996). 그리고 연구자에 따라 성숙단계(mature phase)서는 난황형성난모세포를 초기난황형성난모세포와 후기난황형성난모세포로 다시 세분하고 있다(Eckelbarger and Davis, 1996; Chung *et al.*, 2005; Chung. 2007, Chung and Kim, 2007).

이매패류의 난황형성과정(vitellogeuesis)은 그림 2-20에 나타낸 바와 같이, 난황형성의 자율합성과정(process of autosynthetic vitellogeuesis)과 타가합성과정(process of heterosynthetic vitellogeuesis)의 2가지 과정을 거치는 것으로 보고되어있다(Pipe, 1987 ; Gaulejac *et al.*, 1955 ; Eckelbarger and Davis, 1996; Chung *et al.*, 2005; Chung. 2007, Chung and Kim, 2007). 특히, 난형성과정(oogenesis) 중 발달 중인 난

모세포에 부착된 보조세포들과 그리고 퇴화 중인 난모세포에 부착된 보조세포들의 미세구조적 변화 특징은 생식세포들의 발달단계에 따라 다르다.

(1) 전감수분열단계(premeiotic phase)

연구자에 따라서는 전감수분열단계를 난원세포단계(oogonial phase)로 구분하는 경우도 있다. 백합(*Meretrix lusoria*)의 경우, 생식상피의 경계부위에 출현하는 줄기세포(stem cell)로부터 제 1차 난원세포(약 10-11 μm)들이 생성되는데, 이들 세포는 핵-세포질의 비율이 높게 나타나는 것이 일반적인 특징이다. 제 1차 난원세포(primary oogonium)들은 생식상피 상에 한 개 또는 무리를 지어 나타난다. 제1차 난원세포는 유사분열에 의해 제 2차 난원세포(secondary oogonium)들로 된다. 개개의 제 1차, 2차 난원세포들은 각각 핵 내에 한 개의 큰 인(nucleolus)과 세포질 내에 소수의 미토콘드리아(mitochondria)들과 골지체(Golgi complex)가 출현하나 이들 세포들의 발달은 아주 미약하다(그림 2-1).

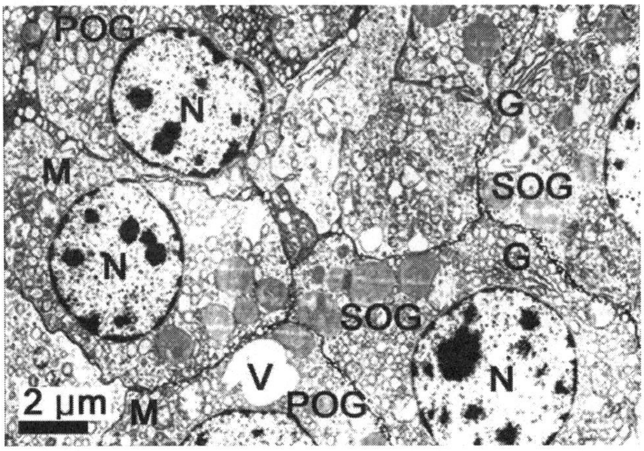

그림 2-1. 백합(*Meretrix lusoria*) 난원세포기의 난원세포들의 전자현미경사진. 제 1차 및 제 2차 난원세포들은 큰 핵(N)을 가지며, 세포질 내에 다수의 미토콘드리아와 골지체가 출현한다. G, 골지체; M, 미토 콘드리아; N, 핵; POG, 제 1차 난원세포; SOG, 제 2차 난원세포

(2) **전난황형성단계**(previtellogenic phase)

난원세포들은 생식상피를 따라 출현하고 있는 생식세포들의 유사분열로 유래되나 그 후 감수분열을 거쳐 난모세포로 된다. 제 2차 난원세포들이 제 1차 감수분열 전기로 들어가면, 전난황형성난모세포들(previtellogenic oocytes)로 발달한다. 백합(*Meretrix lusoria*)과 큰가리비(*Patinopecten yessoensis*)의 경우, 전난황형성난모세포들은 모양이 작고 타원형이며, 핵 속에 한 개의 큰 인을 가진다. 세포질이 성장하므로서 세포질 내에는 골지체, 수많은 미토콘드리아들과 조면소포체들이 핵 주변 구역에 집중하여 나타난다. 이 시기에 전난황형성난모세포의 핵과 세포질은 체적이 증가되는데, 핵과 난모세포의 난경은 각각 4-5 μm 및 15-25 μm 정도이다. 그리고 각각의 전난황형성난모세포에는 소수의 보조세포들이 부착되어 나타난다. 이들 보조세포의 핵은 타원형 또는 불규칙하며, 세포질 내에는 치밀한 조면소포체들, 미토콘드리아 그리고 소수의 공포들이 출현한다(그림 2-2, 2-3).

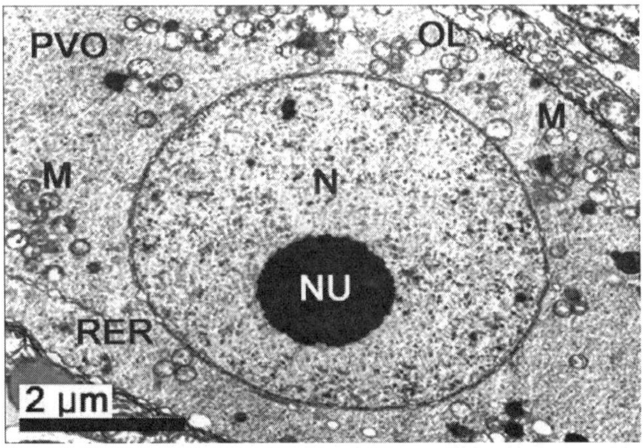

그림 2-2. 백합(*Meretrix lusoria*) 전난황형성난모세포의 전자현미경 사진. 전난황형성난모세포의 핵 내에는 한 개의 인을 가지며, 세포질 내에는 여러 개의 미토콘드리아와 조면세 포체가 출현한다. M, 미토콘드리아; N, 핵; NU, 인; OL, 난막; PVO, 전난황형성난모세포; RER, 조면소포체

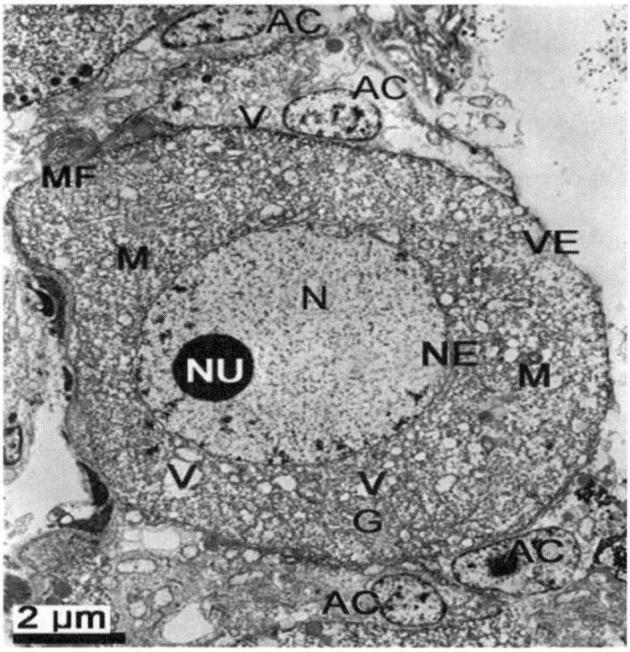

그림 2-3. 큰가리비(*Patinopecten yessoensis*) 전난황형성난모세포와 보조세포들의 전자현미경 사진.
전난황형성난모세포는 둥근 핵을 가지며 세포질 내에는 미토콘드리아, 골기체 및 공포들이 출현하고 있고, 난모세포에 부착된 보조세포들은 타원형의 핵과 세포질 내에 공포 및 조면소포체들이 출현한다. AC, 보조세포; G, 골지체; M, 미토콘드리아; N, 핵; NE, 핵막; NU, 인; V, 공포

(3) 난황형성단계(vitellogenic phase)

전난황형성난모세포들이 좀 더 발달하면 초기난황형성난모세포(early vitellogenic oocyte)로 된다. 초기난황형성난모세포들에서 나타나는 특징은 난모세포들이 난병을 가지게 되며, 이때 원형질막이 변하여 정단부위에서 미세융모가 출현하여 난황막이 형성된다. 백합과 큰가리비의 경우, 초기난황형성난모세포는 소수의 보조세포들에 의해 둘러싸여 있는데, 보조세포들은 난모세포의 매끈한 난황막에 부착되어 있다. 이때에 직경 4-5 μm 정도인 보조세포들이 난소소낭 벽(follicular wall)의 주변에서 이동한다. 보조세포들은 핵 내에 짙은 염색질과 핵막 주변부위에 염색질을 가지며, 보조세포의 세포질 내에는 조면소포체들과 미토콘드리아들이 출현한다. 초기난황형성난모세포들에서 특히, 난황형성 시작과 더불어 지방적들과 미토콘드리아가 세포질 내에서 출현하고 있다. 그리고 이

시기에 난모세포질 내에는 골지체 내에 골지체 분비산물(Golgi product)이 관찰되며 골지체 가까이에서 소수의 지방적들과 수많은 공포 및 소포들이 나타나는 특징을 보이고 있다. 이 시기에 같은 단계의 난모세포질 내에서 미토콘드리아들과 잘 발달된 조면소포체에 의해 둘러싸인 지방적(lipid)들이 피질과립(cortical granules)들과 외인성 물질들 가까이에서 나타난다. 이들 물질이 난황막 외부에서 수많은 글리코겐 입자들이 난질(ooplasm) 속으로 통과해 들어오는 특징을 볼 수 있다(그림 2-4, 5, 6, 7, 8, 9). 초기난황형성난모세포들이 난황막을 형성하기 시작할 때, 미세융모의 처음 모양은 타원형 또는 약간 긴 모양을 나타낸다. 이 시기에 엔도시토시스(endocytosis)에 의해 형성된 여러 개의 피복소포(coated vesicle)들이 난모세포 난막의 기저부에서 출현한다.

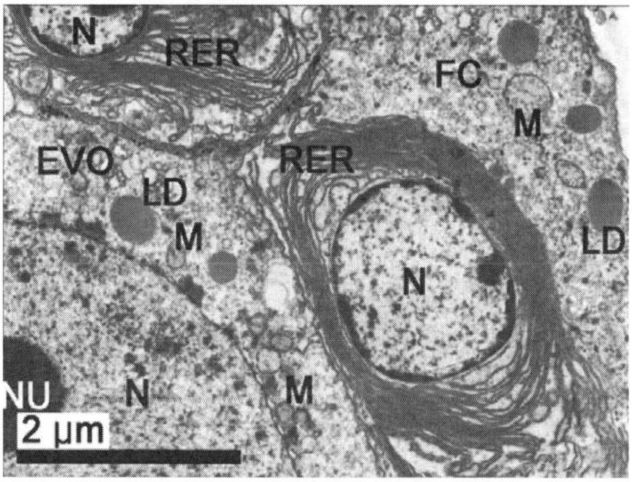

그림 2-4. 백합(*Meretrix lusoria*)의 난황형성기 중 출현하는 초기난황형성난모세포와 이에 붙어 있는 보조세포들의 전자현미경 사진. 초기난황형성 난모세포는 둥근핵 내에 한 개의 인이 나타나며, 세포질 내에는 주 많은 미토콘드리아들과 지방적이 출현한다. EVO, 초기난황형성난모세포; FC, 보조세포; LD, 지방적; M, 미토콘드리아; N, 핵; RER, 조면소포체

피복소포(coated vesicle) 내에서 영양물질이 흡수되는 것이 난황형성 중 난황막(oolemma) 상에서 피복소공(coated pit)을 통해서 나타나고 있어 난황형성시에는 외인성 타가합성(exogenous heterosynthesis)이 현상이 일어나고 있는 것을 용이하게 관찰할 수 있다(그림 2-10).

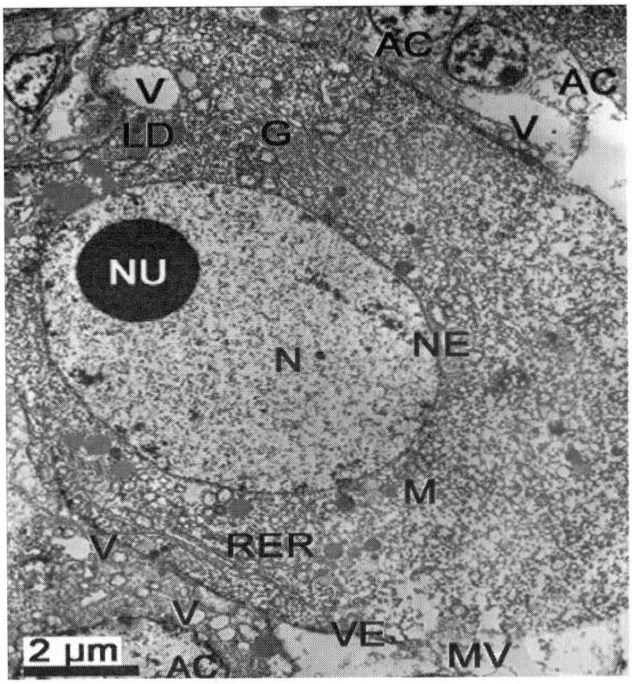

그림 2-5. **큰가리비(*Patinopecten yessoensis*)의 초기난황형성난모세포 및 보조세포의 전자현미경 사진.** 초기난황형성난모세포의 세포질 내에는 조면소포체, 다수의 미토콘드리아들 및 공포가 출현한다. 또한 보조세포에는 타원형의 핵과, 세포질 내에 조면소포체와 공포가 출현한다. AC, 보조세포; G, 골지체; LD, 지방적; M, 미토콘드리아; MV, 미세융모; N, 핵; NE, 핵막; NU, 인; RER, 조면소포체; VE, 난황막

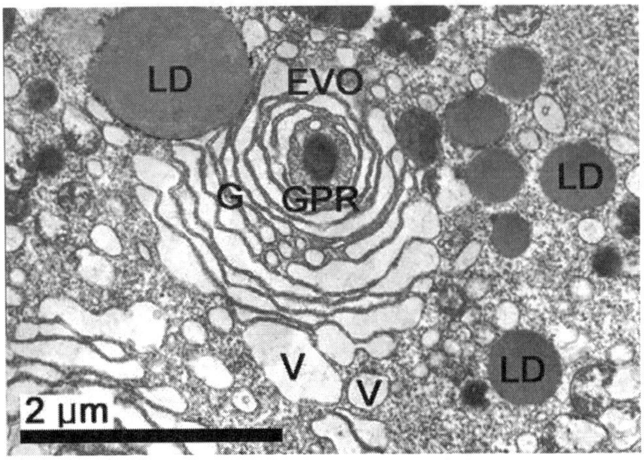

그림 2-6. **백합(*Meretrix lusoria*)의 초기난황형성난모세포의 전자현미경 사진.** 난모세포질 내에는 골지체에서 분비되는 골지체 분비산물과 지방적들이 출현한다. EVO, 초기난황형성난모세포; G, 골지체; GPR, 골지체분비산물; LD, 지방적; V, 공포

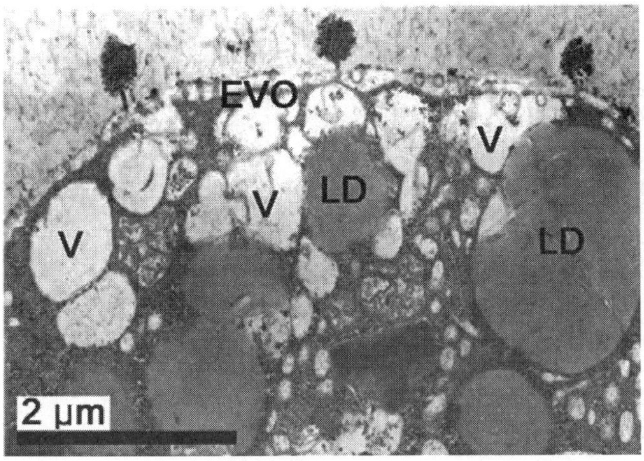

그림 2-7. 백합(*Meretrix lusoria*) 초기난황형성난모세포의 전자현미경 사진. 난황막 주변에 수많은 지방적들, 미토콘드리아와 공포들이 출현한다. EVO, 초기난황형성난모세포; LD, 지방적; V, 공포

외인성 물질들(exogeneous substances)인 단백질성 난황전구물질과 글리코겐 입자들이 엔도시토시스(endocytosis)에 의해 형성된 여러 개의 coated vesicle들이 난모세포 난황막의 기저부에서 출현하였고, 피복소포(coated vesicle) 내에 외인성 영양물질의 축적・흡수되는 현상이 특히, 백합의 경우, 난황형성 초기에 난모세포의 난황막 상에서 피복소공(coated pit)을 통해서 나타나고 있다(Chung, 2007). 이와 같은 현상은 개량조개(*Mactra chinensis*)에서도 출현하였는데, 외인성물질에 의해 타가합성이 난황형성과정 중에 일어나고 있는 증거라고 말할 수 있다(Chung and Kim, 2007). 후기난황형성난모세포들(late vifellogenic oocytes)에서는 백합의 경우, 외인성물질, 즉 많은 글리코겐 입자들이 난황막(oolemma) 외부에서 나타나며 또한 피질과립들이 피질구역에서 나타난다. 또한 세포질 내에서는 단백질성 난황과립(proteinaceous yolk granule)들이 난황전구체(난황과립)들과 미토콘드리아, 그리고 지방적들 사이에서 나타나는 특징을 보이고 있다(그림 2-11).백합의 후기난황형성난모세포에서는 난모세포질의 용적이 증가되면, 난병부위의 난질(ooplasm)은 수 많은 단백질성 난황과립들과 지방적 및 미토콘드리아들로 가득 채워지게 된다. 이 시기에 보조세포들의 세포질 내에는 소수의 지방적들과 미토콘드리아들이 나타나나 보조세포들은 난모세포의 난황막 표면에 치밀하게 부착하지 못하고 난모세포의 난황막으로부터 점차 탈락하게 된다. 보조세포들이 탈락된 자리인 난황막에 미세융모(microvilli)들이 나타난다(그림 2-12).

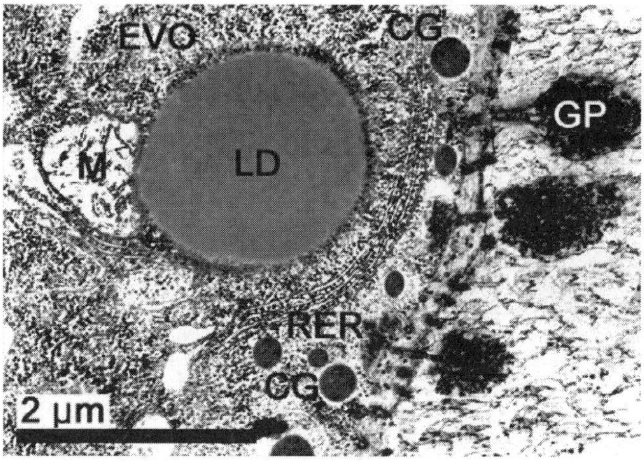

그림 2-8. 백합(*Meretrix lusoria*) 초기난황형성난모세포의 전자현미경 사진. 난황막 주변 세포질 내에 미토콘드리아와 조면소포체 사이에 지방적들이 출현한다. CG, 피질과립; EVO, 초기난황형성난모세포; GP, 글리코겐 입자; M, 미토콘드리아; RER, 조면소포체

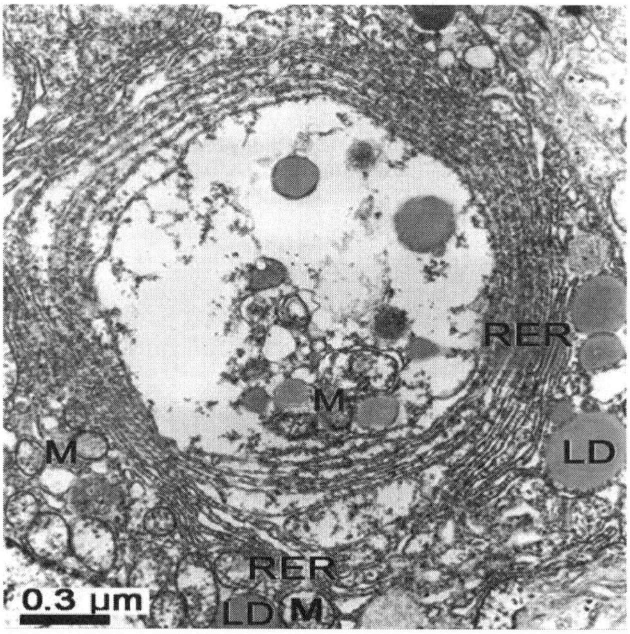

그림 2-9. 큰가리비(*Patinopecten yessoensis*)의 초기난황형성난모세포의 전자현미경 사진. 핵 주변 세포질 내에서 잘 발달된 조면소포체와 미토콘드리아 사이에 출현하는 지방적들이 출현한다. LD, 지방적; M, 미토콘드리아; RER, 조면소포체

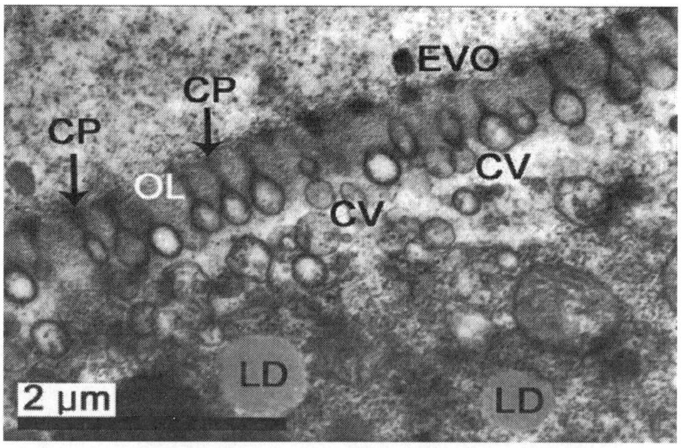

그림 2-10. 백합(*Meretrix lusoria*) 초기난황형성난모세포의 전자현미경 사진. 난황막 외부에서 엔도시토시스(내포작용)에 의해 형성된 피복소공을 통하여 난세포질 내로 들어와 피복소포들이 형성된다. CP, 피복소공; CV, 피복소포; EVO, 초기난황형성난모세포; LD, 지방적; OL, 난황막

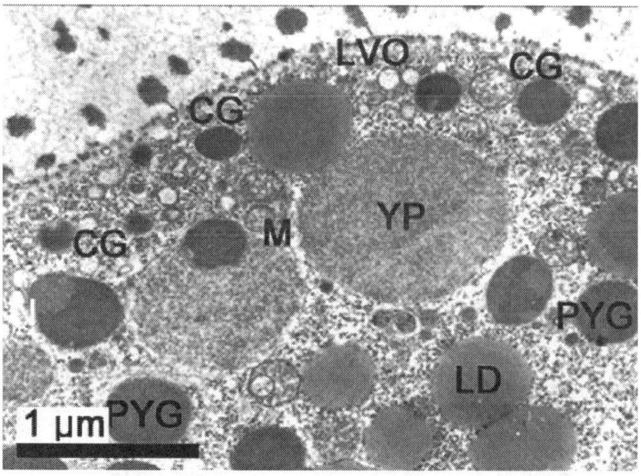

그림 2-11. 백합(*Meretrix lusoria*) 후기난황형성난모세포의 전자현미경 사진. 난황막 주변에는 피질과립들과 미토콘드리아, 난황전구체, 지방적, 단백질성 난황과립들이 나타난다. CG, 피질과립; LD, 지방적; LVO, 후기난황형성난모세포; M, 미토콘드리아; PYG, 단백질성 난황과립; YP, 난황전구체

큰가리비의 경우, 후기난황형성난모세포의 세포질 내에서는 변형된 미토콘드리아들로부터 형성되는 다포체(multivesicular body)들과 이들과 인접하여 단백질성 난황과립들이 출현한다(그림 2-13).

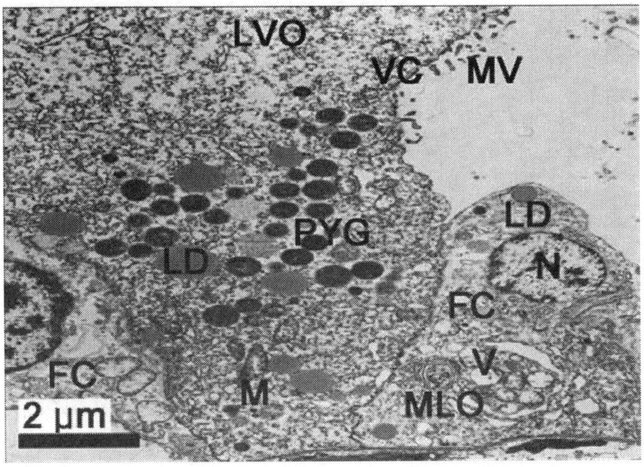

그림 2-12. **백합(*Meretrix lusoria*)의 후기난황형성난모세포와 보조세포들의 전자현미경 사진.** 난모세포질 내에서는 단백질성 난황과립들이 보조세포들의 세포질 내에서는 지방적, 미엘린상 소체 및 수 많은 공포들이 출현한다. FC, 보조세포; LD, 지방적; LVO, 후기난황형성난모세포; M, 미토콘드리아; MLO, 수지상세포기관; MV, 미세융모; N, 핵; PYG, 단백질성 난황과립; V, 공포; VC, 난황막

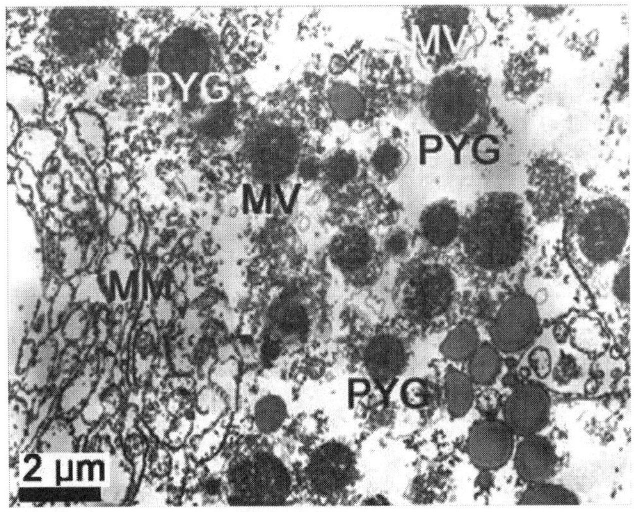

그림 2-13. **큰가리비(*Patinopecten yessoensis*) 후기난황형성난모세포)의 전자현미경 사진.** 변형된 미토콘드리아들에 의해 형성된 다포체와 단백질성 난황과립들이 출현한다. MM, 변형된 미토콘드리아; MV, 다포체; PYG, 단백질성 난황과립

후기난황형성기에 백합과 큰가리비의 난모세포질 내에서는 여러가지 성분을 함유하는 단백질성 난황과립들이 서로 혼합되고 섞이어 미성숙난황과립들이 형성된다(그림 2-14, 15).

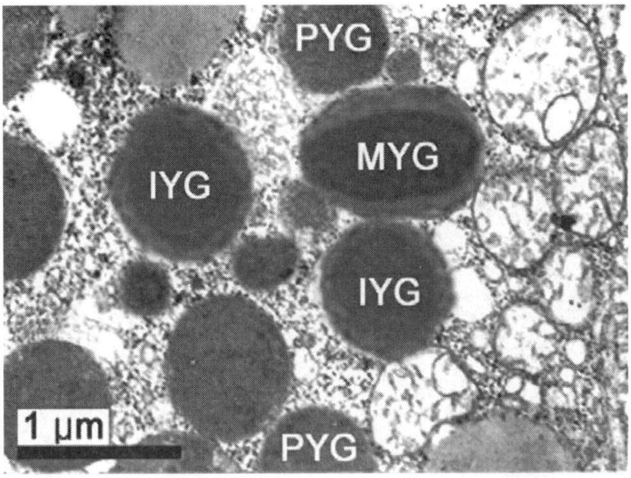

그림 2-14. 백합(*Meretrix lusoria*)의 후기난황형성난모세포의 전자현미경 사진. 난모세포질 내에는 단백질성 난황과립, 미성숙 난황과립들과 일부 성숙난황과립이 출현한다. IYG, 미성숙난황과립; MYG, 성숙난황과립; PTG, 단백질성 난황과립

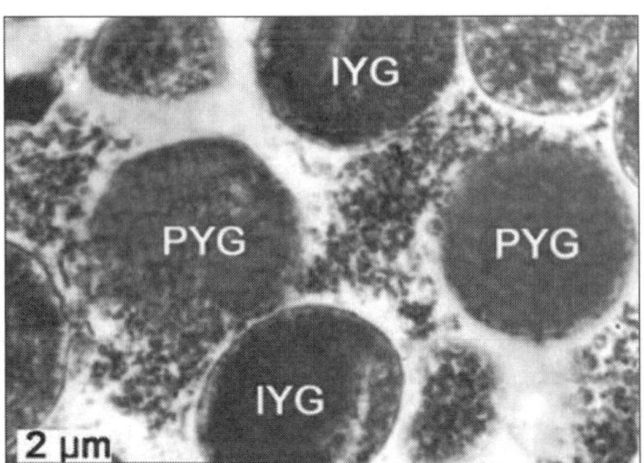

그림 2-15. 큰가리비(*Patinopecten yesoensis*) 후기난황형성난모세포의 전자현미경 사진. 난모세포질 내에는 단백질성 난황과립들과 다수의 미성숙 난황과립들이 출현한다. IYG, 미성숙난황과립; PTG, 단백질성 난황과립

(4) 성숙단계(mature phase)

백합의 성숙난모세포들(mature oocytes)에서, 난모세포의 난황막이 생식상피에서 약간 분리된다. 이때 세포질 내에서는 작은 미성숙 난황과립들이 계속해서 서로 섞이어 좀 더 큰 성숙한 난황과립이 된다.

성숙한 난황과립들은 3가지 성분으로 구성되어 있다. (1) 결정체 중심(crystalline core), (2) 전자밀도 반투명 피질부(electron lucent cortex), 그리고 (3) 한계막(limiting membrane)으로 둘러싸여 있다(그림 2-16). 성숙난모세포의 난황막은 두께가 대 략 0.30 μm 정도이며, 한천질의 jelly coat로 둘러싸여 있다.

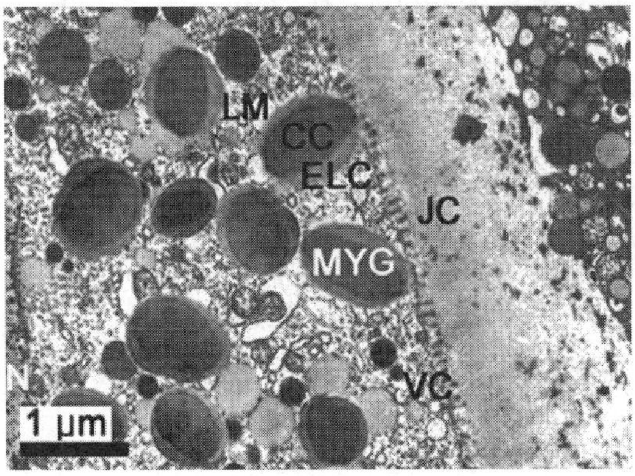

그림 2-16. 백합(*Meretrix lusoria*) 성숙난모세포의 전자현미경 사진. 성숙난모세포질 내에는 성숙난황과립들이 출현하는데, 성숙난황과립은 결정체 중심, 반투명 전자밀도의 피질부와 한계막으로 구성되어 있다. CC, 결정체 중심; ELC, 반투명전자밀도의 피질부; JC, 젤리 피복; LM, 한계막; MYG, 성숙난황과립; VC, 난황막

2) 난모세포 퇴화(oocyte degeneration)

퇴화 중인 백합의 난모세포들은 보조세포(follicle cell)들 가까이에서 약간 불규칙하거나 다각형 등 변형된 모습을 나타낸다. 퇴화중인 난모세포들(degenerating oocytes)의 세포질 내에서는 수많은 공포들, 퇴화중인 난황과립, 부풀어 오른 소포체, 소수의 파고소옴들(phagosomes, 또는 lysosome), 그리고 지방적들이 나타난다. 이 시기에 특히, 보조세포들 내에서도 소수의 파고소옴(또는 lysosomes)들과 수많은 공포들, 수지상세포기관자들(myelin-like organelles) 및 소수의 지방적들이 나타나고 있으나, 퇴화중인 난모세포에 부착된 보조세포들의 세포질 내에서는 글리코겐 입자들이 감소된다(그림 2-17).

파래가리비(*Chlamys farreri farreri*)의 경우도 퇴화 중인 난모세포들의 모양은 불규칙하게 된다. 퇴화 중인 난모세포에 부착된 보조세포(가리비류는 auxiliary cell이라 함)들의 세포질 내에는 여러 종류의 파고소옴(phagosome), 지방적 및 수많은 공포들이 출현한다(그림 2-18).

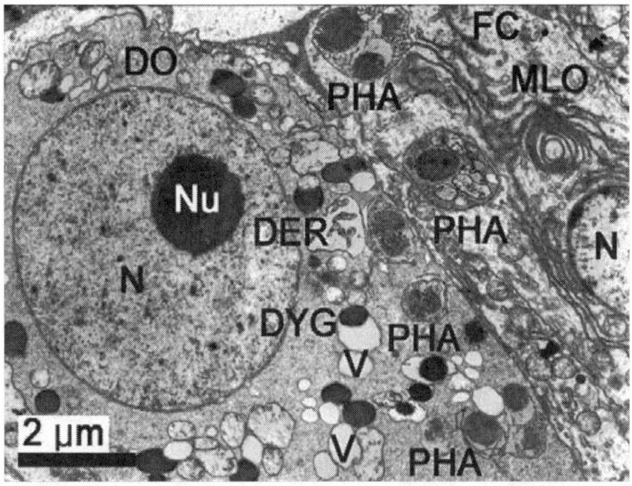

그림 2-17. 백합(*Meretrix lusoria*)의 퇴화중인 난모세포와 보조세포의 전자현미경 사진. 퇴화 중인 난모세포 세포질 내에 출현하는 부풀어오른 소포체, 퇴화중인 난황과립, 파고소옴들과 보조세포의 세포질 내에 출현하는 파고소옴과 수지상 세포기관자들. DER, 부풀어오른 소포체; DO, 퇴화중인난모세포; DYG, 퇴화중인난황과립, FC, 보조세포: MLO, N, 핵; MLO, 미엘린상 소체; PHA, 파고소옴; V, 공포

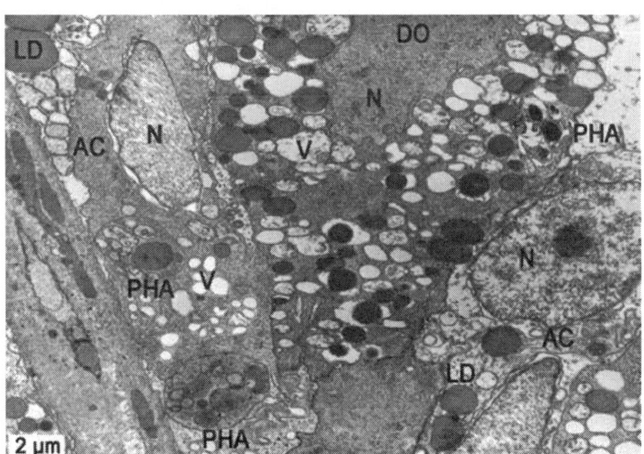

그림 2-18. 파래가리비(*Chlamys farreri farreri*)의 퇴화중인 난모세포의 전자현미경 사진. 난모세포 내에는 여러 가지 파고소옴, 지방적, 공포들이 나타나며, 보조세포들 세포질 내에서는 소수의 파고소옴들과 다수의 공포들이 출현한다. 약어: AC, 보조세포; DO, 퇴화 중인 난모세포; LD, 지방적; PHA, 파고소옴; V, 공포

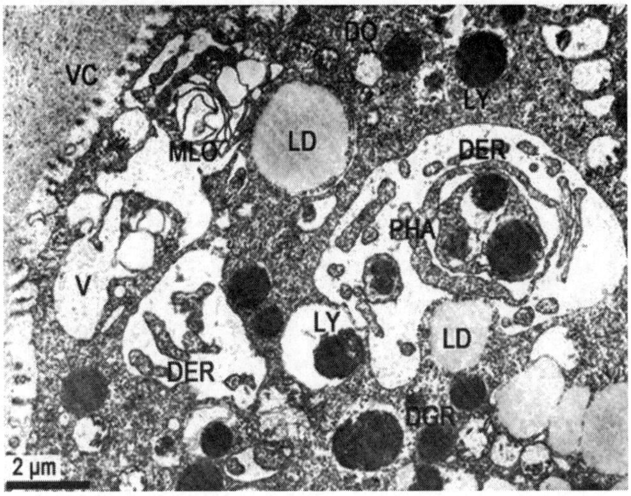

그림 2-19. 파래가리비(*Chlamys farreri farreri*) 퇴화중인 난모세포의 전자현미경 사진. 난모세포질 내에는 부풀어오른 소포체들, 공포, 퇴화중인 과립들, 리소조옴, 파고조옴들, 비정상적인 미세융모구조들이 출현한다. DER, 부풀어오른 소포체; DGR, 퇴화중인과립; DO, 퇴화중인난모세포; LD, 지방적; LY, 리소조옴; V, 공포; VC, 난황막

이 시기에 출현하는 파래가리비 난모세포의 세포질 내에서는 특히, 퇴화 중에 나타나는 특징인 부풀어 오른 소포체들, 공포 파고소옴(리소조옴)들, 퇴화 중인 과립들 및 비정상적인 미세융모구조가 출현한다(그림 2-19).

특히, 파고소옴들은 퇴와 중인 난모세포질 내에서 출현하고 있으며 또한 부착된 보조세포들의 세포질 내에서 나타나는 난포세포질에서 나타난 모양과 아주 유사한 모양을 갖는 파고소옴들이 나타난다. 따라서 리소조옴에 의해 난모세포질 내에서 형성된 파고조옴이 보조세포 내로 이동된 것으로 추정된다.

전자현미경 관찰에서 보조세포들과 퇴화된 난모세포들은 가수분해 효소작용의 기능적 역할을 하는 세포들의 특징을 보인다. 수많은 퇴화중인 난황과립들에서는 리소조옴 효소가 작용하는 것으로 나타난다. 지방적들이 통상 퇴화 중인 난모세포들의 세포질 내에서 나타난다. 이와 동시에 특히 파고소옴(또는 리소조옴)과 지방적들이 퇴화된 난모세포들에 부착되어있는 보조세포들의 세포질 내에서 출현한다. 그러나 Pipe(1987)가 진주담치(*Mytilus edulis*)에서 그리고 Dorange and Le Pennec (1989)이 가리비류인 *Pecten maximus*에서 이미 보고한 바와 같이, 수많은 글리코겐 입자들은 보조세포들의 세포질 내에서 감소된다.

전자현미경 조사에서, 퇴화된 난모세포들에서 용이하게 관찰되는 파고소옴(phagosome)들과 형태적으로 유사한 파고소옴들이 보조세포들에서도 역시 나타나고 있다. 이와 같이, 보조세포들은 난황형성과정과 난모세포 퇴화의 두 가지 과정에 중요한 역할을 하는 것으로 보인다.

Gaulejac *et al*,(1995)은 난모세포의 퇴화 시기 중 *Pinna nobilis*의 난모세포에 부착된 보조세포들은 식세포작용(phagocytosis)에 관여하며, 또한 난모세포의 퇴화로 생성되는 여러 산물들의 세포내소화에 관여한다고 보고하였다.

그림 2-20의 도표에 나타낸 바와 같이, 보조세포들의 기능은 난모세포퇴화의 유도와 관련된 기능을 수행하는 것으로 추정된다. 그리고 이들은 퇴화된 난모세포들에서 관찰되는 퇴화중인 파고소옴들(여러가지 리소조옴들)이 보조세포들에서도 나타나고 있기 때문에 보조세포들은 퇴화된 난모세포 내의 파고소옴들을 흡수하는 기능도 가지는 것으로 추정된다(Chung, 2007; Chung and Kim, 2007).

이매패류의 난모세포가 퇴화하는 시기에는 보조세포의 세포질 내에 지질과립들이 점차 증가하지만 글리코겐 성분은 배우자형성과정과 더불어 보조세포들 내에서 오히려 감소되고 있는데, 이 기능은 난황형성에 필요한 난황전구물질의 운반을 가능하게 하며, 난황형성 난모세포들에 의해 사용되는 글리코겐과 지질의 성분으로 세포질 내에 저장물질들을 축적하는 기능도 가지는 것으로 추정된다(Gaulejac *et al*., 1995; Chung, 2007).

그러므로 퇴화된 난모세포들에 부착된 보조세포들은 난모세포의 퇴화 유도와 리소조옴 system에 의해 퇴화 중인 파고소옴들(리소조옴들)의 흡수에 관여하는 것으로 추정된다(그림 2-20).

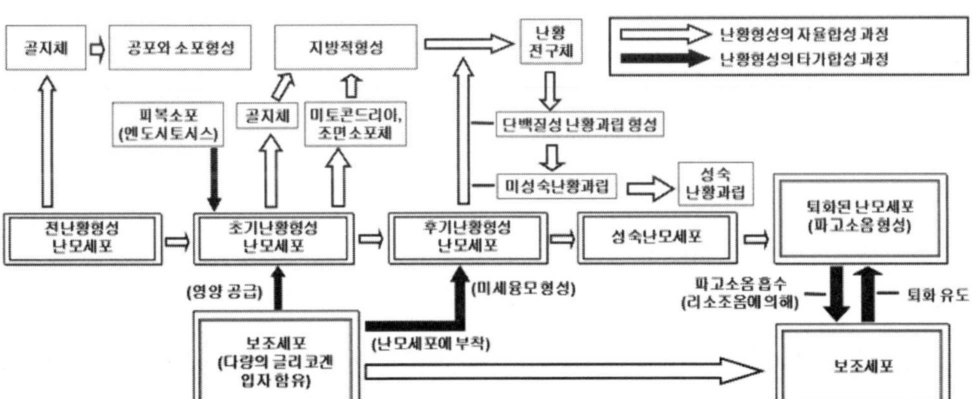

그림 2-20. 백합의 난황형성과정의 모식도(Chung, 2007)

3) 정자형성과정(spermatogenesis)

이매패류의 정소는 수컷의 생식기능을 담당하는 기관으로 조개의 소화기관을 둘러싸고 있는 근육 층에 수 많은 작은 정소소낭(acinus)으로 구성되어 있는데, 여기서 정자형성과정을 거쳐 웅성생식세포들이 성장, 발달한다. 이매패류의 정자형성과정은 비록 분류상 종이 다르다 할지라도 대부분의 이매패류에서 나타나는 특징은 기본적으로 동일한 양상을 나타낸다.

정자형성과정은 생식세포들의 미세구조 및 활성 등 형태학적 특징을 근거로 (1) 정원세포기, (2) 정모세포기, (3)정세포기, (4) 정자기의 4단계로 구분된다 (Eckelbarger and Davis, 1996; Kim, 2001; Chung and Kim, 2007).

(1) 정원세포기(Spermatogonial stage)

이매패류의 정소소낭은 이중결체조직으로 구성되어 있으며 가장자리를 따라 초기웅성생식세포인 정원세포가 여러 층으로 배열되며 유사분열을 통해 그 수를 증가시킨다. 정원세포는 형태적 특징과 세포분열 정도에 따라 제 1차, 2차 정원세포로 구분된다. 정원세포는 일반적으로 웅성생식세포 가운데 크기가 가장 크며, 유사분열을 통해 증식한다. 제 1차, 제 2차 정원세포는 전체적으로 모양이 유사하고 핵의 크기와 모양에서 약간의 차이를 보인다. 일반적으로 정원세포의 핵은 주로 구형, 또는 타원형이며 1개 또는 2개의 인을 가진다. 핵 내에는 이형염색질(heterochromatin)이 응축되어 나타나나 염색질의 밀도는 매우 낮다. 이 시기에 세포질 내에는 여러 개의 작은 미토콘드리아, 골지체, 소포체 등의 세포소기관자들이 출현한다.

정소는 크게 2가지 형태의 세포로 구성되어 있다. 하나는 보조세포(auxiliary cell)이며, 다른 하나는 웅성생식세포이다(그림 2-21, 2-22). 보조세포들는 정원세포를 지지하고 영양을 공급해 주는 역할을 한다. 웅성생식세포와 보조세포는 핵의 형태나 세포의 위치 등 인접하여 출현하고 있어 형태적으로 전자현미경하에서는 구분이 용이하다.

(2) 정모세포기(spermatocyte stage)

정원세포가 유사분열에 의해 성장·발달하면 제 1차 정모세포가 되는데, 감수분열을 통해 진정한 생식세포로 전환된다. 제 1차 정모세포가 제1 성숙분열(감수분열)을 마치면 제 2차 정모세포로 된다. 제 1차 및 제 2차 정모세포의 특징은 다음과 같다.

가. 제 1차 정모세포기(primary spermatocyte stage)

제 1차 정모세포는 정원세포와 크기가 비슷하며, 모양은 타원형에 가깝다. 세포질 내에는 정원세포와 유사한 함유물을 가지며, 작은 미토콘드리아들과, 중심체가 출현한다(그림 2-22).

제 1성숙분열(감수분열) 전기에는 염색질이 얇은 실의 형태를 띠는 세사기(leptotene stage), 염색질이 서로 꼬이는 쌍사기(zygotene stage), 염색질이 더욱 굵어지는 태사기(pachytene stage), 그리고 염색질이 4분체화되는 복사기(diplotene stage)를 거친다. 특히, 감수분열 전기의 쌍사기에는 제 1차 정모세포의 핵 내에는 다수의 연접사복합체(synaptonemal complex)들이 출현하고 있는데, 이것이 전형적인 제 1차 정모세포의 특징을 나타낸다. 이 후 제 1 감수분열 중기, 후기, 말기를 지나면서 제 1 감수분열을 마치게 된다. 제 1 감수분열은 웅성생식소에서 동시 다발적으로 일어나며 투과형전자현미경(TEM)을 통해 관찰이 가능하나 동일 시료에서 세사기, 쌍사기, 태사기 그리고 복사기 과정의 세포를 관찰하기는 어렵다.

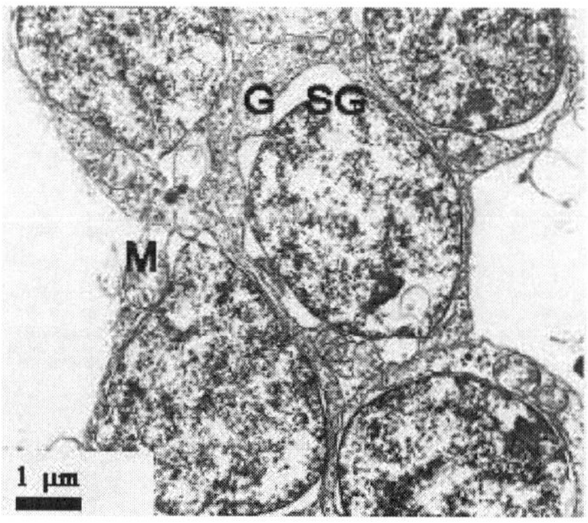

그림 2-21. 강굴(*Crassostrea rivularis*) 정원세포의 전자현미경 사진. 이형염색질의 발달이 비교적 미약하고, 핵내에는 인이 관찰되고, 세포질교로 연결되어 있으며, 세포질 내에는 미토콘드리아와 골지체가 출현한다. SG, 정원세포; M, 미토콘드리아; G, 골지체

나. 제 2차 정모세포기(secondary spermatocyte stage)

제 1 감수분열을 마치면 웅성생식세포는 제 2차 정모세포가 된다. 제 2차 정모세포는 일반적으로 구형이며, 핵막의 관찰이 어렵다. 이는 자성생식세포의 배포 붕괴(geminal vesicle break down, GVBD)에 해당된다. 그리고 핵은 염색질의 응축에 의해 높은 전자 밀도를 가지며, 세포질에 산재해 있던 여러 개의 작은 미토콘드리아가 융합하여 크기는 커지나 그 수는 적어진다. 그리고 리보소옴과 특히, 골지체가 관찰된다. 그러나 제 2차 정

모세포는 단시간 내에 분열하여 표본 절편에서 관찰하기 어렵다. 비록 웅성생식세포가 종 특이성을 가지는 것으로 보고(Franzen, 1955, 1970, 1977, 1983; Hughes, 1965; Popham, 1979)되어 있으나 정원세포와 정모세포에 의해서는 각 종의 특성을 나타내지 못한다(Kim, 2001). 정모세포에서 종의 특성에 따라 첨체소포를 형성하는 첨체전구물질인 원첨체과립(proacrosomal granule, PAG)이 세포질에 나타나는 경우도 있다(Eckelbarger and Young, 1999).

(3) 정세포기(spermatid stage) 및 정자변태과정(spermiogenesis)

정세포가 되면 더 이상의 세포분열은 일어나지 않고, 특수한 변태과정을 거쳐 정자가 되는데, 이 과정을 정자변태과정(spermiogenesis)이라고 한다. 이 과정은 조직을 염색하여 광학현미경으로 관찰하면 형태변화와 염색상의 변화 등을 통해 유추가 가능하나 미세한 변화는 전자현미경 하에서만 명확하게 구분이 된다.

정세포는 일반적으로 둥근 핵을 가지며, 세포질에는 골지체, 중심체, 그리고 여러 개의 작은 미토콘드리아들이 핵의 뒤쪽으로 이동하여 큰 미토콘드리아가 된다(그림 2-23).

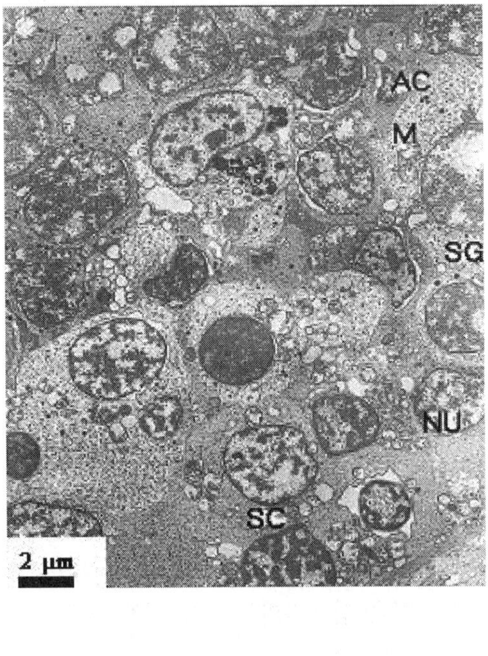

그림 2-22. 동죽(*Mactra veneriformis*) 정원세포와 정모세포의 전자현미경 사진. 정모세포는 정원세포에 비해 염색질의 응축 정도가 좀 더 강해지고 세포질 내에 미토콘드리아가 출현한다. AC, 보조세포; M, 미토콘드리아; NU, 인; PSC, 제 1차 정모세포; SSC, 제 2차 정모세포

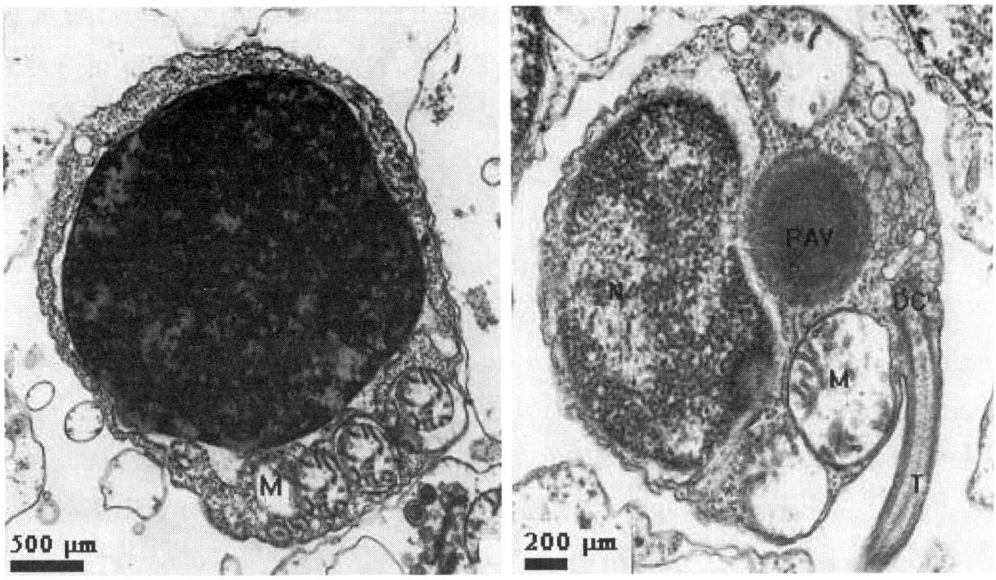

그림 2-23. 참굴(*C. gigas*)의 정세포(왼쪽)와 강굴(*C. rivulraris*) 정세포(오른쪽)의 정자변형의 전자현미경 사진. 정자변태가 시작되면 세포질의 미토콘드리아들이 융합하면서 핵의 뒤쪽으로 이동하고 세포질의 퇴화는 뚜렷해진다(왼쪽). 핵의 앞쪽에는 원첨체소포가 형성되고 미부 편모(꼬리)가 원위 중심립에서 발달한다(오른쪽). DC, 원위중심립; M, 미토콘드리아; N, 핵; PAV, 원첨체소포.

(4) 정자기(spermatozoon stage)

정세포가 정자로 되는 변태과정에서 제일 먼저 일어나는 변화는 첨체형성이다. 첨체는 몇 가지의 서로 다른 방법에 의해 형성된다. 첫 번째는 정모세포기에 세포질에 작은 구형의 과립인 원첨체과립(proacrosomal granule)이 나타나고 정자형성과정이 좀 더 진행되면서 이 과립들이 융합되어 원첨체소포(proacrosomal vesicle)로 된 후, 합입과정을 거쳐 첨체로 완성된다 (Kim, 2001; Bernard and Hodgson, 1985; Eckelbarger and Young, 1999). 이는 주로 담치류에서 잘 관찰된다. 두 번째 방법은 세포질의 어떤 자리에 위치한 골지체에 의해 구형의 원첨체소포 (PAV)를 형성하여 이후 함입 과정을 통해 첨체가 형성되는 방식이다. 이는 굴과 조개류에서 잘 관찰된다(Healy, 1989; Kim, 2001).

세 번째 방법은 Neotrigonioids와 Unionioids에서만 알려져 있으며 이 두 종류는 세포질에 작은 원첨체과립이 형성되지만 융합하지 않고, disc 같은 형태로 남아 있게 된다. 첨체형성과정에서 굴류처럼 골지체에 의해 첨체소포가 직접 형성되는 과정은 관찰이 가능하나, 담치류 처럼 세포질에 산재해 있던 첨체과립들이 융합하여 생기는 현상은 관찰이 어려운데, 이것은 이 과정이 아주 짧은 시간에 일어나기 때문이다. 그리고 백합과에 속하는 살조개(*Protothaca jedoensis*)는 첨체소포가 포상의 과립형 물질로 형성되어 첨체를 완성하는데 이와 같은 것은 같은 백합과에서도 종특이적인 것이다. 그리고 우럭과에 속하는 우럭(*Mya arenaria*)은 고밀도부위가 첨체소포의 가장자리를 따라 둥글게 분포한 후 함입에 의해 형성되어 종이나 과수준의 차이도 발견할 수 있다(Kim, 2001).

첨체간(axial rod)은 전자밀도가 다른 물질이 중앙으로 뻗어있고, 첨체물질에 의해 둘러싸여 있다. 첨체간은 홍합과 몇 종(Dan and Wada, 1955; Nijima and Dan, 1965; Bourcart *et al.*, 1965; Longo and Dornfeld, 1967; Grant *et al.*, 1984; Hodgson and Bernard, 1986), 백합과(Pochon-Masson and Gharagozlou, 1970; Gharagozlou-Van Gimekin and Pochon-Masson, 1971), 그리고 굴과(Galtsoff and Philpott, 1960; Dan iels *et al.*, 1971; Gutierrez *et al.*, 1978)의 몇 종에서 나타나는데, 대부분의 종들은 가지고 있지 않다. 홍합과의 홍합(*Mytilus. coruscus*), 진주담치(*M. edulis*)는 첨제간이 핵을 관통하여 첨체의 약 ⅓ 지점까지 신장되고, 굴과의 참굴(*C. gigas*), 바윗굴(*C. nip pona*), 강굴(*C. rivularis*)도 첨체간이 첨체물질(subacrosomal materials) 내를 관통 하여 전방으로 돌출되어 있다. 첨체간은 수정과 관련이 있어 수정하는 동안에 앞으로 이동하거나 길어지는 것으로 알려져 있다. 첨체간은 첨체물질과 전자밀도의 차가 클수록 관찰이 용이하나 투과형전자현미경에 의해서는 관찰이 어려워 주사형전자현미경의 연구 가 병행되어야 한다. 이 책에서는 주사전자현미경으로 관찰한 종과 투과전자현미경으로 확연히 구분이 가능한 종만 기록하였다(표 2-1, 2-2).

첨체소포는 정자가 난자와 수정할 때 난막을 녹이는 역할을 한다. 첨체소포는 조개의 종류에 따라 다양하여 서로 특이한 형태를 가지는데, 특히 과 수준에서 대단히 유사하여 과 특이성을 가진다(Kim and Yoo, 2002; Kim, 2001). 첨체소포는 일반적으로 전자밀도가 높은 고밀도부위 (electric dense part, edp)와 전자밀도가 낮은 저밀도부위(electric lucent part, elp)로 나누어진다. 이들의 분포 위치는 조개류 동정에 한 위치를 차지하여 Pteriomorphia와 Heterodont를 구분하는 특징이 된다. Pteriomorphia는 고밀도부가 첨체소포의 앞쪽에 위치하거나 전체적으로 유사한 밀도를 가지나, Heterodonta는 고밀도부가 첨체포의 뒤쪽에 주로 위치하여 서로 대별된다. 첨체의 모양은 모자나 고깔모양(꼬막조개과, 가리비과, 굴과, 우럭과 등), 앞쪽으로 길게 신장된 모양(담치속), 그리고 변형된 모자 모양(백합과, 개량조개과) 등 다양한 형태를 하고 있다.

첨체물질(subacrosomal material)은 첨체소포와 핵 사이에 존재하는 섬유성 또는 포상의 과립물질로 구성되어 있다. 첨체물질은 첨체반응이 일어날 때 융합된다.

정자핵은 세포질의 응축과 확장 정도, 방향에 따라 모양이 결정된다. 핵은 정자변태과정 동안, 염색질의 응축이 더욱 활발하게 되고, 염색질의 응축정도와 형태에 따라 전・후로 신장되어 핵의 모양이 길어지거나, 좌・우로 신장되어 둥근 형태의 핵 모양을 결정한다. 핵의 모양은 과나 속 수준에서 원통형(cylinder), 타원형, 구형, 꽃병형으로 나눌 수 있다. 핵의 표면은 아주 거칠다(그림 2-24, 2-25)(Kim, 2001).

중심체는 첨체의 반대방향으로 이동하여 근위중심립은 핵막과 평행하게, 그리고 원위중심립은 근위중심립에 수직으로 위치한다. 원위중심립에서 편모가 뻗어 나오며, 이 주위를 세포질에 산재해 있던 작은 미토콘드리아가 융합되어 큰 미토콘드리아로 되어 2개의 중심립과 편모의 일부를 감싸며 정자의 중편을 형성한다. 일반적으로 이 미토콘드리아는 정자의 편모운동 에너지원으로 알려져 있다. 그리고 중편을 형성하는 미토콘드리아의 수도 과특이성을 나타내어 특별한 경우가 아니면 그 수가 일정하며 보통 4~5개를 가지는 종이 많다.

원위중심립에서 발생한 꼬리는 조개류의 경우, 1개가 기본이고 길이는 약 50 ㎛ 정도이며, 꼬리의 축사구조는 9+2구조를 가진다.

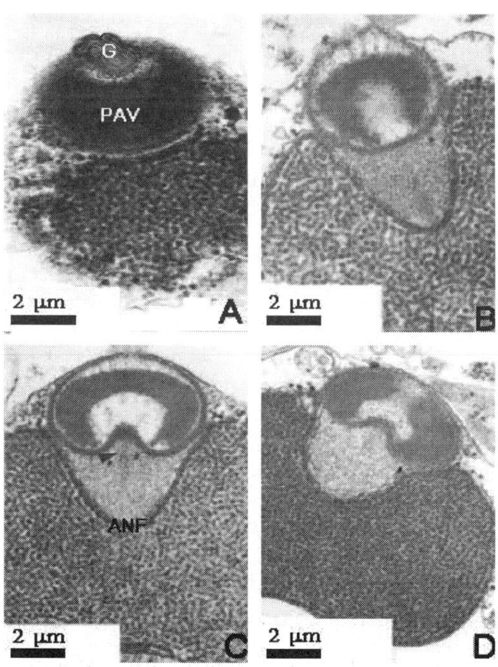

그림 2-24. 참굴(*C. gigas*)의 첨체형성과정.
A, 핵의 앞쪽에서 골지체에 의해 원첨체소포가 만들 어지고 있다. B, 원형의 원첨체소포는 함입에 의 해 모양이 변한다; C, 원첨체소포 막은 앞쪽으로 함입되면서 첨체를 형성하고 있다. 첨체간이 형 성된다. D, 첨체간은 첨체포 중앙을 관통하여 돌 출된다. AC, 첨체; ANF, 핵전함입홈; PAV, 원첨체소포

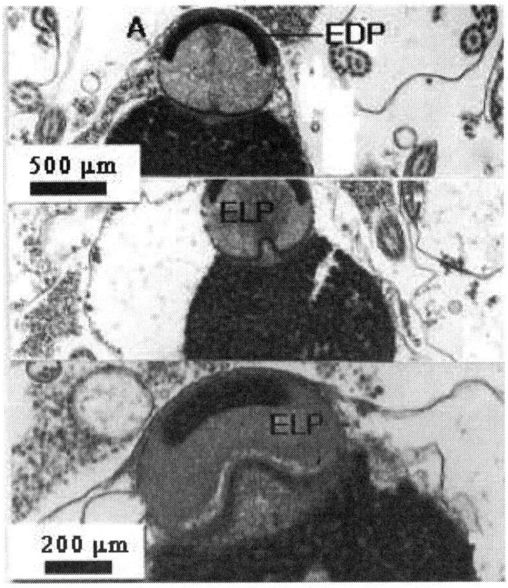

그림 2-25. 진주조개(*Pinctata fucata martensii*) 첨체형성과정.
상, 첨체소포는 고밀도부위(EDP)와 저밀도부위(E LP)로 나누어진다. 중, 하, 첨체소포는 함입에 의해 첨체를 완성하게 되며 고밀도부위는 첨체의 앞쪽에 위치하고 저밀도부위는 첨체의 뒤쪽에 위 치한다. AV, 첨체소포; EDP, 전자고밀도부위; ELP, 전자 저밀도부위

4) 정자의 과별 특징

조개류의 정자형태는 종마다 모양이 다르며, 과, 속의 수준에서는 확연히 구분된다. 이매패류의 정자모양은 원시형(primitive type)으로, 일반적으로 타원형의 핵, 핵의 앞쪽에 첨체를 가지는 두부(head part)와 여러 개의 미토콘드리아가 2개의 중심립(근위중심립·원위중심립)을 감싸고 있는 중편(mid-piece part), 그리고 약 40-50 ㎛ 길이의 한개의 편모를 가지는 미부(tail part)로 이루어져 있다(그림 2-26)(Franzen, 1983; Kim and Yoo, 2000; Kim, 2001).

(1) 굴과 정자의 형태

굴과 조개류 정자의 특징은 첨체는 모자 모양이고 핵은 구형으로 키 작은 항아리 모양과 유사하다. 굴과 3종을 대상으로 정자들의 형태적 차이점을 비교하여 표 2-1에 나타내었다.

이들 종의 정자 크기는 강굴(*Crassostrea rivulris*), 바윗굴(*Crassostrea nippon*), 굴(*Crassostrea gigas*) 순으로 강굴(*C. rivulris*)이 가장 크고, 참굴(*C. gigas*)이 가장 작았다. 첨체 모양은 모두가 내각이 큰 삿갓모양이나 정자의 크기가 작으면 첨체도 비례하여 작았고, 첨체소포의 basal ring 횡단면의 모양도 종간에 다소 차이가 있다. 첨체의 크기도 참굴이 핵에 비해 상대적으로 작고, 강굴이 가장 크다.

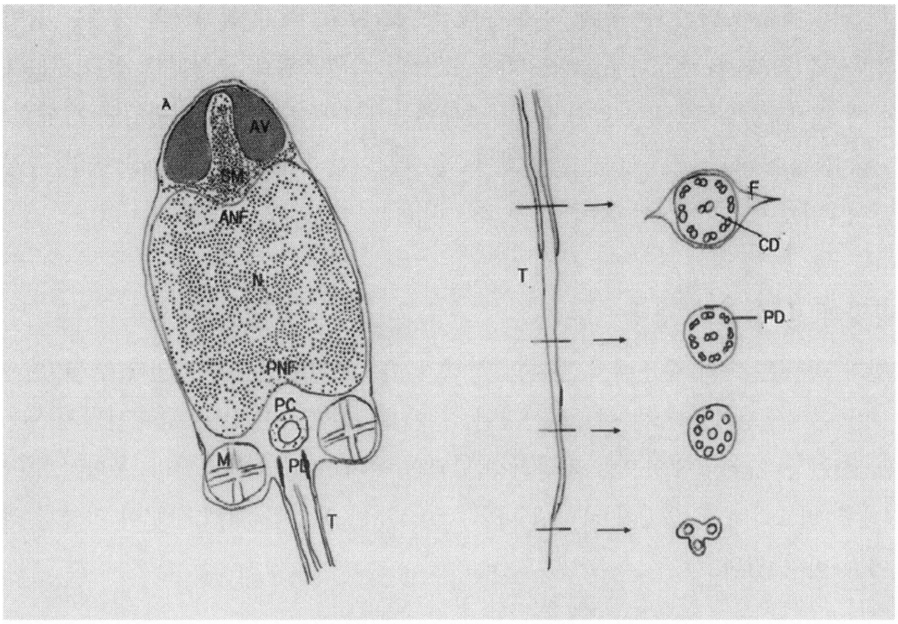

그림 2-26. 조개류 정자 모식도(원시형 정자).
A, 첨체; AV, 첨체소포, ANF, 앞함입홈; CD, 중심미세소관; DC, 원위중심립; F, 편모측깃; M, 미토콘드리아; N, 핵; PC, 근위중심립; PD, 주위이조체; PNF, 뒤함입홈; SM, 첨체물질; T, 꼬리

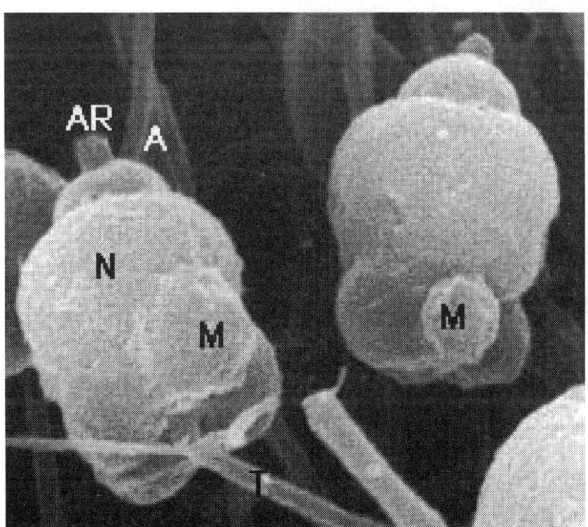

그림 2-27. 참굴 정자의 주사전자현미경(SEM) 사진.
핵의 표면은 아주 거칠고 첨체 전방으로 첨체간이 돌출되어 있으며 4개의 미토콘드리아 있다. A, 첨체; AR, 첨체간; M, 미토콘드리아; N, 핵; T, 꼬리(편모)

첨체간은 강굴이 다른 두 종에 비해 상대적으로 넓고, 핵과 첨체막의 경계는 붙어있으며, 첨체물질(subacrosomal materials)은 포상의 과립물질로 구성되어 있다. 강굴이 다른 2종에 비해 상대적으로 면적이 넓다. 중편에는 근위중심체에서 뒤함입홈 방향으로 중심립 돌기(centriole process)가 돌출되어 있는데 이는 굴(*Crassostrea*) 속의 특징으로 판단되며, 미토콘드리아 수는 3종 모두 4개이다 (그림 2-27, 2-28).

(2) 홍합과 종의 정자 형태

홍합과 종들은 속의 수준에서 정자의 형태가 아주 다른 형태를 보인다. *Mytilus*에 속하는 2종은 구형의 핵과 아주 신장된 첨체를 가지지만, 굵은줄격판담치(*Septifer virgatus*)는 cylinder 모양으로 차라리 백합과와 유사한 형태를 가진다. 홍합과 3종의 정자 형태를 비교하여 표 2-2에 나타낸 바와 같이, 정자 모양은 쉽게 구분이 가능할 정도로 종간에 차이가 있다.

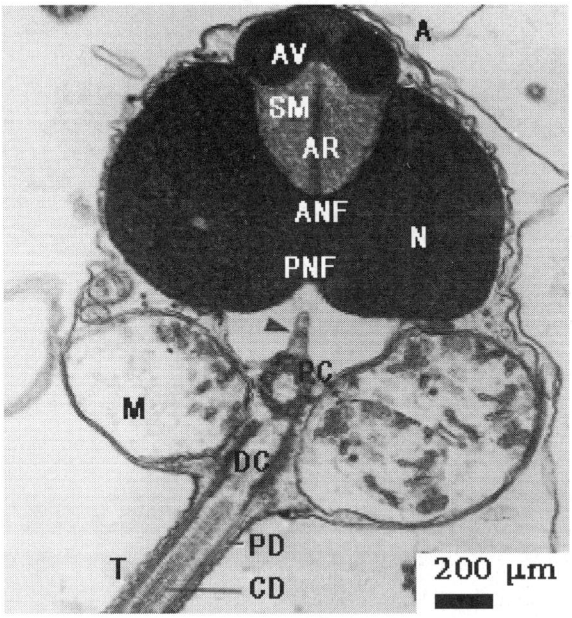

그림 2-28. 투과전자현미경(TEM) 참굴 정자. 굴과 정자는 앞함입홈과 뒤함입홈이 발달하고 있으며, 근위중심립 부위의 돌출부(▶)는 다른 종에서 관찰하기 어려운 특징이다. A, 첨체; ANF, 앞함입홈; AR, 첨체간; AV, 첨체소포; CD, 중심미세소관; DC, 원위중심립; M, 미토콘드리아; N, 핵; PC, 근위중심립; PD, 주위이조체; PNF, 뒤함입홈; SM, 첨체물질; t, 꼬리(편모)

표 2-1. 굴과 3종 정자의 미세구조 비교

종 명	정자 두부 크기 (㎛)	두 부							중편	첨체간
		핵 형	핵 길이 (㎛)	핵 넓이 (㎛)	핵 길이/핵 넓이의 비율	첨체 모양	첨체 길이 (㎛)	첨체 넓이 (㎛)	미토콘드리아 수	
참굴 (*Crassostrea gigas*)	1.78	oval	0.89	1.36	0.65	modified cap	0.38	0.22	4	있음
바윗굴 (*Crassostrea nippona*)	1.95	oval	1.00	1.40	0.71	modified cap	0.47	0.30	4	있음
강굴 (*Crassostrea rivulris*)	2.02	oval	0.94	1.65	0.60	modified cap	0.64	0.27	4	있음

Mytilus 속인 진주담치(*Mytilus edulis*)와 홍합(*Mytilus coruscus*)의 정자형태는 전체적으로 비슷하나 정자 크기와 첨체의 모양에서 차이가 있다. 정자의 크기는 홍합, 진주담치, 굵은줄격판담치의 순이었다. 핵의 모양은 *Mytilus* 속인 참담치와 진주담치는 dome (반구형) 모양이고 굵은줄격판담치는 cylinder 모양이다(그림 2-29, 2-30).

홍합과 정자의 첨체 형태를 보면, 진주담치는 첨체 앞쪽이 극도로 신장되어진 변형된 고깔모양이며, 첨체의 길이는 홍합이 3.94 ㎛, 진주담치는 2.27 ㎛ 정도이며, 첨체포의 basal ring의 형태도 진주담치는 볼록한 모양으로 홍합과 구별이 가능하다. 그리고 굵은줄격판담치의 첨체모양은 전형적인 고깔모양으로 *Mytilus* 속 2종과는 현저하게 다른 모양을 하고 있다. 그리고 진주담치와 홍합은 핵을 관통하는 axial rod가 있고, 굵은줄격판담치는 첨체간이 존재하지 않는다.

중편에는 3종 모두 5개의 미토콘드리아를 가지고 있으며, satellite body는 참담치와 진주담치에는 있고, 굵은줄격판담치는 없다. 같은 담치류인 *Bathymodiolus childressi* (Eckelbarger and Young, 1999), *Choromytilus meridionalis, Aulacomya ater, Mytilus galloprovinicialis* (Hodgson and Bernard, 1986)와 *Perna perna* (Bernard and Hodgson, 1985)의 연구에서, 정자구조 중 이들 종은 첨체모양에서 차이가 있고, 핵형 역시 4 종 모두 차이가 있다. 이러한 결과는 Grant *et al*., (1984) 등의 분자생물학적 방법을 통한 연구와도 일치한다.

표 2-2. 홍합과 3종 정자의 미세구조 비교

종 명	정자 두부 크기 (㎛)	두 부							중편	첨체간
		핵 형	핵 길이 (㎛)	핵 넓이 (㎛)	핵 길이/핵 넓이의 비율	첨체 모양	첨체 길이 (㎛)	첨체 넓이 (㎛)	미토콘드리아 수	
굵은줄격판담치 (*Septifer virgatus*)	2.66	cylinder	1.25	1.03	·	cone	0.98	0.26	5	없음
진주담치 (*Mytilus edulis*)	4.28	dome	1.56	1.57	0.99	modified cone	2.27	0.36	5	있음
홍합 (*Mytilus coruscus*)	5.94	dome	1.46	1.49	0.98	modified cone	3.94	0.34	5	있음

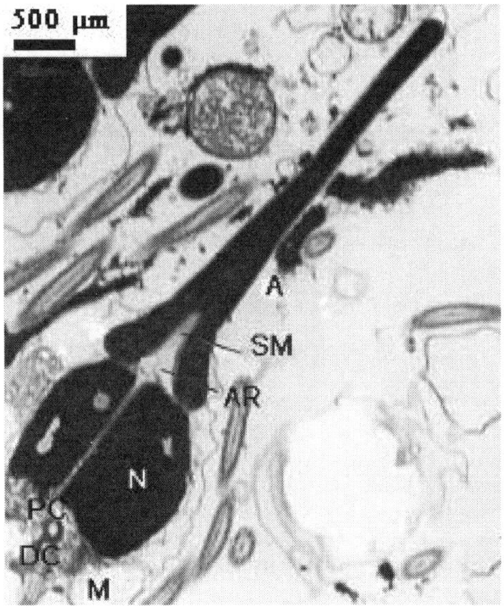

그림 2-29 홍합(*Mytilus coruscus*) 정자의 전자현미경 사진. 아주 신장된 첨체와 첨체간이 핵을 관통하고 있다. A, 첨체; AR, 첨체간; M, 미토콘드리아; N, 핵; PC, 근위중심립; DC, 원위중심립, SM, 첨체물질.

(3) 백합과 종의 정자 형태

백합과 종들의 정자 형태는 과 수준에서 어떤 특징을 나타내기는 어렵지만 핵이 어느 정도 휘어진 cylinder 형태를 하고 있다. 백합과 조개류 정자의 형태를 비교하여 표 2-3에 나타내었다. 뷔나스백합(*Mercenaria stimpsoni*)은 80°정도 휘어져 첨체와 중심체가 거의 평행한 상태이며, 떡조개(*Dosinorbis japonicus*)도 약 45°정도로 휘어져 있다. 바지락(*Ruditapes philippinarum*)은 휘어진 정도가 25°전후이며, 개조개(*Saxidomus purpuratus*), 백합(*Meretrix lusoria*), 가무락조개(*Cyclina sinessis*)도 10°내외로 휘어져 있다(Chung *et al*., 2000).

그러나 민들조개(*Gomphina melanaegis*)는 핵이 9.54 ㎛로 아주 긴 정자를 가졌음에도 휘어진 정도가 미약하다. 그리고 살조개(*Protothaca jedoensis*)도 휘어진 정도가 미약하다. 이는 생식생태와 연관성을 가지는 것으로 추정되며, 휘어진 정도가 심한 종(뷔나스백합, 떡조개)은 대체적으로 핵에 비해 첨체가 작다. 첨체의 모양도 고깔모양, 모자모양 등으로 종에 따라 차이가 있다. 첨체가 현저하게 신장된 바지락과 민들조개는 첨체물질이 핵과 첨체 사이에 한정되어 나타나고 첨체내강에는 첨체간이 길게 첨체의 꼭지점까지 신장되어 있다. 중편에 있는 미토콘드리아는 종에 따라 4 내지 5개를 가진다(그림 2-31, 2-32, 2-33, 2-34).

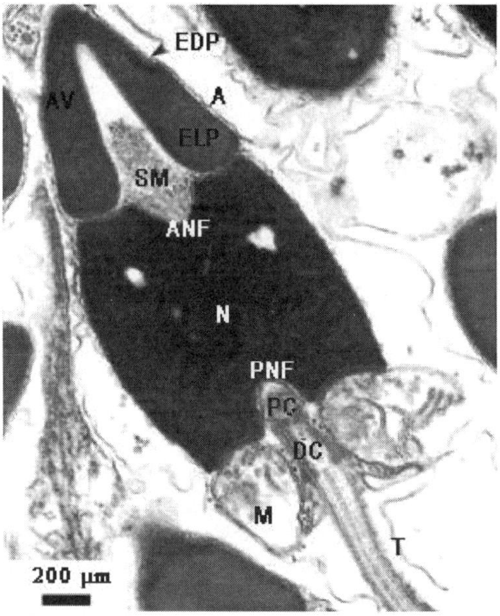

그림 2-30. 굵은줄격판담치(*Septifer virgatus*) 정자. 핵은 cylinder 형이며, Mytilus 속의 정자와는 다른 형태를 하고 있다. A, 첨체; ANF, 앞함입홈; AR, 첨체간; AV, 첨체포; DC, 근위중심립; EDP, 고밀도부위; ELP,저밀도부위; M, 미토콘드리아; N, 핵; PC, 근위중심립; PNF, 뒤함입홈; SM, 첨체물질; T, 꼬리.

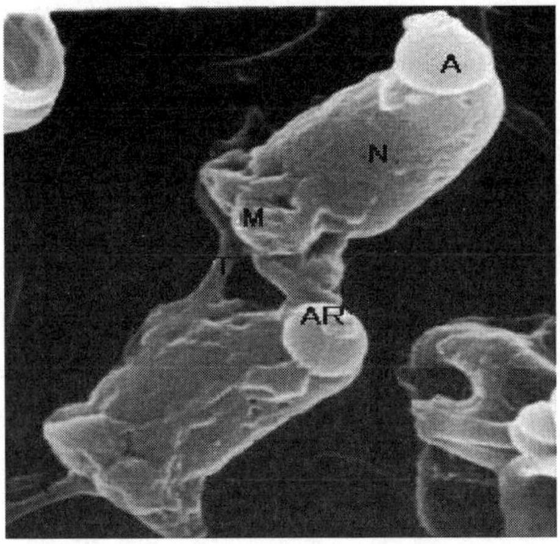

그림 2-31. 백합(*Meretrix lusoria*) 정자의 주사전자현미경 사진. 핵은 cylinder 형으로 표면이 거칠고, 핵이 약간 휘어져 있다. A, 첨체; AR, 첨체간; M, 미토콘드리아; N, 핵; t, 꼬리.

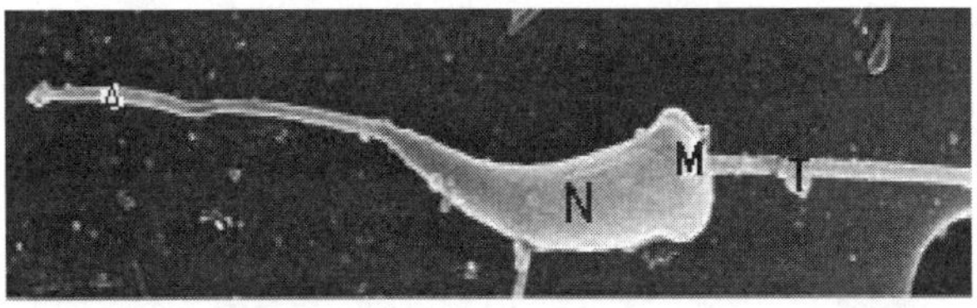

그림 2-32. 바지락(*Ruditapes philippinarum*) 정자의 주사전자현미경 사진. 첨체가 아주 신장되어 있고, 첨체 끝이 봉상형이다. A, 첨체; M, 미토콘드리아; N, 핵; T, 꼬리.

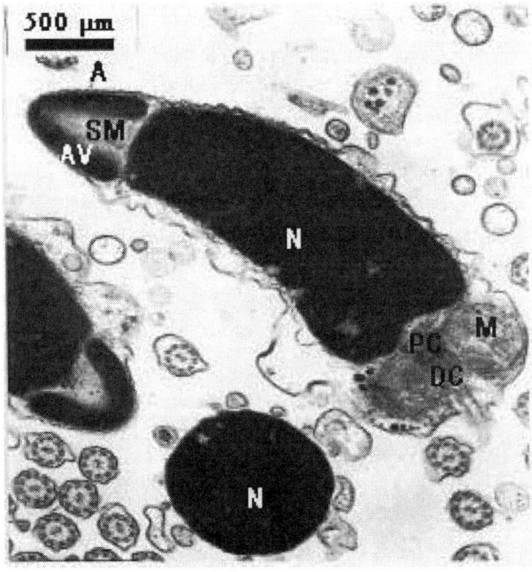

그림 2-33. 가무락(*Cyclina sinessis*) 정자의 투과전자현미경 사진. 핵형은 원통상의 형이고 첨체물질의 농도는 비교적 옅다. 미부의 의 9+2 구조도 뚜렷하다. A, 첨체; AV, 첨체소포; DC, 원위중심립; M, 미토콘드리아; N, 핵; PC, 근위중심립; SM,첨체물질.

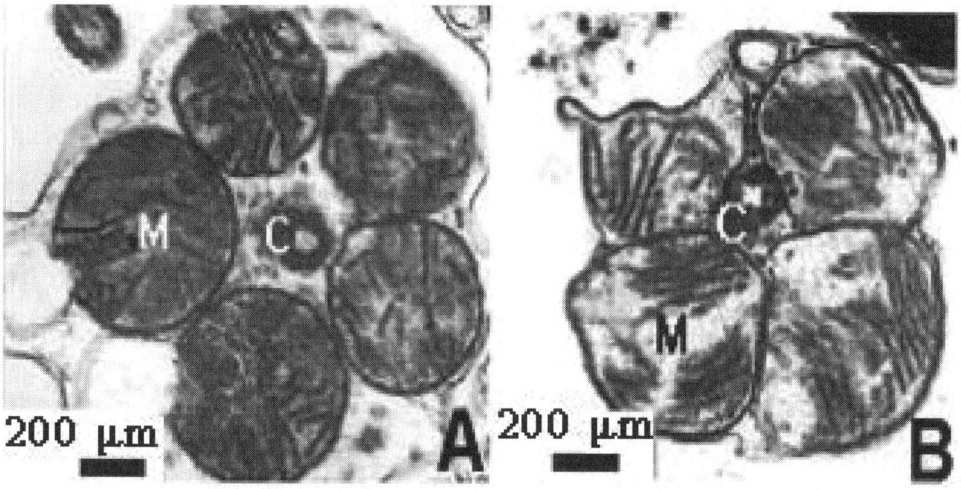

그림 2-34. 백합과 2종의 중편의 미토콘드리아 수. A, 가무락조개(*Cyclina sinessis*); B, 민들조개(*Gomphina melanaegis*). 종에 따라 미토콘드리아 수가 차이가 있지만, 백합과의 조개는 4~5개를 가지며, 일반적으로 과 수준에서 동일 개수를 가진다

표 2-3. 백합과 8종 정자의 미세구조 비교

종 명	정자 두부 크기 (㎛)	두 부							중편	첨체간
		핵 형	핵 길이 (㎛)	핵 넓이 (㎛)	핵 길이/핵 넓이의 비율	첨체 모양	첨체 길이 (㎛)	첨체 넓이 (㎛)	미토콘드리아 수	
바지락 (*Ruditapes philippinarum*)	6.23	bend cylinder	3.36	0.94 (0.28)	25°	modified cone	2.36	0.05	4	있음
개조개 (*Saxidomus purpuratus*)	4.59	bend cylinder	3.74	0.67 (0.35)	15°	cap	0.39	0.13	5	-
백합 (*Meretrix lusoria*)	2.69	cylinder	1.49	0.99 (0.69)	10°	cap	0.58	0.24	5	-
민들조개 (*Gomphina melanaegis*)	9.54	long cylinder	7.80	1.02 (0.4)	5°	long cone	1.13	0.15	4	있음
가무락조개 (*Cyclina sinensis*)	3.42	cylinder	2.13	0.98 (0.71)	10°	cone	0.69	0.19	5	-
떡조개 (*Dosinorbis japonicus*)	5.21	bend cylinder	3.69	0.95 (0.40)	45°	cone	0.53	0.15	4	-
뷔나스백합 (*Mercenaria stimpsoni*)	5.15	deep bend cylinder	4.18	1.05 (0.47)	80°	cap	0.52	0.19	4	-
살조개 (*Protothaca jedoensis*)	3.49	cylinder	2.43	0.96 (0.52)	-	cap	0.44	0.16	4	-

* : ( ) 핵 넓이가 얇은 부분

참고문헌

Bernard, R. T. F. and A. N. Hodgson. 1985. Fine structure of the sperm and spermatid differentiation in the brown mussel *Perna perna*. S. Afr. J. Zool., 20:5-9.

Bottke, W., I. Sinha and I. Keil. 1982. Coated vesicle-meadiated transport and deposition of vitellogenic ferritin in the rapid growth phase of snail oocytes. J. Cell Sci., 53:173-191.

Bourcart, C., R. Lavellard and P. Lubet. 1965. Ultrastructure dupermatozoide de la miule (*Mytilus perna* von (Ihering), C. R. Acad. Sci., 260:5096-5099.

Chung, E. Y. and D. K. Ryou 2000. Gametogenesis and sexual maturation of the surf clam *Mactra veneriformis* on the west coast of Korea. Malacologia, 42:149-163.

Chung, E. Y., S. Y. Kim, K. H. Park and G. M. Park. 2002. Sexual maturation, spawning, and deposition of the egg capsules of the female purple shell, *Rapana venosa* (Gastropoda: Muricidae). Malacologia, 44:241-257.

Chung, E. Y., Y. J. Park, J. Y. Lee and D. K. Ryu. 2005. Germ cell differentiation and sexual maturation of the hanging cultured female scallop *Patinopecten yessoensis* on the east coast of Korea. J. Shellfish Res., 24:913-921.

Chung, E. Y., S. Y. Kim, G. M. Park and J. M. Yoon. 2006. Germ cell differentiation and sexual maturation of the female Neptunea (*Barbitonia*) *arthritica cumingii* (Crosse, 1862) (Gastropoda: Buccinidae). Malacologia, 48:65-76.

Chung, E. Y. 2007. Oogensis and sexual maturation in *Meretrix lusoria* (Roding, 1798) (BivalviaL Veneridae) in western Korea. J. Shellfish Res., 26:71-80.

Chung, E. Y. and E. J. Kim. 2007. Ultrastructure of germ cells and follicle cells during oogenesis and oocyte degeneration, and the ovarian cycle in female *Mactra chinensis* Philippi (Bivalvia: Mactridae) in western Korea. Yellow Sea, 8:16-27.

Chung, E. Y. 2008. Ultrastructural studies of oogensis and sexual maturation on female *Chlamys* (Azumapecten) *farreri farreri* (Jones & Preston, 1904(Pteriomorpha: Pectinidae) on the western cost of Korea. Malacologia, 50: 282-294.

Dan, J. C. and S. K. Wada. 1955. Studies on the acrosome Ⅳ. The crosome reaction in some bivalve spermatozoa. Biol. Bull. Lab. Woods Hole. Mass. 109:40-55.

Daniels, E. W., A. C. Longwell, J. M. McNiff and R. W. Wolfgang. 1971. Ultrastructure of spermatozoa from the American oyster *Crassostrea virginica*. Trans. Am. Microsc. Soc., 90:275-282.

Dorange, G. & M. Le Pennec, 1989. Ultrastructural study of oogenesis and oocytic degeneration in *Pecten maximus* form the Bay of St. Brieuc. Marine Biology., 103: 339-348.

Eckelbarger, K. J. & C. V. Davis. 1996. Ultrastructure of the gonad and gametogenesis in the eastern oyster, *Crassostrea virginica*. 1. Ovary and oogenesis. Mar. Biol., 127: 79-87.

Eckelbarger K. J. and C. M. Young. 1999. Ultrastructure of gametogenesis in a chemosynthetic mytilid bivalve (*Bathymodiolus childressi*) from a bathyal, methane seep environment (northern Gulf of Mexico). Marine Biology. 135:635-646.

Franzen, A. 1955. Comparative morphological investigations into spermiogenesis among Mollusca. Zool. Bidr. Upps., 30:399-456.

Franzen, A. 1956. On spermiogenesis. Morphology of the spermatozoon, and biology of fertilization among invertebrates. Zool. Bidr. Ups., 31:355-482.

Franzen, A. 1970. Phylogenetic aspects of the mophology of spermatozoa and spermiogenesis. In BaccettiB (ed): "Comparative spermatology." New York: Academic Press, p 29-46.

Franzen, A. 1977. Sperm structure with regard to fertilization biology and phlogenetics. Verh. Dtsch. Zool, Ges., p. 123-128.

Franzen, A. 1983. Ultrastructural studies of spermatozoa in three bivalve species with notes on evolution of elongated sperm nucleus in primitive spermatozoa,

Gamete Res., 7:199-214.

Galtsoff, P. S. and D. E. Philpott. 1960. Ultrastructure of the spermatozoon of the oyster, *Crassostrea virginica*. J. Ultrastruct Res., 3:241-253.

Gaulejac, D. B., M. henry & N. Vicente. 1995. An ultrastructural study of gametogenesis of the marine bivalve *Pinna nobilis* (Linnaus, 1978) 1. Oogenesis. J. Moll. Stu., 61: 375-392.

Gharagozlou-Van Ginnekin, I. D. and J. Pochon-Masson. 1971. Etude comparative infrastructurale du spermatoide chez les palourdes de France, Arch. Zool. Exp. Gen., 112:805-817.

Grant, W. S., M. I. Cherry and A. T. Lombard. 1984. A cryptic species of *Mytilus* (Mollusca:Bivalia) on the west coast of South Africa. S. Afr. J. Mar. Sci., p. 149-162.

Gutierrez, M., J. Perez Crespo and E. Pascual, 1978. Ultrastructura de ovocitos y espermatozoides del ostion, *Crassostra angulata* Lmk. de lacista sudatlantica de Espana. Inv. Pesq., 42:167-178.

Healy. J. M. 1989. Spermiogenesis and spermatozoa in the relict bivalve genus *Neotrigonia*: Relevance to trigonioid relationships, particularly Unionoidea. Mar. Biol., 103:73-85.

Hodgson, A. N. and R. F. T. Bernard. 1986. Ultrastructure of the sperm and spermatogenesis of three species of mutilidae (Mollusca, Bivalvoa), Gamete Res., 16:123-135.

Hughes, R. L. 1965. Comparative morphology of spermatozoa from the five marsupial families. Aust. J. Zool., 13:533-534.

Kim, J. H and M. S. Yoo. 2000. Spermatogenesis and sperm morphology in Marsh clams, *Corbicular leana* (Prime). J. Korean Fish. Soc., 33(3):171-175.

Kim J. H. 2001. Spermatogenesis and comparative ultrastructure of spermatozoa in several species of Korea economic bivalves (13 Family, 34 species). Ph. D. Thesis. Pukyong National University., 161 pp.

Longo, F. J. and E. J. Dornfeld. 1967. The fine structure of spermatid differentiation in the mussel, Mytilus edulis, J. Ultrastr. Res., 20:462-480.

Nijima, L. and J. C. Dan. 1965. The acrosome reaction in *Mytilus edulis*. 1. Fine structure of the intact acrosome. J. Cell Biol., 25: 243-259.

Pipe, R. K. 1987. Oögenesis in the marine mussel *Mytilus edulis*: an ultrastructural study. Mar. Biol., 95: 405-414.

Pochon-Masson, J. and I. D. Gharagozlou. 1970. Particularité morphologique de l'acrosome dans le spermatozoide de Tapes decussatus L. Mollusque, Lamellibranch. Ann. Sci. Natur. Zool., Paris, 12:171-180.

Popham, J. D. 1979. Comparative spermatozoon morphology and bivalve phylogeny. Malacol. Rev., 12:1-20.

Yang, M. H. 1999. The biology and seed production of the flat oyster, Ostrea denselamellosa. Ph. D Thesis, Dong-eui University., 161 pp. (in Korean)

제 3 장
해산 이매패류 생식소의 성숙과 산란 및 인위적 제어

이매패류 생식소의 성장, 성숙 및 산란은 외적 환경요인과, 내적요인에 의해 조절되는 것으로 알려져 있다 (Blake and Sastry, 1979; Sastry, 1979; Simpson, 1982; Barber, 1984). 외부 환경요인 중 특히, 수온과 먹이이용 변화는 생식소의 발달과 성숙에 크게 영향을 미치는 것으로 알려져 있다. 이들 외적, 내적요인들에 의해 생식소의 성장, 발달이 변하게 되는데 일정기간 중 생식소 발달단계가 어떤 특유의 주기성을 나타내며 변하는 것을 생식주기(reproductive cycle)라 한다. 조직학적 방법에 의해 생식소 발달 단계에 따른 생식주기를 밝히게 되면 정확한 산란기와 가입시기도 알 수 있다. 또한 다양한 지수(생식소지수, 생식소중량지수, 비만도지수)의 월별 변화를 알게 되면 간접적으로 산란기를 추정할 수 있어 이들을 조사할 필요가 있다. 그리고 인위적 산란유도(spawning induction)에 의하여 개체의 크기별 산란량(포란수)과 산란빈도(spawning frequency)를 밝히게 되면, 개체군의 생식잠재능력을 파악할 수 있고, 개체군의 군성숙도 50%(생물학적 최소형, biological minimum size)를 알게 되면 무분별한 남획을 사전 방지할 수 있어 개체군의 자원증식 및 자원관리에 기초자료로 사용할 수 있으며, 개체군의 성비를 알게되면 미래의 자원량 증감을 예측할 수 있어 자원관리를 위해 반드시 필요하다. 또한 환경변화가 생식소 발달 및 성숙에 어떻게 영향을 미치는지 파악하기 위해 수온과 먹이 공급조건을 인위적으로 제어(control)하여 성숙과 산란에 미치는 영향을 상세히 파악할 필요가 있다.

그 밖에 생식소 발달 관련기관들의 생식시기별 생화학적 영양성분 변화를 조사하면, 생식소 발달 관련 기관들 내에서 일어나는 영양성분의 이동 관계를 유추할 수 있다.

따라서 본 장에서는 자연 상태에서 한국산 이매패류의 생식소 발달단계에 따른 생식주기 및 산란기, 인위적 산란량 및 산란빈도, 성숙 및 산란의 외적환경조건에 의한 인위적 제어, 군성숙도 50%를 다루었으며, 생식기구 조사의 일환으로 생식소와 생식소 발달 관련 기관들 사이의 생화학적 영양성분의 변화 및 상관관계를 밝혀, 각 기관별 영양물질들의 상호 이동 관계를 밝혀 이매패류의 생식기구를 밝히려 한다.

1. 생식소 발달단계와 산란기 추정 관련지수

1) 생식소지수(gonad index, GI)

이매패류 중 생식소가 내장낭 속에 존재하는 경우는 중장선과 소화맹낭과 함께 섞여있어 생식소만 별도로 구분이 되지 않으므로 이러한 이매패류의 경우는, 산란기를 추정하기 위해서 조직학적 방법에 의해 조직절편을 제작하여 각 개체별 생식소 발달단계를 조사한다. 생식소 발달단계는 생식세포들의 발달 특징에 따라 1~5 단계의 5등급으로 분류, 구분한 다음, 생식소의 성숙도를 판정하여 발달단계별 값을 적용한다. 통상 한 개체의 생식소 내에는 복수의 생식소 발달 단계가 나타나기 때문에, 조직상의 면적이 넓은 쪽의 발달단계를 택하여 판정한다. 월별 생식소지수는 다음과 같은 식에 의해 계산한다.

$$GI = \frac{(\text{SI개체수}\times1) + (\text{PS개체수}\times2) + (\text{EA개체수}\times3) + (\text{LA개체수}\times4) + (\text{RP개체수}\times5)}{\text{월별 전 조사 개체수}}$$

각 개체별 생식소의 등급 판정 및 해당 값(score)은 Mann(1979)과 Redfern(1974)이 사용한 방법을 일부 변경하여 생식소 발달단계에 해당하는 값을 다음과 같이 적용하여 사용한다: 1=퇴화 및 비활성기(spent/inactive stage, SI), 2=부분산란기(partially spawned stage, PS), 3=초기활성기(early active stage, EA), 4=후기활성기(late active stage, LA), 5=완숙기(ripe stage, RP).

Jaramillo *et al.,*(1993)과 Kanti *et al.,*(993)의 보고에 의하면, 이매패류는 생식소지수(GI)의 평균값이 높으면 생식소가 성숙상태인 것을 나타내며 그 후, 평균값이 감소되는 것은 산란과 관련이 있다고 보고하였는데, 한국산 이매패류 백합, 바지락, 가무락, 개조개, 떡조개, 살조개, 맛조개, 붉은맛, 대맛조개, 가리맛조개, 홍합 등의 생식소지수의 월별 변화 결과를 보면 일반적으로 생식소 발달이 일어나는 시기에 증가되기 시작하여 성숙되는 시기에 그 지수 값이 최대에 이른 후, 산란 및 퇴화·흡수가 일어나는 시기에는 감소되는 경향을 보이고 있어, Jaramillo *et al.,*(1993)과 Kanti *et al.,*(993)의 보고와 일치하는 경향을 보였다(Chung et., al., 1998, 1999; Chung, 2007).

2) 생식소중량지수(gonadosomatic index, GSI)

생식소중량지수(GSI)는 생식소의 발달로 인한 생식소의 무게 증가가 개체의 전중량 증가에 어느 정도 영향을 미치는지 알기 위해 조사하는데, 이 경우는 이매패류의 생식소가 내장낭 속에 존재하지 않고 별도로 뚜렷하게 구분되어 있는 가리비류(큰가리비, 비단가리비, 해가리비)와 일부 이매패류의 경우에만 GSI를 구할 수 있다. 이들의 산란기를 간접적으로 추정하기 위해서는 다음의 식에 의해 생식소중량지수를 구한다.

GSI = 생식소 중량(g) X 100 / 전 연체부 중량(g) (Chung *et al.*, 2005).

일반적으로 생식소 발달이 시작되는 시기에는 GSI 값이 증가되기 시작하여 생식소의 성숙 시기에 그 지수 값이 최대에 이른 후, 산란 및 퇴화 · 흡수가 일어나는 시기에는 감소되는 경향을 보인다. 따라서 GSI값은 생식소의 발달, 성숙, 산란 및 퇴화의 시기와 밀접한 관계를 가지는 것으로 보고되어 있다(Chung, 2008; Son and Chung, 2005).

3) 비만도지수(condition index, CI)

비만도지수는 생식소 발달과 체중 변화 사이의 관계를 나타낸 것으로, 산란기를 간접적으로 추정하기 위해 조사한다. 통상 사용되는 비만도지수의 계산 방법은 여러 가지가 보고되어 있으나 그 중 용적에 의해 구하는 Momoyama and Iwamoto(1979)의 방법이 최근 타당성이 있는 것으로 검증되고 있어 많이 사용되고 있다.

비만도지수 = 육중량×1000 / (각장×각고×각폭) (Momoyama and Iwamoto, 1979).

서해산 바지락(*R. philippinarum*)의 월별 비만도지수 변화 결과를 보면 그림 3-1에 나타난 바와 같이, 3월부터 급격히 증가하여 5월에 최대값에 이른 후, 5월부터 감소하기 시작하여 9월까지 계속 감소가 일어나고 있어 이 시기가 산란기로 추정된다. 서해산 바지락의 비만도지수 값의 월별변화는 생식소지수의 월별변화와 유사한 경향을 보이고 있다.

2. 생식소 발달단계와 생식주기

이매패류는 생식소 발달과 성숙이 종마다 특정시기에만 일어나는 종 특이성을 가지며, 같은 종들 사이에도 지역개체군(local population) 간에 연 중 주기적 변화의 특징이 서로 다르게 나타나는 것으로 보고되어 있다(Chung *et al.*, 1991, 1998, 1999).

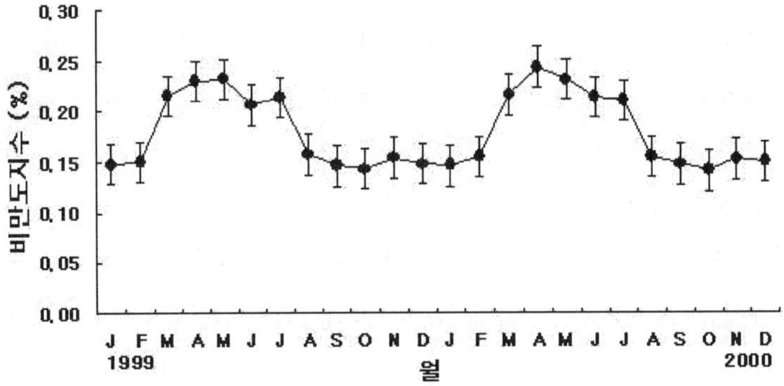

그림 3-1. 서해산 바지락(*Ruditapes philippinarum*) 비만도지수의 연중 변화

생식주기는 생식소의 발달·성숙, 산란, 퇴화에 이르는 모든 과정이기 때문에, 생식소 발달단계에 따른 생식주기(또는 산란주기)의 연구는 연령사정(age determination) 및 가입시기(recruitment period)의 추정을 위해 필수적이다(Chung *et al.*, 2005; Chung, 2007). 이매패류 종들의 생식주기(reproductive cycle)를 분석하려 할 때, 생식소 발달단계의 판정은 통상적으로 생식소의 조직학적 관찰에 의한 정성적 분석에 의해 판정하고 있다. 생식소의 조직 표본을 현미경하에서 검경하여 얻어진 생식세포의 크기 및 형태적 특징을 토대로 이매패류 생식소의 발달 단계를 분석하여 보면 대체로 5 단계로 구분할 수 있다(표 3-1). 백합(*Meretrix lusoria*)의 경우를 예로 들면, 생식소 발달 단계별 기준(Chung, 2007)은 다음과 같다.

1) 초기활성기(early active stage)

암컷의 경우, 난소는 비록 크기가 적으나 수 많은 난소소낭(oogenic follicle)으로 이루어져 있으며, 이때 소낭의 생식상피(난소소낭벽)는 비교적 두텁다. 이 시기에 난원세포는 난소소낭의 생식상피를 따라 출현하며, 초기 발달 중인 난모세포가 생식상피에서 신장되어 출현한다. 백합의 경우 난원세포의 난경은 약 10～12 ㎛ 정도이고, 초기 발달 중인 난모세포들의 난경은 15～25 ㎛ 정도이다(그림 3-2A).

수컷의 경우, 정소는 수 많은 정소소낭(acinus)으로 이루어져 있다. 이들 소낭의 생식상피(germinal epithelium)를 따라 정원세포들이 출현하며, 그 주변에 다수의 정모세포들이 출현한다. 백합의 경우 정원세포들과 정모세포들의 크기는 각각 8～9 ㎛과 6～7 ㎛ 정도이다(그림 3-3A).

2) 후기활성기(late active stage)

암컷의 경우, 난소소낭 벽(follicular wall)은 점차 얇아진다. 다수의 발달 중인 난모세포들은 난병을 생식상피에 부착하여 소낭의 내강 주위에 출현하고, 소수의 성숙한 난모세포들은 난소소낭 내강의 중앙부위에 일부 분포한다. 특히, 이 시기에 난모세포는 배포상의 핵(germinal vesicle)을 가지는데 그 속에 뚜렷한 호염기성 인이 출현한다(그림 3-2B).

수컷의 경우, 정소소낭 벽(acinus wall) 주변에는 소수의 정원세포들과 정모세포들이, 그리고 소낭의 내강(lumen)에는 다수의 정세포들이 나타나며, 일부 변태 중인 정자들은 내강의 중앙부에서 출현하여 마치 층상배열을 나타낸다. 그러나 이 시기에 내강의 중앙부는 아직 비어있는 곳이 많다(그림. 3-3B).

3) 완숙기(ripe stage)

암컷의 경우, 난소의 약 70~80% 정도를 차지하는. 난소소낭들은 난모세포들로 가득 채워지나, 난소소낭 벽(상피)은 아주 얇아진다. 소낭 내강의 중앙부에는 성숙 또는 완숙 난모세포들로 가득 채워지는데, 이들 난모세포들의 난황막은 젤라틴막에 의해 둘러싸여 있으며, 난세포질 내에는 다량의 난황과립들이 가득 채워져 난모세포들은 비대해 진다(그림3-2C, D).

수컷의 경우, 완숙기 정소의 정소소낭 내에는 극소수의 정원세포들과, 그 주변에 정모세포들과 정세포들이 층상 배열을 이루고 있으며, 또한 완숙정자들이 정소소낭 내강의 중앙부를 가득 채워 정소소낭은 비대해 진다. 완숙기의 난소소낭들과 정소소낭들의 생식상피는 아주 얇아진다(그림 3-3C).

4)부분산란기(partially spawned stage)

암컷의 경우, 완숙란의 방란으로 인해 대부분의 난소소낭 내강의 중앙 부위는 텅비게 된다. 이 시기의 내강 부위에는 소수의 발달 중인 난모세포들과 일부 미방란된 완숙난모세포들이 출현한다(그림 3-2E).

수컷의 경우, 정소소낭 내강의 중앙부에 가득 채워져 있던 정자는 대략 60% 이상이 방정되어 내강의 중앙부가 텅 비어 나타나며 일부 정모세포들과 정세포들 그리고 미방출된 잔존 정자들이 정소소낭 내에 산재하여 출현한다(그림 3-3D).

5) 퇴화 및 비활성기(spent/inactive stage)

암컷의 경우, 산란 후 퇴화 붕괴 중인 난소소낭 내에는 잔여물질들과 미방출된 잔존 난모세포들이 세포질 붕괴를 일으키고 퇴화・위축되어 암・수 성의 구별이 어렵게 된다. 그 후 결체조직들이 난소 내에서 퇴화・붕괴된 곳을 다시 채우고 세포분화가 시작되어 새로 형성된 난소소낭 벽에는 소수의 난원세포들이 일부 출현하여 장기간 잔존한다(그림 3-2F).

수컷의 경우, 방정 후 퇴화・붕괴된 정소 내에는 일부 잔존하는 소수의 정모세포들과 정세포들이 나타나나, 이윽고 이들 생식세포들은 퇴화・붕괴되나 결체조직들로 가득 채워진다. 그 후 새로이 형성된 정소소낭 벽(생식상피)에는 소수의 정원세포들이 다시 나타나 장기간 잔존한다(그림 3-3E, F).

위도구배에 따른 산란시기와 생성된 생식세포들의 종내변이는 생식과정에 영향을 미치는 환경조건의 변화와 관련이 있는 것으로 보고되어 있다(Chung *et al.*, 1998).

Rand(1973)는 한대기후 지역에서는 산란기가 연 1회이고, 온대 기후 지역에서는 2회의 산란기, 열대기후 지역에서는 연중산란이 일어나 위도구배에 따라 생식전략이 다르게 나타난다고 보고하였다. 동일 종일지라도 서로 다른 지역개체군인 경우 특히, 바지락의 생식주기는 세계 여러지역에서 큰 차이를 보이고 있다; 카나다의 British Columbia (Quayle and Bourne, 1972), 미국 Washington의 Hood Canal (Holland and Chew, 1974), 일본 북부(Yoshida, 1953), 그리고 동해의 북서부인 Vostok Bay (Ponurovsky and Yakovlev, 1992)에서는 연 1회의 산란기를 가지나 일본 남부에서는 연 2회의 산란기(Tanaka, 1954; Ohba, 1959)를 나타내었다고 보고되어 있다. 한국 서해산 바지락의 경우는 일본 동경만의 북부지역에서와 같이, 산란기를 일년에 한번가진다. 따라서 같은 종이라도 산란기와 산란빈도(spawning frequency) 수는 수도과 위도에 따라 다르게 나타나는 것으로 추정된다(Chung *et al.*, 1998).

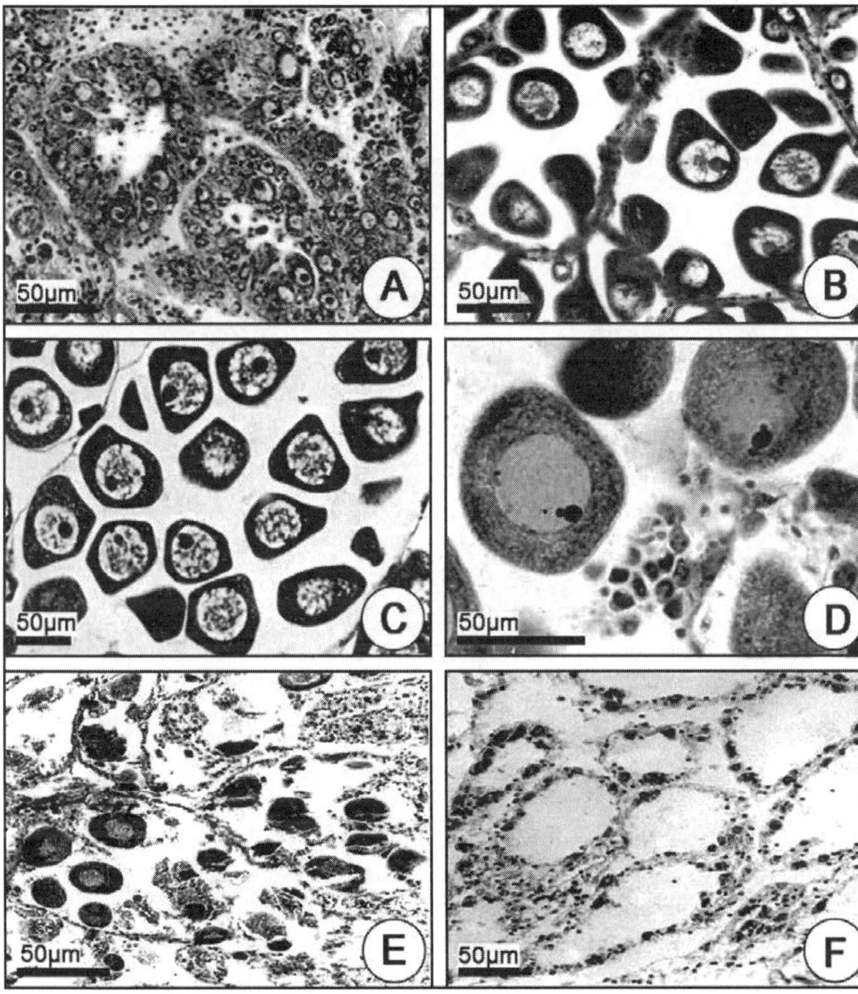

그림 3-2. 백합(*Meretrix lusoria*)의 난소 발달단계를 나타내는 광학현미경 사진(A-F). A, 초기활성기 난소소낭; B, 후기활성기 난소소낭; C, D, 완숙기 난소소낭; E, 부분산란기의 난소소낭; F, 퇴화 및 비활성기 난소소낭

3. 생식소 발달 및 성숙

최근 한국산 이매패류의 생식소 발달 및 성숙은 일반적으로 환경 조건들 즉, 외적 요인들(수온, 먹이생물 및 일장)과 생물체내의 내적 요인들(신경 및 호르몬)에 의해 영향을 받는다고 여러 연구자들(Chung and Ryou, 2000; Chung *et al.*, 2002, 2005; Wi, 2003; Chung, 2007; Chung, 2008)이 보고하였다. 서해산 바지락과 백합의 경우는, 수온이 아

주 낮았으나 chlorophyll-a level이 높았던 초봄 중에 생식소 발달이 시작되었다. 그리고 비교적 수온이 아주 낮고 먹이생물이 부족한 시기에는 생식소의 발달단계는 비활성기 및 초기활성기를 나타내어 생식소 발달은 환경조건과 밀접한 관련이 있음을 알 수 있다.

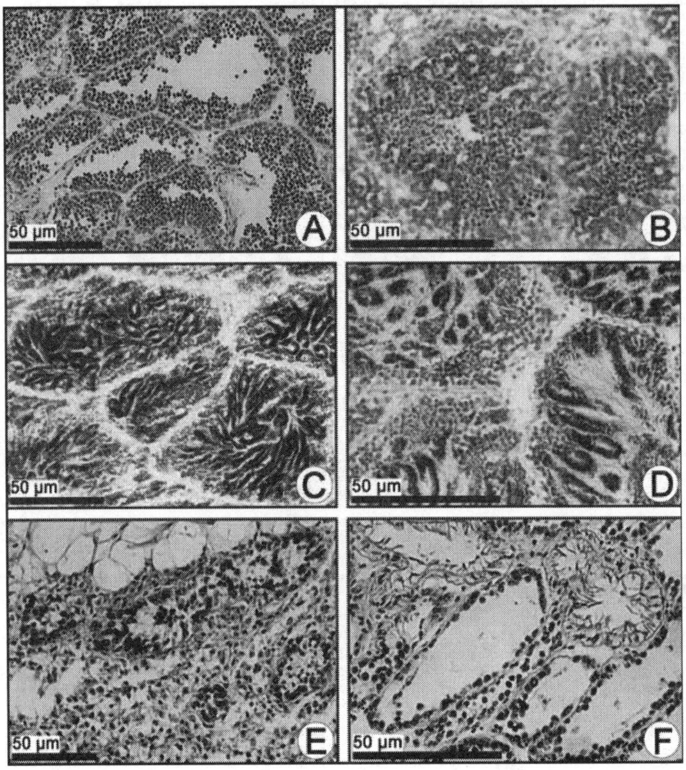

그림 3-3. 백합(*Meretrix lusoria*)의 정소 발달단계를 나타내는 광학 현미경 사진(A-F). A, 초기활성기 정소소낭; B, 후기활성기 정소소낭; C, 완숙기 정소소낭; D, 부분산란기 정소소낭; E, F, 퇴화및 비활성기 정소소낭

이매패류가 생식소 발달을 위해서는 생식소로 영양물질이 이동하여야 되기 때문에 에너지가 요구되는 과정이라 할 수 있다. 아직은 불분명한 점이 있으나 생식소의 발달은 1) 섭이한 먹이나 2)저장된 영양물질, 또는 3) 2가지 모두와 관련되어 있다고 보고되어 있다(Sastry, 1979; Sastry and Blake, 1979; Barber, 1984). Toba와 Miyama(1995)는 일본산 바지락의 생식소 발달은 처음 생식소 조건과 관계없이 수온이 10~27°C사이에서 일어나고 있어 생식소 발달은 수온보다는 먹이 이용에 의해 좀 더 영향을 받는다고 보고하였다.

표 3-1. 이매패류의 종별 생식주기 비교

종 명	서식처	생식주기 (월)					참고문헌
		EA	LA	RP	PS (SP)	SP/IA (DE/RE)	
백합과(Veneridae)							
Meretrix lusoria 백합		1-3	2-5	4-8	6-9	9-2	Chung *et al.*, 2000
Meretrix petechialis 말백합		1-3	2-5	4-8	7-8	9-1	Kim *et al.*, 2006
Cyclina sinensis 가무락조개	내초도, 전라북도	2-4	3-6	5-8	6-9	9-2	Chung *et al.*, 1991
Ruditapes philippinarum 바지락	곰소만, 전라북도	2-3	4-5	4-8	5-9	8-3	Chung *et al.*, 2001
Dosinorbis (phacosoma) japoncus 떡조개	비인만, 전라북도	12-2	2-5	5-8	6-9	8-12	Chung *et al.*, 1997
Saxidomus purpuratus 개조개	순천만, 전라남도	1-3	2-6	4-10	5-10	8-2	Chung *et al.*, 1999
Protothaca jedoensis 살조개	보령, 충청남도	12-3	2-6	4-7	5-7	7-1	Kim *et al.*, 2002
홍합과 (Mytilidae)							
Mytilus coruscus 홍합	격포, 전라북도	11-1	11-2	12-4	2-4	6-12 (DE/RE)	Wi *et al.*, 2003
Mytilus coruscus 홍합	통영, 경상남도	11-1	11-2	12-4	2-4	4-10	Lee *et al.*, 2007
재첩과 (Corbiculidae)							
Corbicula japonica 일본재첩	곡강천, 경상북도	2-4	4-7	6-8	7-9	9-3	Chung *et al.*, 2004
Corbicula fluminea 재첩	하단, 부산시,	11-4	5-6	6-10	6-10	9-12	Lee and Chung, 1980
개량조개과(Mactridae)							
Mactra chinensis 개량조개	군산, 전라북도	1-2	2-4	4-9	5-9	6-12	Chung *et al.*, 1997
Mactra veneriformis 동죽	군산, 전라북도	1-3	3-5	4-8	6-8	9-2	Chung *et al.*, 2000
굴과 (Ostreidae)							
Crassostrea gigas 참굴	보령, 충청남도	3-4(♀) 2-3(♂)	4-5 (♀,♂)	5-8(♀) 5-9(♂)	6-9 (♀,♂)	9-2 (♀,♂)	Chung *et al.*, 1998
꼬막조개과 (Arcidae)							
Scapharca subcrenata 새꼬막	백령도, 경기도	2-5	6-7	6-8	7-9	8-4	Kwun and Chung, 1999

가리비과 (Pectinidae)							
Patinopecten yessoensis 큰가라비	주문진, 강원도	9-10	11-2	3-5	4-6	6-9	Chung *et al*., 2005
Argopecten irradians 해만가리비	득량만, 전라남도	10-2	11-5	2-5	5-6	6-8	Oh *et al*., 2002
Chlamys farreri farreri 비단가리비	대흑산도, 전라남도	1-3	3-4	4-8	6-8	8-1	Chung *et al*., 2005
Amusium japonicum japonicum 해가리비	서귀포, 제주도	4-6	6-9	10-11	11-1	2-4	Son and Chung, 2005
키조개과 (pectinidae)							
Atrina pectinata 키조개	보령, 충청남도	11-3	2-5	4-7	6-8	8-10	Chung *et al*., 2002
작두콩가리맛조개과 (Pharidae)							
Sinonovacula constricta 가리맛조개	심포, 전라북도	3-5	5-7	7-9	8-10	10-3	Han *et al*., 2005
죽합과 (Solenidae)							
solen grandis 대맛조개	군산, 전라북도	12-1	1-3	3-7	6-7	7-12	Chung *et al*., 2006
Solen strictus 맛조개	군산, 전라북도	2-3	3-4	5-6	6-7	8-2	Chung *et al*., 1986
Solen strictus 맛조개	다대포, 부산시	1	2-4	3-6	6-7	7-12	Chung *et al*., 1986
Solen gordonis 붉은맛	다대포, 부산시	12	1-2	2-5	5-6	7-12	Chung *et al*., 1986

EA, 초기활성기; LA, 후기활성기; RP, 완숙기; PS, 부분산란기(SP, 산란기); SP/IA, 퇴화 및 비활성기(DE/RE, 퇴화 및 회복기)

한국 서해산 바지락과 백합의 결과를 보면, 비록 수온이 낮을 지라도 엽록소-a 함량이 높아지는 시기에 생식소 발달이 시작되고, 그 후 생식소의 발달과 성숙이 촉진되고 있어, 수온 보다 오히려 먹이가 더 중요한 것으로 여겨져, 바지락과 백합의 생식소 발달에는 수온 보다 먹이 이용에 좀 더 영향을 받는다는 Toba와 Miyama(1995)의 주장과 일치하는 경향을 보였다.

4. 성숙·산란의 인위적 제어

1) 수온-먹이 공급에 의한 성숙·산란의 인위적 제어

(1) 자연계의 생식소 발달 초기부터 완숙 및 산란기 시작 기간 중 조사

바지락 암・수개체의 크기별, 수온별 실험구의 성숙・산란의 인위적 제어 실험 결과(Chung *et al*., 2002)에 의하면, 조직학적 관찰 결과 실온실험구(11-23°C)는 암・수의 크기에 관계없이 30일 경과(3월 31일)후 까지 초기활성기를 나타내었고 50일 경과 후부터는 후기활성기가 나타났으며, 60일 경과 후(4월 29일)에는 완숙기 개체들이 나타났다. 70일과 80일 경과 후에는 완숙기 개체가 나타났으나 부분산란기 개체는 출현하지 않았다고 보고되어 있다.

저수온(10°C)처리구는 30일, 50일, 60일, 70일, 80일 경과 후까지 암・수 개체의 크기에 관계없이 생식소 발달단계가 초기활성기 및 후기활성기를 나타내어 생식소 발달 초기에는 낮은 수온에 의해 생식소 발달이 어느정도 억제되는 것으로 사료되었다. 고수온인 19°C 및 22°C 처리실험구의 개체들은 30일 경과 후 후기활성기의 개체가 나타났고. 50일 부터는 완숙기의 개체가 출현하였다. 또한 60일 경과 후(4월 29일)부터는 산란흔적을 보인 부분산란기 개체들이 출현하여 자연산 바지락의 산란기(2001년 5월 말)보다 1개월 먼저 산란이 유도되었다. 70일 및 80일 경과(5월 19일) 후에는 부분산란기와 퇴화/비활성기까지 출현하여 자연산 바지락 보다 2개월 빠르게 나타났다고 보고되어 있다.

전반적으로 볼 때, 수온 19°C 보다는 22°C 처리실험구에서 개체들의 생식소 발달단계가 약간 빠른 현상을 보였고, 개체의 크기에 따른 생식소 발달단계는 수온 19°C 및 22°C에서 모두 30일 경과 및 50일 경과 후 까지는 작은 개체들이 큰 개체들 보다 생식소 발달이 약간 빠른 효과를 보였으나 60일-80일 경과 후에는 큰 개체들이 작은 개체들 보다 생식소의 발달단계가 약간 빠른 결과를 나타내었다고 보고되어 있다. 암・수의 성적 차이에 따른 생식소 발달단계는 실험개시 30일-60일 경과 후(4월 29일)까지는 수컷이 암컷보다 약간 높은 경향을 보였으나 70일 경과 후(5월 9일)부터 80일 경과(5월 19일)까지는 성적 차이가 뚜렷하게 구분되지 않았다고 보고되어 있다(Chung *et al.*, 2002)..

(2) 온도 및 먹이 조절에 따른 암·수 개체의 크기별 생식소 발달

산란기 중에 바지락을 대상으로 수온(고온 및 저온) 및 먹이 공급 및 절식실험을 실시한 결과, 다음과 같은 결과를 얻었다.

먹이공급실험구: 42일 경과 후의 바지락 먹이 공급실험구의 개체 중, 고수온-암・수 작은 개체들의 경우는 생식소 발달단계가 부분산란기 및 퇴화/비활성기인 개체수%의 합들이 각각 70.0%와 70.0%이었으나 반면, 고수온-암・수 큰 개체의 경우는 부분산란기 및 퇴화/비활성기의 개체수%의 합이 각각 60.0%와 60.9%를 나타내어 큰 개체 보다 작은 개체에서 고수온 자극에 생식소 발달 및 진행이 좀 더 민감하게 작용하였다.

42일 경과 후의 먹이공급실험구의 개체에서 저온-암・수 개체의 경우, 부분산란기 및 퇴화 및 비활성기에 해당되는 개체수%를 합쳐 보았을 때, 수컷 개체수% 합이 암컷 개체수% 합 보다 크게 나타나 암컷보다 수컷이 저온 자극에 좀 더 민감하게 반응하여 생식소 발달단계의 진행이 약간 더 빠르게 나타났다. 그러나 전체적으로 볼 때, 바지락의 생식소 발달에 작용하는 수온 자극은 저수온 보다 고수온이 생식소 발달 및 진행에 보다 민감하게 작용하는 것으로 나타났다(그림 3-4). 부분산란기+퇴화/비활성기의 개체수% 합으로 Paired sample t-test를 한 결과, $p=0.001$을 나타내어 수온변화에 따른 성 성숙의 변화는 유의한 차를 보였다고 보고되어 있다(Chung *et al.*, 2002).

무먹이 공급실험구: 42일 경과 후의 무먹이 공급실험구(starvation) 개체수의 경우, 고수온-암컷 큰개체의 부분산란기와 퇴화/비활성기 개체수%의 합과 고수온-수컷 큰개체수%의 합과 비교하여 보면 그림 3-4에 나타난 바와 같이, 고수온-수컷 큰 개체의 쪽이 고수온-암컷 큰 개체 보다 생식소 발달단계의 진행이 약간 더 빠르게 나타났다. 그러나 작은 개체의 경우는 암컷과 수컷의 생식소 발달단계 및 진행상태는 먹이를 공급한 경우와 동일한 생식소 발달단계의 양상을 보였다(Chung *et al.*, 2002).

산란기 중 고수온-먹이조절 실험구: Chung *et al.* (2002)에 의하면, 산란성기에 고수온-먹이공급실험구의 암・수 개체들과 고수온-무먹이공급실험구의 암・수 개체의 생식소 발달・진행여부를 조사한 결과, 성별 및 개체의 크기에 상관없이 고수온-무먹이공급실험구의 암・수개체에서 생식소 발달단계의 진행이 오히려 좀 더 빠르게 나타났으며(그림 3-5), 유의한 차(paired sample t-test, $p=0.004$)를 보였다. 그 이유는 무먹이공급실험구 개체들의 경우, 일단 번식기에 들어서면 먹이를 공급받지 못하였어도 영양실조 상태에서는 다른 체조직(소화맹낭, 외투막 등)속에 저장된 영양물질들이 인접한 생식소의 조직 내로 이동되어 생식소 내에서 생식세포들이 성숙되어 산란이 일어나도록 유도하는 생체반응 현상이라 생각된다. 무먹이공급 실험구 개체들의 비만도지수는 절식으로 인해 감소되는 특징을 보였다.

양식산 성게를 대상으로 실험한 결과를 인용하여 보면, Spirlet *et al.*(2000)은 양식산 성게 알의 생산량을 높이기 위해 먼저 2개월 간 성게를 굶긴 후, 먹이를 1개월 간 충실히 공급하면 성게의 생식소 내에 알이 가득 채워지게 되는데, 이때 생산된 성게 알의 생산량은 굶기지 않고 계속 먹이를 충실히 공급받은 개체들이 생산하는 알의 생산량 보다 더 많이 생산할 수 있음을 보고하였다. 이 현상은 성게가 굶주리는 동안 위기의식을 느껴 생식·생존 전략에 치중하여 성 성숙이 우선적으로 일어나도록 자극을 받는 것과 관련이 있는 것으로 사료된다(Chung *et al.*, 2002).

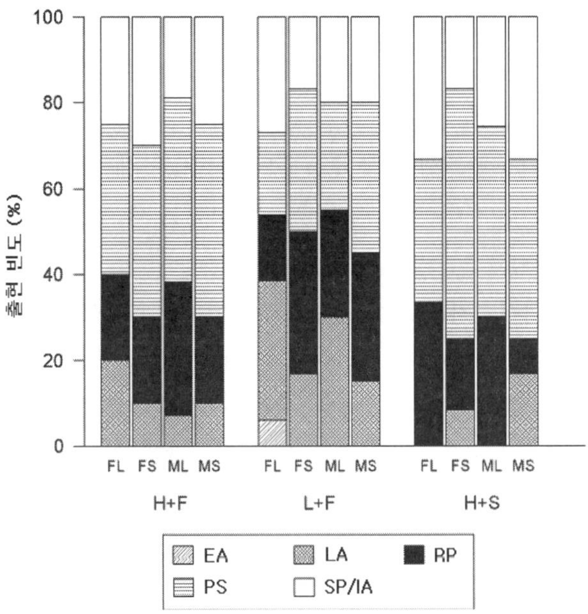

그림 3-4. 곰소만에서 2000년 6월 26일부터 8월 6일까지 수온조건, 먹 이공급실험구 및 무먹이공급실험구의 조건하에서의 바지락(*Ruditapes philippinarum*)의 생식소 발달단계의 출현 빈도. H, 고수온(22-28℃); L, 저수온(10℃); F, 먹이공급; S, 절식; FL, 암컷-큰개체; FS, 암컷-작은개체; ML, 수컷-큰개체; MS, 수컷-작은개체; EA, 초기활성기; LA, 후기활성기; RP, 완숙기; PS, 부분산란기; SP/IA, 퇴화 및 비활성기

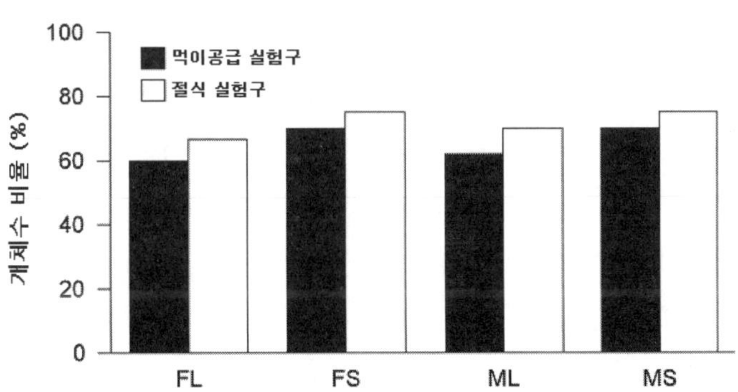

그림 3-5. 산란성기에 고수온-먹이공급실험구와 고수온-무먹이공급(절식)실험구 에서 바지락(*Ruditapes philippinarum*) 암컷과 수컷을 42일간 사육 실험하여 얻은 부분산란기와 퇴화/비활성기의 개체수 비율의 비교. FL, 암컷-큰개체; FS, 암컷-작은개체; ML, 수컷-큰개체; MS, 수컷-작은개체

2) 인공산란유도에 의한 산란량 및 산란빈도

가무락조개(*Cyclina sinensis*)와 백합(*Meretrix. lusoria*)을 대상으로 인공산란을 유도하여 산란량과 산란빈도를 조사하였다.

(1) 가무락조개와 백합의 인공 산란유도 실험과정

2001년 6월30일 채집된 가무락조개 300 개체(각장 25.8-47.2 mm의 개체를 5무리로 구분)와 2003년 5월 28일에 채집된 백합 300 개체(각장 40.7-79.4 mm)의 개체를 8무리로 나누어 종묘시험장 실험실 내에서 40×40×10 cm의 사육수조에 모래를 깔고 사육하면서 실험에 사용하였다(Chung *et al.*, 2003). .

제 1차 산란실험을 위해 자동온도 조절장치가 설비된 실험실에서 6종의 먹이생물을 인공 산란유도 전에 충분히 공급하였다(대략 4-6×108 cells · G-1 Day-1). 최초 해수 수온은 25±0.5℃ 범위이었고, 여과해수의 비중은 1.023이었다. 산란을 위해 각 조개별 3-4 시간 동안 모패를 통풍이 잘 되는 음지에서 간출시켜 노출자극 후 모패를 깨끗하게 세척한 후, 각 1개체씩 100 ㎖ 비이커에 넣고 최초 해수 온도를 25°C에 이르게 한 후, 자연해수를 가온시키기 위해 히터와 자동온도조절장치(항온수조)를 이용하여 온도를 10분 간격으로 1°C씩 올려 29°C까지 가온시켜 산란을 유도하였다(Loosanoff and Davis, 1963; Hur, 1994). 개체당 총 산란된 난들에서 1㎖를 cell counter로 옮겨 산란된 난들을 만능투영기(Nikon V12)를 사용하여 5회 반복하여 난 수를 세었다.

가무락조개와 백합을 대상으로 제 2차 산란된 난 수와 산란간격 일수를 추정하기 위해 사용된 사육수조 내의 환경조건은 제1차 산란유도의 환경조건을 유지시켰다. 제2차 산란유도를 위해 1차 산란된 조개를 ①산란 후 14-18일 사이에 조개를 공기에 노출시킨 후, ②온도자극을 주었고, ③산란자극을 위해 수컷이 방출한 정자 용액에 노출시켰다. ④산란이 끝난 모패는 제거하였고, 세란은 먼저 망폭이 125 ㎛인 sieve를 이용하여 산란에 배출된 찌꺼기를 제거한 후, 총 산란량 중 1cc를 취하여 각장 크기별로 각 조개들이 방란한 난 수를 세기위해 particle counter를 사용하였고 cell counter chamber에 넣고 만능투영기로 5회에 걸쳐 산란된 난수를 계수하였다.

제 3차 산란유도 실험도 2차 실험조건과 같이 2차산란 후 14-18일 사이에 걸쳐 인공산란 실험을 실시하여 산란간격 일수와 산란빈도를 조사하였다.

(2) 인공산란 반응률, 산란량 및 산란빈도

가. 가무락조개(*Cyclina sinensis*)

인공산란유도에 의해서 얻어진 각장 크기별 및 산란빈도별 산란량 결과는 표 3-2와 같다. 총 300개체(암컷 143개체, 수컷 157개체)를 대상으로 인공산란유도 실험을 한 결과, 1차 산란 실험 결과에서 암컷의 산란 반응률은 67.8%이었고, 수컷들의 방정반응률은 75.8%를 나타내었다. 2차 산란실험 결과에서는 암컷 개체들의 산란반응률은 71.1%를 나타내었으나 수컷의 방정반응률은 79.8%를 보였다. 따라서 다른 이매패에서와 같이 제 1차 산란반응률(67.8%)보다 2차 산란 반응률(71.1%)이 좀 더 높게 나타나는 경향을 보였다. 개체 크기별 산란량은 1차와 2차 산란량 모두에서 각장 25.8-45.0 mm까지는 개체 크기가 증가함에 따라 산란량이 증가하였으나, 각장 45.1-47.2 mm인 개체는 오히려 감소하는 경향을 보였다. 전반적으로 각장 25.8-47.2 mm까지 모든 개체들의 2차 산란량은 1차 산란량의 평균 76.9%에 해당되었다(Chung *et al.*, 2003).

1차 산란을 마친 97 개체를 대상으로 14일 후부터 17일 째까지 2차 산란을 유도한 결과, 14일 째에 10 개체를 대상으로 산란 유도를 시행하였으나 전혀 산란이 되지 않았다. 15일 째에는 10개체 중 2개체에서 2차 산란이 성공하였다. 16일째에 2차 산란 시도 결과 90 개체 중 37 개체에서 2차 산란이 이루어졌으며, 7일 째에서는 51 개체 중 28개체에서 2차 산란이 이루어졌다.

가무락조개의 산란반응률의 경우는 1, 2차 산란 유도에서 산란반응률은 암컷 개체들보다 수컷 개체들의 산란반응률이 높게 나타났는데(Chung *et al.*, 2003), 이 현상은 같은 백합과에 속하는 바지락에서도 유사하게 나타나는 경향을 보였다(Chung *et al.*, 2001). 개체 크기별 1, 2차 산란량을 보면, 개체의 크기가 증가함에 따라 산란량이 증가하나 크기(연령)가 어느 한계를 넘어 고 연령 개체의 크기로 되면 오히려 감소하는 경향을 보였는데, 이러한 현상은 바지락에서도 유사한 현상을 보였다(Chung *et al.*, 2001). 가무락조개의 산란빈도는 Toba and Miyama(1994)의 방법에 따라 14-17일의 간격으로 인공산란유도 실험을 실시한 결과, 1차 산란 후 15-17일(평균 16.5일)후 2차 산란이 일어났다(표 3-3). 이러한 산란간격 실험에서 얻어진 결과는 바지락을 대상으로 산란유도를 실시하여 얻어진 결과와 유사하게 나타나고 있어(Chung *et al.*, 2001), 이미패류의 산란빈도는 평균 16.5일 정도로 추정되어 산란 후 대략 16.5일이 지나면 자연에서 다시 생식소가 성숙되어 다시 산란할 수 있을 것으로 추정된다.

표 3-2. 김제산 가무락조개의 인공 산란유도에 의해 산란된 산란수

각장 (mm)	제 1차 산란					제 2차 산란					
	N_0	N_1	산란된 난수범위	평균 ±표준편차	N_0에 대한 N_1의 %	N_1	N_2	산란된 난수범위	평균 ±표준편차	N_1에 대한 N_2의 %	제1차 산란수에 대한 제2차산란수의 %
25.8－30.0	30	18	100,600－148,500	128,323±19,231	60.00	18	12	82,400－106,200	96,124±10,116	66.7	74.0
30.1－35.0	26	17	218,100－392,300	314,521±45,164	65.38	17	13	156,300－296,600	591,483±52,312	76.5	79.1
35.1－40.0	32	24	568,400－976,200	756,784±64,326	75.00	24	17	436,200－748,600	591,483±52,312	70.8	78.2
40.1－45.0	31	22	1,648,500－2,244,300	1,876,583±84,986	70.97	22	16	1,204,300－1,924,400	1,417,454±74,121	72.7	75.5
45.1－47.2	24	16	1,404,600－1,624,800	1,496,782±61,213	66.67	16	11	1024,800－1,456,500	1,148,369±51,413	68.8	76.3
암컷산란율 (%)	143	97			67.83	97	69			71.1	*76.9
수컷산란율 (%)	157	119			75.80	119	95			79.8	
총산란율 (%)	300	216			72.20	216	164			75.9	

*표는 평균값임. N_0는 1차 실험에 사용된 개체수, N_1은 1차 산란된 개체수, N_2는 2차 산란 개체수 임(Chung *et al.*, 2003).

가무락의 산란빈도(Spawning frequency)를 조사한 결과, 가무락조개의 각 산란 간격은 대략 15-17일(평균16.5)이었고, 한 산란기 중 2회 이상의 산란이 일어날 것으로 추정되었다(Chung *et al.*, 2003).

나. 백합(*Meretrix lusoria*)

백합의 산란율을 측정하기 위해 2003년 6월 1-2일에 최초 수용온도인 25℃에서 온도를 서서히 상승시켜 수온 29℃에서 1시간 정체시켰을 때 방란·방정이 일어났다. 산란이 완료되었을 때 여과해수로 세란하고 거의 유사한 크기의 각장이라 해도 산란량이 다수인 개체들과 보다 적은 산란군 (다회 산란한 개체들로 추정)으로 현저히 구분되었다. 각장 크기를 5 ㎜ 간격으로 나누어 8계급으로 구분하여 산란된 개체수를 측정한 결과는 표 3-4에 나타내었다. 제 1차 산란한 102개체 중 2차 산란한 개체수는 52개체 (51.0%)이었고, 2차 산란한 개체들이 다시 산란한 제 3차 산란개체수는 23개체 (44.2%)로 제 3차 산란개체수가 좀 더 적게 나타났다(Chung *et al.*, 2005).

표 3-3. 김제산 가무락조개의 인공 산란유도에 의해 산란된 산란일 및 개체수

제 1차 산란			제 2차 산란		
산란일	암컷 개체수	산란한 암컷 개체수	산란일	사용된 암컷 개체수	산란한 암컷 개체수
				70	
2001년7월3일	87	70	7월17일(14일째)	5	0
			7월18일(15일째)	5	0
			7월19일(16일째)	65(5)	28
			7월20일(17일째)	37(28)	21
				27	
2001년7월4일	56	27	7월18일(14일째)	5	0
			7월19일(15일째)	5	2
			7월20일(16일째)	25(2)	11
			7월21일(17일째)	14(11)	7
암컷	143	97		97	69
산란율(%)		67.8			71.1

(Chung *et al.*, 2003)

제 1차 산란에서 각장 크기 40.0-45.0 ㎜, 55.0-60.0 ㎜와 65.0-70.0 ㎜인 암컷 개체의 평균 산란수는 각각 1,501,486±143,512개, 2,426,586±242,288개와 3,165,667±206,290개이었다. 전반적으로 볼 때, 1차 평균 산란수는 각장의 크기가 증가함에 따라 산란수가 증가하였다. 산란수는 각장(연령)의 크기가 증가함에 따라 그 수가 증가하는 경향을 보이고 있으나 각장 크기 70.0-75.0 ㎜ 사이에서는 오히려 산란수가 약간씩 감소되는 경향을 보였다.

2차 산란 유도 후 방란된 난수는 제 1차 산란수의 83.9-88.9%(평균 86.0%) 범위이었고, 3차 산란에서 산란수는 2차 산란의 88.6-97.4%(평균 94.6%) 범위이었다. 그리고 3차 산란수는 1차 산란수의 81.0-87.7%(평균 81.5%)의 범위를 보였다. 각장 그룹별 산란수는 산란횟수 (제 1차, 제 2차, 제 3차 산란)가 증가됨에 따라 감소되는 경향을 보였다.

표 3-4. 각장 크기별 백합(*Meretrix lusoria*)의 평균 산란수

각장 (mm)	제 1차 산란		제 2차 산란			제 3차 산란			
	산란된 개체수	평균±SD	산란된 개체수	평균±SD	SS/FS (%)	산란된 개체수	평균±SD	TS/SS (%)	TS/FS (%)
40.0-45.0	8	1,501,486±143,512	4	1,273,642±142,350	84.8				
45.0-50.0	11	1,686,167±179,235	6	1,463,128±167,012	86.8	3	1,296,034±124,258	88.6	76.9
50.0-55.0	19	1,954,250±220,209	9	1,736,394±212,316	88.9	4	1,691,448±186,296	97.4	86.6
55.0-60.0	23	2,426,586±242,288	11	2,081,248±236,262	85.8	6	1,965,239±224,368	94.4	81.0
60.0-65.0	18	2,974,460±256,017	8	2,584,771±267,458	86.9	4	2,492,316±198,122	69.4	83.8
65.0-70.0	9	3,165,667±206,290	5	2,680,937±173,495	84.7	3	2,591,234±188,657	96.5	81.9
70.0-75.0	8	2,785,468±176,216	5	2,337,745±148,727	83.9	3	2,192,864±164,529	93.8	87.7
75.0-79.4	6	2,668,750±184,338	4	2,294,483±198,656	86.0				
평균					86.0			94.6	81.5
산란된 암컷의 총개체수	102		52			23			

* SD, 표준편차; FS, 1차산란; SS, 2차산란; TS, 3차산란(Chung *et al*., 2005)

상기현상은 바지락(*R. philippinarum*)의 크기별 산란횟수 및 산란수에서도 백합과 같이 각장 그룹별 산란수는 산라횟수가 증가되면서 점차 감소되는 경향을 보였다(표 3-6). 백합의 산란빈도는 Toba and Miyama(1994)의 방법에 따라 14-17일의 간격으로 인공 산란유도 실험을 실시한 결과 1차 산란 후 15-17일 평균(16.5일) 지나면 생식소가 성숙되어 제 2차 산란을 하였고 제 21차 산란한 개체는 다시 15-17일 정도 지나면 제 3차 산란을 하였다(표 3-5). 따라서 백합은 먹이공만 잘 이루어지면 바지락 실험에서와 같이, 15-17일 지나면 성숙에 도달하여 다시 산란하는 것으로 추정되었다.

표 3-5. 인공산란 유도 후 백합(*Meretrix lusoria*)의 산란율

제 1차 산란		제 2차 산란		제 3차 산란	
산란일	산란수	산란일	산란수	산란일	산란수
2003. 6. 1	58	6. 15	0		
		6. 16	13	6. 30 7. 1 7. 2 7. 3 7. 4	0 0 3 4 0
		6. 17	16	7. 1 7. 2 7. 3 7. 4 7. 5 7. 6	0 0 0 2 2 0
2003. 6. 2	44	6. 16	0		
		6. 17	6	7. 1 7. 2 7. 3 7. 4	0 1 3 0
		6. 18	7	7. 2 7. 3 7. 4 7. 5 7. 6	0 0 2 0 1
		6. 19	5	7. 3 7. 4 7. 5 7. 6 7. 7 7. 8	0 0 0 2 1 0
		6. 20	5	7. 4 7. 5 7. 6 7. 7 7. 8	0 0 0 2 0
		6. 21	0		
총계	102		52		23
산란율			51.0% (2차 산란 개체수×100/1차 산란 개체수)		44.2% (3차 산란 개체수×100/2차 산란 개체수)

(Chung *et al.*, 2005)

따라서 가무락조개, 백합, 바지락의 산란빈도(spawning frequency)를 조사한 결과, 1차 산란한 개체가 2차 산란을 위해서는 15-18일이 소요되었고, 2차 산란한 개체가 3차 산란을 위해서도 대략 15-18일 정도 소요되었다. 따라서 백합과 이매패류는 한 산란시기 중에 적어도 3회 이상 산란하는 다회산란종으로 추정되었다.

5. 군성숙도(first sexual maturity)

1) 군성숙도의 의의 및 판정

군성숙도는 개체군의 각장과 연령의 기능으로 나타내어 지는데, 연령과 각장은 하나의 지표로 편리하게 사용될 수 있다. 군성숙도는 완숙기나 번식기(breeding season)에 생식소 조직표본을 광학현미경으로 관찰하였을 때 조사 개체들의 50%이상이 성숙에 도달하여 재생산에 가담하는 각장의 크기(또는 연령)를 말한다. 각 개체의 조직표본을 관찰하였을 때 미숙한 개체인지 또는 성숙한 개체인지 그 성숙도 판정은 번식기에 조사하는데, 번식기임에도 불구하고 생식소 발달 단계가 아주 미발달된 생식세포들을 갖는 초기활성기의 발달단계를 나타내는 경우는 성숙에 도달하지 못하여 재생산에 가담할 수 없는 개체로 판정되나, 성숙 직전의 생식세포를 갖는 후기활성기의 개체들인 경우는 앞으로 성숙에 도달하여 재생산에 가담할 수 있는 개체로 판정, 처리한다. 그리고 이미 산란하였거나 산란 후 퇴화 중인 개체들은 이미 재생산에 가담한 개체로 판정한다. 군성숙도 계산은 조사된 총 개체수 중 성숙개체의 조성비율(%)을 개체군의 크기(각장, 각고 등) 또는 연령으로 나타낸다.

표 3-8에 나타난 바와 같이, 바지락의 경우는 군성숙도 조사에서 각장이 15.1-20.0 mm인 암・수의 개체들은 군성숙도 50% 이상이었고, 각장 25.1 mm 이상인 암・수의 개체들은 군성숙도 100%이었다. 자연계에서는 군성숙도 100%에 속하는 크기와 연령이라 하더라도 모두 성숙하여 재생산에 가담하는 것은 아니지만, 이론적으로 성숙에 도달하여 모두 재생산에 가담할 수 있는 개체로 판정되는 개체들의 크기는 각장 25.1 mm 이상으로 추정되었다.

한국산 이매패류 개체군의 종별 군성숙도는 표 3-9에 나타내었다. Eversole *et al.*(1980)이 보고한 바에 의하면, 일반적으로 최대 크기의 대략 25%까지 성장하게 되면 성적 성숙에 이르는데 특히, *M. arenaria*와 *S. gigantea* 등은 최대 각장의 1/4 전・후에서 성 성숙에 도달하한다고 보고하였다. 그러나 *S. solidissima*, *T. capax* 그리고 *P. generosa*와 같이 큰 조개류는 크기가 작은 조개류 보다 더 큰 크기에서 성 성숙에 도달하게 된다고 보고하였다.

2) 생물학적 최소형 자료의 활용

특정 수산자원생물을 대상으로 자원진단을 하여 어획금지 크기를 결정하려고 할 때,

어떤 종의 생물학적 최소형(통상 군성숙도 50%에 해당하는 크기) 크기로 결정된 자료는 그 생물의 어획금지 크기(전장 또는 연령)로서 적합한지 여부를 판단할 수 있는 과학적 근거자료로 제시될 수 있는 귀중한 자료이다.

바지락의 군성숙도(50% 이상) 조사 결과(Chung *et al.*, 1994)를 인용하여 보면, von Bertalanffy의 성장식에 적용한 각장 15.0-20.0 mm인 개체들은 만 1세로 간주되어, 바지락의 암・수 개체들은 연령 1세부터 성숙 및 산란(재생산)에 가담하는 것으로 추정되므로, 개체군 군성숙도 50% 미만에 해당하는 장 15 mm 이하(또는 연령 1세 미만)인 크기의 개체들을 무분별하게 어획한다면 가입량이 극감되어 자원량이 감소될 것으로 추정된다.

6. 성비(sex ratio)

1) 암수 성비의 측정 및 판정

이매패류의 성비를 측정할 때 유의해야할 점은 성적으로 성숙한 개체의 조직 표본을 광학현미경하에서 검경하여 개체군의 군성숙도(군성숙도 50% 이상인 각장(또는 각고)의 크기 이상의 개체)를 조사하여 암・수의 성비를 조사하여야 한다. 그리고 암컷:수컷의 성비가 1:1이라는 가설아래 Chi square test 검증을 하여 암, 수의 성비가 1:1로 유의한 차를 보였는지 조사되어야 한다. 표 3-10에 나타낸 바와 같이, 자연계에서는 대다수 이매패류에서 암, 수 성비가 1:1인 것으로 보고되어 있다.

2) 암수 성비가 갖는 자원학적 의의

이매패류의 성비 조사 결과, 암컷과 수컷의 성비 조성 정보를 알게 되면 장차 자원량의 변동을 예측하려 할 때 중요한 자료가 된다. 그래서 암컷 한 마리가 가지는 번식 잠재능과 번식가를 알게되면 장차의 가입량을 예측하는데 자원생태학적 기초자료가 되기 때문에 암, 수 성비 조사는 매우 중요하다.

표 3-6. 곰소만산 바지락(*Ruditapes philippinarum*)의 크기별 산란횟수 및 산란수

각장 (mm)	제 1차 산란			제 2차 산란			제 3차 산란		
	총개체수	N_1	Average±SD*	총개체수	N_2	Average±SD*	총개체수	N_3	Average±SD*
20.2-25.0		3	596,606 ±250,413		3	534,366 ±268,043			
25.1-30.0		19	748,268 ±345,664		11	698,544 ±246,521		9	676,653 ±194,823
30.1-35.0		36	1,250,404 ±264,625		24	1,208,899±236,510		18	1,189,487 ±153,456
35.1-40.0		22	1,750,638 ±213,852		12	1,566,689±243,544		10	1,510,167 ±137,884
40.1-45.0		6	2,280,154 ±268,359		4	2,208,400±253,436		3	2,190,250 ±144,486
45.1-46.9		3	2,179,626 ±294,578						
암컷 개체수		**89**			**54**			**40**	
수컷 개체수		94			62			46	
SI/TN	**183/300**			**116**/183			86/116		
산란율(%)	**61.0%**			**63.4%**			**74.1%**		

*SD는 표준편차이며, SI는 산란한 개체수이다. *TN은 암수의 총개체수이며, N_1, N_2, N_3는 각각 제1차, 제2차, 제3차 산란한 암컷 개체수를 나타낸다(Chung *et al.*, 2002)

표 3-7. 섭이조절 하에서 바지락(*Ruditapes philippinarum*)의 산란 횟수별 산란반응율(%) 및 비만도 지수의 변화

*산란 간격 : 15~18일 (평균 16.5일)(Chung., 2002)

산 란		Feeding group	Non-feeding group
실험전	조사일	2001. 7. 9	
	사용된 총 개체수	600(♀,♂)	
	비만도지수	0.18±0.05	
제 1차 산란	조사일	2001. 7. 24-25	2001. 7. 24-25
	산란 반응률(%)	61.00 %	61.00%
	산란된 총 개체수	Total 366(♀,♂) 183(♀,♂) 추정	183(♀,♂) 추정
	비만도지수	0.17±0.03	0.17±0.03
제 2차 산란	조사일	2001. 8. 7-9	2001. 8. 7-9
	산란반응률(%)	63.39 %	36.07 %
	산란된 총 개체수	116(♀,♂)	66(♀,♂)
	비만도지수	0.14±0.02	0.12±0.04
제 3차 산란	조사일	2001. 8. 23-26	2001. 8. 23-26
	산란반응률(%)	74.14%	6.06%
	산란된 총 개체수	86(♀,♂)	4(♀,♂)
	비만도지수	0.14±0.03	0.09±0.05

표 3-8. 곰소만산 바지락(*Ruditapes philippinarum*)의 군성숙도를 나타내는 각장의 크기

각고	암컷							수컷						
(mm)	EA	LA	RI	PS	SP/IA	개체수.	성숙도 (%)	EA	LA	RI	PS	SP/IA	개체수	성숙도 (%)
8.4-10.0	12					12	0	14					14	0
10.1-15.0	12	1	1			14	14.3	14	2	1			17	17.6
15.1-20.0	7	3	3	3		16	56.3	6	2	4	3		15	60.0
20.1-25.0	3	2	4	3		12	75.0	2	3	6	5	2	18	88.9
25.1-30.0		2	5	4	2	13	100.0		2	4	3	3	12	100.0
30.1-35.0		3	5	5	3	16	100.0		1	6	4	1	12	100.0
35.1-40.0		3	4	6	2	15	100.0		3	3	3	1	10	100.0
40.1-45.0			8	4	1	13	100.0			1	2	1	14	100.0
45.1-50.0			6	2	1	9	100.0			1	1		2	100.0
50.1-54.6				2	1	3	100.0				1		1	100.0
계	123							115						

EA, 초기활성기; LA, 후기활성기; RI, 완숙기; PS, 부분산란기; SP/IA, 퇴화/비활성기(Chung *et al.*, 1994)

7. 생식소 발달단계에 따른 생식소 발달 관련 기관들의 생화학적 성분 함량변화와 상관관계

이매패류의 생식소 발달 관련 기관들의 체성분을 생화학적 방법에의해 분석하여 보면, 생식소 내에서의 배우자의 발달과 성숙은 이들 관련 기관의 단백질, 지질, 탄수화물의 함량 변화와 밀접한 관련을 가지는 것으로 보고되어 있다(Barber and Blake, 1981;Barber *et al*, 1988; Kang *et al*., 2000). Barber and Blake(1981)은 해만가리비(*Argopecten irradians*)를 대상으로 생화학적 분석을 한 결과 소화맹낭 내의 lipid 성분이 감소되는 것은 난모세포가 성장·발달하는 시기의 시작과 관련이 있으며, 폐각근 내의 글리코겐과 단백질이 감소되는 것은 난모세포질의 성장 및 난황형성과 밀접하게 관련되어 있다고 보고하였다. 특히, 폐각근 내 글리코겐 함량의 감소와 평균 난모세포들의 난경증가 사이에는 유의한 상관관계가 있음을 지적하였는데, 이는 글리코겐이 소모되므로서 난모세포가 성장한다고 보고하였다.

표 3-9. 종별 군성숙도의 비교

종 명	서식처	군성숙도		참고문헌
		50% 이상(mm)	100% (mm)	
백합과(Veneridae)				
Meretrix lusoria 백합	심포, 전라북도	41.0-45.9	56.3-62.5	Chung *et al.*, 2000
Cyclina sinensis 가무락조개	내초도, 전라북도	26.0-30.9	41.0-45.9	Chung *et al.*, 1991
Ruditapes philippinarum 바지락	곰소만, 전라북도	15.1-20.0	25.1	Chung *et al.*, 2001
재첩과 (Corbiculidae)				
Corbicula japonica 일본재첩	포항(곡강천), 경상북도	10-12	16-18	Chung *et al.*, 2001
개량조개과((Mactridae)				
Mactra Chinensis 개량조개	선연리, 전라북도	35-39	50-54	Chung 1997
Mactra veneriformis 동죽	내초도, 전라북도	26.0-30.0	31.0-35.0	Chung and Ryou,. 2000
굴과 (Ostreidae)				
Crassostrea gigas 참굴	보령해역, 충청남도	25.1-30.0	35.1-40.0	Chung *et al.* 1998
가리비과 (Pectinidae)				
Amusium japonicum japonicum 해가리비	득량만, 전라남도	85.1-90.0	90.1-95.0	Son and Chung., 2005
Patinopecten yessoensis 큰가리비	주문진, 강원도	60.0-69.9	80.0-89.9	Chung *et al.*, 2005
Solen grandis 대맛조개	군산, 전라북도	80.0-89.0	100.0-109.0	Chung and Kim., 1989
Solen strictus 맛조개	군산, 전라북도	51.0-60.0	71.0-80.0	Chung *et al.*, 1986
Solen strictus 맛조개	다대포, 부산시	51.0-60.0	71.0-80.0	Chung *et al.*, 1986

표 3-10. 곰소만산 바지락(*Ruditapes phillippinarum*) 성패(각장 >15.1 mm)의 월별 성비의 변화

조사 월일	암 컷	수 컷	총	성 비	χ^2
	개체수	개체수	개체수	(F/(F+M))	(Chi squared)
1999. 4	16	22	38	0.42	0.95
1999. 5	18	12	30	0.60	1.20
1999. 6	18	22	40	0.45	0.40
1999. 7	15	19	34	0.44	0.47
1999. 8	19	24	43	0.44	0.58
1999. 9	22	16	38	0.58	0.95
1999. 10	16	14	30	0.53	0.13
계	124	129	253	0.49	0.10

*암컷과 수컷의 개체수가 동수라는 가설(χ^2) 아래 신뢰도 95%의 기준값은 3.84이다.

이를 확인하기위해 이매패류 중 생식소가 뚜렷이 구분되는 비단가리비와 생식소가 내장낭 속에 들어 있어 구분이 뚜렷하지 않는 일본재첩을 대상으로 생식소 발달단계에 따른 몇 가지 기관들의 생화학적 성분별 함량 변화를 조사하였다.

비단가리비와 일본재첩을 대상으로 생식소 발달 관련 기관으로 추정되는 내장낭, 폐각근, 족부근육 내의 생화학적 성분함량 변화를 생식소 발달단계에 따라 조사한 다음, 생화학적 성분별로 발달 관련기관들과 생식소 내 함량 사이에 어떤 상관관계를 나타내고 있는지 파악하고, 이를 토대로 생식소 발달 관련 기관 내의 어떤 영양성분들이 생식소 내로 이동하여 생식세포들의 발달을 위해 기여하는지 유추하려 한다.

1) 비단가리비(*Chlamys farreri*)

생식소 발달단계에 따른 생식소 발달 관련 몇 가지 기관들의 생화학적 성분함량의 일반성분 분석은 AOAC법에 의하여 수분함량은 상압건조법으로 측정하였고, 조단백질은 Kieldahl법으로, 조지방은 Soxhelt 추출법, 글리코겐의 정량은 anthrone 황산법을 이용하여 측정하였다. 함량이 통계적으로 차이가 있는지 알아보기 위해 분산분석(ANOVA)을 실시하였고, 월별 평균값의 다중비교를 위해 Tukey test를 실시하였다. 각 기관 내의 성분함량 간의 상관관계를 알아보기 위해 피어슨 상관계수(Pearson's correlation coefficient)를 구하였다. 모든 통께 처리는 SPSS 프로그램을 이용하였다.

(1) 생식소 발달에 따른 생화학적 성분변화

가. 총단백질 함량

총단백질 함량은 폐각근에서 65-80%로 가장 높았고, 다음으로 생식소(48-71%), 소화맹낭(40-60%)의 순이었다(그림 3-6). 분산분석 결과 총단백질 함량의 월 변화는 폐각근에서는 통계적 유의성이 없었고($F = 2.07$, $p = 0.084$), 생식소($F = 15.21$, $p < 0.001$)와 소화맹낭($F = 26.18$, $p < 0.001$)의 경우는 통계적으로 유의하였다.

폐각근의 경우, 총단백질 함량은 68-76%의 좁은 범위에서 소폭으로 변동하였다. 폐각근의 단백질 함량의 생식주기에 따른 변화는 초기활성기인 1월에서 2월로 되면서 일시 증가한 후 후기활성기인 3월에 감소되었다. 그 후 후기활성기인 4월부터 서서히 조금씩 증가하여 완숙기인 5월에 최고값(77%)을 이룬 후, 부분산란기인 6월부터 7월까지 점진적으로 감소되었으나 산란기가 끝나는 퇴화 및 비활성기인 8-10월까지 다시 약간 증가하는 경향을 보였다. 다중비교 결과 인접한 월별 사이에 통계적 차이가 없었다.

생식소의 총단백질 함량은 초기활성기인 1-2월에 66-68% 정도로 높은 값을 나타낸 후, 후기활성기인 4월에는 58%로 감소하였고, 완숙기인 5월에는 다시 67%로 최대값을 나타낸 후 부분산란기인 6-7월까지 다시 감소하여 최소값을 나타내었다. 그 후 산란이 종료되는 8월부터 다시 증가하기 시작하여 퇴화 및 비활성기인 9-10월 이후에는 60% 이상의 값을 유지하였다. Tukey test에 의한 다중비교 결과, 생식소에서의 총단백질 함량은 1-3월(p = 0.171), 6-7월(p = 0.062), 9-10월(p = 0.171) 사이에는 통계적 차이가 없는 것으로 나타났다.

소화맹낭의 총단백질 함량은 초기활성기인 1월에서 2월이 되면서 47%에서 41%로 약간 감소한 후, 후기활성기인 3-4월에 54-55%로 급격히 증가하였고, 완숙 및 부분산란기인 5-7월에 동안 다시 감소하였으며, 퇴화 및 비활성기인 8월 이후 계속 증가하여 10월에 최대값(58%)을 나타내었다. 소화맹낭 내의 총단백질 함량은 1-2월(p = 0.058), 3-4월(p = 0.353), 4-5월(p = 0.051), 6-7월(p = 0.058), 8-9월(p = 0.353), 9-10월(p = 0.426) 사이에는 통계적 차이가 없었다(Chung *et al.*, 2005).

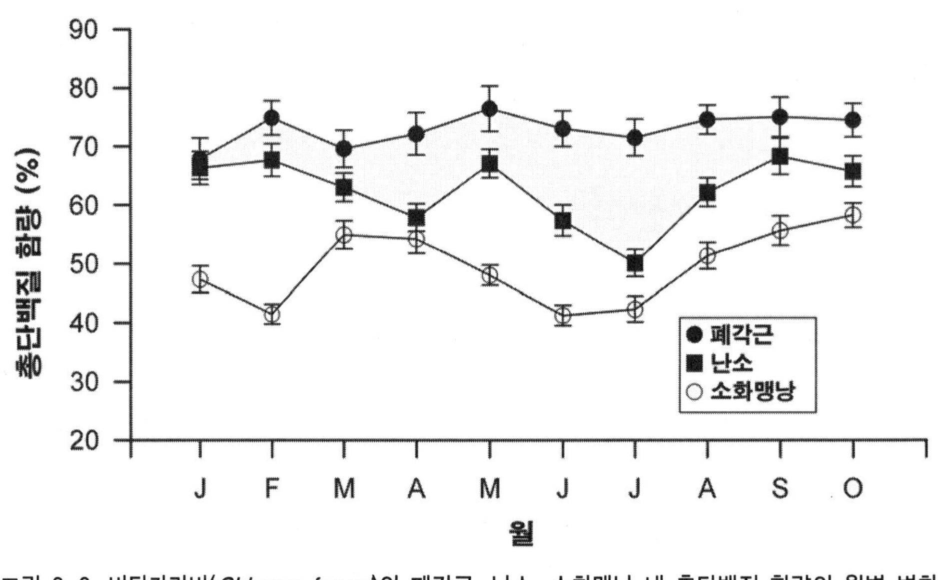

그림 3-6. 비단가리비(*Chlamys farreri*)의 폐각근, 난소, 소화맹낭 내 총단백질 함량의 월별 변화

나. 총지질 함량

총지질 함량은 생식소(3.4-9.2%)와 소화맹낭(3.5-12.9%)은 유사하였으나 폐각근(2.5-4.4%)의 경우는 이보다 낮았다. 월별 변화는 생식소와 소화맹낭에서는 비교적 컸으나 폐각근에서는 크지 않았다 (그림 3-7). 분산분석 결과 총지질 함량의 월 변화는 폐각근 ($F = 33.99$, $p < 0.001$), 생식소 ($F = 35.29$, $p < 0.001$), 소화맹낭 ($F = 74.15$, $p < 0.001$) 모두에서 통계적 유의성이 나타났다.

폐각근의 총지질 함량은 초기활성기인 1-3월에 2.4-2.6%의 낮은 값을 보였고, 후기활성기 및 완숙기인 4-5월과 부분산란기인 7-8월 그리고 퇴화 및 비활성기인 10월에는 3.5% 이상으로 불규칙하게 소폭 증가하였다. 다중비교 결과, 폐각근 내 총지질 함량은 1-3월($p = 0.054$), 4-6월($p = 0.127$), 7-8월($p = 0.085$) 사이에서는 통계적 차이가 없는 것으로 나타났다. 생식소의 총지질 함량은 초기활성기인 1-2월에는 5.1-6.1% 정도이었고 후기활성기인 3월에는 3.4%로 최소값을 기록하였다. 완숙기인 4-5월에는 8.0-8.6%의 높은 값을 나타내었다가 6월에 5.1%로 다시 감소하였고, 완숙 및 부분산란기인 7월에는 9.2%로 최대값을 나타낸 후, 퇴화 및 비활성기인 8-10월에 5.6%까지 감소하였다. 생식소에서의 총지질 함량은 다중비교 결과, 1-2월($p = 0.083$), 4-5월($p = 0.181$), 8-10월($p = 0.083$) 사이에서는 통계적 차이가 없었다. 소화맹낭의 총지질 함량은 초기활성기인 1-2월 동안 7.1%에서 4.2%로 감소하였다.

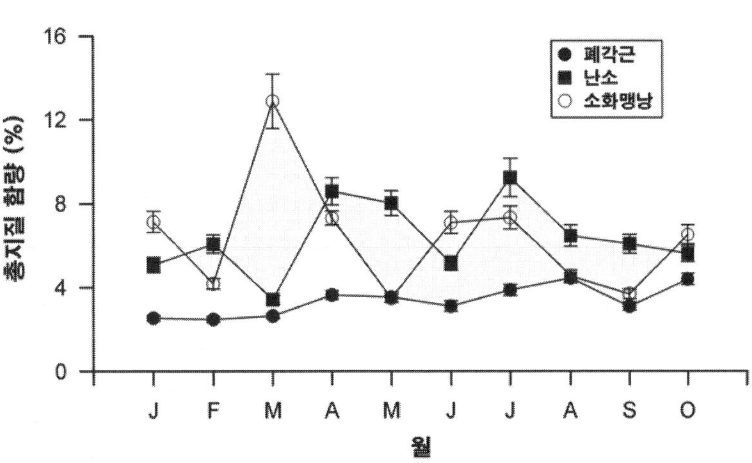

그림 3-7. 비단가리비(*Chlamys farreri*)의 폐각근, 난소, 소화맹낭 내 총지질 함량의 변화

그 후 후기활성기인 3월에는 크게 증가하여 최대값(12.9%)을 나타내었다. 이 후 급격히 감소하여 완숙기인 5월에는 3.5%로 최소값을 기록하였다. 그 후, 부분산란기인 6-7월에는 7.1-7.3%를 유지하였고, 퇴화 및 비활성기인 8-9월에는 5% 미만으로 감소하였다가10월에 다시 6.5%로 증가하였다. 전반적으로 소화맹낭 내 총지질 함량은 다중비교 결과, 월별 변화가 심하여 6-7월($p = 0.731$) 및 8-9월($p = 0.417$) 사이에서는 통계적 차이가 나타나지 않았다(Chung *et al.*, 2005).

다. 글리코겐 함량

글리코겐 함량은 폐각근(0.03-1.1%)과 소화맹낭(0.2-1.0%)에서 월 변화가 매우 심한 반면, 생식소(0.2-0.6%)에서는 비교적 좁은 범위에서 변화하였다(그림 3-8). 분산분석 결과 글리코겐 함량의 월 변화는 폐각근($F = 902.04$, $p < 0.001$), 생식소($F = 57.25$, $p < 0.001$), 소화맹낭($F = 160.23$, $p < 0.001$) 모두에서 통계적 유의성이 나타났다.

폐각근의 글리코겐 함량은 초기활성기인 1-2월에는 0.3-0.6% 정도이었고, 후기활성기인 3-4월에도 0.1%이하의 낮은 값을 나타내었다. 그러나 완숙기인 5월에는 최대값(1.1%)을 나타내었고, 그 후 7월까지도 0.8% 이상의 높은 값을 유지하였다. 부분산란기인 8-9월에는 0.1% 미만으로 급감하였으며 퇴화 및 비활성기인 10월에는 약간 증가하여 0.2% 정도를 유지하였다. 다중비교 결과, 폐각근에서의 글리코겐 함량은 매우 낮은 값을 기록한 3-4월($p = 0.888$)과 8-9월($p = 0.888$) 사이에서는 통계적 차이가 없었다.

생식소 내 글리코겐 함량은 초기활성기인 1월에 0.2%로 가장 낮았으며, 2월부터 서서히 증가하여 완숙기인 5월에 0.4%에 이르렀다. 이후 부분산란기인 6-8월까지 소폭의 변화를 보이다가 퇴화 및 비활성기인 9월에는 0.4%이었고, 10월에는 0.6%정도로 최대값을 나타내었다. 생식소에서의 글리코겐 함량은 다중비교 결과, 3-6월($p = 0.163$) 사이에는 통계적 차이가 없었다.

소화맹낭 내 글리코겐 함량은 초기활성기인 1월에 0.7%에서 2월에 0.3%로 급격히 감소하였고, 반면 후기활성기인 3월에는 1.0%로 다시 급격히 증가하였다. 그 후 완숙기인 4-7월까지는 0.3-0.5% 범위를 유지하였으며, 완숙 및 산란기인 8월에 다시 한 번 1% 정도의 높은 값을 기록하였고, 퇴화 및 비활성기인 9-10월에는 0.4-0.5% 범위를 유지하였다. 소화맹낭에서의 글리코겐의 월별 변화는 폐각근에서의 변화와 정반대의 양상을 보였다. 전반적으로 소화맹낭에서의 글리코겐 함량은 월별 변화가 심하여 다중비교 결과, 9-10월($p = 0.340$) 사이에는 통계적 차이를 보이지 않았다(Chung *et al.*, 2005).

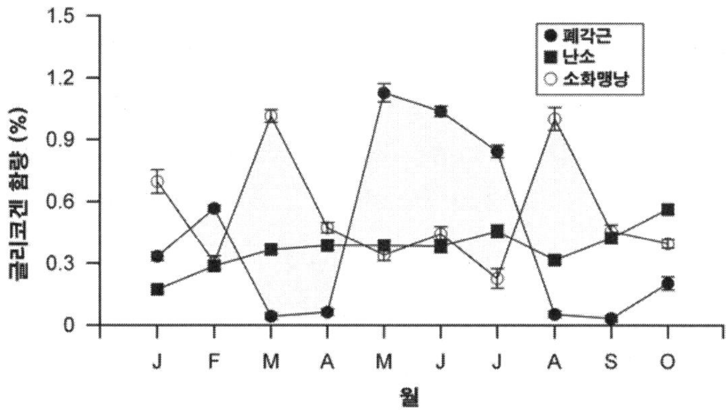

그림 3-8. 비단가리비(*Chlamys farreri*)의 폐각근, 난소, 소화맹낭 내 글리코겐 함량 변화

(2) 상관분석 결과

가. 단백질 함량

상관분석 결과 총단백질 함량의 조직간 상관관계는 두 가지 경우에서 유의한 것으로 나타났다(그림 3-9). 즉, 폐각근과 생식소 사이(r = 0.450, p = 0.013) 및 생식소와 소화맹낭 사이(r = 0.418, p = 0.022)에서 유의한 양의 상관관계가 나타났고, 폐각근과 소화맹낭 사이에서는 그림에서 양의 상관관계를 외형적으로 보이나 통계적 유의성이 없었다(r = 0.231, p = 0.220). 따라서 난소와 폐각근 또는 소화맹낭 사이의 총단백질 성분은 양의 상관관계를 보이고 있어 난소발달시기에 폐각근과 소화 맹낭 조직 내의 총단백질 성분은 난소 내로 이동되지 않는 것으로 사료된다(Chung *et al*., 2005).

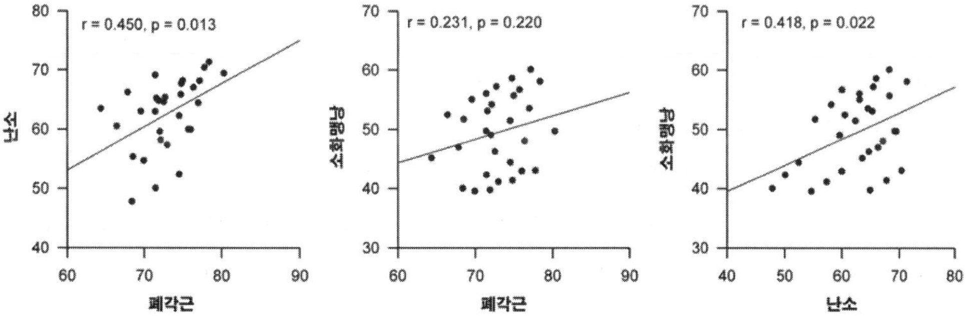

그림 3-9. 비단가리비(*Chlamys farreri*)의 폐각근, 난소 그리고 소화맹낭 사이의 총단백질 함량의 상관관계

나. 총지질 함량

총지질 함량의 조직간 상관관계는 총단백질 함량의 경우와 유사한 경향을 보였다. 폐각근과 생식소 사이(r = 0.503, p = 0.005) 및 생식소와 소화맹낭 사이(r = -0.397, p = 0.030)에서 유의한 상관관계가 나타났다(그림 3-10). 폐각근과 생식소 사이에는 양의 상관관계가 나타난 반면, 생식소와 소화맹낭 사이에는 음의 상관관계를 나타내어 대조를 이루었다. 폐각근과 소화맹낭 사이에는 아무런 상관관계가 없었다(r = 0.207, p = 0.273). 따라서 소화맹낭 내의 지질성분은 생식소의 발달을 위해 생식소에 공급되는 것으로 판단된다. 그러나 폐각근 내의 총지질 성분은 난소 내 난모세포들의 발달을 위해 생식소에 공급되는 것으로 판단된다. 그러나 폐각근 내의 총지질 성분은 난소 내의 난모세포들의 발달을 위해 이들 성분이 난소로 이동되지 않는 것으로 사료된다(Chung *et al.*, 2005).

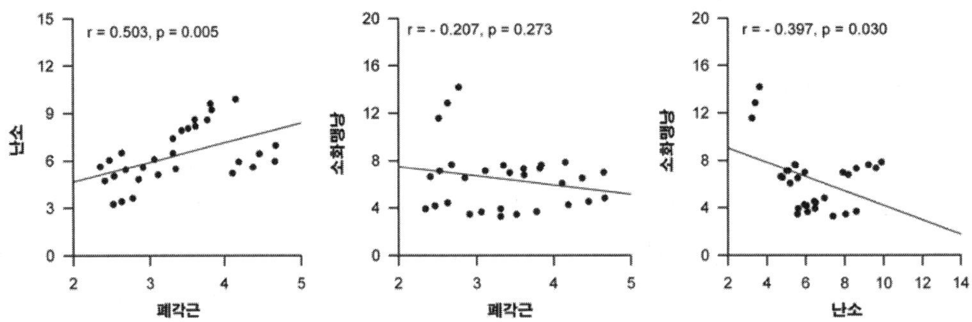

그림 3-10. 비단가리비(*Chlamys farreri*)의 폐각근, 난소 그리고 소화맹낭 사이의 총지질 함량의 상관관계

다. 글리코겐 함량

글리코겐 함량의 조직간 상관관계는 두 가지 경우에서 유의한 것으로 나타났다(그림 3-11). 즉, 폐각근과 생식소 사이(r = 0.040, p = 0.834)에서는 유의한 상관관계를 나타내지 못하였고, 폐각근과 소화맹낭 사이(r = -0.584, p = 0.001) 및 생식소와 소화맹낭 사이(r = -0.363, p = 0.049)에서는 모두 유의한 음의 상관관계가 나타났다. 따라서 폐각근 내의 글리코겐 성분은 소화맹낭 내로 이동되어 이들 성분이 저장되며 소화맹낭 내에 저장되었던 글리코겐 성분은 난소(생식소) 내의 난모세포들의 발달, 성숙을 위해 글리코겐 성분이 지질성분으로 전환되어 난소로 이동되는 것으로 판단된다(Chung *et al.*, 2005).

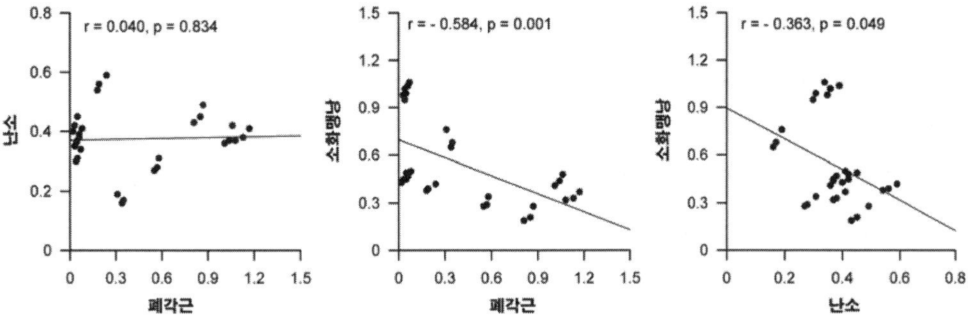

그림 3-11. 비단가리비(*Chlamys farreri*)의 폐각근, 난소 그리고 소화맹낭 사이의 글리코겐 함량의 상관관계

Barber(1984)는 해만가리비(*Argopecten irradians*)의 생식소에 영양물질을 공급을 하는 소화맹낭과 폐각근의 생화확적 조성관계를 보고하였다. 영양 저장기관인 소화맹낭 내에 저장되었던 지방산의 경우는 생식소로 이동되고, 또한 소화맹낭 내의 단백질과 글리코겐은 일단 폐각근으로 이동된 후, 폐각근 내의 글리코겐은 다시 지방산으로 전환된 후 생식소로 이동되어 생식소 내에 지방산이 축적되어 난모세포를 성장·성숙시키며, 단백질은 각 기관의 에너지원이 된다고 보고하였다. Barber *et al.*(1988)은 폐각근 내 저장되었던 에너지 기질인 글리코겐은 배우자 형성을 위해 이용되며, 소화맹낭 내 저장되었던 지질 성분은 생식세포형성에 관여한다고 보고하였다. 상기한 가리비류의 연구 결과들과 본 연구 결과를 비교하기 위해, 몇 가지 기관들의 조직을 대상으로 피어슨의 상관계수(Pearson's correlation coefficient)를 구하여 생화학적 성분별 조직 사이의 상관관계를 분석한 결과, 비단가리비에서 총단백질 함량의 경우는 소화맹낭과 폐각근의 함량 변화 사이에 음(-)의 상관관계를 보였고, 글리코겐 함량의 경우도 소화맹낭과 폐각근 내 함량 변화 사이에 음(-)의 상관관계를 나타내었으며, 또한 지질함량의 경우도 소화맹낭과 생식소 내의 함량 변화 사이에 음(-)의 상관관계를 나타내었다. 따라서 이러한 결과들은 상기 여러 연구자들의 결과와 잘 일치하고 있다. 상기 연구 결과들로부터 예측할 수 있는 것은 특히, 소화맹낭 내에 저장된 지질성분들이 난소 내 생식세포들의 발달과 성숙에 관여하는 것으로 사료되며, 소화맹낭과 폐각근 내의 글리코겐 성분들은 지질로 전환되어 생식소 발달시기에 생식소로 이동하여 난모세포를 성장・발달시키는 것으로 추정된다(Chung *et al.*, 2005).

2) 일본재첩(*Corbicula japonica*)

(1) 생식소 발달에 따른 생화학적 성분변화

생화학적 분석방법과 통계분석 방법은 비단가리비 분석방법과 동일하게 실시하였다.

대부분의 이매패류는 생식소가 소화맹낭과 중장선과 함께 내장낭 속에 들어 있다. 이러한조개류에 관한 연구·조사는 약간의 연구가 되어 있는 가리비류 보다 좀 더 미흡하여 생화학적 성분을 조사할 필요가 있다. 일본재첩을 대상으로 조사한 생화학적 성분 자료를 통계처리하기 위해 실시한 ANOVA test 결과(Chung *et al*., 2004)는 다음과 같다.

가. 수분함량

분산분석 결과 수분함량의 월 별화는 내장낭($F=25.97$, $p<0.001$), 폐각근($F=15.24$, $p<0.001$), 족부 근육($F=5.76$, $p=0.001$) 모두에서 통계적으로 유의하게 나타났다. 내장낭의 경우, 수분함량이 1-3월에 87-88% 정도이었고, 후기활성기인 4월에 77%로 크게 감소하였다(그림 3-12). 5-9월에는 80-88%로 다시 증가하였고, 퇴화 및 비활성기인 10월에는 83%로 다시 감소하였다. Tukey test에 의한 다중비교 결과, 내장낭에서의 수분함량은, 비활성기-초기활성기인 1-3월($p=0.870$), 5-7월($p=0.231$), 8-9월($p=0.870$), 9-10월($p=0.218$) 사이에 통계적 차이가 없는 것으로 나타났다.

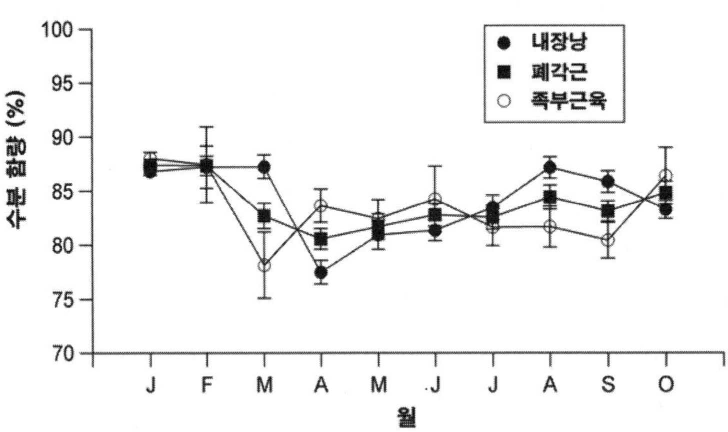

그림 3-12. 일본재첩(*Corbicula japonica*)의 내장낭, 폐각근, 족부근육 내 수분함량의 월별 변화

폐각근의 경우, 수분함량이 1-2월에 87-88% 정도이었고, 3-5월에 80-82%로 감소하였고, 6-10월에 다시 82-85%로 증가하였다. 1-2월(p=0.109), 3-7월(p=0.112), 그리고 6-10월(p=0.209) 사이에는 통계적 차이가 없었다. 족부 근육의 경우, 수분함량이 1-2월에 87-88% 정도이었고, 3-9월 동안은 78-84%로 감소하였다가 다시 퇴화 및 비활성기인 10월에 86%까지 증가하였다. 3-9월 사이에는 통계적 차이가 없었다(p=0.088).

나. 총단백질 함량

분산분석 결과 총단백질 함량의 월 별화는 내장낭(F=70.06, p<0.001), 폐각근(F=62.67, p<0.001), 족부 근육(F=271.1, p<0.001) 모두에서 통계적 유의성을 나타내었다. 내장낭의 경우, 총단백질 함량이 1-4월에 56-58% 정도이었고, 5월에 52%로 크게 감소하였다(그림 3-13). 6-7월에 66-68%로 최대값을 보였다가 8-9월에 57-60%로 감소하였다. 10월에는 다시 65%로 증가하였다. Tukey test에 의한 다중비교 결과, 내장낭에서의 총단백질 함량은 1-4월(p=0.890), 6-7월(p=0.231), 8-9월(p=0.065) 사이에 통계적 차이가 없는 것으로 나타났다. 폐각근의 경우, 비활성기-초기활성기인 1-3월에 74-89%로 증가하였고, 4-5월에는 82%까지 감소하였다. 완숙기인 6월에 90%로 최대를 나타내었다가, 산란기인 7월 이후부터 서서히 감소하여 10월에는 77%를 나타내었다. 월별 변화가 심하여 대부분 인접한 달끼리의 함량은 통계적 유의성이 있었고, 4-5월 및 7-8월 사이에서만 통계적 차이가 없었다(p=0.058).

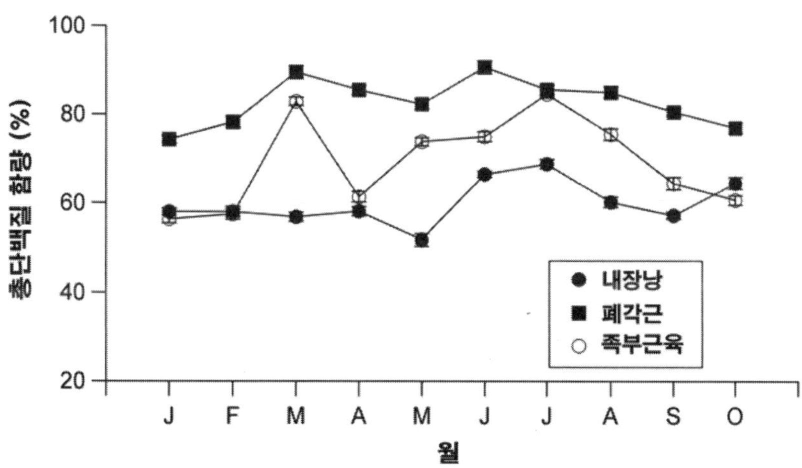

그림 3-13. 일본재첩(*Corbicula japonica*)의 내장낭, 폐각근 및 족부근육 내의 총단백질 함량의 월별 변화

족부근육의 경우 비활성기-초기활성기인 1-3월 동안 총단백질 함량이 83%까지 증가하였고, 후기활성기인 4월에 61%까지 낮아졌다가 다시 증가하여 부분산란기인 7월에는 85%를 나타내었다. 이후 8-10월 동안에는 감소하여 10월에는 60% 정도로 낮아졌다. 족부 근육 또한 월별 변화가 심하여 대부분 인접한 달끼리는 통계적 유의성이 있었고, 1-2월($p=0.945$) 및 5-6월($p=0.684$) 사이에서만 통계적 차이가 없었다(Chung *et al*., 2004).

다. 총지질 함량

분산분석 결과 총지질 함량의 월별 변화는 내장낭($F=515.9$, $p<0.001$), 폐각근($F=228.5$, $p<0.001$), 족부 근육($F=1684.9$, $p<0.001$) 모두에서 통계적 유의성을 나타내었다. 내장낭의 경우, 총지질 함량이 1-3월(8.2%-9.8%의 범위)에는 낮은 값을 보였고, 후기활성기인 4월에 11.6%로 최대를 이룬 후, 5-7월에는 7.6-8.7% 범위로 감소된 후, 8월에 4.6%로 가장 낮았다. 이후, 다시 증가하여 10월에는 8.1%이었다(그림 3-14). Tukey test에 의한 다중비교 결과, 내장낭에서 총지질 함량은 인접한 모든 달 사이에서 통계적으로 유의한 차이를 나타내었다($p<0.05$). 내장낭 내의 총지질 함량 변화는 초기활성기인 2-3월에 서서히 감소된 후, 후기활성기인 4월에 최대에 이른 다음 5-6월에 감소된 후 완숙기인 7월에 증가하고 산란기인 8-9월에 아주 낮은 값을 보였다. 폐각근의 경우, 비활성기-초기활성기인 1-3월 사이에는 1.6%에서 3.2%로 2배 가량 증가하였고, 후기활성기인 4월에 1.3%로 가장 낮아졌다가, 5-8월(완숙기) 사이에 2.0-3.1%로 최대로 증가되었으나 산란기인 7-10월 에는 다시 감소하여 2.1-2.4% 범위를 나타내었다. 폐각근에서 총지질 함량은 7-8월($p=0.166$) 사이에서만 통계적 유의성이 없었고, 나머지 달 사이에서는 모두 유의성이 있었다. 족부 근육의 경우, 비활성기-초기활성기인 1-3월 사이에 1.9%에서 5.3%로 크게 증가하였다. 그러나 후기활성기인 4월에는 1.5%로 최저값을 나타내었고, 5월부터 다시 증가하기 시작하여 완숙기인 6, 7월에 4.8%에 이르렀고, 산란기인 8월에는 다시 3%로 약간 감소한 후, 9-10월에는 4.7-4.9%의 가장 높은 값을 보였다. 족부근육 내 총지질 함량 또한 월별 변화가 심하여 대부분 인접한 달끼리는 통계적 유의성이 있었고, 1-2월($p=0.070$) 및 9-10월($p=0.090$) 사이에서만 통계적 차이가 없었다(Chung *et al*., 2004).

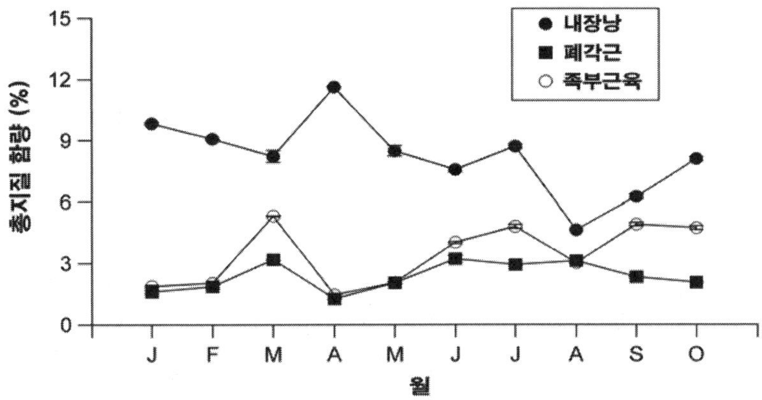

그림 3-14. 일본재첩(*Corbicula japonica*)의 내장낭, 폐각근 및 족부근육 내의 총지질 함량의 월별 변화

라. 글리코겐 함량

분산분석 결과 글리코겐 함량의 월 별화는 내장낭($F=201.5$, $p<0.001$), 폐각근($F=182.2$, $p<0.001$), 족부근육($F=305.8$, $p<0.001$) 모두에서 통계적 유의성을 나타내었다. 내장낭의 경우 1-3월 사이에는 1.2%에서 0.3%로 감소하였고, 4월에는 4.3%로 크게 증가하였다(그림 3-15). 5-7월 사이에는 1.4%에서 0.2%로 감소하였다가, 8-10월 사이에는 다시 증가하기 시작하였다. Tukey test에 의한 다중비교 결과, 내장낭에서의 글리코겐 함량은 1-2월($p=0.331$), 7-8월($p=0.986$), 9-10월($p=0.345$) 사이에 통계적 차이가 없는 것으로 나타났다. 폐각근의 경우, 비활성기-초기활성기인 1-2월에는 0.9-1.1% 정도로 최대에 이른 후, 3-4월 동안 0.2%까지 감소하였다. 5월에 다시 0.9%로 약간 증가하였다가 완숙 및 부분산란기인 6-8월 사이에는 0.2-0.3% 범위로 감소하였다. 9월에는 다시 1% 이상으로 증가하였고, 퇴화 및 비활성기인 10월에는 0.6%로 감소하였다. 6-8월 사이에는 폐각근 내 글리코겐 함량이 통계적으로 유의한 차가 보이지 않았다($p=0.265$). 족부 근육의 경우, 비활성기-초기활성기인 1-2월에 1.3-1.6%의 높은 값을 보이다가, 산란기인 7-8월까지 꾸준히 감소하여 최저 0.3%에 이르렀고, 퇴화 및 비활성기인 9-10월에는 다시 증가하여 1.7-1.8%로 최대값을 나타내었다. 5-6월($p=0.248$), 6-7월($p=0.419$), 9-10월($p=0.632$) 사이에 통계적 차이가 없었다(Chung *et al.*, 2004).

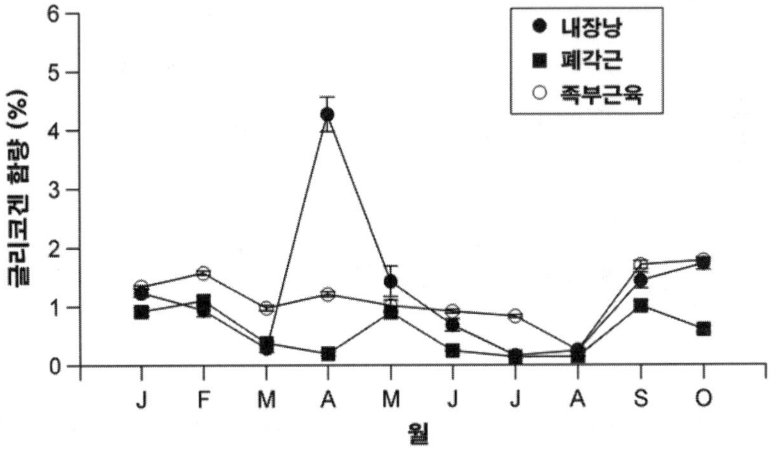

그림 3-15. 일본재첩(*Corbicula japonica*)의 내장낭, 폐각근 및 족부근육 내의 글리코겐 함량의 월별 변화.

(2) 상관분석 결과

가. 총단백질 함량

상관분석 결과, 총단백질 함량의 조직간 상관관계는 한 가지 경우에서만 유의한 것으로 나타났다(그림 3-16). 즉, 폐각근과 족부근육간 유의한 양의 상관관계가 나타났고 (r=0.769, p<0.001), 내장낭과 폐각근 사이(r=0.237, p=0.208) 및 내장낭과 족부근육 사이 (r=0.271, p=0.147)에서는 유의한 상관관계를 나타내지 않았다. 따라서 폐각근과 족부근육 그리고 내장낭과 족부근육 사이에는 양의 상관관계를 나타내어 총단백질 성분이 상기 기관들의 조직사이에 상호 이동이 일어나지 않는 것으로 판단된다(Chung *et al*., 2004).

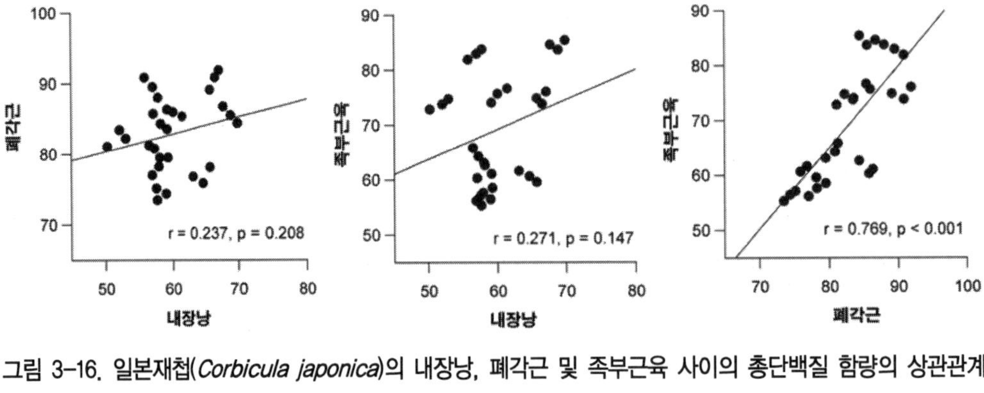

그림 3-16. 일본재첩(*Corbicula japonica*)의 내장낭, 폐각근 및 족부근육 사이의 총단백질 함량의 상관관계

나. 총지질 함량

총지질 함량의 조직간 상관관계는 모든 경우에서 유의한 것으로 나타났다(그림 3-17). 그러나, 내장낭과 폐각근 사이(r=-0.687, p<0.001) 및 내장낭과 족부근육 사이(r=-0.473, p=0.008) 에서는 음의 상관관계가 나타난 반면, 폐각근과 족부근육 사이에서는 양의 상관관계가 나타났다(r=0.687, p<0.001). 따라서 난소난의 성장·성숙이 일어나는 시기에 족부근육 내의 총지질 성분이 폐각근으로 이동하여 저장된 후, 폐각근 내의 총지질 성분이 다시 내장낭 내의 난소로 이동하여 난소난의 성장과 발달 및 성숙에 관여할 것으로 판단된다(Chung *et al.*, 2004).

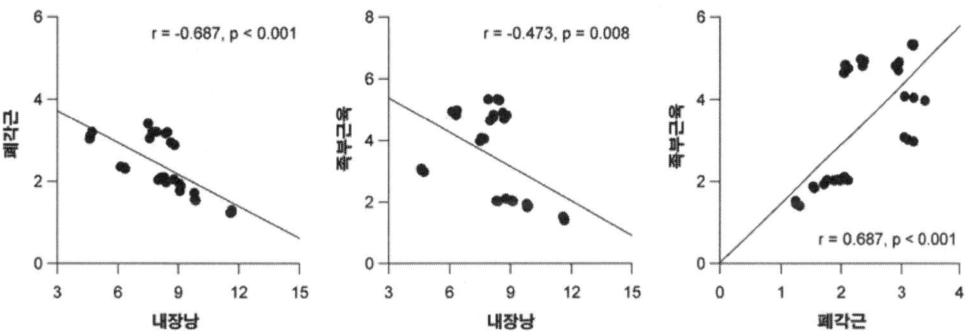

그림 3-17. 일본재첩(*Corbicula japonica*)의 내장낭, 폐각근 및 족부근육 사이의 총지질 함량의 상관관계

다. 글리코겐 함량

글리코겐 함량의 조직간 상관관계는 두 가지 경우에서 유의한 것으로 나타났다(그림 3-18). 즉, 내장낭과 폐각근 사이에서는 유의한 상관관계를 나타내지 못하였고(r=0.031, p=0.869), 내장낭과 족부근육 사이(r=0.396, p=0.030) 및 폐각근과 족부 근육 사이(r=0.686, p<0.001)에서는 유의한 양의 상관관계를 나타내었다. 따라서 글리코겐의 경우에는 내장낭과 폐각근 그리고 내장낭과 족부근육사이에는 양의 상관관계를 나타내어, 글리코겐 성분이 이들 조직간에 상호 이동이 일어나지 않을 것으로 추정된다(Chung *et al.*, 2004).

생식소 (난소, 정소)가 별도로 분리되어 있지 않고, 소화맹낭과 중장선과 함께 내장낭을 이루고 있는 이매패류의 경우는 가리비류나 담치류와 달리 생화학적 성분의 이동경로가 명확히 밝혀져 있지 않다.

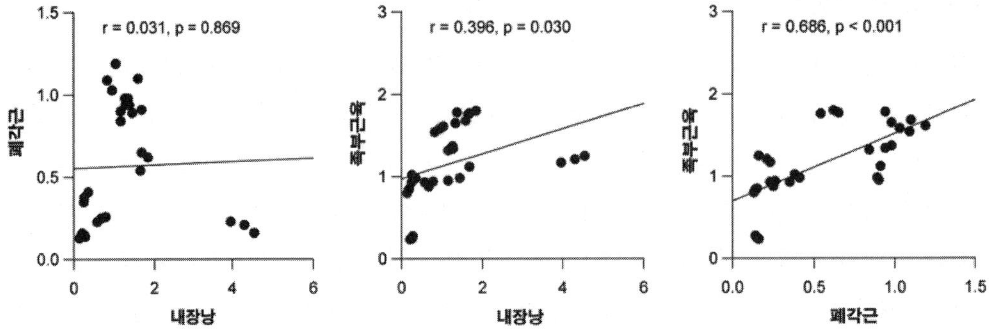

그림 3-18. 일본재첩(*Corbicula japonica*)의 내장낭, 폐각근 및 족부근육 사이의 글리코겐 함량의 상관관계

내장낭 속에 생식소가 들어있는 이매패류의 경우는 생식소 발달과 관련이 있을 것으로 추정되는 몇 가지 기관의 조직들을 대상으로 생화학적 성분함량을 월별로 조사하여 상관관계를 알아보기 위해 피어슨의 상관계수(Pearson's correlation coefficient)를 구하여 몇 가지 기관의 조직들 사이의 생화학적 성분별 상관분석을 하였다. 그 결과, 내장낭 내 생식소의 발달에 영양분을 공급하는 폐각근과 족부 근육간의 사이에는 몇 가지 특징을 발견할 수 있었다. 특히, 내장낭과 폐각근 내의 총지질 함량(%) 사이에는 통계적으로 음(-)의 상관관계를 나타내었고 또한, 내장낭과 족부 근육 사이에서도 음(-)의 상관관계를 나타내어 생식소 발달이 일어나는 시기에는 폐각근과 족부 근육에서 지질성분이 내장낭 내의 생식소로 영양성분이 이동되는 것으로 추정되었다. 그러나 산란기와 퇴화 및 비활성기에는 총지질 함량이 감소되었다. 반면, 폐각근과 족부 근육 사이에는 양(+)의 상관관계를 나타내었고, 폐각근과 족부 근육 사이의 총단백질 함량(%)도 양(+)의 상관관계를 나타내었으며, 내장낭과 족부 근육 사이의 글리코겐 함량(%)과 폐각근과 족부 근육 사이에서도 양(+)의 상관관계를 보여 이들 조직들 내의 총단백질 성분은 내장낭 내의 생식소로 이동되지 않는 것으로 추정되었다.

가무락조개의 경우에도 폐각근, 내장낭, 족부 근육 내의 총단백질, 총지질, 그리고 글리코겐 함량(%)간의 월별 변화에서 특히, 총지질 성분만이 내장낭과 폐각근 사이에 음(-)의 상관관계를 보여, 생식소 발달이 일어나는 시기에 폐각근 내의 총지질 성분이 내장 내의 생식소로 이동되는 것으로 보고되어, 본 연구 결과와 일치하는 경향을 보였다(Chung *et al.*, 2004).

참고문헌

Blake, N. J. and A. N. Sastry. 1979. Neurosecretory regulation of oogenesis in the bay scallop Argopecten irradians irradians (Lamarck). In: Cyclic phe-nomena in marine plants and animals. (ed. by Nylor, E. and Hartnoll, R. G.) pp. 181-190. Pergamon Press, New York.

Barber, B. J. and N. J. Blake. 1981. Energy storage and utilization in relation to gametogenesis in *Argopecten irradians concentricus* (Say). J. Exp. Mar. Biol. Ecol., 52:121-134.

Barber, B. J. 1984. *Reproductive energy metabolism in the bay scallop, Argopecten irradians concentricus* (Say). Ph.D. Thesis University of South Florida, Tempa, 122 pp.

Chung, E. Y., H. B. Kim and T. Y. Lee. 1986. Annual reproductive cycle of the Jackknife clam, *Solen strictus* and *Solen gordonis*. Bull. Korean Fish. Soc., 19:563-574. (in Korean)

Chung, E. Y., Y. G. Kim and T. Y. Lee. 1987. A study on sexual maturation of hen clam *Mactra chinensis* Philippi. Bull. Korean Fish. Soc., 20:501-508.

Chung, E. Y., T. Y. Lee and C. M. An. 1991. Sexual maturation of the venus clam, *Cyclina sinensis*, on the west coast of Korea. J. Med. Appl. Malacol., 3:125-136.

Chung, E. Y., D. K. Ryou and J. H. Lee, 1994. Gonadal development, age and growth of the shortnecked clam, *Ruditapes philippinarum* (Pelecypoda: Veneridae), on the coast of Kimje, Korea. Korean J. Malacol., 19:38-54.

Chung, E. Y., G. M. Park & B. S. Kim 1998. Ultrastructure of germ cell devel-opment and sexual maturation of the shortnecked clam, *Ruditapes philip-pinarum* (Bivalvia: Veneridae), on the west coast of Korea. Yellow Sea, 4:17-29.

Chung, E. Y., Y. M. and Kim and S. G. Lee. 1999. Ultrastructure of germ cell development and reproductive cycle of the purplish Washington clam, *Saxidomus purpuratus* (Sowerby). Yellow Sea, 5:51-58.

Chung, E. Y. and D. K. Ryou 2000. Gametogenesis and sexual maturation of the surf clam *Mactra veneriformis* on the west coast of Korea. Malacologia, 42:149-163.

Chung, E. Y., J. S. Lee, C. H. Lee and S. B. Hur. 2002. Reproductive cycle of natural population and artificial control of gonadal development of *Ruditapes philippinarum* by the conditions of water temperature-feeding and starvation. Korean J. Malacol., 18:83-91. (in Korean)

Chung, E. Y., Y. B. Hur, O. Y. Kwak and K. H. Choi. 2003. Ovarian maturation, artificial spawning and spawning frequency of the venus clam, *Cyclina si-nensis*, in the Gimje coastal waters of Korea. Korean J. Malacol., 19:153-159.

Chung, E. Y., J. B. Kim, O. Y. Kwak and C. H. Lee. 2004. Seasonal changes in biochemical component of the adductor muscle, visceral mass and foot muscle of *Corbicula japonica*, in relation to gonad developmental phases. Korean J. Malacol., 20:111-120. (in Korean)

Chung, E. Y., Y. M. Kim, Y. B. Hur and D. K. Ryu. 2005. Sexual maturation and artificial spawning of the hard clam, *Meretrix lusoria* (Bivalvia: Veneridae) on the West Coast of Korea. Korean J. Malacol., 21:81-93.

Chung, E. Y., J. G. Koo, K. Y. Park and C. H. Lee. 2005. Seasonal changes in biochemical components of the adductor muscle, digestive diverticula and the ovary in *Chlamys farreri* in relation to the ovarian developmental phases. Korean J. Malacol., 2:71-80. (in Korean)

Chung, E. Y. 2007. Oogensis and sexual maturation in *Meretrix lusoria* (Roding 1798) (BivalviaL Veneridae) in western Korea. J. Shellfish Res., 26:71-80.

Eversole, A. G., Michener, W. K. and P. J. Eldridge. 1980. Reproductive cycle of *Mercenaria mercenaria* in a South Carolina estuary. Proc. Natl. Shellfish Assoc., 70:20-30.

Holland, D. A. and K. K. Chew, 1974. Reproductive cycle of the manila clam Washington, Proceedings Nat. Shellfish Res., 64:53-58.

Hur, Y. B. 1994. *Comparative studies on the embryonic development and the growth of larvae of eight bivalve species*. Master Degree, National Fisheries

University of Pusan, 82pp. (in Korean).

Jaramilo, R., J. Winter, J. Valencia, and A. Riverera. 1993. Gametogenic cycle of the chiloe scallop (*Chlamys amandi*). J. Shellfish Res., 12:59-64.

Kanti, A., P. B. Heffernan and R. L. Walker. 1993. Gametogenic cycle of the southern surf clam, *Spisula solidissima similis* (Say, 1822), from st. Catherines Sound, Georgia J. Shellfish Res., 12:255-261.

Kim, J. Y. 1999. Seasonal variation of the primary productivity in the vicinity of Julpo Sea area. Fish. Sci. Res. Kunsan Nat. Univ., 14:117-122. (in Korean)

Kim, J. H., E. Y. Chung and Y. H. Kim. 2003. Sexual maturation and the sex ratio of the jedo venus, *Prothaca jedoensis* (Bivalvia: Veneridae). Korean J. Malacol., 19:9-17. (in Korean)

Kim, Y. M., K. H. Park, E. Y. Chung, J. B. Kim, C. H. Lee. 2006. Changes in biochemical components of several tissues of the hard clam, *Meretrix pe-tecjialis*, in relation to gonad developmental phase. Korean J. Malacol. 22:125-134. (in Korean)

Lee, I. H., E. Y. Chung, P. W. Son, and M. S. Shin. 2007. Reproductive ecology of the hard shelled mussel, *Mytilus coruscus* in western Korea. Korean J. Malacol., 23:199-208. (in Korean)

Loosanoff, V. L. and H. C. Davis. 1963. Rearing of bivalve molusks. Advanced Marine Biology, Academic Press, 1:110-112.

Mann, R. 1979. Some biochemical and physiological aspects of growth and ga-metogenesis in *Crassostrea gigas* and *Ostrea edulis* grown at sustained ele-vated temperatures. J. Mar. Biol. Assoc. U.K. 59:95-110.

Momoyama, K., T. Iwamoto. 1979. On the spawning period in Yamaguchi and Oumi Bay. Yamaguchi Prefecture Naigai Ocean. Center, 7:19-34. (in Japanese)

Oh, B. S., C. G. Jung, S. Y. Kim, S. Y. Kim and E. Y. Chung. 2002. Reproductive cycle of the bay scallop, Argopecten irradians transplanted from China. J. Korean Fish. Soc., 35:201-206. (in Korean)

Ohba, S. 1959. Ecological studies in the natural population of a clam, Tapes japonica, with special reference to seasonal variations in the size and structure of population and to individuals growth Biol. J. Okayama Univ., 5:13−42.

Ponurovsky, S. K. and Y. M. Yakovlev. 1992. The reproductive biology of the Japanese littleneck. Tapes philippinarum (A. Adams & Reeve, 1850) (Bivalvia: Veneridae). J. Shellfish Res., 11:265−277.

Quayle, D. B. and N. Bourne. 1972. The clam fisheries of British Columbia. Fish. Res. Board Can. Bull., 179:70.

Rand, W. M., 1973. A stochastic model of the temporal aspect of breeding strategies, J. Theor. Biol., 40:337−351.

Rederfern, P. 1974. Biology and distribution of the toheroa, Paphies (Mesodesma) ventricosa (Gray). Fish. Res. Bull., 11:1−51.

Sastry, A. N. 1970. Reproductive physiological variation in latitudinally separated population of the bay scallop, *Aequipecten irradians* Lamarck. Biol. Bull., (Woods Hole), 138:56−65.

Sastry, A. N. and N. J. Blake. 1971. Regulation of gonad development in the bay scallop, *Aequipecten irradians* Lamarck. Biol. Bull.(Wood Hole), 140: 274−282.

Sastry, A. N. 1979. *Pelecypoda (excluding Ostreidae). In: Reproduction of Marine Invertebrates, Vol. V. Molluscs: Pelecypods and lesser Classes*, (ed. by Giese, A. C. and Pearse, J. S.) pp. 113−292. Academic Press, New York.

Simpson, R. D. 1982. Reproduction and lipids in the subantartic limpet *Nacella (Patinigera) macqurensis* Finaly. 1927. J. Exp. Mar. Biol. Ecol., 56:33−48.

Son, P. W. and E. Y. Chung. 2005. Gonadal development, first sexual maturity and sex ratio of the sun and moon scallop Amusium japonicum japonicu on the coastal waters of Jejudo, Korea. Dev. Reprod., 9:95−103.

Spirlet, C., P. Grosjean, M. Jangoux. 2000. Optimization of gonad growth by manipulation of temperature and photoperiod in cultivated sea urchin, Paracentrotus lividus (Lamarck) (Echinodermata). Aquaculture, 185:85−99.

Tanaka, Y. 1954. Spawning season of important bivalves in Ariake Bay Ⅲ *Tapes philippinarum*. Bull. Jap. Soc. Sci. Fish., 19: 1165−1167.

Toba, M. and Miyama, Y. 1995. Influence of temperature on the sexual maturation in Manila clam, *Ruditapes philippinarum*. Suisanzoshoku, 43(3): 305-314.

Yoshida, H. 1953. Studies on larvae and young shells of industrial bivalves in Japan. J. Shimonoseke Coll. Fish., 3(1):1-106. (in Japanese).

제 4 장
해산 이매패류 유생의 초기 성장

1. 초기 부유유생의 생활사

이매패류의 초기 생활사에서 부유유생 시기는 난에서 부화 후 몇 차례의 발달단계를 거치면서 많은 폐사가 발생하고 일정성장기를 거쳐 비교적 안정적인 저서생활기로 이행하게 된다(그림 4-1).

대부분의 해산 이매패류는 자웅이체로 암·수가 분리되어 있는데, 성숙된 어미들은 물리·화학적인 작용에 의해서 방란·방정이 일어나고 방출된 난과 정자는 체외에서 수정된다. 수정난은 12～24시간 이내에 담륜자(trochophore) 유생으로 발달하여 난에서 부화한다. 담륜자 유생은 섬모를 이용하여 자유유영을 하고 난에 축적된 영양물질을 이용하여 발달하면서 패각을 형성한다. 패각형성이 완료되면 D형 유생으로 발달한다. D형 유생기 이 후 외부먹이식성으로 바뀌면서 식물성플랑크톤, 유기잔사(detritus) 및 박테리아 등을 섭취하면서 일정기간 성장하게 된다. 성장이 완료되면 부유기능이 상실되는 변태기를 거치면서 부유생활을 마치고 완전한 성패형태의 초기치패로 발달하여 고착 또는 침착형태로 생활하게 된다.

부유생활을 하는 동안 유생은 유영기관인 면반을 이용하여 수중을 떠다니면서 조류 또는 해류에 의해 이동하게 된다. 이 시기 유생들은 포식자, 질병감염, 먹이생물의 양적 질적 공급부족 및 산란 시 난내 축적된 영양물질, 특히 지질의 부족 등에 의해서 발생영양학적 요인으로 많은 폐사가 일어날 수 있다.

부유유생 기간은 일반적으로 서식온도와 먹이생물의 공급량에 따라 달라진다. 부유유생 기간이 길어지면 상대적으로 해양에서 포식자와 질병에 노출되는 기간이 늘어나게 되어 전체 유생의 생존율을 떨어뜨리는 요인으로 작용한다(Underwood and Fariweather, 1989).

안점과 발의 발달이 현저한 성숙된 부유유생은 부유생활을 끝내고 기질 또는 저면에 부착 또는 침착단계로 이행하는 부착 또는 침착기 유생으로 발달하는데 이러한 특성에 따라 이매패류를 일시부착성, 부착성 또는 침착성 형태로 분류하기도 한다.

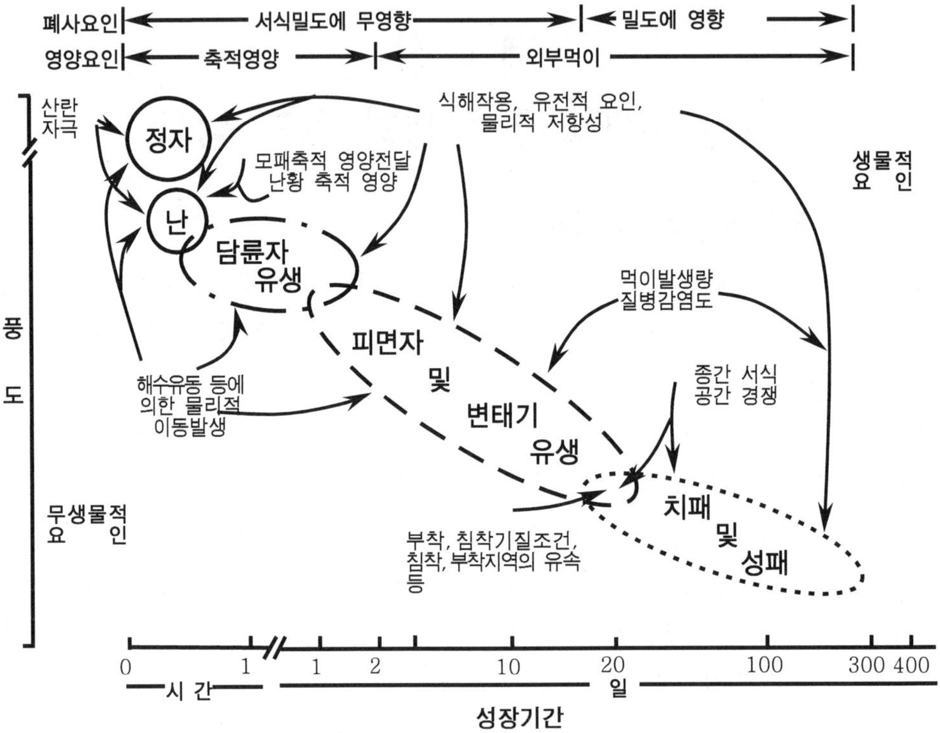

그림 4-1. 조개류의 저서가입 및 초기 생존 모식도

그림

일시부착성은 변태 전 · 후 또는 초기치패기에 일정기간 기질에 족사로 부착하여 생활하다 이 후 기질에서 떨어져 자유생활을 하던지 또는 저질에 잠입하여 생활하고, 부착성은 패각과 동일한 석회질을 분비하여 고착생활을 하는 것과 족사 등으로 부착하여 기질에 부착하여 부착 생활하는 종으로 나눌 수 있고, 침착성은 부착 없이 부유생활이 끝나면 바로 저면에 떨어져 저질에 잠입하여 생활하게 된다.

한편, 이 시기 부착 또는 침착 특성에 관계없이 대부분 유생은 저면의 기질 위를 기어다니면서 기질을 탐색하는 것처럼 행동을 하는데 이와 같은 행동으로 인해 포복기(pediveliger) 유생이라고도 하는데, 이들 유생은 기질의 특성을 분명하게 감지하는 것으로 알려져 있다. 기질 등에 의한 환경적인 요인과 내부호르몬 등의 생리적인 요인에 의해서 부착 또는 침착에 대한 충분한 자극이 일어나면 부착 또는 침착이 일어나고 이 후 유영기관이 면반이 퇴화되고, 아가미가 형성되는 등 저서생활에 적합하게 변태를 시작하게 된다. 변태가 완료되어 완전한 성패모양이 되면 이때부터 치패라고 부른다.

이와 같이 이매패류가 성공적으로 해양 수서 저서생물 군집으로 가입하는 데는 많은 외적 요인과 내적 요인이 작용하게 된다. 서식환경은 어미의 생식소를 발달시키고, 방란·방정을 유도하며, 유생의 성장과 변태를 유도한다.

특히 부유유생 생활기 동안 유생의 생존능력은 수온, 염분, 용존산소 및 부유물질의 농도와 같은 물리·화학적인 요인과 이용 가능한 먹이생물 발생량과 같은 영양적인 요인 그리고 병원생물 감염 및 포식자 등에 의한 생물학적인 요인에 많은 영향을 받는다. 이러한 부유유생의 생존율은 이매패류가 생태계에 가입하는 양을 결정하는 일차적인 요인으로 작용한다. 또한 이매패류의 서식범위 및 분포밀도는 부유유생의 이동 능력과 초기치패의 생존능력에 따라 결정되는데, 일반적으로 유생의 이동은 자신의 유영능력에 의존하기도 하지만, 대부분 해수의 유동에 의해서 결정되어지고, 초기 치패의 생존능력은 부착 또는 침착지역의 특성과 저서포식자 및 서식공간의 종간 경쟁력에 따라 결정된다.

2. 유생의 성장 및 발달

1) 패각형성 및 형태 변화

이매패류의 패각형성 단계는 크게 유각형성기와 패각형성기로 나누어진다. 유각형성기(prodissoconch)는 담륜자 유생에서 부착기유생까지 성장하는 단계이고, 패각형성기(dissoconch)는 변태 이 후 완전한 성패 형태로 바뀌는 단계이다(표 4-1, 그림 4-2)

유각형성기는 다시 유생의 발달단계에 따라 유각형성기Ⅰ, 유각형성기Ⅱ로 나누어진다.

유각형성기 Ⅰ은 담륜자 유생에서 D형 유생 단계로 담륜자 유생은 해수중의 탄산칼슘을 흡수하여 서서히 외부를 감싸는 패각물질을 분비하고 시간이 경과함에 따라 일정한 형태의 패각을 형성하는데 패각의 형성이 완료되면 전체 모양이 알파벳 D자 형태를 뛰게 되어 일반적으로 D형 유생이라고 한다.

유각형성기 Ⅰ단계는 패각을 형성하기 위한 칼슘화가 시작되는 시점이고 이 시기에는 각정(umbo)의 돌출이 없고, 패각 내 색소의 침착도 없어 전체적으로 투명하게 보이면서 방사상으로 성장을 시작하는 단계이다.

표 4-1. 유생발달에 따른 패각형성 발생단계

발달단계	패각형성전단계 → 유각형성기 I (24～48시간)	유각형성기 II (14～30일)	패각형성기
수정난	—		
포배기	—		
낭배기	—		
담륜자기	—		
피면자	—	—	
D형 유생	—	—	
각정기 유생		—	
부착기유생		—	
치패			—

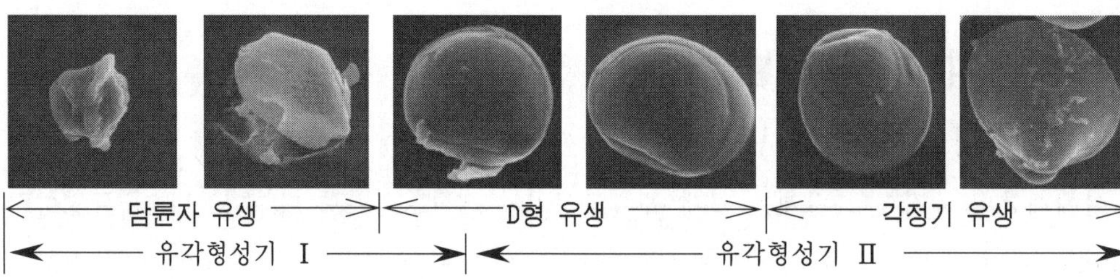

그림 4-2. 패각형성단계별 전자현미경 모습

이 단계에서는 대부분 전·후 대칭인 직사각형의 형태로 유생의 형태적 특징이 없어 종을 분류하기는 매우 어렵고, D형 유생의 크기, 각정기선(hinge line)의 길이 및 경첩판의 미세구조를 이용해서 종을 분류하는 경우도 있지만, 전체적으로 명확하게 종을 구별하기는 매우 어렵다.

유각형성기 II 단계는 각정이 완전히 형성되는 초기 D형 유생에서 변태직전 시기까지로 주로 먹이를 섭취하는 전 부유유생 단계이다 이 시기에는 유생의 형태가 명확해지고, 성장함에 따라 등(dorsal) 부분에서 각정이 돌출하면서 빠르게 패각을 형성하는 시기이다. 패각은 성장함에 따라 칼슘화가 두터워지고, 일부 색소가 침착한다. 섭취하는 먹이 종에 따라 종별로 다양한 색상을 보이면서 불투명하게 되고 각정 및 패각의 성장형태에 따라 다양한 모양으로 된다.

특히 유각형성기 II의 각정과 패각의 성장특징을 이용해 유생의 형태를 혹등형(knobby), 굽은형(skewed), 원형(round or Indistinct), 원반형(broadly rounded) 및 각형(angular)으로 크게 다섯 가지로 분류한다(그림 4-3).

일반적으로 굴류 등과 같은 유생은 각정은 전변 쪽으로 기울면서 뾰족하게 튀어나오는 메부리코 형태로 굽어진 나선형 성장형태를 보이고, 바지락류와 같은 종류의 유생은 혹등과 같이 각정이 각정기선을 기준으로 직선형로 돌출하고, 전체 패각이 전·후로 동일한 비율로 성장한다.

부유유생기가 끝나고 변태가 완료되면 패각형성기(Dissoconch) 단계로 이때부터 성패의 패각과 동일한 형태로 발달하게 되면서 불투명하게 된다.

유각형성기 Ⅱ단계에서 종류별 유생의 성장에 따른 형태적 특징을 보면, 담치류인 진주담치와 홍합의 경우 각장 170~190 ㎛ 전후로 각정의 돌출이 현저하고, 각정의 돌출과 함께 등변경사는 앞쪽 어께 경사의 길이가 길어지면서 전·후 대칭의 구도로 변화고 유생이 부착기로 성장함에 따라 이러한 현상은 점점 두렷해져 전체적으로 복변의 경사가 완만한 타원형의 특징을 보인다.

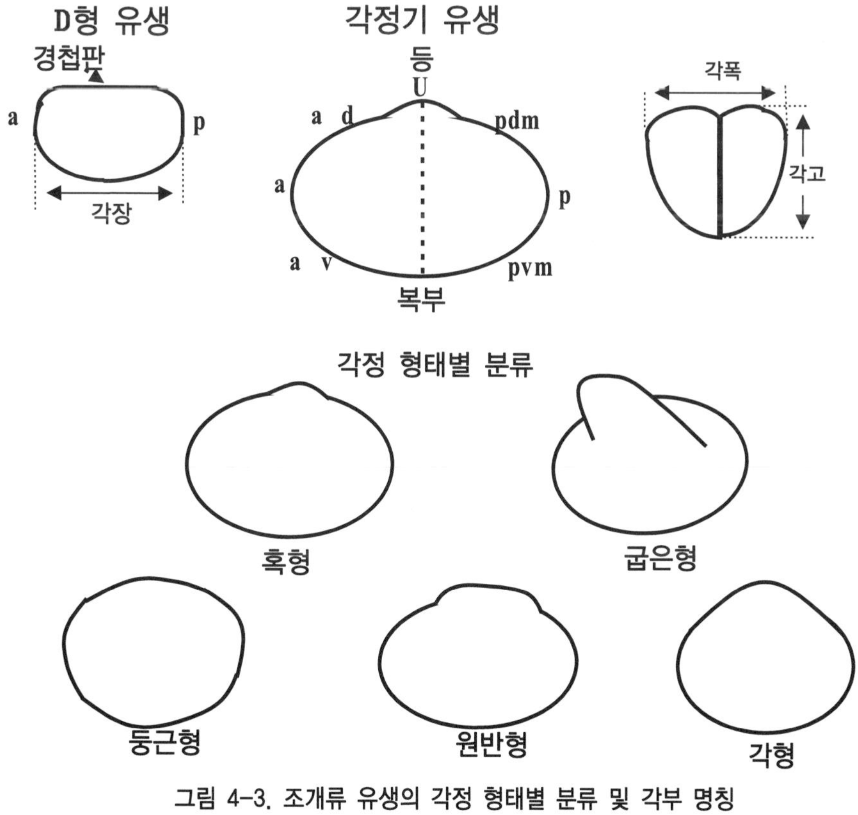

그림 4-3. 조개류 유생의 각정 형태별 분류 및 각부 명칭
(a: 앞면, adm: 전배변경사, avm: 전복변경사, p: 후면, pdm; 후배변경사, pvm: 후복변경사, u; 각정)

참굴의 경우 각장 90㎛ 쯤에서 각정의 돌출이 시작되고, 110㎛ 이상에서 현저해진다. 이 때 까지는 각장이 각고 보다 대체적으로 크고, 각정의 회전은 크게 관찰되지 않지만, 이 크기 이 후부터는 각고가 각장보다 크고, 각정이 뒤쪽으로 휘게 되고, 등변경사의 길이는 후변경사 쪽보다 전변경사 쪽이 길어지면서 전·후의 대칭구도가 변화하게 된다. 이러한 현상은 성장함에 따라 점점 현저해 지고, 복변의 전·후변 경사가 커지면서 원형에 가깝게 되는 특징을 보인다(그림 4-4).

진주조개의 각정기 유생의 특징은 각장 90 ㎛ 전후로 각정의 돌출이 나타나고, 125 ㎛ 전후로 각정의 돌출이 현저해 진다. 굴과 같은 각정의 회전현상은 크게 나타나지 않지만 등변의 중앙부위에서 돌출되고 등변의 경사가 비슷한 전·후 대칭의 특징을 보인다.

침착성 조개류인 바지락, 동죽, 가무락 및 백합은 비슷한 형태적 특징을 보이는데, 초기 D형 유생은 경첩판의 길이가 각장에 비해 작고, 전·후 쪽 등변경사가 비슷한 좌우 대칭을 이룬다. 각정의 돌출은 대부분 각정기선 중앙에서 시작되고, 각정의 회전이 크게 나타나지 않으면서 복면이 타원형을 이루어 전체적으로 원형 또는 원반형에 가까운 형태적인 특징을 보인다(그림 4-5).

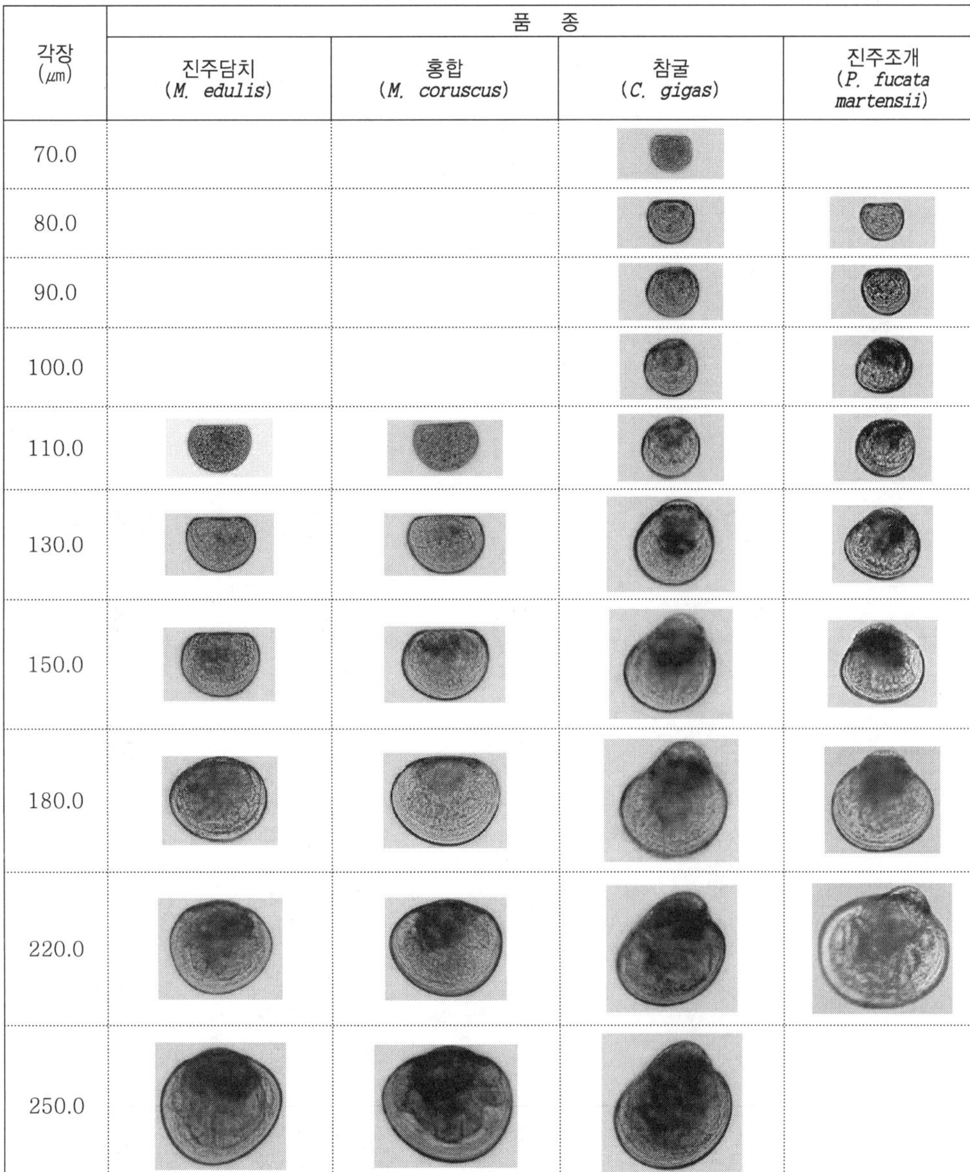

그림 4-4. 부착성 해산 이매패류 4종 유생의 크기별 형태

각장 (㎛)	품 종			
	바지락 (*R. philippinarum*)	동죽 (*M. veneriformis*)	가무락 (*C. sinensis*)	백합 (*M. lusoria*)
80.0	–	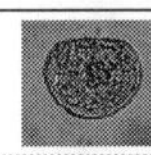	–	–
90.0	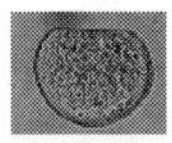	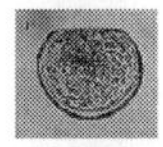	–	–
100.0		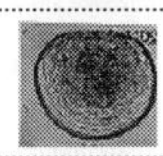	–	–
110.0		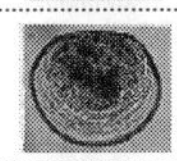	–	–
120.0	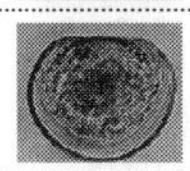	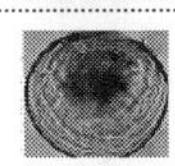	–	–
130.0		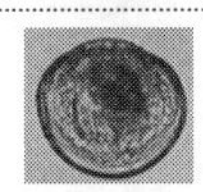		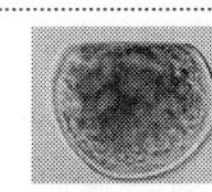
150.0	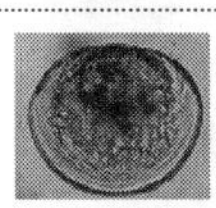			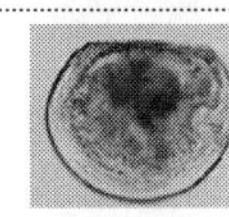
170.0	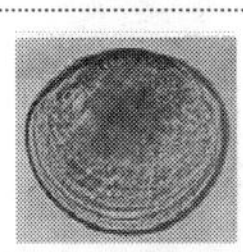	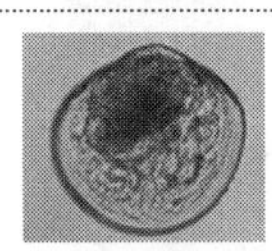	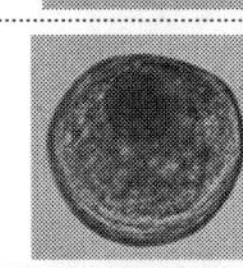	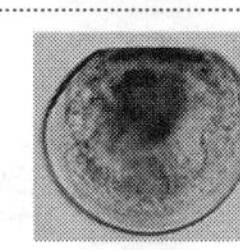
190.0	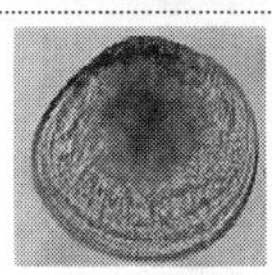	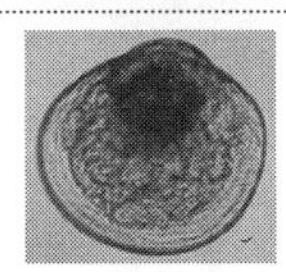		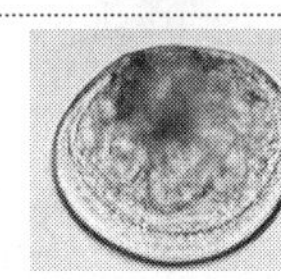
210.0	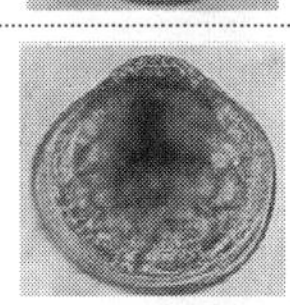	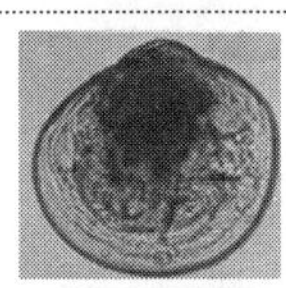		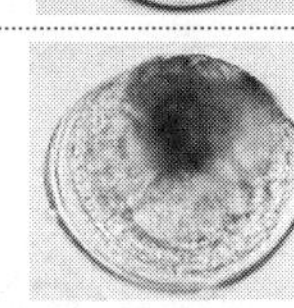
230.0	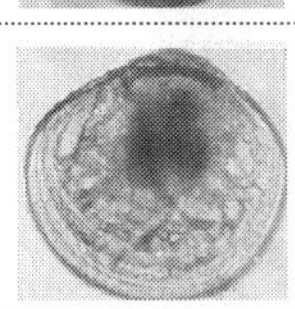	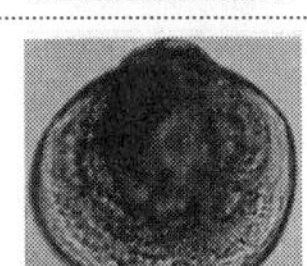	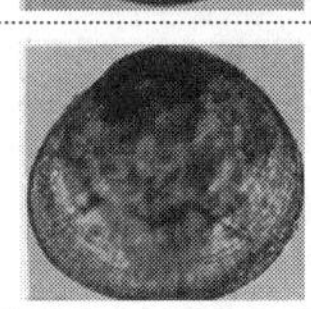	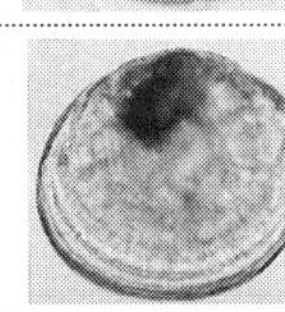

그림 4-5. 침착성 해산 이매패류 4종 유생의 크기별 형태

2) 내부 기관발달

유생은 성장함에 따라 내부 소화기관의 발달이 명확해지고, 면반을 이용해서 활발히 운동하면서 먹이섭취 활동을 하고, 성숙부유 유생이 되면 안점과 발의 발달이 명확해진다. 외투강 내에는 일정한 형태의 면역세포와 순환기관 그리고 소화기관들이 발달하게 된다. 성장함에 따라 패각을 개폐하는 폐각근과 발의 움직임을 관장하는 각종 근섬유들의 발달과 함께 각종 분비선이 발달하게 된다. 이러한 기관들의 발달로 유생은 각종 위해요인에 매우 민감하게 반응한다(그림 4-6).

D형 유생으로 발달한 유생의 복변(ventral) 쪽 입 주변에 유영, 먹이포획 및 가스교환 기능을 수행하는 기관인 면반이 섬모환의 형태로 발달한다. 섬모환에는 원추형 세포들이 가늘고 긴 섬모로 발달하여 매우 치밀하게 섬모환의 안쪽 주변엽에 부착되어 있고, 발달된 섬모들은 활발한 활동으로 유영과 먹이포획 그리고 호흡 활동에 필요한 가스교환을 하게 된다.

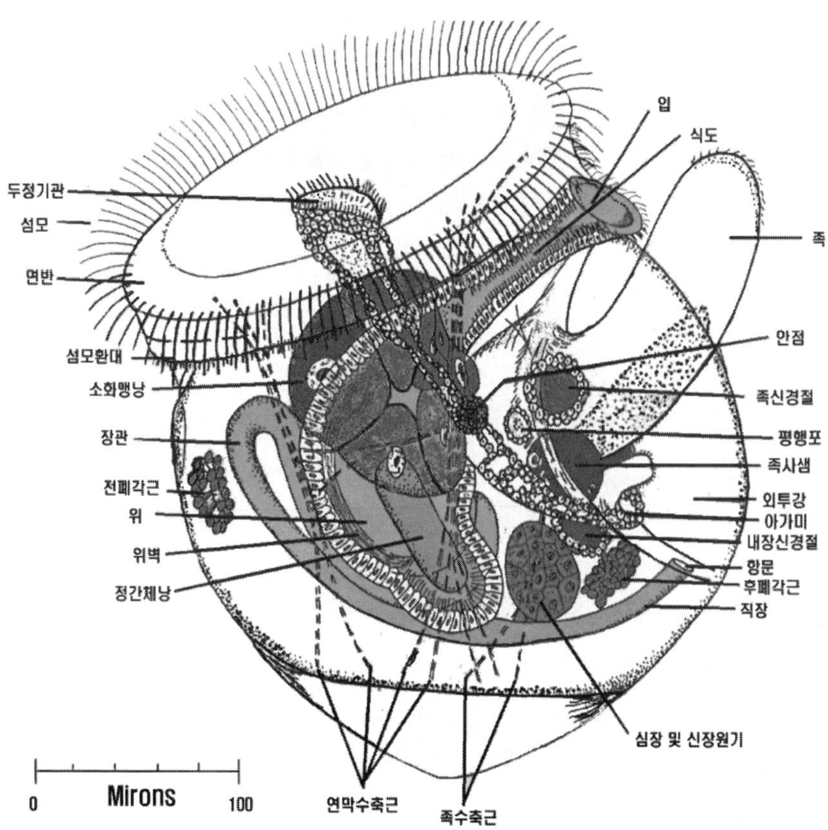

그림 4-6. 성숙부유 유생의 내부 기관

일반적으로 이매패류의 유생은 섬모활동에 포획되는 입자의 크기는 1-2 ㎛ 크기의 박테리아 및 바이러스의 입자까지도 포획 할 수 있는 것으로 알려져 있다. 패각 형성과 외투강을 보호하는 외투막은 초기 D형 유생의 경우 얇은 외층으로 좌각과 우각아래 편평한 망상구조의 단일층으로 구성되어진 후 성장함에 따라 점점 복층으로 두꺼워지면서 세포층이 늘어난다.

성숙 부유유생 또는 부착기 유생의 판단기준으로 이용되는 발과 안점은 성장하면서 명확해지는데, 발은 복강에서 외투강으로 돌출되어 있고, 부착시 족사의 분비를 돕는 족사샘이 발의 안쪽 기저 부분에 형성되어 있다. 발은 주로 부착 또는 침착시 기질을 탐색하기 위한 포복활동을 하는 기관으로 알려져 있다. 안점은 외투강 중앙 소화맹낭 아래에 검은색소가 침착되어 있는 것처럼 작은 점의 형태로 보이는데 성숙 부유유생으로 발달하면서 점점 진해진다. 안점의 기능에 대해서는 아직까지 명확히 알려져 있지 않지만, 일반적으로 유영 또는 부착을 할 때 평형을 유지 하는 역할을 하는 것으로 추정되고 있다.

일반적으로 이매패류 유생의 소화기관은 대부분 성패와 비슷한 구조로 입, 식도, 위, 간정체낭, 소화맹낭, 장관, 항문으로 구성되어 있다. 입은 깔때기 모양으로 면반의 뒤쪽 가까이에 붙어있는데, 면반의 섬모활동에 의해서 포획된 먹이 입자가 흘러들어가는 먹이홈과 연결되어 있다. 식도는 직선 형태로 내부표피세포에 많은 섬모가 발달해 있어 먹이의 흐름을 돕는다. 위는 종형으로 팽창성이 매우 높다. 위로 식도와 연결되어 있고 아래로 장관과 연결되면서 간정체낭(style sac)과 소화맹낭으로 감싸져 있다. 장관은 단순하여 꼬임이 적은 나선형으로 되어있고 끝 부분에 직장과 항문이 등쪽 외투강으로 노출되어 있다.

일반적인 소화과정은 면반의 섬모활동에 의해서 포획된 먹이입자는 먹이홉을 따라 움직이면서 점액질로 뭉쳐지고 뭉쳐진 입자는 먹이홈의 섬모활동에 의해서 구순(labial palps)으로 이동되고 입속으로 들어가게 된다. 이 때 구순은 먹이의 양을 조절하는 기능을 하게 되는데, 필요한 양은 입속으로 넣고, 먹이로서 부적합하거나 과다한 불필요한 입자는 바로 위분 형태로 구순에서 축적되지 않고 형성되는 즉시 외투막 바깥으로 내버리게 된다. 이러한 이유로 대부분의 이매패류는 성패와 유생 모두 섭취된 먹이가 소화기관을 통과하여 필요한 영양분을 소화시켜 내버리는 분(feces)과 소화기관을 통과하지 않고 구순에서 내버려지는 위분(pseudofeces)을 형성하게 된다. 이와 같은 구순의 기능은 고밀도의 먹이가 존재하는 상태에서는 장이 차 더 이상 먹이를 섭취하지 못하는 경우와 부유 상태를 유지하고, 가스교환을 위해서 지속적인 섬모활동을 하게 되는 경우 포획되어 들어온 불필요한 과도한 입자를 처리하고 조절한다.

구순에서 바로 입속으로 들어간 먹이는 식도를 통하여 위속으로 들어간다. 위속으로 들어간 먹이는 위와 간정체의 회전운동에 의한 물리적인 힘에 의해서 부서지고 섞이면서 소화되어 장을 통해서 항문으로 버려지게 된다. 위는 미세섬모관계로 구성된 단순 구조로 이루어져 있고 위의 미세섬모관계는 입자물질을 선별하거나 소화를 돕고 소화된 입자를 직접적으로 소화맹낭으로 밀어주고 또는 장으로 밀어준다. 소화맹낭은 주로 영양원을 저장하거나 영양물질을 다른 조직으로 보내주는 조절 역할을 하는 기관으로 외세포적 또는 내세포적 소화기능을 수행한다.

3) 성장변화

이매패류 유생의 성장은 여러 가지 조건에 의해서 결정되어지는데, 특히 서식장소의 수온, 염분, 혼탁도 등의 물리・환경적인 요인과 공급되는 먹이의 양과 질과 같은 영양적인 조건에 의해서 결정되어 진다. 성장 기간은 서식장소, 영양조건 및 종의 특성에 따라 달라지는데, 특히 종의 서식 특성상 수온이 낮은 동절기에 산란하는 가리비나 담치류와 같은 동계 산란형은 성장 기간이 길고, 참굴, 진주조개와 같이 고수온기에 산란하는 하계 산란형은 성장기간이 짧다(표 4-2).

일반적으로 유생의 성장은 각장과 각고의 크기로 나타내는데, 성장형태를 용이하게 구분하기 위해 각정의 형태와 유생의 크기에 따라 편리 상 D형 유생, 각정기 유생 및 부착기 유생으로 구분한다.

11종류의 이매패류 유생을 일정한 조건의 실내에서 사육한 결과, 각 단계별 각장의 크기는 종에 따라서 달랐지만, D형 유생의 각장 크기는 75～170 ㎛이였고, 각정기 유생의 크기는 130～250 ㎛ 그리고 부착기 유생은 170～400 ㎛이었다(표 4-3).

표 4-2. 유생 성장 단계별 발생 일수

종류	성장단계별 발달 일수(일)			사육온도 (℃)
	D형 유생	각정기 유생	부착기 유생	
참가리비	6	7～15	16	20 ± 1
진주담치	10	11～19	20	16.5 ± 2
홍합	17	18～26	27	17.0 ± 2
참굴	9	10～21	22	21.0 ± 1
진주조개	13	14～20	21	26.0 ± 1
비단가리비	13	14～15	16	20.0 ± 1
해만가리비	7	8～9	10	20.0 ± 1
바지락	5	6～12	13	22.0 ± 1
동죽	5	6～13	14	22.0 ± 1
가무락	6	7～16	17	22.0 ± 1
백합	2	3～6	7	26.0 ± 1

표 4-3. 조개류 유생 11종의 성장단계별 크기 비교

종	난경 및 평균 각장 (㎛)			
	수정난	D형유생	각정기유생1	부착기유생
진주담치	65.1±3.7	126.0±16.3	182.1±23.4	194.1±20.7
홍합	70.3±1.8	151.8±27.2	217.8±14.4	233.6±13.8
참굴	55.3±2.8	102.0±18.5	192.4±45.8	274.9±16.1
진주조개	45.3±3.8	91.5±14.0	158.5±21.3	190.9± 9.6
바지락	64.2±3.3	104.6±12.1	172.4±24.9	208.6± 8.9
동죽	52.8±2.6	94.1±11.7	169.6±34.5	216.0±12.3
가무락	87.4±2.8	141.9±13.8	174.2± 8.7	186.7± 9.3
백합	87.3±3.6	154.1±15.3	197.8± 9.8	208.1±13.6
참가리비	-	135.0±14.2	197.6±27.7	251.2±11.1
비단가리비	-	132.0±16.8	167.9±12.7	182.0± 5.0
해만가리비	-	118.1±18.1	173.9± 5.9	202.7± 5.0

이와 같이 유생의 발생단계별 크기 및 성장형태는 다양하게 나타나는데, 허 (2004)가 참굴 유생을 실내에서 일정한 조건으로 사육한 결과를 보면, 초기D형에서 각장 100 ㎛까지는 완만한 성장을 보이다가, 그 이후 직선적인 성장을 보였다. 부화 직후 D형 유생의 평균 각장과 각고의 크기는 각각 73.5 ㎛, 63.2 ㎛이었고, 사육 4일 된 초기 각정기 유생은 각각 105.3 ㎛, 109.1 ㎛, 사육 8일된 중형각정기 유생은 각각 196.2 ㎛, 212.7 ㎛ 이

였다. 그리고 사육 12일된 부착기 유생의 각장과 각고는 311.0 ㎛, 327.5 ㎛이었다. 유생의 일간비성장율은 난황흡수기인 초기 D형 유생까지는 감소하는 경향을 보이고, 이 후 외부먹이로 전환되면서 급격한 일간성장을 보인 후 부착기에 도달하면서 완만한 형태를 보였다(그림 4-7).

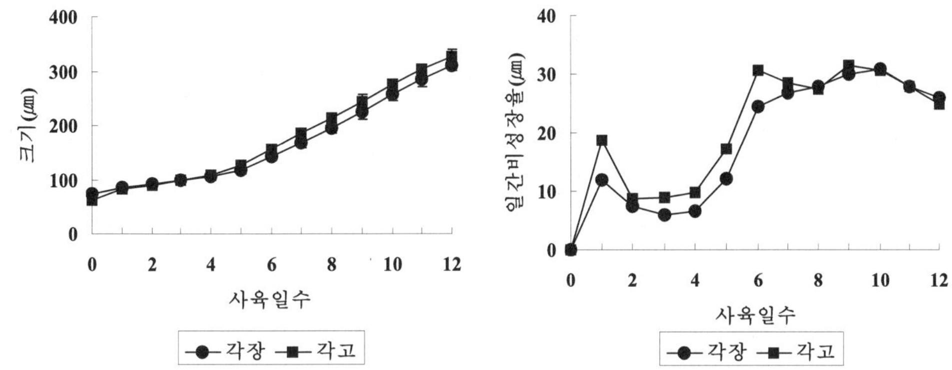

그림 4-7. 참굴 유생의 성장 및 일간비성장율 변화

그러나 이와 같은 성장형태는 같은 종이라도 서식조건에 따라서 많은 차이를 보이는데, His와 Maurer (1988)가 수온 23.2℃의 자연에서 출현한 굴 유생을 대상으로 성장변화를 조사 한 결과, 초기 D형과 부착기 유생의 크기는 비슷하였지만, 부착기 유생까지 성장하는데 27일이 소요되어 상당한 차이를 보였다. 이와 같이 이매패류 유생의 성장변화는 먹이생물의 질과 수온에 따라 다르게 나타날 수 있으며 (Loosanoff and Davis, 1963), 특히 수온의 변화에 크게 기인되는 것으로 알려져 있다.

또한 Gallager와 Mann (1986)은 최초의 난질, 특히 난내에 축적된 지질의 함량이 난발생 및 유생의 성장과 생존에 직접적으로 영향을 미치는 것으로 알려졌다. 버지니아 굴의 경우 난내 지질함량은 전체 유기물질 중 6.0~25.5% 였고, 이 중 전체 유기물질 중 10%이하의 지질함량을 보인 경우에는 부착기 유생까지 성장과 생존율이 낮았고, 18% 이상의 지질함량을 보인 난은 부착기 유생까지 생존율이 높았다고 알려져 있다(Gallager and Mann, 1986). 이와 같이 유생의 성장변화는 여러 가지 요인에 의해서 다양하게 나타난다.

3. 영양요구 조건

유생의 영양요구 조건은 대상종의 크기, 식성 및 생리적인 조건에 따라 달라진다. 대상종의 영양요구조건을 명확히 밝히기 위해서는 공급되는 먹이의 양과 질, 먹이생물의 종에 따른 대상 유생의 생화학적 조성 변화, 먹이 섭취 및 생리적 조건, 에너지 요구조건 등을 인위적인 사육을 통해서 밝혀야 한다. 그러나 지금까지 연구결과 유생 사육조건과 공급되는 먹이생물의 종과 질에 따라 그 결과가 달라지기 때문에 유생의 성장에 필요한 명확한 영양요구조건을 규명하는 데는 많은 어려움이 있는 것으로 알려져 있다.

일반적인 대상생물의 영양요구조건을 규명하는 방법은 정해진 일정한 먹이를 공급하면서 대상종의 성장에 따른 체조성의 생화학적 변화를 조사하여 이용되는 영양원 변화를 밝힘으로서 그 요구조건을 규명한다.

허 (2004)가 참굴을 대상으로 인위적인 실내배양을 통해서 조사한 결과, 유생이 함유하고 있는 수분, 습중량, 건중량 및 회분제외건중량은 성장에 따라 일정하게 변화하는 것으로 나타났다. 전 부유유생기 동안 수분함량은 평균 55.7%로 성장에 따른 큰 변화는 없었지만, 습중량(0.52～15.0 μg/마리), 건중량(0.2～6.5 μg/마리) 및 회분제외건중량(0.1～8.5 μg/마리)은 유생이 성장함에 따라 일정한 크기로 증가하였는데, 사육 8일째까지는 대수함수적으로 증가하였고, 이 후 지수함수적으로 증가 하였다 이에 따라 조직을 구성하고 에너지원으로 이용되는 일반성분도 일정하게 변화였다. 유기물질 중 조지질(0.5～1.6%), 조단백(6.9～13.6%), 탄수화물(1.8～3.3)은 유생이 성장함에 따라 다양한 함량을 보였다. 총 유기물질의 함량은 난에서 초기 각정기 유생까지 발생 과정에서 85.0%로 급격한 감소를 보였고, 이 후 어느 정도 축적되는 경향을 보였지만, 가장 높은 유기물질 축적을 보인 부착기 단계의 유생에서 18.1%로 수정난의 30.4% 수준이었다. 초기 각정기 유생까지 발생하는 과정에서 가장 높은 감소를 보인 것은 지질로 96.0%의 감소를 보였고, 다음으로 단백질(83.2%), 탄수화물(73.4%) 순이었다. 평균 각장 102.3㎛의 초기 각정기 이 후 모든 영양소들이 어느 정도 축적되는 경향으로 부착기 유생에서 난에 비해 각각 지질(12 ㎎/g/wet) 8.7%, 단백질(136 ㎎/g/wet) 34.3% 및 탄수화물(33 ㎎/g/wet) 50.4%로 나타났다. 회분의 함량은 패각이 완전히 형성되는 D형 시기부터 높은 증가율 보여 난에 비해 650.6～512.1%의 증가량을 보였다. 한편, 공급된 먹이생물의 지질, 단백질 및 탄수화물의 함량은 전 단계의 유생에 비해 단백질을 제외하고는 높은 값을 보였다. 발달단계별 총 건조 유기물질의 함량에 따른 각각의 영양소 함량비는 각각의 발달단계에서 단백질이

66.8~77.1%로 가장 높은 비율을 보였고, 다음으로 탄수화물 (11.0~20.4%), 조지질 (5.9~22.2%)로 나타났다(그림 4-8).

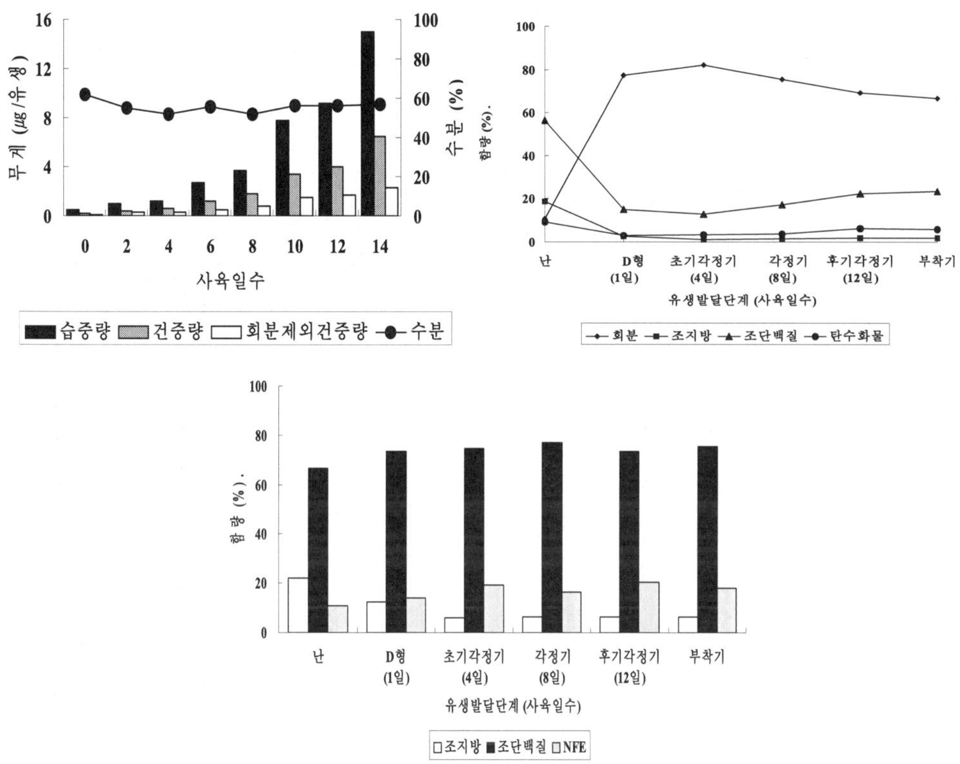

그림 4-8. 참굴의 성장일수에 따른 수분, 습중량, 건중량 및 회분제외 건중량 및 영양성분 변화

유생의 발달 단계에 따른 아미노산 조성은 유생이 성장에 따라 일정하게 변화하는데, 초기 각정기(만 4일)까지는 감소하였고, 이 후 어느 정도 축적되는 경향을 보였다.

난의 아미노산은 구성은 글루타민산(5.85%)이 가장 높은 조성비를 보였고, 다음으로 아스파라트산(4.67%), 아르기닌(3.44%), 라이신(3.41%), 루신(3.27%)이였고, 가장 낮은 구성비를 보인 것은 시스틴(0.73%) 이었다. D형에서 부착기까지 각각의 발달 단계별 아미노산 구성비는 전체적으로 난에 비해 낮은 함량을 보였지만, 구성비는 비슷한 경향을 보여 글루타민 산(1.26~2.24%)이 가장 높은 구성비를 보였고 다음으로 아스파라트산(0.97~1.70%)이였다. 가장 낮은 구성비를 보인 것은 메티오닌(0.12~0.33%)이었다. 한편, 필수아미노산 중 트립토판을 제외하고, 대체적으로 높은 구성비를 보인 것은 아르기닌(0.71~1.25%), 라이신(0.71~1.35%) 및 루신(0.68~1.26%)의 순 이였고, 메티오닌이 가장 낮은 구성비를 보였다. 난에서 D형으로 발달하면서 총 아미노산의 73.5%가 감소하였고, 사육 4일째인 초기 각정기 유생단계에서 난에 비해 21.6% 수준으로 감소하였다. 이 후 어느 정도 축적되어 부착기 유생으로 발달하면서 40.1%까지 회복되었다. 공급된 먹이생물의 총 아미노산 함량은 난에 비해서는 낮았지만, 각 유생 발달단계의 아미노산 구성 함량보다는 높았지만, 구성비는 비슷한 경향을 보였다(표 4-4).

표 4-4. 참굴 유생의 성장단계별 아미노산 조성변화

아미노산	공급 먹이	난	유생발달 단계				
			D형(1 일)	초기 각정기(4 일)	각정기(8 일)	후기 각정기(12 일)	부착기
아스파라긴산	3.0	4.7	1.2	1.0	1.2	1.7	1.7
티레오닌	1.5	2.3	0.6	0.5	0.6	0.8	0.8
세린	1.4	2.6	0.6	0.5	0.6	0.8	0.8
글루타민 산	3.8	5.9	1.5	1.3	1.5	2.2	2.2
프롤린	1.3	1.6	0.5	0.4	0.4	0.6	0.8
글리신	1.6	2.0	0.7	0.8	1.0	1.3	1.3
알라닌	2.2	2.0	0.6	0.5	0.6	0.9	0.9
시스틴	0.3	0.7	0.2	0.2	0.3	0.4	0.4
발린	1.6	2.3	0.6	0.5	0.6	0.9	0.9
메티오닌	0.5	1.2	0.2	0.1	0.2	0.3	0.3
이소류신	1.3	2.0	0.6	0.4	0.5	0.8	0.7
류신	2.5	3.3	0.8	0.7	0.9	1.2	1.3
티로신	1.0	1.8	0.5	0.4	0.5	0.7	0.8
페닐알라닌	1.5	2.1	0.6	0.4	0.5	0.7	0.8
히스티딘	0.7	1.3	0.2	0.1	0.3	0.7	0.7
리신	1.7	3.4	0.9	0.7	0.9	1.3	1.4
암모니아	0.4	0.7	0.4	0.3	0.3	0.5	0.3
아르기닌	1.9	3.4	0.9	0.7	0.9	1.2	1.3
총아미노산1	28.0	43.2	11.5	9.3	11.5	17.1	17.3
Σ필수아미노산	12.7	20.8	5.3	4.1	5.2	7.8	8.0
Σ필수/비필수 (%)	45.4	48.2	45.6	43.5	44.9	45.9	46.0

필수 : 필수아미노산. 비필수: 비필수아미노산.

지방산 조성의 변화는 전체적으로 유생이 성장함에 따라 포화지방산(Σ SAFA)은 초기 D형 유생에서 54.34%의 높은 조성을 보인 후 유생이 성장함에 감소되어 부착기 유생에서 17.12%로 줄어들었다. 불포화 지방산 중 일불포화지방산(Σ MOFA)은 각 유생발달 단계에서 29.86~40.59%로 초기 각정기 까지는 증가한 후 부착기로 이행하면서 어느 정도 감소하는 경향을 보였고, 다불포화지방산(Σ FUFA)은 유생이 발달함에 따라 7.84%에서 45.63%로 높아지는 경향을 보여 포화지방산과 대조적인 조성비를 보였다.

한편, 난 및 각 유생 발달단계에서 가장 높은 조성비를 보인 지방산은 팔미트산(9.89~36.95%), 올레린산(12.17~32.29%) 및 리놀레린산(1.96~33.55%)이였고, 아이코사펜타에논산(EPA)과 토코사헥사에노엔산(DHA) 함량은 각각 2.17~11.58%, 1.95~

4.51%로 나타나, 전 유생단계에서 EPA가 DHA에 비해 높은 조성비(1.11~3.54%, EPA/DHA)을 보였다. 이와 같은 지방산 조성 비율은 공급된 먹이생물의 지방산 조성비율과 비슷한 경향을 보였다(표 4-5).

표 4-5. 참굴 유생의 성장단계별 지방산 변화

지방산	공급 먹이	난	유생발달단계				
			D형 (1 일)	초기 각정기 (4 일)	각정기 (8 일)	후기 각정기 (12 일)	부착기
미리스트산(14:0)	6.3	9.9	7.1	2.2	3.6	6.1	1.3
판타데카노익산(15:0)	0.4	0.8	0.9	0.4	-	0.3	-
팔미트산(16:0)	20.0	32.5	37.0	15.2	14.3	15.5	9.9
마가린산(17:0)	0.7	1.3	1.9	1.5	1.0	1.0	0.3
스테아린산(18:0)	4.6	5.1	5.6	3.3	2.3	4.4	3.8
아라키드산(20:0)	0.7	2.1	2.0	0.8	0.6	0.7	1.9
헤네이코사노익산(21:0)	-	-	-	-	-	0.7	-
리그노세린(24:0)	-	0.2	-	-	-	-	-
팔미토레린산(16:1n-7)	15.3	10.2	5.5	4.3	7.1	8.4	2.5
마가로레린산(17:1n-7)	2.1	0.5	0.6	0.3	0.6	2.4	0.5
올레린산(18:1n-9)	20.7	12.2	16.4	32.3	28.0	23.3	24.6
에이코사노린산(20:1n-9)	0.4	3.1	6.3	3.6	2.4	4.3	2.4
에루키린산(22:1n-9)	-	2.2	4.7	-	-	-	-
에이코사노린산(18:2n-6)	9.3	2.0	3.0	16.6	16.6	4.6	33.6
리놀렌산(18:3n-3)	1.7	1.6	0.7	1.7	2.6	2.3	4.5
아이코사펜타에논산(20:5n-3,EPA)	6.4	5.4	2.2	4.9	7.3	11.6	5.2
토코사헥사에노엔산(22:6n-3,DHA)	2.1	3.3	2.0	3.3	4.5	3.3	2.4
판독불가	9.5	7.8	4.5	9.4	9.0	11.1	7.3
포화지방산	32.6	51.8	54.3	23.5	21.8	28.9	17.1
모노엔산	38.5	28.1	33.6	40.6	38.2	38.3	29.9
다불포화산	19.5	12.3	7.8	26.6	31.0	21.8	45.6
EPA/DHA	3.1	1.6	1.1	1.5	1.6	3.5	2.2

-: 미량 (<0.05).

한편, Park 등(1999)은 자연산 참굴 D형 유생의 지질함량은 2.7~5.0 ng/larva였고, His와 Maurer (1988)는 10.1 ng/유생으로 지역에 따라 그리고 계절에 따라 차이를 보이는 경우도 있어 축적영양원에 따른 체조성은 많은 변화를 보일 수 있는 것으로 알려져 있다.

일반적으로 해산 무척추동물의 전체 대사 가능한 영양원의 구성은 성장 및 생존에 매우 중요한데(Lucas, 1990), 지질은 해산 이매패류의 부유유생기 동안 주 축적 에너지원으로서 매우 중요한 역할을 하며(Holland and Spencer, 1973; Waldock and

Nascimento, 1979), 단백질은 중요한 생화학적 요소(Whyte, 1987; Whyte *et al*., 1990; His and Maurer, 1988)로 조직 구성 및 필요할 경우 에너지원으로 이용되고, 탄수화물은 전체 유생의 유기물질 중 5%이하로 그 에너지원으로서의 중요성이 지질과 단백질에 비해 낮다고 알려져 있다.

한편, 유생이 이용하는 먹이생물은 주로 식물성 단세포 미세조류로 이들 먹이생물이 함유하고 있는 영양조성에 따라 섭취하는 이매패류 유생의 체조성 변화에 많은 영향을 미치게 된다(표 4-6, 그림 4-9).

표 4-6. 식물성 플랑크톤 12종의 외부형태

분류학적 위치	모양 (×1000)				
착편모조식물문 착편모조강	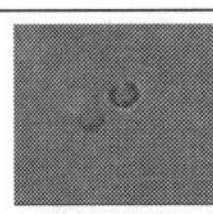	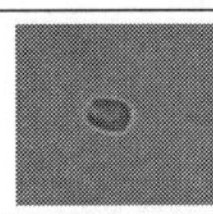	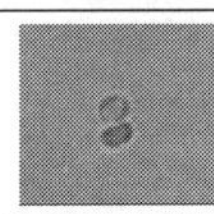	–	–
종명	아이소크라이시스 (*I. galbana*)	T-아이소크라이시스 (*I.* aff. *galbana*)	파블로바 (*P. lutheri*)		
부등편모조식물문 규조강 (돌말강)	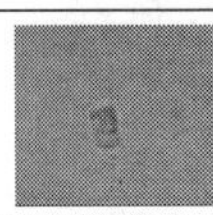	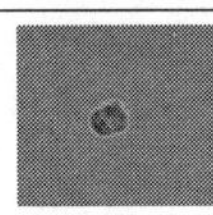	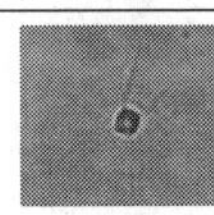	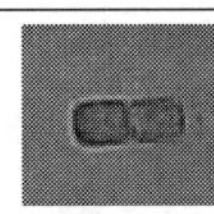	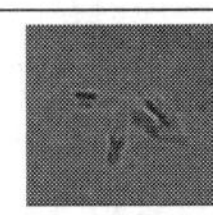
종명	키토셀로스 (*C. calcitrans*)	키토셀로스 (*C. gracilis*)	키토셀로스 (*C. simplex*)	탈라시오스 (*T. weissflogii*)	페오탁트리윰 (*P. tricornutum*)
녹조식물문 담녹조강 녹조강	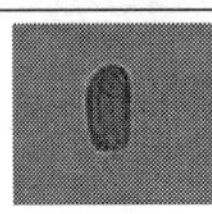	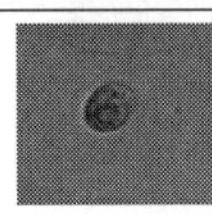	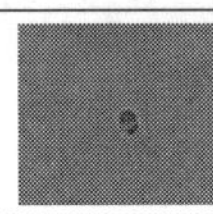	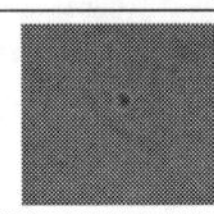	–
종명	테트라셀미스 (*T. tetrathele*)	듀랄리엘라 (*D. tertiolecta*)	클로렐라 (*C. ellipsoidea*)	난노클로리스 (*N. oculata*)	

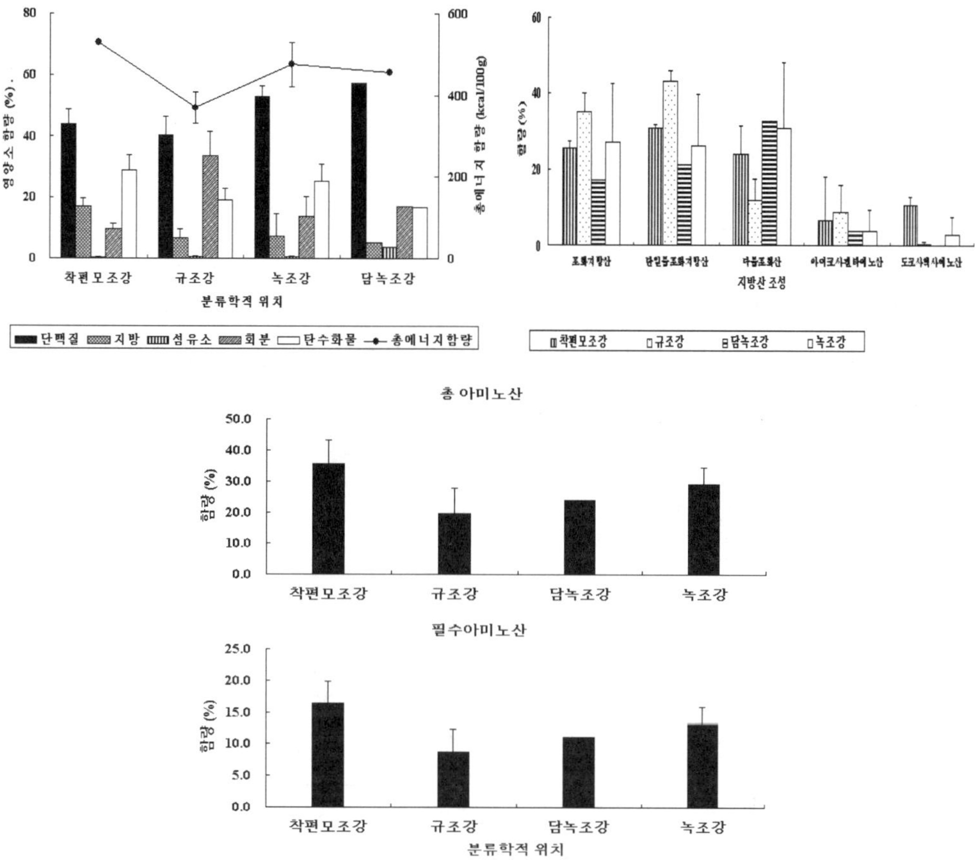

그림 4-9. 식물성 플랑크톤의 영양소 함량

일반적으로 해산 이매패류 유생의 먹이생물로 이용되는 미세조류가 갖추어야 할 조건으로서는 섭취 가능한 크기 및 형태, 독성유무, 영양조성 및 소화성, 부유성, 대량 배양성 등은 먹이생물로서 미세조류가 갖추어야할 일차적인 요건이다. 먹이생물로서 일반적인 요건이 충족될 경우 조성영양성분이 중요한데, 특히 영양성분 중 지질의 함량에 따른 지방산 조성변화가 유생의 성장과 생존에 많은 영향을 미치는 것으로 알려져 있다. 지방산 중 포화지방산과 일불포화지방산은 주로 성장 및 활동 에너지로 이용된다.

다불포화지방산, 아이코사펜타에논산(EPA), 토코사헥사에노엔산(DHA) 등은 패류, 새우류, 어류 및 많은 종류의 해산 동물과 이매패류 유생의 필수 지방산으로 알려져 있다. 그리고 아라키톤익산(20:4n-6)은 포유동물, 해산어류 및 무척추동물의 생명활동에 매우 중요한 프로스타글란딘의 전구물질로 이온수송 및 삼투조절에 중요한 역할을 하는 것으로 밝혀져 필수지방산으로 보고되고 있다.

한편, 대부분의 이매패류 유생에서 부유유생기 동안 축적되는 에너지원은 주로 지질, 이중 중성지질이 변태기 동안 주 에너지원으로 이용된다고 알려져 있다.

4. 변태

부착기 유생으로 발달한 유생은 외부환경 등의 자극에 의해서 부유생활을 마치고 성패의 서식특성에 따라 일정한 기질 또는 저층바닥에 부착 또는 침착하여 생활하는 형태로 바뀌게 되는데 이와 같은 일련의 과정을 변태라고 한다. 이매패류 유생의 변태과정은 전 생활사에서 가장 위험하고 불한정한 시기로 이 기간 동안 형태, 생리 및 소화기관의 급격한 변화가 일어난다(그림 4-10)

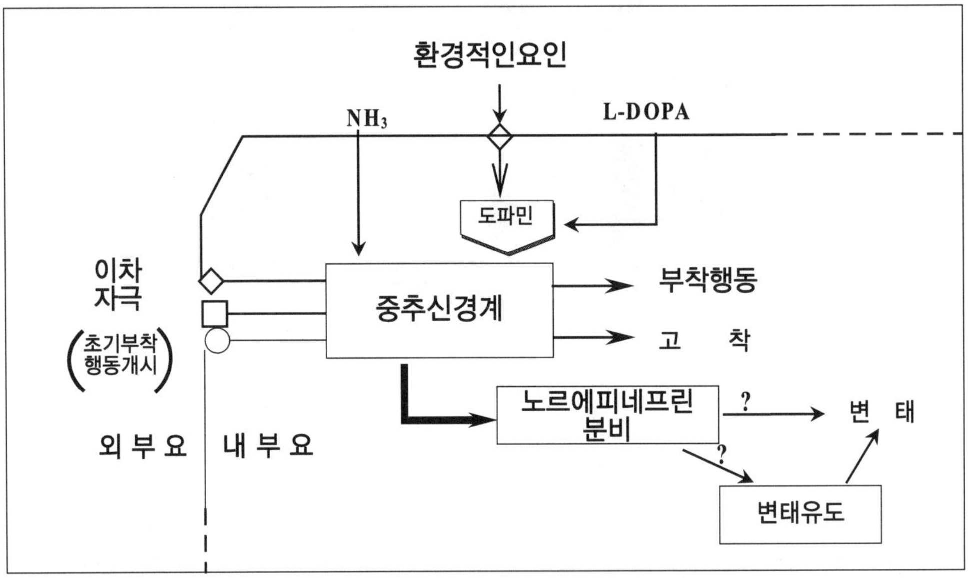

그림4-10. 굴 유생의 변태 및 부착 가설 모식도;L-DOPA(L-3,4-dihydroxyphenylalanine)

이와 같은 변화는 유생기에서 성패기로 전환되는 기본적인 변화로 이 시기 많은 폐사가 발생한다. 주로 폐사는 변태 전·후 초기 저서 또는 고착 생활로 이행하면서 환경적응에 실패하거나 또는 변태 실패로 발생한다.

이매패류의 유생의 변태 과정에서 가장 특이한 형태적인 변화는 대표적인 유생기관인 면반이 퇴화 소실되고, 입과 발, 그리고, 구순 및 아가미 섬모가 새롭게 만들어 진다. 또한 복잡한 기관의 분화와 함께 패각의 구성요소도 변화하게 된다. 이매패류 유생의 원각은 주성분이 투명한 칼슘 재질인 아라고나이트(aragonitic)로 구성되어 있는데, 변태가 완료되면 불투명한 칼슘(prismatic calcite) 재질의 주연각이 새로 형성되면서 완전한 성체의 패각형태로 변한다.

변태는 일반적으로 에너지를 이용하는 것으로 알려져 있다. 그러나 변태하는 동안 외・내적 소화기관이 성체의 형태로 새롭게 만들어지게 된다. 따라서 변태가 완료되기까지의 일정기간 동안은 먹이를 섭취할 수 없기 때문에 주로 변태과정에서는 대부분 부유유생기에 저장된 에너지를 이용하게 된다. 따라서 성공적으로 변태가 완료되기 위해서는 저장된 에너지 수준이 부착과 변태에 요구되어지는 양보다 높아야 변태 성공률이 높아지고 초기 저서 또는 고착생활로 이행하는데 유리해진다. 이러한 이유로 부유유생기 동안 축적된 각종 영양물질의 양은 이매패류의 변태과정에서 매우 중요한 하나의 요인으로 작용한다.

참고문헌

Chanley, P. and J. D. Andrews, 1971. Aids for identification of bivalve larvae of Virginia. Malacologia, 11(1):45-119.

Connell, J. H., 1985. The consequences of variation in initial settlement vs. post-settlement mortality in rocky intertidal communities. J. Exp. Mar. Biol. Ecol., 93:11-45.

Enright, C. T., G. F. Nwekirt, J. S. Carigie and J. D. Castell, 1986. Evaluation of phytoplankton as diets for juvenile *Ostera edulis* L. J. Exp. Mar. Biol. Ecol,, 96:1-3.

Epifanio, C. E., 1979. Growth in bivalve molluscs. Nutritional effect of two or more species of algae in diets fed to the America oyster, *Crassostrea virginica* (Gmelin), and the Hard clam, *Mercenaria mercenaria* (L.). Aquaculture, 18:1-12.

Gallager, S. M. and R. Mann. 1986. Growth and survival of larvae of *Mercenaria mercenaria* (L.) and *Crassostrea virginica* (Gmelin) relative to broodstock conditioning and lipid content of eggs. Aquaculture, 56:105-121.

Gallager s. M., R. Mann and G. C. Sasaki, 1986. Lipid as and index of growth and viability in three species of bivalve larvae. Aquaculture, 56:81-103.

Kennedy V. S., R. E. E. Newell and A. F. Eble, 1996. The eastern oyster, Crassostrea virginica. A yaryland sea grant college, p730.

His, E. and D. Maurer. 1988. Shell growth and gross biochemical composition of oyster larvae (*Crassostrea gigas*) in the field. Aquaculture, 69:185-194.

Holland, D. L. and B. E. Spencer. 1973. Biochemical changes in fed and starved oysters, *Ostrea edulis* L. during larval development, metamorphosis and early spat growth. J. Mar. Biol. Assoc. U. K., 53:287-298.

Hu Y. P., C. Fuller, M. Castagna, C. Robert. Vrijenhoek and R. A. Luts, 1993. Shell morphology and identification of early life history stages of congeneric species of *Crassostrea* and *Ostrea*. J. Mar. Biol. Ass. U.K., 73:471-496.

Hur Y. B. and S. B. Hur. 2000. Development and growth of larvae of four bivalve species, Journal of Aquaculture, 13:119-128.

Hur Y. B., C. H. Wi, T. I. Kim, C. Y. chun, M. S. Hwang, Y. O. Kim and S. B Hur,

2001. Development and Growth of larvae of three scallops, *Patinopecten yessoensisis*, *Chlamys farreri* and *argopecten irradians radians*, Bull, Nat'l. Fish. Res. Dev, Inst., 60 : 23-31.

Hur Y. B., J. H. Bae and S. B. Hur, 2005. Comparison of development and larval growth of four venerid clams, J. World Aquaculture Society, 36(2):179-187.

Lannan, J. E., 1980. Broodstock management of *Crassostrea gigas*. I. Genetic and environmental variation in survival in the larval rearing system. Aquaculture, 21:323-336.

Lucas, A. 1990. Feeding and digestion in bivalve larvae, In: Morton, B. (Ed.), Proceeding of Memorial Symposium in Honor of Sir Charles Maurice Yonge. Hong Kong, pp173-190.

Loosanoff, V. L. and H. C. Davis. 1963. Rearing of bivalve molluscs. In: Russel, R. S. (Ed.). Advances in Marine Biology. Milford, Conn. USA, pp1-36.

Park, M. S., H. J. Lim, Q. T. Jo, J. S. Yoo and M. J. Jeon. 1999. Assessment of reproductive health in the wild seed oyster, *Crassostrea gigas*, from tow locations in Korea. J. Shellfish Research, 18(2):445-450.

Thompson, P. A., M. Guo and P. J. Harrison. 1993. The influence of irradiance on the biochemical composition of three phytoplankton species and their nutritional value for larvae of the Pacific oyster (*Crassostrea gigas*). Mar. Biol., 117:259-268.

Waldock, M. J. and I. A. Nascimento. 1979. The triacyglycerol composition of *Crassostrea gigas* larvae fed on different algal diets. Mar. Biol. Lett., 1:77-86.

허영백, 2004. 참굴 유생사육을 위한 미세조류의 먹이효율, 부경대학교, 박사학위논문, p1-133.

제 5 장
해산 이매패류의 연령과 성장

어느 해 태어난 생물은 시간이 경과함에 다른 생물에게 먹히거나 질병 등 여러 가지 요인에 의하여 사망하는 개체가 발생한다. 그러나 생존 개체 수는 감소하지만 각 개체의 크기는 성장에 의하여 증가한다. 출생 후 시간이 경과한다는 것은 생물체가 죽지 않는 한 나이를 먹는다는 것을 의미한다. 따라서 나이란 생물이 태어나서 생존하는 동안에 경과한 시간을 가리킨다.

수서 생태계를 이루는 주요한 생물인 패류는 우리 인간에게도 수산자원으로서 대단히 중요하다. 패류는 대부분이 1년 이상 경과한 연급군을 우리가 이용하지만 바지락이나 백합 등 우리나라에서 다산하는 패류들도 드물지만 최고 연령이 최대 10년 이상의 수명을 가지는 개체들도 있으며, 외국에서는 30년 이상 생존하는 종들도 보고되고 있다.

일반적으로 우리나라와 같은 사계절이 뚜렷한 해역에 서식하는 생물은 계절에 따른 성장의 차이가 매우 크다. 따라서 다년생 생물의 연령은 1년을 단위로 하여 나타내는 것이 편리할 것이다. 나이를 1년을 단위로 하여 셈한 것이 연령(age in year)이다. 그러나 출생 후 아무리 오래 산다 하여도 1년을 살지 못하는 새우류나 오징어 등과 같은 자원에 대해서는 나이를 연령으로 나타낼 수가 없고, 월을 단위로 셈하는 월령(age in month)으로 나이를 나타내는 것이 편리할 것이다. 나이를 1주일 또는 하루를 단위로 나타낸다면 그 경우의 나이는 주령(age in week) 또는 일령(age in day)이 된다. 또한, 천문시간 대신에 생물의 생리주기를 단위인 영(齡, instar)로 나타내는 방법도 있는데 이는 곤충이나 절지동물 등과 같은 탈피하는 동물에서 사용하는 방법으로 탈피회수를 instar group(영기)으로 나타내기도 한다.

어떤 생물의 연령을 아는 것은 수산 자원을 연구하는 데 있어서 기본에 속하는 사항이다. 연령 조성은 수산 자원의 동태를 파악하고, 어업의 풍흉을 예측하는 데 중요한 정보를 제공하지만, 연령을 모른다면 개체군의 연령 조성을 구할 수가 없다. 또한, 자원의 동태를 파악하는 데 중요한 정보 가운데 가입 연령, 성숙 연령, 수명, 성장률, 사망률 등은 연령을 모르고는 논할 수가 없다.

1. 연령사정의 종류

이 장에서는 수산 생물의 연령사정(年齡査定:age determination)을 어떻게 하는 지를 공부하기로 한다. 연령 사정이란 생물체의 연령을 어떤 수단에 의해 판정하는 것을 말한다. 수산 생물의 연령을 사정하는 방법에는 사육법(飼育法), 표지재포법(標識再捕法), 체장조성법(體長組成法) 및 연령형질법(年齡形質法)이 있다.

1) 사육법

연령을 정확히 알기 위해서는 살아 있는 생물체를 출생 후 사망할 때까지 추적해야 한다. 그러나 생식기에 출생한 수많은 신생군을 사망할 때까지 자연 상태에서 일일이 지켜본다는 것은 실제로 불가능하다. 사육법은 자연에서 채집한 생물의 전 연급군을 자연에 가까운 환경에서 기르면서 시간의 경과에 따라 성장하고 생식하는 모습을 관찰하여 연령을 판정하는 기준을 찾아내는 것이다. 그러나 자연에 가까운 서식 환경이 일생을 통해서 일정한 것이 아닌데다가 장기 사육이 기술적으로 어렵기 때문에 사육법에 의해 연령사정을 하기는 제한이 따른다.

2) 표지재포법

표지 재포법은 수산 생물을 생포하여 생물체에 여러 가지 수단과 방법으로 표지를 하여 방생한 후 재포함으로써 방생에서 재포까지의 경과 시간과 성장량을 근거로 연령 사정의 단서를 찾는 것이다. 그러나 부착 표지의 탈락으로 표지 재포어가 확인에서 누락되거나, 표지 부착에 따른 어체 손상으로 표지어의 사망률이 높아지거나, 부착 표지가 생체의 생리 또는 행동에 변화를 주거나 할 수도 있고, 방생하여 재포하기까지의 한정된 시간으로 생애 전체에 걸치는 연령을 사정할 수는 없다. 패류에서 사용하는 방법은 패각을 줄이나 칼로 긁어 표시하거나 치과용 레진이나 아말감을 사용하여 글이나 표시를 하는 방법과 표지표를 부착하는 방법이 있다.

3) 체장 조성법

우리는 체장 조성을 곡선으로 나타낸 것이 피타센 곡선(Petersen curve)이고, 피타센 곡선에서 나타나는 각 모드가 한 연급군의 평균 체장을 가리키며, 이 모드를 중심으로 하여 그 연급군의 체장 분포가 정규 분포를 한다. 체장 조성법이란 피타센 곡선의 성질을 이용하여 연령을 사정하는 것을 말한다.

피타센 곡선에서 가장 작은 위치에 있는 모드는 가장 최근에 출생한 연급군의 평균 체장이다. 따라서 산란기를 알고 있다면 이 모드를 중심으로 정규 분포하는 체장 범위 내에 있는 어체의 연령이 판정된다. 그리고 이 모드를 기준으로 하여 바로 인접하는 모드는 연령이 하나 증가하는 연급군의 평균 체장이 될 것이고, 마찬가지 방법으로 이 모드를 중심으로 정규 분포하는 체장 범위 내에 있는 어체의 연령이 판정된다. 연령 판정의 기준 모드는 반드시 신생 연급군에서 찾아야 할 필요는 없다.

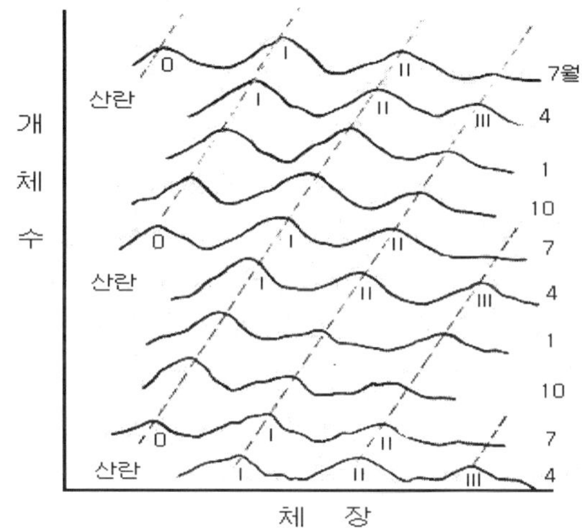

그림 5-1. 연속 채집된 피타센 곡선의 모식도(로마숫자는 연급군을 가리킴)

사전에 정보가 있어 중간에 위치하는 모드의 연령을 정확하게 안다면, 이 모드를 기준 모드로 설정하여도 무방하다. 여기서 사전 정보는 앞에서 소개한 사육법, 표지 재포법 등에 의해 얻어진 것일 수도 있다.

체장 조성법은 표본을 정기적으로 연속 채집하여 피타센 곡선을 구한 후, 피타센 곡선에서 확인되는 모드의 수 및 모드가 이행(移行)하는 모습에 의거하여 생물체가 소속하는 연급군을 판정한다면, 보다 정확한 연령 사정이 될 뿐 아니라, 동시에 성장도 파악하는 것이 가능하다(그림 5-1). 그러나, 모든 연급군에 대해 그 생존수에 비례하는 많은 표본수가 확보되어야 하며, 고 연령군으로 갈수록 모드의 분리가 애매해지는 등의 단점이 있다. 수명이 짧고 산란기가 극히 제한되어 있는 수산 생물에 이 방법이 잘 적용되고, 달리 연령 사정의 수단이 없는 경우에도 이 방법이 사용된다.

체장조성법에 의한 연령사정시 다음과 같은 표본 구성에 유의하여야 한다. ① 표본수가 충분히 커야하고(연급군이 많으면 더욱더 커야 함), 같은 장소에서 잡힌 것이어야하며, ② 표본은 그 자원의 전체 연급군이 포함하면서 모 집단의 연령조성에 비례하는 연령조성을 갖추고 있어야 한다. ③ 피타센 곡선이 합리적으로 각 봉우리들이 또렷이 구분되도록 체장계급 간격을 적절히 조정하여 분리되도록 하여야 한다.

체장 조성법은 피타센 곡선에서 인접하는 모드를 객관적으로 분리하는 정확도에 의해 그 유용성이 좌우된다. 피타센 곡선에서 모드를 분리하는 방법에서 대표적인 것을 들면, 확률지법(確率紙法:Harding, 1949; Cassie, 1954)과 포물선법(抛物線法:田中, 1956)이 있다.

(1) **확률지법**(確率紙法)

좌우대칭의 정규 분포 곡선은 엄밀하게 말하면 정규확률밀도함수곡선(正規確率密度函數曲線:normal probability density function curve)이다. 정규확률밀도함수(正規確率密度函數)는 우리가 잘 알고 있는 다음의 식이다.

$$Z=\frac{1}{\sigma\sqrt{2\pi}}\ e^{-(l-\mu)^2/2\sigma^2} \qquad 5-1$$

(단, l은 체장, μ는 평균, σ는 표준편차, π는 원주율, e는 오일라 상수이다)

식 5-1에서 Z는 곡선의 높이로 변수 l의 밀도를 나타내며, 두 개의 상수 π와 e가 있고, 두 개의 모수(母數) μ와 σ가 있다. μ는 곡선의 위치를 σ는 곡선의 모양을 나타내며, μ와 σ에 따라 무한개의 정규 확률 밀도 함수가 존재한다(그림 5-2).

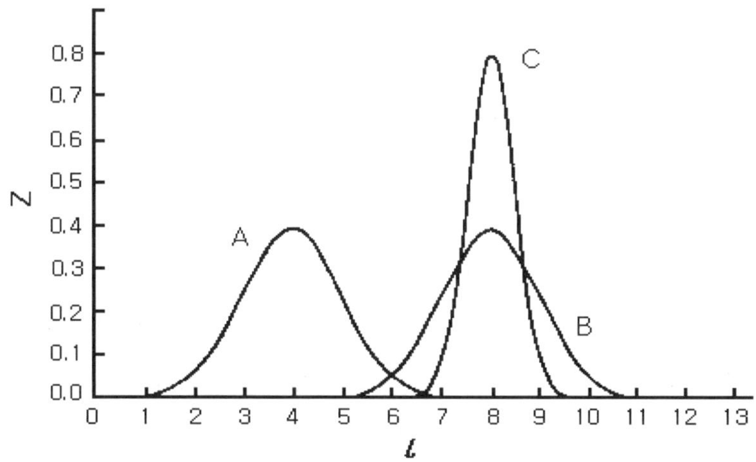

그림 5-2. 정규확률밀도함수의 모수와 곡선의 위치 및 모양간의 관계
(A) μ =4, σ =1 ; (B) μ =8, σ =1 ; (C) μ =8, σ =0.5

변수는 이론적으로는 $-\infty$에서 $+\infty$의 값을 취하며, 변수의 절대치가 크면 클수록 $e^{-(l-\mu)^2/2\sigma^2}$가 작아지므로 Z가 작아진다.

이 곡선은 평균치를 중심으로 하여 좌우상칭이며, 산술평균(mean) · 중앙치(median) 및 최빈치(mode)가 일치한다. $\mu\pm\sigma$의 범위 내에 관찰치의 68.26%가, $\mu\pm2\sigma$의 범위 내에 관찰치의 95.46%가, $\mu\pm3\sigma$의 범위 내에 관찰치의 99.73%가 각각 포함된다. 평균을 중심으로 관찰수의 50%는 $\mu\pm0.674\sigma$, 관찰수의 95%는 $\mu\pm1.960\sigma$, 관찰수의 99%는 $\mu\pm2.576\sigma$의 범위 내에 각각 포함된다.

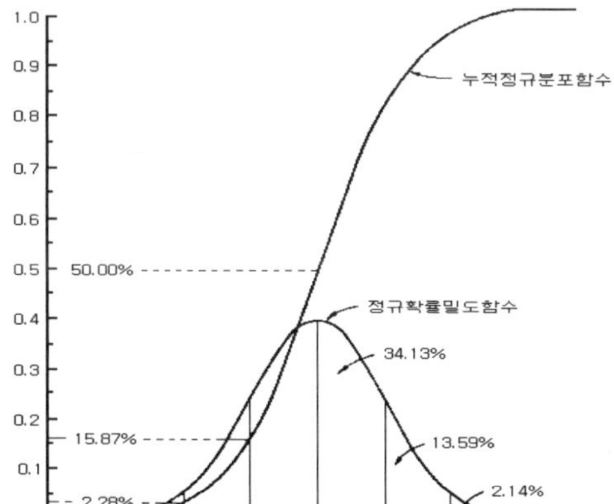

그림 5-3. 정규확률밀도함수곡선 F의 면적 및 누적정규분포함수곡선

정규 확률 밀도 함수 곡선 아래의 면적은 정규 확률 밀도 함수를 적분하여 구하는데, 이 적분은 매우 성가시다. 그래서, X축을 따라 -∞에서 어느 점까지의 적분(度數)를 계산하는 함수 $F=\int_{-\infty}^{l} Zdl$를 사용한다. 이 함수를 누적정규분포함수(cumulative normal distribution function)라고 한다(그림 5-3). 누적 정규 분포 함수를 이용하여 면적(또는 도수)을 계산해 보면, -∞에서 μ까지가 50%, -∞에서 -1σ까지가 15.87%가 되며, 따라서 μ에서 +1σ까지는 0.50-0.1587=34.13%가 된다. 평균치와 어느 점까지의 면적을 구하기 위해 누적 정규 분포 함수를 표로 만든다면, 평균과 표준 편차의 조합에 의해 무한개의 누적 정규 분포 함수가 존재하므로 누적 정규 분포표도 무한개 존재한다. 평균과 표준 편차의 어떠한 조합에 대해서도 사용할 수 있는 범용성을 가진 누적 정규 분포표가 우리가 흔히 이용하는 정규분포표(正規分布表)이다. 이 표에서는 평균치와 점 간의 거리를 표준 편차를 단위로 하여 평가한다. 표준 편차를 단위로 하여 평가한 평균치와 점 간의 거리를 표준정규편차(standard normal deviate)하며, 그런 의미에서 이 표를 표준정규분포표(standard normal distribution table)라고도 한다. 학생이 통계학에 관한 책을 지금 가지고 있다면 책의 부록에 이 표가 나올 것이다. 이 표를 이용하여 면적을 구하는 보기를 제시한다면, μ에서 +0.502σ까지는 0.1915, μ에서 +2.64σ까지는 0.4959가 되고, 따라서 +0.502σ에서 +2.64σ까지의 면적은 0.4959-0.1915=0.3044로 계산된다.

그림 5-3에서 알 수 있는 바와 같이, 누적 정규 분포 함수 곡선은 시그모이드 곡선이다. 누적 정규 분포 함수 곡선의 기울기는 정규 확률 밀도 함수 곡선에서 높이의 변화를 반영한다. 누적 정규 분포 함수 곡선에서는 중간으로 갈수록 기울기가 증가하며, 기울기가 가장 큰 곳이 평균치와 일치한다. 누적 정규 분포 함수 곡선에서 Y축의 눈금은 보통눈금(linear scale)인데, 이 눈금을 그림 5-4에서 보는 것처럼 평균치에 가까워질수록 수축되고 평균치에서 멀어질수록 팽창되도록 변환할 수 있다. 이렇게 변환하여 구한 눈금을 정규 확률 눈금(normal probability scale)이라 한다.

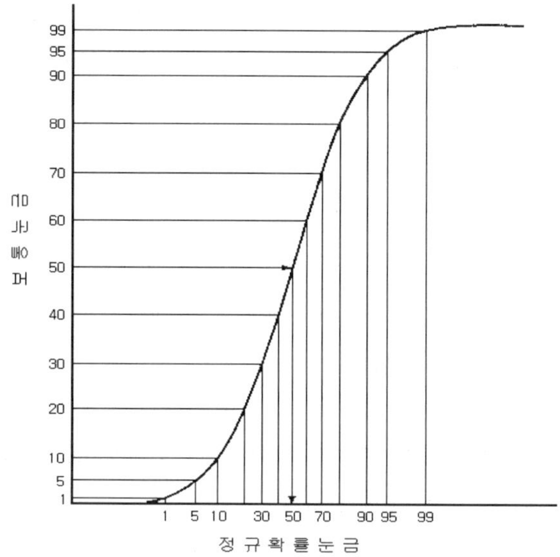

그림 5-4. 누적상대도수를 나타내는 보통눈금에서 정규확률눈금으로의 변환

우리가 시중에서 쉽게 구입하는 모눈 종이(方眼紙) 중에 보통 모눈 종이가 있다. 보통 모눈 종이는 세로와 가로가 모두 보통 눈금으로 새겨져 있는 모눈 종이이다. 그런데, 가로는 보통 눈금으로 세로는 정규 확률 눈금으로 새겨진 모눈 종이가 있다(그림 5-5). 이 모눈 종이를 정규확률지(normal probability graph paper)라 하며, 일반 시중에서 구입하기가 어려운 모눈 종이이다. 정규 확률지의 세로에 새겨진 정규 확률 눈금에는 0%와 100%의 표시가 없다. 이 까닭은 정규 분포에서 변수의 변역이 $-\infty$에서 $+\infty$ 까지이기 때문이다.

정규 분포의 누적 상대 도수를 정규 확률지에 나타내면 직선이 된다. 한 연급군의 체장은 정규 분포를 하므로 체장 분포의 누적 상대 도수를 정규 확률지에 나타내면 직선이 되며, 이 직선 상에서 세로 눈금 50%에 대응하는 가로 눈금의 좌표가 그 연급군의 평균 체장($\overline{l}$)이다. 그리고 세로 눈금 15.87%와 84.13%에 대응하는 가로 눈금의 좌표를 각각 l_1 및 l_2라 하면, 이 연급군의 체장 분포의 표준 편차(σ_l)는 $(l_1 + l_2)/2$가 됨은 그림 5-3에서 알 수 있다. 만약 여러 개의 연급군이 혼합된 체장 분포에 대해 누적 상대 도수를 정규 확률지에 그리면, 누적 상대 곡선은 여러 개의 직선이 완만한 곡선에 의해 연결되어 나타날 것이다. 누적 상대 곡선은 인접하는 연급군 간에 체장 분포의 중복도가 클수록 직선 부분이 드러나지 않게 되면서 전체적으로는 여러 개의 변곡점을 가진 곡선이 될 것이다. 이웃하는 두 변곡점 사이의 곡선 부분은 한 연급군의 체장 분포를 나타내는 정규 분포 곡선 중에서 평균치를 포함하는 가운데의 어느 한 부분이라고 볼 수 있다. 이 부분을 단일 연급군의 체장 분포의 상대 누적 도수를 나타내는 것으로 간주하고 평균치와 표준 편차를 구하고, 평균치와 표준 편차가 구해지면 식 1-1에 의해 이 연급군의 체급별 도수를 계산할 수가 있다. 그러나 이 부분에는 인접 연급군의 체장 조성이 혼입되어 있어 이를 분리하여야 한다.

Harding (1949)은 정규 확률지에 그려진 누적 상대 도수 곡선에서 변곡점을 찾고, 평균치와 표준 편차를 계산하여 피타센 곡선에 나타나는 모드의 분리를 통계학적으로 처음 시도하였으며, Cassie (1954)는 이를 더욱 개선하였다.

박과 이(1968)는 재첩(*Corbicula elatior*)의 연령을 연속채집에 의한 각고빈도의 확율도에 따라 분리하여 연령 사정하였다. 그림 1-.5에서 변곡점을 아라비아숫자로 표시하였으며, 이 점을 기준으로 동일 연급군(연령)이 구분되어 진다.

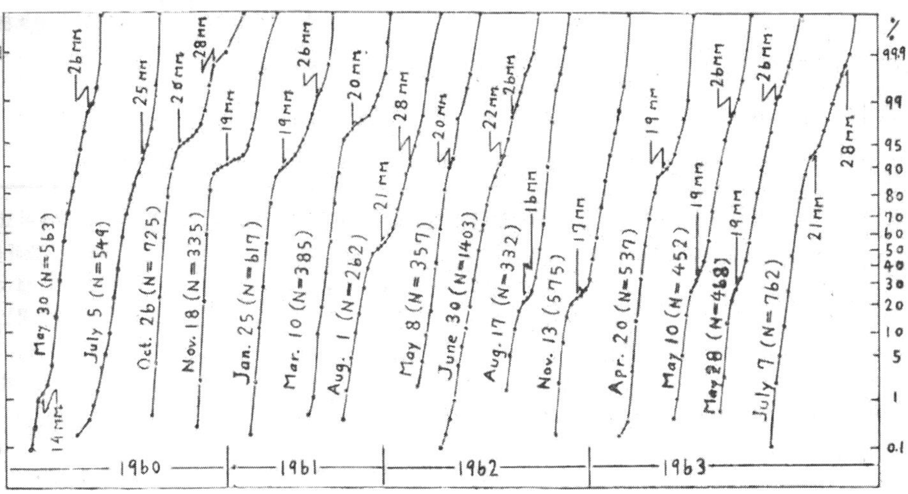

그림 5-5. 재첩의 누적빈도도(박과 이, 1968)

(2) 포물선법

田中(1956)도 한 연급군의 체장이 정규 분포를 한다는 것을 전제로 하고 간단하면서도 정도가 높은 포물선법을 제시하였다. 한 연급군의 평균 체장을 $\bar{l}$ 라 하고, 그 분산을 σ_2, 총미수를 N이라 한다면, 체급 l의 미수 $f(l)$는 식 5-1에 근거하는 다음의 식에 의해 구할 수 있다.

$$f(l) = \frac{N}{\sigma\sqrt{2\pi}}\ e^{-(l-\bar{l})^2/2\sigma^2} \qquad \text{식 5-2}$$

이 식의 양변에 상용대수를 취하면,

$$\log f(l) = \log \frac{N}{\sigma\sqrt{2\pi}} + \frac{(l-\overline{l})^2}{2\sigma^2} \cdot 0.4343$$

이며, 이를 l에 대한 함수식으로 고쳐서 나타내면,

$$\log f(l) = a + bl + cl^2 \qquad \text{식 1-3}$$

(단, $a = \log \frac{N}{\sigma\sqrt{2\pi}} - 0.4343\frac{\overline{l}^2}{2\sigma^2}$, $b = 0.4343\frac{\overline{l}}{\sigma^2}$, $c = -0.4343\frac{1}{2\sigma^2}$ 이다)

과 같이 포물선식이 유도된다.

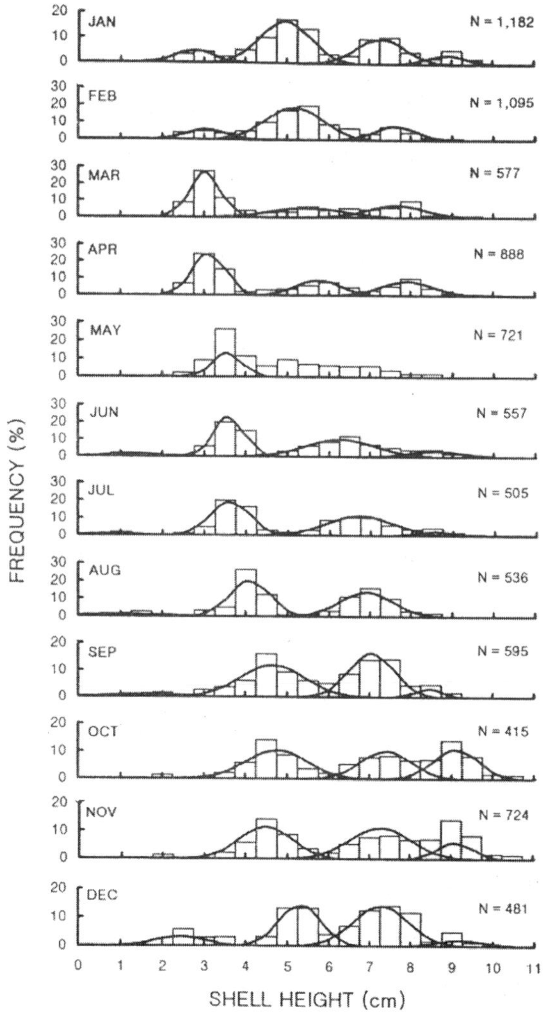

그림 5-6. 소라의 각고 조성(장과 정, 2000)

식 5-3에서 Y축은 $\log f(l)$이므로 관찰 도수를 대수치로 바꾸어 피타센 곡선을 구하고, 곡선에서 나타나는 각 모드 부근에 적절한 방법을 구사하여 1개씩의 포물선을 적합시킨 후, 포물선식을 계산하면 식 5-3에 의해 평균, 분산 및 총미수를 추정할 수 있다.

그림 5-6은 장과 정(2000)이 제주도의 소라를 연속 채집하여 각고조성에 포물선법을 적용한 것을 보여주고 있고, 표 5-1은 이 방법에 의해 연령별 평균 체장, 표준 편차 및 연령 조성을 계산한 결과를 보여준다.

4) 연령형질법

(1) 연령형질(age character)

연령 형질이란 생물체가 출생 후 생존하는 동안에 주기적으로 형성됨으로써 각 생존 시점까지의 경과 시간을 나타내는 형질을 말한다. 일반적으로 알려져 있는 연령 형질은, 어류에서 비늘(scale)・이석(耳石, otolith)・척추골(脊椎骨, vertebral bone)・기조(鰭條, fin ray)・후두골(後頭骨, supra occipital bone)・쇄골(鎖骨, clavicle)・새개골(鰓蓋骨, 아가미뚜껑뼈, opercle), 고래류에서 수염(baleen)・귀마개(耳栓, ear plug)・척추골의 유착 상태・난소의 황체수(黃體數)・안구수정체(眼球水晶體)의 황색도(黃色度), 새우류에서 제1촉각 편상부(鞭狀部)의 마디 수(稚蝦의 탈피 회수를 표시함), 성게류에서 껍질 등이 있다.

패류의 경우 이매패류(bivalve)는 패각, 각정(umbo) 하단부인 chondrophore(彈帶受, 내인대가 들어 있는 스푼형태의 모형)와 주치, 인대의 측면 내부(ligament, internal ligament)가 가능하며, 복족류(gastropoda)의 경우 패각, 뚜껑(operculum)이 가능한 것으로 생각된다.

특히 패류는 대부분 패각에 나타난 성장선이나 각정부의 chondrophore에 나타난 성장선을 이용하여 연령을 사정한다.

패류는 일반적으로 직달발생하는 일부 복족류를 제외하고는 산란 부화하며, 난의 크기는 약 50～80 ㎛이고 각정기의 크기는 약 150～200 ㎛이고, 저서생활로 이행하는 시기의 크기가 약 200～300 ㎛이다.

이매패류의 패각은 외투막 가장자리의 상피세포에서 분비되는 유기질인 패각질(conchiolin)에 석회염이 침적되어 이루어진다. 이매패류에서는 외투막 연단(緣端)이 연막돌기, 감각돌기, 패각돌기의 3부분으로 구분되고, 패각돌기의 표면 상피세포에서 패각질이 분비된다. 연체동물이 만드는 껍데기는 3층으로 되어 있고, 그 가장 바깥층이 표피

(또는 각피)층으로 유기질로 되고, 그 다음 층은 석회질로 능주층(稜柱層 혹은 小柱層)이라고 한다. 가장 안쪽 층도 석회질로 연체에 접해 있고 진주광택을 가진 것도 있으므로 진주층이라고 한다. 패각이 커지면 능주층이 가장 두터워지고 커진다. 이때 패각이 성장하면서 능주층에 남겨진 성장윤을 이용하여 연령사정한다.

2. 연령사정 방법

이매패류의 연령사정은 대부분 연령형질을 이용한 연령사정법을 사용한다. 이때 연령형질은 패각을 이용한다. 이매패류의 패각은 대부분 좌우대칭임으로 좌각이나 우각 중 어느 것을 사용하여도 무방하나, 굴이나 계화도조개 등 좌우대칭이 아닌 경우 비교적 패각의 형태가 일정하고 윤문이 뚜렷하게 나타나는 패각을 사용하면 된다. 이때 반드시 모든 연령사정에는 같은 좌각이나 우각을 사용하여야 한다.

그림 5-7. 키조개의 연령사정 결과

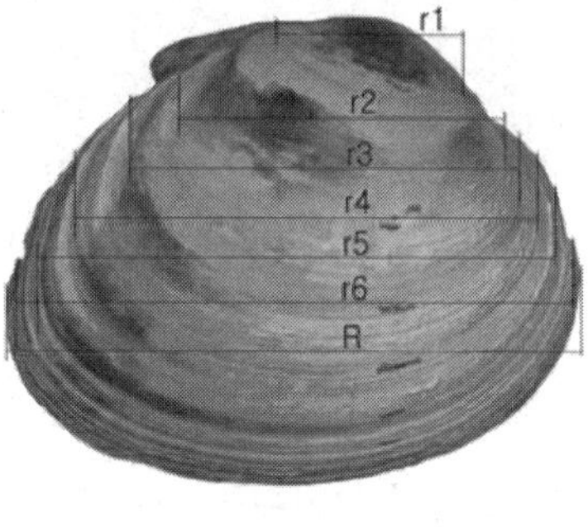

그림 5-8. 개조개의 연령사정 결과

이매패류의 경우 연령이 패각에 비교적 뚜렷하게 나타나므로 패각으로 쉽게 연령사정이 가능하다. 패각에서 육질부를 제외하고 깨끗이 씻어 말린 후 강한 빛을 조사하여 뚜렷한 성장륜을 윤문으로 간주하면 된다(그림 5-7). 이때 개조개와 같이 패각이 너무 두꺼운 경우 염산(HCl)등에 넣어 패각을 얇게 하여 빛을 조사하여 연령사정 한다. 그러나 이때 패각연변부가 녹아 윤문부성장 상황을 알기 어려우므로 미리 각장이나 각고 등을 계측하여 보정하여야 한다(그림 5-8).

그러나 패각의 각정부에 남아 있는 성장륜을 이용하여 연령을 사정하는 경우 각정부를 가늘게 절단하여야 한다. 이때 사용하는 절단기는 일반적으로 다이아몬드절단기(그림 5-9)을 많이 사용한다. 이 절단기를 사용하여 그림 5-10와 같이 절단하여 강한 연마기 등을 이용하여 성장윤이 보이도록 연마하여 빛을 조사하여 연령사정한다(그림 5-11).

그림 5-9. 다이아몬드 절단기

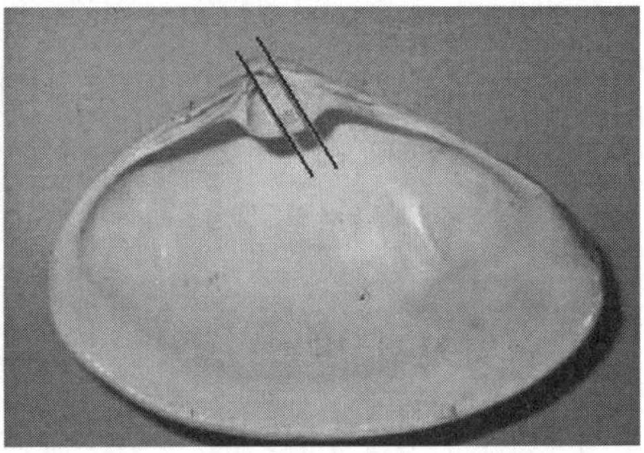

그림 5-10. 각정부의 chondrophore에 나타난 성장륜의 절단부위

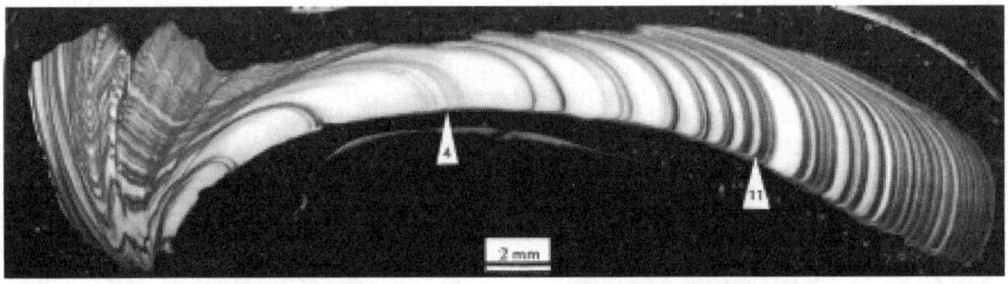

그림 5-11. Chondrophore에 나타난 성장륜(32세, *Spissula solidissima*)

3. 우리나라 이매패류의 연령사정 결과

우리나라의 이매패류는 연령사정을 모두 패각에 나타난 성장륜을 판독하여 성장을 추정하였다. 표 3-1에는 우리나라에서 연령 사정한 종별로 연령별 크기와 극한체장, 연간성장계수(k) 및 윤문형성 시기를 제시하였다. 조사자에 따라 다소 다르게 나타났으나, 대부분의 경우 윤문형성시기가 겨울철 저성장기와 산란기로 크게 대별되었다. 개량조개와 우럭, 해가리비는 산란기와 일치하였으며, 기타 다른 종들을 대부분 저수온기인 겨울철을 전후로 형성되었다. 연간성장계수는 개량조개와 비단가리비, 해가리비 등이 매우 높게 나타났으며, 엷은재첩, 살조개, 개조개, 백합, 우럭 등은 낮게 나타났다.

표 5-1. 우리나라 이매패류의 연령별 패각의 크기와 극한체장, 성장계수(k/year) 및 윤문형성시기

종명	연령별 각장(mm)										극한체장(mm)	k	윤문형성시기	비고
	1	2	3	4	5	6	7	8	9	10				
일본재첩	10.43	21.90	27.50	32.09	36.79	40.43					46.48	0.3383	2-3월	류등(2005)
	10.54	17.52	23.54	28.07	31.99						48.98	0.2042	3월	권등(2002)
엷은재첩	9.17	12.68	15.86	18.42							34.36	0.1531	1-3월	권등(2002)
키조개	145.1	194.7	222.4	244.7	260.9	273.3	283.1	291.1	297.6	303.5	309.9	0.3212	6-7월	류등(2001)
살조개	17.9	27.3	36.8	44.2	50.0	54.9					81.55	0.176	2-3월	김등(2003)*
개조개	32.5	54.0	70.2	82.2	92.3	98.5	104.4	108.9	114.3		125.57	0.2523	3-4월	김등(2003)
	28.03	41.24	51.77	60.16	66.77	71.42	75.34	79.05			88.91	0.248		장등(2004)*
개량조개	25.53	42.25	50.12	55.27							60.02	0.6458	8-9월	류와 김(1997)
	22.0	48.1	59.7	65.4							71.6	0.738	8-9월	김등(1985)
동죽	18.1	32.3	39.7	43.9	47.2	49.5					51.40	0.5858	3-4월	류와 김(1997)
우럭											78.83	0.2621	9-10월	이와 장(2000)*
빛조개	19.24	27.03	30.65	34.22							38.55	0.4792	11-1월	장등(1999)
백합	26.49	43.58	54.35	63.48	71.51	79.66	84.71				104.94	0.2235	2-4월	류등(2006)
바지락	13.80	25.49	33.38	40.27							68.34	0.221	3월	정등(1994)
	14.44	25.43	32.31	36.45							43.2	0.48	1-2월	김과 장(1999)
비단가리비	42.4	66.4	86.6	101.4							117.4	0.612	7-8월	강과 장(2000)*
해가리비	62.8	90.7	107.4	117.4	123.4						198.8	0.5103	10-12월	손등(1996)

*각고

참고문헌

강태구, 장창익. 2000. 한국 완도연안 비단가리비(*Chlamys farreri*)의 성장과 산란. 한국어업기술학회지, 36:234-243.

권대현, 강용주, 김대희. 2002. 청평 내수면에 서식하는 엷은재첩, *Corbicula (Corbiculina) papyracea* Heude의 성장모수 추정. 한국수산학회지, 35:557-562.

권대현, 강용주, 김완기, 이채성. 2002. 강원도 양양 남대천에서 채집된 일본재첩, *Corbicula (Corbicula) japonica* Prime의 수산자원학적 연구. 한국수산학회지, 35:686-695.

김백균, 고태승, 송홍인, 이생동, 김숙양. 1985. 개량조개의 산란과 성장에 관한 연구. 수진연구보고, 34:31-42.

김봉안, 김백균, 김선웅. 1977. 백합, *Meretrix meretrix lusoria*의 성장에 관한 연구. 수진연구보고, 17.

김영혜, 류동기, 장대수, 김종빈, 김성태. 2003. 진해만에 분포하는 개조개(*Saxidomus purpuratus*)의 연령과 성장. 한국수산학회지, 36:495-499.

김지현, 김종식, 김용호, 정의영, 류동기. 2003. 한국 서해산 살조개, *Protothaca jedoensis*의 연령과 성장. 한국패류학회지, 19:125-132.

김현주, 장창익. 1999. 진해 연안산 바지락(*Tapes philippinarum*)의 자원생태학적 연구. 한국수산자원학회지, 2:32-43.

류동기, 김용호. 1997. 군산연안 동죽 개체군의 동태에 관한 연구. 1. 성장. 한국패류학회지, 13:185-192.

류동기, 백성현, 박관하, 정의영. 2001. 서해산 키조개, *Atrina (Servatrina) pectinata japonica*의 연령과 성장. 한국패류학회지, 17:71-78.

류동기, 정의영, 김영혜. 2005. 한국 서해산 일본재첩, *Corbicula japonica* Prime의 연p령과 성장. 한국패류학회지, 21:57-64.

류동기 , 정의영, 김용민. 2006. 한국 서해산 백합, *Meretrix lusoria*의 연령과 성장. 바다. 11(4):152-157

이선길, 장창익. 2000. 한국 남해안 조간대에 서식하는 우럭, *Mya japonica*의 자원생태학적 특성. 한국어업기술학회지, 36:234-243.

장창익, 윤상철, 이선길, 최진우. 2004. 거제 연안산 개조개, *Saxidomus purpuratus*의 자원생태학적 연구. 한국수산자원학회지, 6:126-139.

장창익, 이만우, 윤성규. 1999. 한국 다대포 연안산 빛조개, *Nuttallia olivacea*의 자원생태학적 특성치 추정. 한국수산자원학회지, 2:24-31.

정의영, 류동기, 이주하. 1994. 김제연안에 서식하는 바지락, *Ruditapes philippinarum*의 생식소발달과 연령 및 성장. 한국패류학회지, 10:38-54.

손팔원, 하동수, 노섬, 장대수. 1996. 해가리비, *Amusium japonicum japonicum* (GMELIN)의 연령과 성장에 관한 연구. 한국양식학회지, 9:409-417.

제 6장
이매패류의 섭식, 호흡 및 배설

생물이 생명을 유지하기 위해서는 먹이를 섭취하여야 하고 섭취한 먹이로 부터 에너지를 공급받아 먼저 생명유지의 기초대사 소비과정인 호흡에 이용하고 나머지는 성장과 번식에 이용하게 된다. 그리고 에너지 대사의 마지막에는 노폐물을 배출하는 과정을 거치게 된다.

대부분의 이매패류는 어류와는 달리 저질에 잠입하여 살면서 입수관을 통하여 주변의 환경수를 체내로 받아들여 아가미라는 독특한 기관에서 먹이섭취와 호흡을 한 후 출수관을 통하여 노폐물과 함께 밖으로 배출하는 생리기작을 영위하고 있다.

본 장에서는 이매패류의 먹이섭취와 관련된 아가미 형태와 구조, 먹이섭취 기작(mechanism), 그리고 호흡과 배설에 관하여 기술함으로써 이매패류의 섭식생태와 환경요인에 따른 호흡반응에 보다 많은 지식을 얻도록 하였다.

1. 이매패류 아가미의 형태와 구조

이매패류의 기관계는 크게 외투강 기관계와 내장낭 기관계로 구분된다. 외투강 기관계는 패각을 제거하였을 때 육안으로 쉽게 관찰할 수 있는 외투막, 입출수관, 아가미, 순린, 발 등으로 각 기관계는 따로 분리하여 적출할 수 있다. 내장낭 기관계는 심장, 소화관, 중장선, 생식소, 신장 등 내장낭 내부에 위치하는 기관계로 이들 각 기관계들은 분리하여 적출하는 것이 외투강 기관계에 비하여 상대적으로 어렵다.

이매패류의 아가미는 호흡기능을 수행할 뿐 만 아니라 점액분비 및 섬모운동 등을 통하여 순린과 함께 먹이의 포획과 수송기능을 수행하며, 외부의 물리·화학적 자극에 빠르게 반응하는 중요한 외투강 기관계 가운데 하나이다.

이매패류의 아가미는 그 형태와 구조에 따라 기본적으로 원새(protobranch), 사새(filibranch), 판새(lamellibranch)의 세 가지 종류로 나누며, 여기에 위판새(pseudo-lamellibranch)가 추가되기도 한다. 아가미의 형태는 다른 외부형질과 함께 이매패강을 분류하는 중요한 해부학적 기준 가운데 하나이며, 아가미의 형태에 따라 이매패강은 크게 원새아강(Protobranchia), 사새아강(Filibranchia), 진판새아강(Eulamellibranchia)으로 나뉘기도 한다.

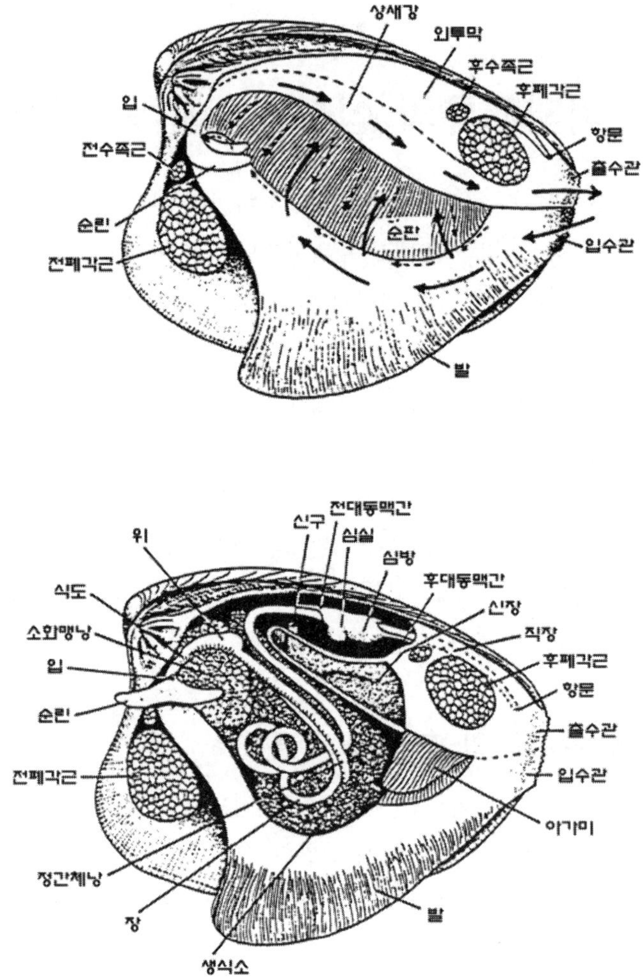

그림 6-1. 백합과 이매패류의 해부모식도 (Barnes, 1980)

1) 아가미의 종류와 형태

원새는 계통발생학적인 면에서 초기 형태의 아가미이다. 아가미판은 섬모를 가지는 비교적 작은 나뭇잎 형태로 아가미 축 양쪽으로 새엽(gill filament)이 번갈아 가면서 존재한다. 이들 아가미의 주 기능은 호흡이지만 음식물을 가려내는 기능도 한다. 원새의 측면 섬모는 새엽 사이에 존재하며, 물이 아가미를 통해 흐를 수 있도록 해 준다. 원새를 가지는 이매패류로는 맵시조개과(Nuculanidae)의 맵시조개(*Saccella confusa*)와 반달조개과(Yoldiidae)에 속하는 날개맵시조개(*Yoldia limatula*)와 *Yoldia hyperborea* 등이 있다.

사새는 우리나라에서 중요한 패류 수산자원 가운데 하나인 돌조개과(Arcidae)의 꼬막(*Tegillarca granosa*)과 피조개(*Scapharca broughtonii*)를 비롯하여 홍합과(Mytilidae)의 진주담치(*Mytilus edulis*)와 가리비과(Pectinidae)의 비단가리비(*Chlamys farreri*), 큰가리비(*Patinopecten yessoensis*) 및 *Argopecten irradians* 등의 이매패류가 가지는 아가미이다. 사새형 아가미의 새엽은 비교적 긴 편이며, 각 새엽은 측면섬모대에 의해서 약하게 결합되어 있어서 새엽의 기저부를 제거하면 각각의 새엽은 쉽게 분리된다.

꼬막의 아가미는 외투강 내에서 내장낭과 발의 일부를 양쪽에서 덮고 있는 빗 모양이며, 새엽이 잘 구분되는 사새형 아가미이다. 각각의 새엽은 길게 신장되어 있으나 길이는 다소 차이가 있으며, 파라핀절편법으로 제작된 조직표본에서 대부분 새엽의 직경은 25 ㎛ 내외이지만 새엽 말단부에서는 직경 90 ㎛ 내외의 곤봉형태로 발달되어 있다.

판새는 바지락(*Ruditapes philippinarum*)을 비롯한 백합과(Veneridae)에 속하는 대다수의 이매패류들이 가지는 아가미 형태로 해부현미경으로 볼 때 새엽이 뚜렷하지 않으며, 길이가 다른 새엽이 서로 연결되어 있어 하나의 얇은 판처럼 보인다. 판새형 아가미의 구성 요소는 아가미판(demibranch) > 라멜라(lamella) > 새엽다발(plica) > 새엽(gill filament)의 순으로 이루어져 있다.

우리나라 동해안에 널리 분포하는 백합과 이매패류 가운데 한 종인 대복(*Gomphina veneriformis*)은 판새형 아가미를 가진다. 대복의 아가미는 좌·우 각각 한 쌍으로 각각의 아가미는 넓은 빗 모양이며, 패각 쪽을 향하고 있는 외부판(outer demibranch)과 내장낭 쪽을 향하고 있는 내부판(inner demibranch)으로 나누어진다. 이들 한 쌍의 좌·우 아가미판은 각정부의 외투막에서 분화되며, 외부판의 크기는 내부판의 2/3 정도이다.

각각의 아가미판은 주름진 두 장의 라멜라가 서로 부착되어 있는데, 이들 라멜라는 다수의 새엽다발이 양 옆으로 연결된 형태이다. 라멜라의 골부분은 라멜라연접(interlamellar junction)에 의해 두 장의 라멜라가 서로 연결되어 있다. 두 장의 라멜라 가 연결되는 아가미판의 말단부에는 아가미 가장자리홈(ventral groove)이 존재한다.

각 새엽다발은 다수의 새엽으로 구성되어 있는데, 대복의 경우 라멜라의 중앙부위에서 하나의 새엽다발을 구성하는 새엽의 수는 평균 25개(19~28)이다. 각 새엽다발의 내부 중앙에는 하나의 커다란 수관(water tube)이 형성되어 있으며, 새엽다발 내부의 양쪽 측면에는 각각 하나의 라멜라소관(lamella vessel)이 존재한다. 각각의 새엽은 긴 곤봉형으로 새엽 내부의 키틴질 골격을 새엽 상피층이 싸고 있으며, 그 내부에는 혈림프동(hemolymph sinus)이 존재한다. 혈림프동은 격막에 의해 나누어져 있으며, 내부에는 혈구가 존재한다. 각각의 새엽은 결체조직상의 새엽연접(interfilament junction)에 의해 연결되는데, 새엽연접은 Masson 삼중염색에서 파란색으로 염색되는 교원섬유와 붉은색으로 염색되는 근섬유로 구성되어 있다.

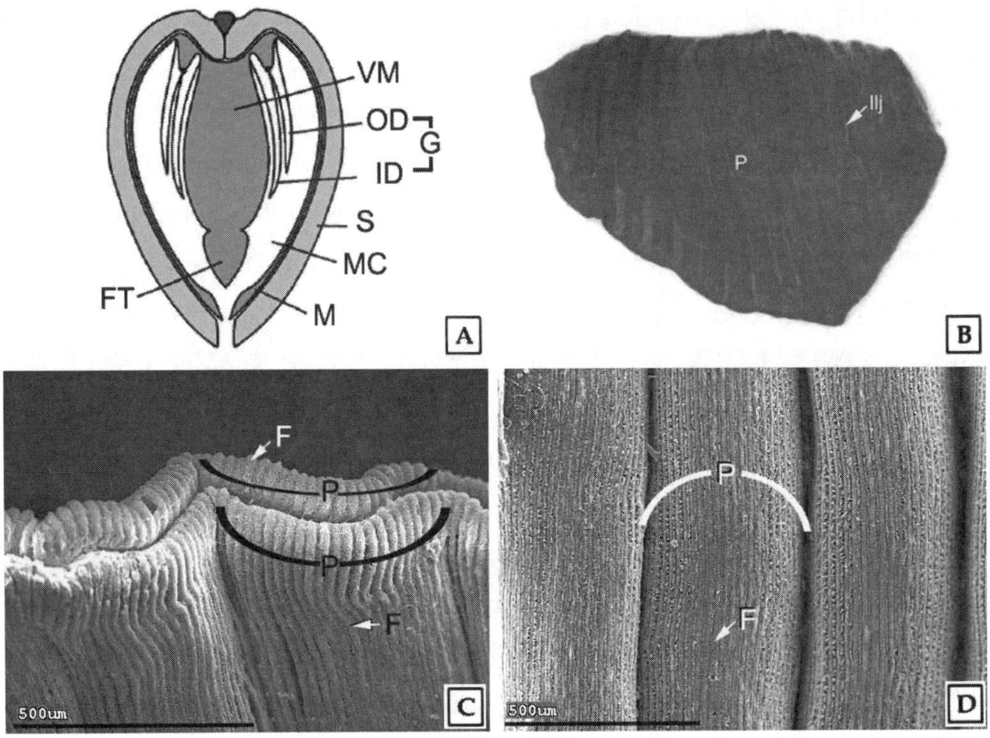

그림 6-2. 판새형 아가미의 형태와 구조.

A: 이매패류 횡단면 모식도. FT: 발, G: 아가미, ID: 내부 아가미판, M: 외투막, MC: 외투강, OD: 외부 아가미판, S: 패각, VM: 내장낭. (Gainey and Greenberg, 2003). B: 대복. 다수의 새엽다발(P)과 라멜라연접(ILJ)으로 이루어진 아가미판. C: 대복. 아가미판의 SEM 사진. 한 장의 아가미판은 두 장의 라멜라로 구성되며, 가장자리홈(VG)이 형성되어 있다. D: 대복. 다수의 새엽(F)으로 이루어진 새엽다발의 SEM 사진. (B~D: 박과 이, 2007)

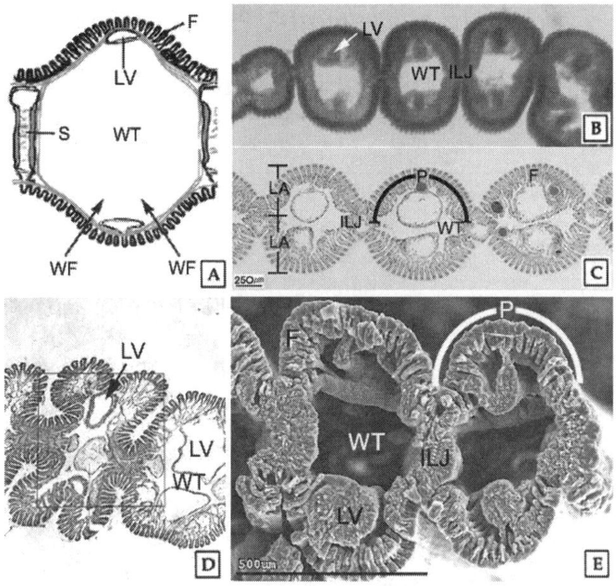

그림 6-3. 백합과 이매패류 새엽다발의 횡단구조.
A: 판새형 아가미 횡단면 모식도. (Gainey and Greenberg, 2003). B와 C: 대복. 새엽다발은 반원형으로 다수의 새엽들로 이루어져 있으며, 내부에는 수관(WT)과 라멜라소관(LV)이 형성되어 있다. (박과 이, 2007). D: *Mercenaria mercenaria*. 새엽다발은 분지되어 하트모양을 나타낸다. (Eble, 2001). E: 대복. 새엽다발(P) 횡단면의 SEM 사진. F: 새엽, ILJ: 라멜라연접, LA: 라멜라, S: 격막, WF: 물의 흡입방향. (박과 이, 2007)

백합과 이매패류인 *Mercenaria mercenaria*도 판새형 아가미를 가진다. 이들 아가미 역시 아가미판은 다수의 새엽다발로 구성되며, 새엽다발은 길이가 서로 다른 여러 개의 새엽들로 이루어져 있다. 그리고 각각의 라멜라에 존재하는 새엽다발과 새엽의 수 그리고 이들의 구조는 반대편의 라멜라와 동일한 형태이다. *Mercenaria mercenaria*의 경우 한 개의 주새엽다발(major plica)은 두 개의 부새엽다발(minor plica)로 분지되어 있어서 횡단면에서는 하트 모양을 나타내지만, 대복의 아가미에서 새엽다발은 분지되지 않은 형태로 횡단면에서는 반원형으로 *Mercenaria mercenaria*의 새엽다발과는 형태적 차이를 보인다. 판새의 새엽다발은 여과능력을 높이기 위한 표면적의 증가와 밀접한 관련이 있으며, 이매패류 아가미에서 한 개의 새엽다발을 구성하는 새엽의 수는 종에 따라 다양하다.

위판새는 외형적으로는 판새와 유사하지만, 새엽과 새엽 사이의 연결은 견고하지 않으나 새엽과 라멜라가 견고히 결합된 형태로서 굴과(Ostreidae)에 속하는 참굴(*Crassostrea gigas*)과 버지니아굴(*Crassostrea virginica*)의 아가미가 대표적이다.

표 6-1. 이매패류 아가미에서 1개의 새엽다발을 구성하는 새엽의 수

아가미 형태	종명	새엽의 수/새엽다발	참고문헌
사새 (fillibranch)	*Mytilus edulis*(진주담치)	12~14	Atkins(1937)
	Mytilaster lineatus(홍합과 이매패류)	20	Alexei(1997)
위판새 (pseudo-lamellibranch)	*Ostrea edulis*(굴과 이매패류)	9~12	Yong(1926)
	Crassostrea virginica(버지니아굴)	12~14	Atkins(1937)
	C. angulata(굴과 이매패류)	15~16	
	C. gigas(참굴)	14~20	Braillé *et al.*(2000)
판새 (lamellibranch)	*Certisolen legumen, Conax, Gari, Solecurtus*(자패과 이매패류)	9~12	Ridewood(1903)
	Unio tumidus, U. pictorum (석패과 이매패류)	27~28	Alexei(1997)
	Mercenaria mercenaria (백합과 이매패류)	25~26	Eble(2001)
	Gomphina veneriformis(대복)	25(19~28, n=10)	박과 이(2007)

이매패류의 아가미는 새엽의 형태에 따라 이형새엽형 아가미(heterorhabdic gill)와 동형새엽형 아가미(homorhabdic gill)로 나누기도 한다. 이형새엽형 아가미는 새엽이 주새엽(principle filament)과 부새엽(ordinary filament)으로 구분되는 형태이다.
주새엽은 주로 먹이를 거르고 부새엽은 주로 정화기능을 하며, 기능적으로 미약한 가장자리 홈을 가진다. 굴, 버지니아굴 그리고 가리비류인 *Placopecten magellanicus*의 아가미가 이에 속한다. 동형새엽형 아가미는 새엽이 주새엽과 부새엽으로 구분되지 않고 한 종류의 새엽으로만 구성된 아가미 형태로서 가장자리 홈이 이형새엽형 아가미에 비하여 잘 발달되어 있으며, 새엽이 섭이와 정화기능을 동시에 수행한다. 진주담치, 대복 그리고 우럭과(Myoidae)에 속하는 우럭(*Mya arenaria*)의 아가미가 이에 속한다.

2) 새엽 상피층의 구성

이매패류의 아가미에서 새엽을 싸고 있는 새엽 상피층은 단층으로 보통 상피세포, 점액세포 및 섬모세포들로 구성되는데, 기본적으로 새엽을 구성하는 세포들의 형태와 구조들은 비교적 유사한 특징을 보인다.

(1) 상피세포

이매패류 아가미에서 새엽 상피층을 구성하는 상피세포의 형태는 새엽 부위에 따라 다른데, 보통 정단부와 측면부에서는 원주형이지만 기저부에서는 입방형 또는 편평형이다.

애호두조개과의 *Acila castrensis*의 경우에는 원새형 아가미를 가지지만, 이들 아가미 새엽의 구성은 가리비류인 *Placopecten magellanicus*를 비롯한 많은 다른 이매패류와 유사하다.

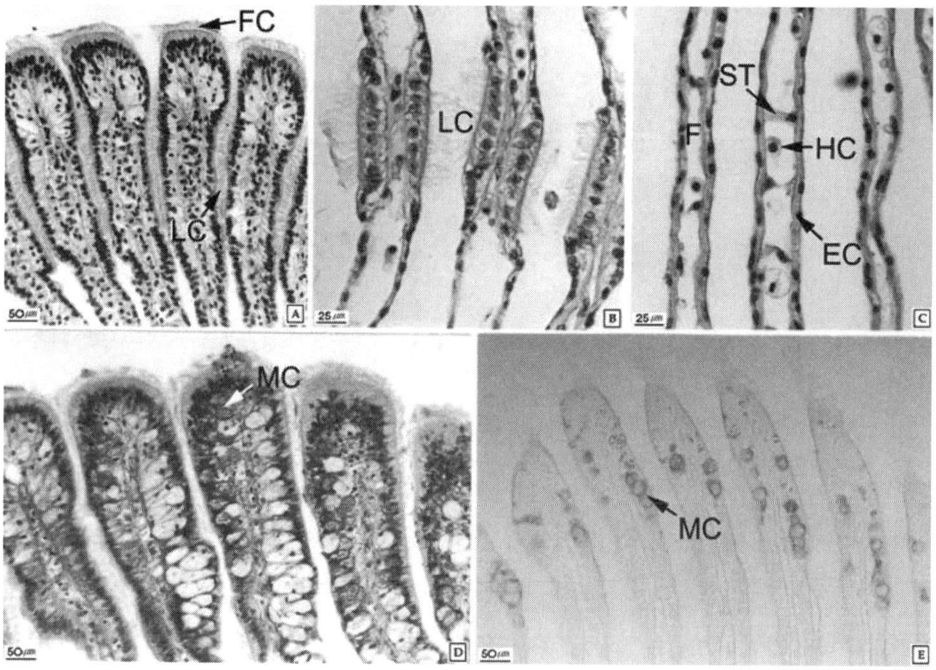

그림 6-4. 꼬막 아가미의 광학현미경적 구조.

A: 새엽에 정단섬모대(FC)와 측면섬모대(LC)를 가짐. B: 새엽 중간 부위의 측면섬모대. C: 새엽(F)의 가운데에 위치한 혈림프동(HS)을 단층의 편평형 상피세포(EC)들이 싸고 있다. 각 새엽의 혈림프동은 여러 개의 격막(ST)에 의해 나뉘어져 있다. D: 새엽 상부에 주로 위치한 점액세포(MC). 점액세포들은 AB-PAS(pH 2.5) 반응에 주로 붉은색으로 반응한다. E: 점액세포들은 AF-AB 반응에 주로 푸른색으로 반응한다. HC: 혈구. (Lee and Ma, 2003)

사새형 아가미를 가지는 *Placopecten magellanicus*에서도 새엽을 구성하는 세포들은 상피세포, 점액세포, 섬모세포로 구분된다. 이 가운데 상피세포들은 편평형 또는 입방형으로 자유면에 미세융모를 가지며, 혈림프동의 대부분을 싸고 있다. 새엽의 정단부와 섬모대 부위의 상피세포들은 원주형으로 이들은 자유면에 발달된 섬모를 가지며, 세포질에 풍부한 미토콘드리아를 가진다.

더부살이조개과에 속하는 *Montacutona compacta*에서도 새엽 정단부에 존재하는 상피세포들은 원주형이며, 기저부에서는 입방형의 상피세포들이 관찰된다.

홍합과에 속하는 지중해담치(*Mytilus galloprovincialis*)의 새엽에는 다양한 형태의 상피세포와 섬모세포가 존재한다. 이들 새엽의 정단부에는 다섯 종류의 키가 큰 원주형 세포들이 존재하며, 기저부에는 두 종류의 입방형 세포들이 위치하며, 정단부와 기저부 사이의 측면부에는 편평형 세포들이 존재한다.

꼬막이 가지는 사새형 아가미의 새엽 구성도 점액세포의 다양성을 제외한 대부분이 다른 이매패류와 유사하다. 꼬막의 아가미에서 새엽 상피층을 구성하는 상피세포들은 섬모대가 형성된 부위를 제외한 새엽 상피층의 대부분에서 높이 3 ㎛ 정도의 편평형으로 인접한 상피세포들 사이의 상부 측면에는 폐쇄띠(zonula occludens), 부착띠(zonula adherens) 및 부착반(desmosome)으로 연결되어 있다. 핵은 긴 타원형이고 상피세포의 자유면에는 길이 1 ㎛ 내외의 미세융모들이 띠를 이루고 있다. 미세융모의 정단면은 전자밀도가 높은 당질층(glycocalyx)으로 덮여 있으며, 세포질에는 발달된 다수의 미토콘드리아를 가진다.

꼬막 새엽의 정단부와 측면부에서는 각각 정단섬모대와 측면섬모대를 쉽게 관찰 할 수 있는데, 이 부위를 구성하는 세포는 길이 13 ㎛ 내외의 섬모원주형 상피세포들이다. 이들 섬모원주형 세포들은 자유면에 잘 발달된 섬모들을 가지며, A와 B 두 종류로 구분된다. A형 섬모원주세포들은 B형 섬모원주세포에 비해 분포비율이 높다. 세포의 전체적인 전자밀도는 낮으며, 세포의 핵은 크고, 장방형에 가깝다. 세포질에는 잘 발달된 골지체와 전자밀도가 높은 과립들이 일부 존재하며, 미토콘드리아들이 세포질 전체에 산재하고 있다. B형 섬모원주세포들은 A형 세포들 보다 분포비율이 현저히 낮으며, 세포의 전체적인 전자밀도는 높다. 핵은 삼각형으로 세포의 기저부에 존재하며, 잘 발달된 미토콘드리아들이 세포질 전체에 밀집되어 있다. 백합과에 속하는 *Mercenaria mercenaria*의 경우에도 새엽 정단부에는 섬모를 가지는 길이 15 ㎛의 원주형 세포들이 존재하며, 기저부에는 섬모의 발달이 미약한 편평형 세포들이 존재한다.

대복 아가미의 새엽 상피세포들을 전자현미경(TEM)으로 관찰해 보면, 새엽 정단부에 존재하는 상피세포는 정단면에서 기저부로 갈수록 좁아지는 길이 약 21 ㎛의 긴 역삼각형이다. 이들 세포의 자유면에는 다수의 섬모들과 길이 1.2 ㎛ 내외의 미세융모들이 잘 발달되어 있다. 세포질의 상부에는 다수의 미토콘드리아와 크기가 다양한 과립들이 다수 존재한다. 세포의 중앙에는 타원형의 핵이 존재하며, 핵의 내부에는 전자밀도가 높은 이형염색질의 발달이 뚜렷하다.

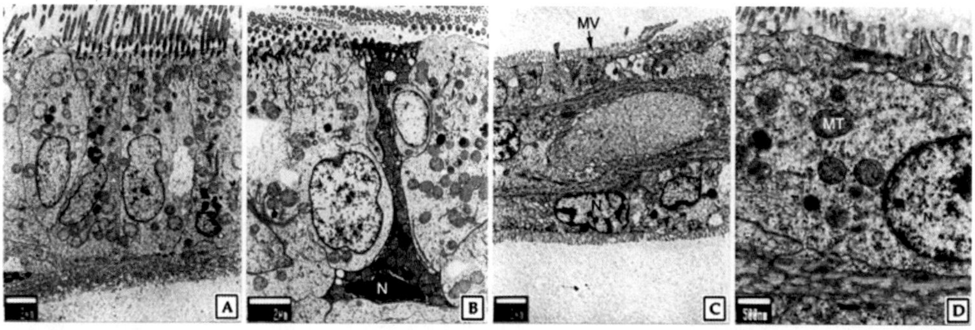

그림 6-5. 꼬막 새엽 상피세포의 TEM 사진.

A와 B: 새엽의 정단부와 측면부에 분포하는 섬모원주형 상피세포들로서 섬모와 미토콘드리아(MT)의 발달이 뚜렷하다. C와 D: 새엽의 측면부에 분포하는 편평형 상피세포들로서 미세융모(MV)의 발달이 뚜렷하다. N: 핵. (Lee and Ma, 2003)

인접한 상피세포들은 꼬막에서와 마찬가지로 폐쇄띠, 부착띠 및 부착반에 의해 연결되어 있다.

새엽의 정단부에서 측면부로 이행되는 부위의 정단측면상피세포는 길이 약 15 ㎛의 불규칙한 원주형으로 자유면에는 섬모와 미세융모가 발달되어 있는데, 섬모의 분포는 정단상피세포 보다 조밀하다. 핵의 형태, 세포질과 핵의 미세구조적 특징 그리고 세포연접의 발달은 정단상피세포와 유사하다.

새엽의 측면에 위치하는 측면상피세포는 길이 약 17 ㎛의 원주형이다. 이들 세포의 자유면에 존재하는 섬모의 분포정도는 상피세포들 중에서 가장 높으며, 인접한 새엽 상피세포들의 섬모는 서로 마주보고 있다.

새엽의 기저부에 존재하는 기저상피세포는 키가 작은 원주형 또는 입방형으로서 자유면에는 미세융모가 발달되어 있으며, 미세융모의 말단부에는 당질층이 그물눈 모양으로 형성되어 있다. 세포질의 중앙에는 세포의 약 2/3를 차지하는 원형의 핵이 존재하며, 핵내에는 이형염색질이 발달되어 있다.

(2) 점액세포

이매패류 아가미 새엽 상피층에 존재하는 점액물질의 기능은 외투강 안으로 들어온 과립물질들을 아가미의 섬모에 잘 부착하게 하여 섬모에 의한 과립수송 및 여과기능을 도와주는 역할을 한다. 점액물질은 주로 당단백질로 이루어져 있다.

이매패류의 아가미에 존재하는 점액세포들의 분포위치와 점액물질의 종류는 종에 따라 다소 다른 것으로 알려지고 있다. 점액물질의 종류는 조직표본을 PAS 반응, AB-PAS 반응 및 AF-AB 반응 등의 조직화학적 방법을 이용하여 확인할 수 있다.

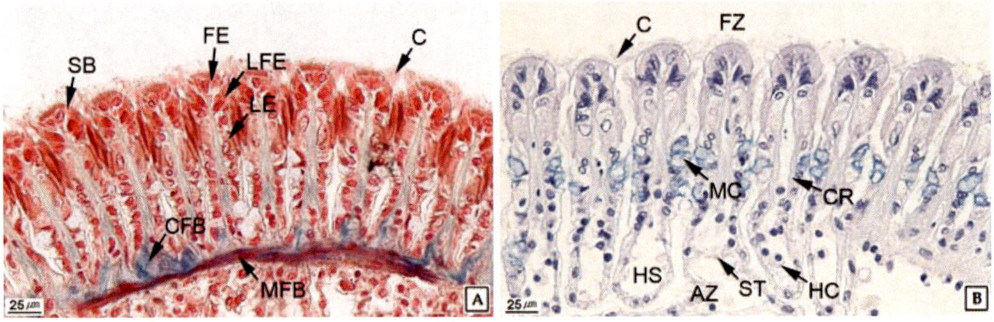

그림 6-6. 대복 새엽의 횡단면 사진.
A: 새엽 정단부 및 측면부는 섬모원주형 세포들로 구성되며, 기저부는 입방형 세포들로 구성된다. B: 점액세포(MC)들은 새엽 측면부에 주로 분포하며, AB-PAS(pH 2.5) 반응 결과 주로 푸른색으로 반응하는 산성점액을 함유한다. AZ: 기저부, C: 섬모, CFB: 콜라겐섬유, CR: 키틴질 골격, FE: 정단상피세포, FZ: 정단부, HC: 혈구, HS: 혈림프동, LE: 측면상피세포, LFE: 정단측면상피세포, MFB: 근섬유, SB: 선조연, ST: 격막. (박과 이, 2007)

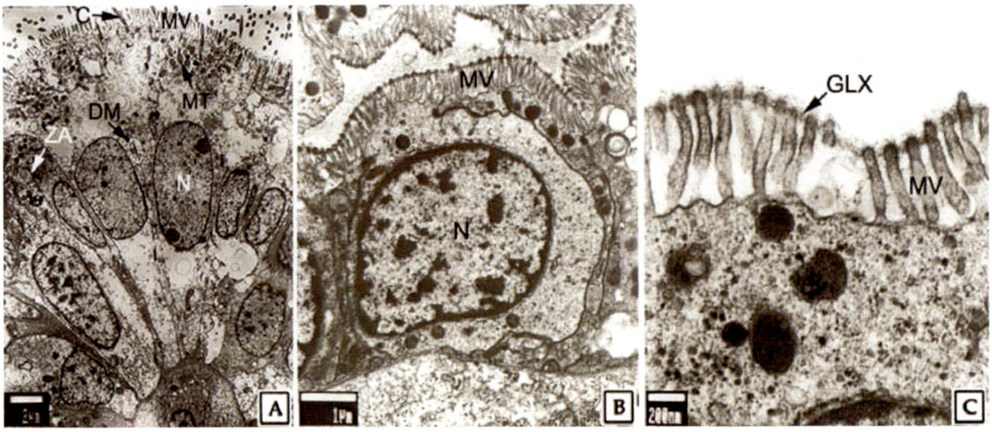

그림 6-7. 대복 새엽 상피세포의 TEM 사진.
A: 새엽의 정단부에 분포하는 섬모원주형 상피세포들로서 섬모(C), 미세융모(MV) 및 미토콘드리아(MT)의 발달이 뚜렷하다. B와 C: 새엽의 기저부에 분포하는 입방형 상피세포들로서 미세융모(MV)와 미세융모를 덮고 있는 당질층(GLX)의 발달이 뚜렷하다. DM: 부착반, N: 핵, ZA: 부착띠. (박과 이, 2007)

꼬막 아가미의 점액세포들은 주로 새엽 정단부에 분포하며, 위치에 따라 그 형태가 다소 다르다. 새엽 정단부의 점액세포들은 주로 커다란 타원형이지만, 새엽 정단부를 제외한 부위에서는 주로 원형으로 정단부의 점액세포들 보다 크기가 훨씬 작다. 점액세포들은 H-E 염색에서는 공포상을 나타내지만, AB-PAS(pH 2.5) 반응에서는 주로 붉은색을 나타내며, AF-AB 반응에서는 대부분 푸른색을 나타낸다. 이와 같은 조직학적인 결과는 꼬막 아가미의 점액세포는 주로 중성점액을 함유하고 있음을 의미하는 것이다.

가리비류인 *Placopecten magellanicus*의 아가미에 존재하는 점액세포들은 일부의 산성점액과 대부분(85% 이상) 산성과 중성점액이 혼합된 점액을 함유한다. 이들 점액세포들은 새엽 정단부와 중간부분에 주로 존재하며, 기저부로 갈수록 그 수가 감소한다.

진주담치의 새엽에서 점액세포들은 산성점액세포와 중성점액세포들이 일정한 비율로 분포하며, 새엽 부위별 점액세포의 분포정도도 가리비류 보다 비교적 일정하다. 이는 진주담치의 새엽이 형태적으로 뚜렷이 분화되지 않았기 때문에 섭이 및 정화기능이 한 곳에서 수행되는 구조적 특징이다.

그리고 버지니아굴의 아가미에서도 산성의 뮤코다당류를 가지는 점액세포와 중성의 뮤코다당류를 가지는 점액세포들이 구분된다.

홍합과의 *Modiolus modiolus*의 아가미는 중성점액만 함유한 중성점액세포와 산성점액과 중성점액이 혼합된 점액물질을 함유한 두 종류의 점액세포들을 가진다.

돌조개과의 *Arca zebra*의 경우 산성점액을 함유한 산성점액세포와 산성점액과 중성점액이 혼합된 점액물질을 함유한 두 종류의 점액세포를 가지는데, 산성점액세포는 주로 새엽의 기저부에 분포하는 것으로 알려져 있다.

*Mercenaria mercenaria*와 우럭(*Mya arenaria*)의 새엽에서는 주로 산성점액세포들이 관찰된다. 대복 아가미의 새엽에서 점액세포들은 주로 측면부에 존재하며, 기저부로 갈수록 그 분포정도가 낮아진다. 이들 점액물질들은 AB-PAS(pH 2.5) 반응결과, alcian blue에 양성으로 반응하는 푸른색의 산성물질이다.

새엽에 분포하는 점액세포에 관한 많은 연구 결과 산성점액과 중성점액은 서로 점성의 차이를 보이는데, 이러한 차이는 물질수송의 기계적인 과정이 종과 아가미의 부위에 따라 차이를 나타내는 이유로 설명되고 있다.

일반적으로 분비선은 구성 세포의 수에 따라 단세포선(unicellular gland)과 다세포선(multicellular gland)으로 나뉜다. 단세포선은 하나의 세포가 분비기능을 가지는 선의 형태이다. 다세포선은 여러 개의 분비세포들이 모여 하나의 선을 형성하는 형태로 선의 모양에 따라 관상선(tubular gland)과 포상선(acinar gland) 등으로 나뉜다. 그리고 점액세포와 같은 외분비선은 분비양상에 따라 크게 전분비선(holocrine gland)과 부분분비선(merocrine gland)으로 구분되는데, 전분비선은 생성물과 세포성분이 함께 분비되는 일회성 선이지만 부분분비선은 생성물만 분비되는 지속성 선이다. 이매패류의 아가미에 분포하는 점액세포들은 보통 단세포선으로 부분분비선이다.

이매패류 아가미에 존재하는 점액세포들을 전자현미경으로 관찰한 결과, 세포의 형태와 분비과립의 미세구조적 특징에 따라 여러 종류의 분비세포들로 구분되는데, 이들의 종류와 미세구조적 특징은 종과 서식생태에 따라 다양한 것으로 알려져 있다.

굴과의 한 종류인 넓적굴(*Ostrea edulis*)의 새엽에 존재하는 점액세포들은 전자현미경으로 관찰하였을 때 두 종류로 구분된다. A형 분비세포는 수질부와 피질부의 전자밀도가 다른 원형의 분비과립을 함유하지만, B형 분비세포는 전자밀도가 높고 동일한 원형의 분비과립을 가진다.

꼬막의 새엽에서 분비세포는 A, B, C 세 종류로 구분되었다. A형 분비세포는 세 종류의 분비세포들 가운데 분포정도가 가장 높으며, 세포의 형태는 원형에 가깝다. 분비과립의 전체적인 전자밀도는 낮으며, 내부는 미세한 과립상의 물질로 채워져 있고 세포질에는 소포체가 발달되어 있다. B형 분비세포는 A형 분비세포들 보다는 분포정도가 낮으나 C형 분비세포들 보다는 분포정도가 높다. 이들 세포의 형태는 타원형이며, 세포질에는 소포체가 발달되어 있다. 분비과립은 거의 원형으로 막을 가지고 있으며, 내부는 전자밀도가 매우 높은 균질한 물질로 채워져 있다. C형 분비세포들은 다른 분비세포들과 비교해 볼 때 분포정도가 가장 낮으며, 세포의 형태는 타원형이다. 이들 세포의 분비과립은 전자밀도가 매우 높은 장방형의 균질한 물질이 가운데에 위치하며 이를 과립상의 물질들이 싸고 있는 형태이다.

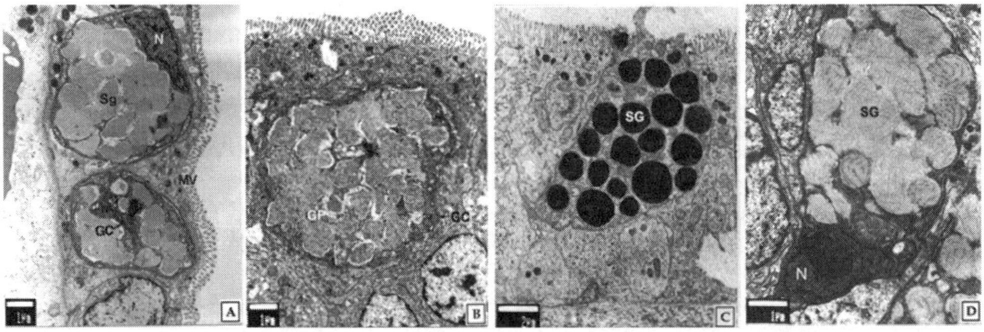

그림 6-8. 꼬막(A~C)과 대복(D)의 새엽 상피층에 분포하는 분비세포의 TEM사진.
분비과립들(SG)의 형태, 미세구조 및 전자밀도가 다양하다. GC: 골기체, GP: 글리코겐 과립, MV: 미세융모, N: 핵. (A~C: Lee and Ma, 2003; D: 박과 이, 2007)

대복 아가미에 존재하는 점액세포들이 함유한 분비과립의 크기는 다양하며, 분비과립의 내부에는 전자밀도가 다양한 섬유성물질들로 채워져 있다. 핵은 불규칙한 형태로 세포의 기저부에 존재하며, 세포질에는 발달된 소포체와 골지체가 분포한다.

(3) 섬모세포와 섬모

대부분의 이매패류 아가미 새엽에는 다수의 섬모로 구성된 섬모대가 존재하는데, 섬모들은 그 위치에 따라 다양한 기능을 수행하는 것으로 알려져 있다. 새엽 섬모들은 보통 정단섬모(frontal cilia), 정단측면섬모(latero-frontal cilia), 측면섬모(lateral cilia)로 구분되는데, 섬모의 분포 위치 및 종류는 종에 따라 다소 다르며, 세분화되기도 한다. 더부살이조개과의 *Montacutona compacta*, 홍합과의 진주담치와 *Mytella falcata,* 가리비류인 *Placopecten magellanicus*, 백합과의 대복과 *Mercenaria mercenaria*의 새엽에는 정단섬모, 정단측면섬모, 측면섬모의 세 종류가 존재한다. 하지만 홍합과의 *Mytilus galloprovincialis* 새엽에는 정단섬모, 정단측면섬모, 측면섬모 및 기저섬모의 네 종류가 존재하며, 굴과의 버지니아굴, 넓적굴, 포르투갈굴의 새엽에는 두 종류의 정단섬모, 두 종류의 정단측면섬모 및 한 종류의 측면섬모가 존재한다.

정단섬모는 아가미 쪽으로 이동된 과립물질들이 입 쪽으로 이동될 수 있도록 새엽의 위 쪽 혹은 아래 쪽으로 전달하는 역할을 한다. 정단섬모와 측면섬모의 사이에 존재하는 정단측면섬모는 과립물질을 정단섬모 쪽으로 튕겨 보내는 방식으로 과립물질을 수송 및 여과한다. 그리고 측면섬모는 외투강 안으로 들어온 물의 흐름을 조절하고 다수의 섬모로 구성된 섬모대를 통하여 과립들을 일차적으로 여과한다.

판새형 아가미를 가지는 *Mercenaria mercenaria*에서는 점액물질에 의해 뭉쳐진 수중의 과립들은 새엽의 섬모에 의해 우선 외부판 가장자리 홈으로 이동된다. 가장자리 홈으로 들어갈 수 없는 과립들은 아가미의 기저부로 이동되어 출수공으로 배출된다. 외부판의 가장자리 홈으로 들어온 과립들은 다시 측면섬모에 의해 내부판의 가장자리 홈으로 이동되어 순린에 전달된다. 판새형 아가미를 가지는 우럭과의 *Aloidis gibbs*의 경우 아가미 가장자리 홈은 사선으로 정렬되어 있으면서 인접한 섬모와 얽혀서 채와 같은 모양을 하고 있다. 이러한 구조는 아가미판의 가장자리 홈 내부를 보호하고 특정한 과립물질만 가장자리 홈을 통과 할 수 있도록 한다.

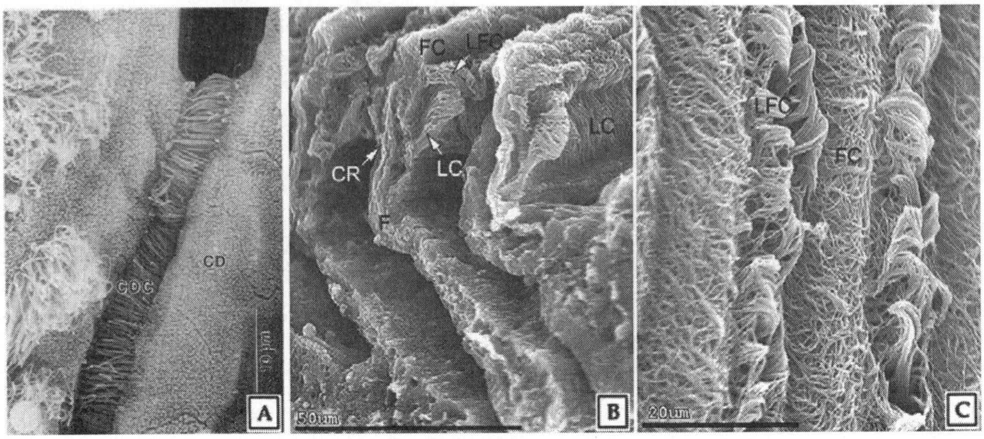

그림 6-9. 이매패류 새엽에 발달된 섬모의 SEM 사진.
A: *Argopecten irradians* 새엽 사이의 섬모연접(CDC). (Morse and Zardus, 1997). B와 C: 대복 새엽의 섬모. CD: 섬모판, CR: 키틴질 골격, F: 새엽, FC: 정단섬모, LC: 측면섬모, LFC: 정단측면 섬모. (D: 박과 이, 2007)

일반적으로 이매패류는 직경 1 ㎛ 크기의 과립도 여과할 수 있지만, 백합과 이매패류인 *Venerupis pullastra*는 과립의 직경이 3~4 ㎛ 보다 큰 경우 100% 여과하며, *Mercenaria mercenaria* 성체의 경우 4 ㎛ 이상의 과립들을 여과할 수 있고, 2 ㎛ 정도의 과립들은 50%정도만 여과할 수 있다. 이매패류의 정단측면섬모는 과립의 여과와 밀접한 관계가 있는데, 정단측면섬모의 발달이 미약한 가리비과의 이매패류에서는 과립의 직경이 5~6 ㎛ 이상의 경우에만 모두 여과되며, 2 ㎛ 정도의 과립들은 15% 정도 여과된다. 가장자리 홈의 발달정도와 형태는 이매패류의 여과기능과 연관성이 높으며, 종에 따라 다소 다른 것으로 알려져 있다.

꼬막의 아가미에서 정단섬모대의 횡단면 표본에서 섬모들은 매우 규칙적인 배열상을 나타낸다. 섬모원주세포의 종단면 및 횡단면 표본에서 섬모는 부위별로 다른 구조를 나타내는데, 섬모의 기저부를 제외한 대부분 부위는 직경 220 ㎚ 정도이다.

대복의 새엽에 존재하는 섬모의 직경은 약 180 ㎚이다. 주변 미세소관과 중심 미세소관의 전형적인 "9+2"의 미세소관 구조를 나타낸다. 그리고 섬모 기저부에는 미세소관들로 이루어진 기저중심립을 가진다.

종단면에서 섬모축사는 기저체와 연결되며, 기저체의 측면에는 기저체 발(basal foot)이 분지되어 있다. 기저체와 기저체 발의 말단부에 이어진 기저체 뿌리복합체(rootlet complex)는 세포질의 미토콘드리아와 연결되어 섬모축사와 연결되어 있는 기저체는 섬모의 신장에 관여한다.

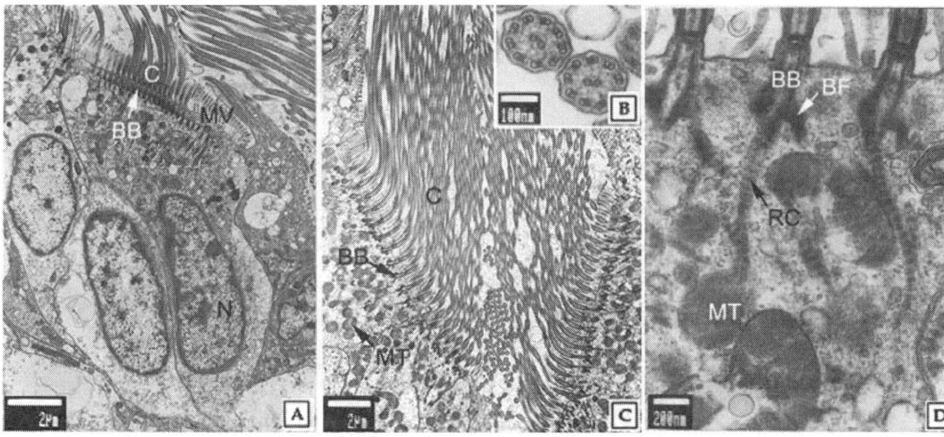

그림 6-10. 대복 새엽 상피층의 섬모세포와 섬모의 TEM사진.
A: 새엽의 정단부에 분포하는 섬모원주형 상피세포들로서 섬모(C), 미세융모(MV) 및 미토콘드리아(MT)의 발달이 뚜렷하다. B: 섬모의 횡단면으로 "9+2" 의 미세소관 구조. C: 새엽의 측면부에 분포하는 섬모원주형 상피세포. D: 섬모 기저부의 기저체(BB) 및 기저체 뿌리복합체(RC)와 미토콘드리아(MT)의 연결. BF: 기저체 발. (박과 이, 2007)

기저체는 alar sheet, 기저체 발 그리고 기저체 뿌리복합체로 구성되어 있는데, alar sheet는 단면에서 Y형의 판상구조로 기저체를 잡아매는 역할을 하며, 기저체 발은 섬유성 과립에 의해 형성되고 중심립의 이동과 연관이 있다. 그리고 기저체의 말단에서 발달된 기저체 뿌리복합체는 섬모에서 기저체 발과 유사한 기능을 하는 것으로 알려져 있으며, 이들의 길이와 넓이는 종에 따라 다르다.

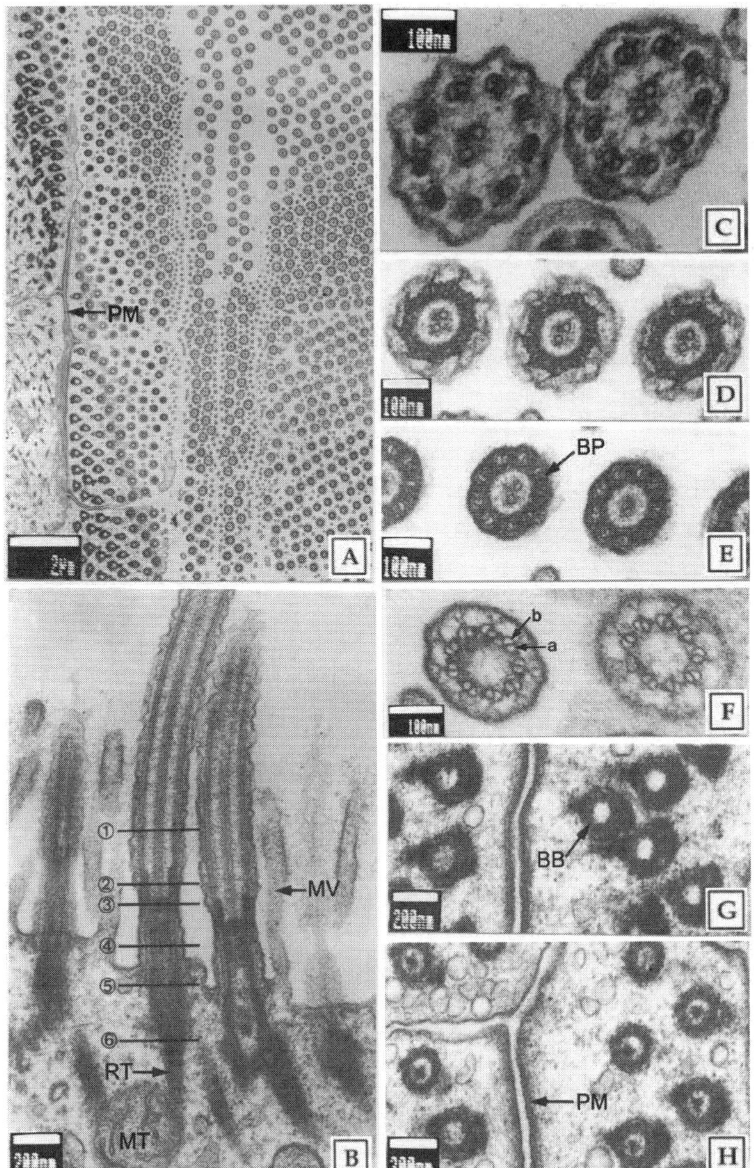

그림 6-11. 꼬막의 새엽 정단부에 존재하는 섬모의 횡단면 및 종단면의 TEM사진. A: 섬모원주형 상피세포에 발달된 섬모들의 배열이 매우 규칙적이다. B: 섬모의 종단면. C: B-①의 횡단면으로 "9+2"의 미세소관 구조. D: B-②의 횡단면. E: B-③의 횡단면으로 기저판(BP)을 보여줌. F: B-④의 횡단면으로 중심립의 1차 미세소관(a)과 2차 미세소관(b)을 보여줌. G: B-⑤의 횡단면. H: B-⑥의 횡단면. BB: 기저체, BP: 기저판, MT: 미토콘드리아, MV: 미세융모, PM: 섬모세포의 세포막, RT: 기저체 뿌리복합체. (A~C: Lee and Ma, 2003)

2. 이매패류의 여과섭식

1) 이매패류의 섭식형태

대부분의 이매패류는 수중에 떠다니는 부유물질을 걸러 먹는다. 그러나 일부 이매패류는 부유물질을 먹지 않고 퇴적물을 먹는 종류도 있다. 이매패강의 원새류에 속하는 종류는 몸의 구조가 기본적으로 퇴적물을 섭취하도록 되어 있다. 예를 들면, Nuculidae(애호두조개과)에 속하는 종들은 입에서부터 뻗어 나온 촉수(palp)를 몸 바깥으로 길게 내밀어 퇴적물 표면을 더듬을 수 있도록 발달되어 있다. 이 촉수 끝에 달려있는 섬모를 이용하여 먹이를 수집하여 입으로 운반하는 것으로 알려져 있다(Young, 1939). 그러나 이들이 부유물질을 전혀 먹지 않는 것은 아니다. 호흡을 위하여 빨아들여지는 물속에는 먹이가 될 수 있는 입자가 많이 있으며, 이중 일부는 아가미에 걸러지게 된다. Caspers(1940)는 *Nucula* sp.가 호흡을 위한 수류(current)를 통하여 체내로 들어온 먹이가 수동적으로 입으로 들어가는 것을 관찰하였다. 하지만, *Nucula* sp.에 있어서 부유 입자가 먹이로서의 중요성은 그리 크지 않은 것으로 알려져 있다. 왜냐하면 이들은 촉수의 크기에 비해 아가미의 크기가 너무나 작기 때문이다. 즉, Nuculidae에 속하는 종들의 정상적인 먹이 섭취는 촉수에 의한 퇴적물 섭식이고 아가미에 의한 여과섭식은 보조적이고 수동적인 역할에 지나지 않는다. 또 다른 원새류에 속하는 Solenomyidae 역시 기본적으로는 퇴적물을 먹지만 Nuculidae와는 몸의 구조에 다소 차이가 있다. 이들에 있어서 아가미가 먹이를 수집하는데 기여하는 정도는 상당히 큰 것으로 알려져 있다. 이들은 아가미의 크기가 비교적 크고, 반면 촉수는 상당히 축소되어 있다. 이들이 먹이를 수집하는 데는 잘 발달된 근육질의 발(foot)의 역할이 매우 중요하다. 즉, 발의 움직임을 통하여 많은 양의 퇴적물을 아가미로 운반하고 이렇게 모아진 먹이는 촉수를 통하여 입으로 운반되어진다(Owen, 1961). 따라서 먹이를 섭취하는 방식이 Nuculidae의 가장 원시적인 형태에서 Solenomyidae로 가면서 여과섭식과 퇴적물섭식의 중간 형태로 발달하고 있음을 알 수 있다.

여과섭식을 하는 진판새류에서는 아가미와 촉수의 기능이 완전히 나뉘어져 있으며, 이들에게는 전형적인 여과섭식의 특징을 찾아볼 수 있다.

이상에서와 같이 이매패류에 속하는 일부 분류군을 제외하면, 대부분의 이매패류가 여과섭식을 한다. 흥미로운 것은 이들 중 다수가 퇴적물에 몸을 박고 살지만 퇴적물에 포함된 먹이를 먹지 않고 수중에 떠다니는 먹이를 먹는다는 점이다. 한국산 주요 이매패류의 섭식형태를 분류군별로 구분하면 표 6-2와 같다. 표 6-2에서 보듯이 Nuculidae(애호두조개과), Nuculanidae(맵시조개과), Yoldiidae(반달조개과), Solemyidae(비단조개과), Nucinellidae(개흙조개과)의 5개 과를 제외한 나머지 과에 해당되는 종들은 모두 여과섭식을 한다. 일반적으로 퇴적물 섭식을 하는 종류는 몸의 크기가 작으며, 여과섭식을 하는 종류는 몸의 크기가 크다. 이는 먹이 속에 포함되어 있는 유기물의 함량이 다르기 때문이다. 퇴적물 속에 포함된 유기물의 양은 약 1～2% 정도인데 비해 부유물질에 포함된 유기물의 양은 최대 100%까지 이른다. 따라서 먹이의 섭취 및 흡수 효율은 여과섭식을 하는 종이 퇴적물섭식을 하는 종에 비해 훨씬 높다. 키조개(*Atrina pectinata*)나 우럭(*Mya arenaria*) 등과 같은 대형 이매패가 존재할 수 있는 이유가 이들이 여과섭식을 통해 많은 유기물을 섭취할 수 있기 때문이다. 여과섭식은 이매패류뿐 아니라 다른 해양 무척추동물에서도 쉽게 찾아볼 수 있는 섭식형태이며, 수중 생활을 하는 동물에게 있어서 매우 효율적인 먹이섭취 방식이다.

2) 여과기관의 구조 및 먹이섭취 과정

이매패류는 여과섭식을 위해 먹이가 포함되어 있는 물을 입수관(inhalant siphon)을 통하여 빨아들인다. 외투강(mantle cavity)내로 물과 함께 들어온 먹이 입자는 아가미에 걸리게 되고, 아가미에서는 미세한 섬모에 의하여 걸러진 먹이가 입으로 운반된다. 입으로 들어간 먹이는 위와 장을 통과하면서 소화되고, 소화가 되지 않은 찌꺼기는 항문을 통하여 외투강으로 배출된다. 외투강으로 배출된 찌꺼기는 다시 출수관(exhalant siphon)을 통하여 나가는 물과 함께 체외로 배출된다(그림 6-12). 이처럼 이매패류는 여과섭식에 적합한 몸의 구조를 갖고 있다.

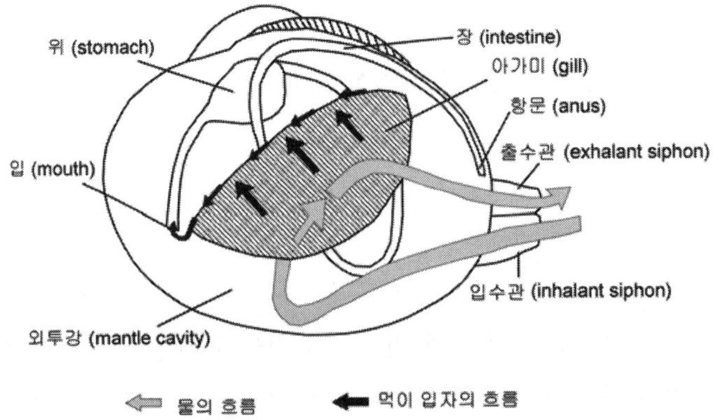

그림 6-12. 이매패류의 소화기관 및 여과섭식 과정

표 6-2. 한국산 주요 이매패류의 분류군별 섭식형태

분류군	섭식형태	대표적인 예
Nuculidae(애호두조개과)	퇴적물섭식	*Nucula paulula*(작은호두조개)
Nuculanidae(맵시조개과)	퇴적물섭식	*Sacella gordonis*(맵시조개)
Yoldiidae(반달조개과)	퇴적물섭식	*Potlandia japonica*(얇은반달조개)
Solemyidae(비단조개과)	퇴적물섭식	*Petrasma pusilla*(작은비단조개)
Nucinellidae(개흙조개과)	퇴적물섭식	*Nucinella ovata*(계란개흙조개)
Arcidae(돌조개과)	여과섭식	*Scapharca broughtonii*(피조개)
Parallelodontidae(왕복털조개과)	여과섭식	*Porterius dalli*(왕복털조개)
Glycymerididae(밤색무늬조개과)	여과섭식	*Glycymeris aspersa*(밤색무늬조개)
Mytilidae(홍합과)	여과섭식	*Mytilus coruscus*(홍합)
Pinnidae(키조개과)	여과섭식	*Atrina pectinata*(키조개)
Pteriidae(진주조개과)	여과섭식	*Pinctada albina*(갈색띠진주조개)
Pectinidae(가리비과)	여과섭식	*Amusium japonicum japonicum*(해가리비)
Propeamussiidae(큰집가리비과)	여과섭식	*Patinopecten yessoensis*(큰가리비)
Spondylidae(국화조개과)	여과섭식	*Spondylus balbatus*(국화조개)
Anomiidae(잠쟁이과)	여과섭식	*Anomia chinensis*(개굴잠쟁이)
Ostreidae(굴과)	여과섭식	*Crassostrea gigas*(굴)
Unionidae(석패과)	여과섭식	*Unio douglasiae*(말조개)
Carditidae(주름방사늑조개과)	여과섭식	*Cardita leana*(주름방사늑조개)
Cardiidae(새조개과)	여과섭식	*Fulvia mutica*(새조개)
Mactridae(개량조개과)	여과섭식	*Mactra chinensis*(개량조개)
Tellinidae(접시조개과)	여과섭식	*Megangulus venulosus*(접시조개)
Psammobiidae(자패과)	여과섭식	*Hiatula boeddinghausi*(자패)
Solecurtidae(발가리맛조개과)	여과섭식	*Solecurtus divaricatus*(돼지가리맛)
Pharellidae(작두콩가리맛조개과)	여과섭식	*Sinonovacula constricta*(가리맛조개)
Solenidae(죽합과)	여과섭식	*Solen corneus*(맛조개)
Cutellidae(둥근맛조개과)	여과섭식	*Phaxas attenuatus*(비단가리맛)
Corbiculidae(재첩과)	여과섭식	*Corbicula leana*(참재첩)
Veneridae(백합과)	여과섭식	*Meretrix lusoria*(백합)
Petricolidae(돌속살이조개과)	여과섭식	*Pseudoirus mirabilis*(주름돌속살이조개)
Glauconomidae(새알조개과)	여과섭식	*Glauconome chinensis*(갈색새알조개)
Myoidae(우럭과)	여과섭식	*Mya arenaria*(우럭)
Corbulidae(쇄방사늑조개과)	여과섭식	*Potamocorbula amurensis*(쇄방사늑조개)
Hiatellidae(족사부착쇄조개과)	여과섭식	*Panopea japonica*(코끼리조개)
Pholadidae(석공조개과)	여과섭식	*Barnea manilensis*(돌맛조개)
Xylophaginidae(나무속살이조개과)	여과섭식	*Neoxylophaga rikuzenica*(나무속살이조개)
Laternulidae(띠조개과)	여과섭식	*Laternula marilina*(띠조개)

입수관과 출수관은 외투막과 연결되어 있으며 외투강에 열려있어 몸의 내부와 외부의 물을 교환할 수 있도록 되어 있다. 일반적으로 출수관의 직경은 입수관의 직경보다 작다. 이는 출수관으로 나가는 물의 속도를 빠르게 하여 배출되는 찌꺼기가 멀리까지 나갈 수 있도록 하기 위함이다. 이렇게 함으로써 한 번 섭취한 먹이가 입수관으로 다시 들어오는 것을 방지할 수 있다. 입수관과 그 주위의 외투막에는 촉사(tentacle)가 발달하여 있는데 이는 크기가 너무 큰 입자들이 몸속으로 들어오는 것을 방지하고 먹이의 양을 조절하기 위함이다. 외투막은 여과섭식에 직접 관여하지는 않지만 섭식에 중요한 역할을 한다. 일반적으로 외투막은 3개의 층으로 구성되어 있다. 가장 바깥층은 패각 형성에 관여하고, 중간층에는 안점(eye spot)이나 촉사(tentacle)와 같은 감각기관이 있어서 먹이를 감지하는 역할을 한다. 안점과 촉사는 물속에 있는 입자가 처음으로 감지되는 부분으로 그 입자가 먹이로 적합한지 여부를 가리는 역할을 한다. 먹이로 적합하지 않은 입자가 있으면 이를 몸속으로 들어가지 못하게 하고 물만 통과하도록 한다. 외투막의 가장 안쪽에 있는 층은 근육질로서 패각을 열고 닫는 운동에 관여한다. 근육을 움직이는 강도와 빈도를 조절함으로써 체내로 들어오는 물의 양과 수류의 속도를 조절한다. 그러므로 이매패류의 여과율은 외투막의 작용에 의하여 일차적으로 결정된다고 볼 수 있다. 즉, 주변 환경 또는 먹이의 종류와 양, 그리고 포만 상태 등에 따라 몸속으로 들어오는 물과 먹이 입자의 양을 조절하는 것이다. 물과 함께 몸속으로 들어온 먹이는 아가미를 통과하면서 걸러지게 된다. 이매패류 아가미의 새엽(gill filament)에는 아주 미세한 섬모(cilia)가 촘촘하게 나 있으며 이들 섬모의 운동에 의하여 먹이 입자가 포획 및 운반된다. 섬모에는 측면섬모(lateral cilia), 정단측면섬모(latero-frontal cilia), 정단섬모(frontal cilia) 등이 있으며(그림 6-13), 측면섬모는 수류를 일으키는 역할을, 정단측면섬모는 입자를 거르는 역할을, 그리고 정단섬모는 입자를 운반하는 역할을 한다.

측면섬모는 수류를 끊임없이 일으켜 물이 아가미를 통과하도록 함으로써 호흡과 먹이의 여과를 가능하도록 한다. 먹이의 여과는 정단측면섬모에 의하여 일어난다. 과거에는 정단측면섬모가 마치 그물과 같은 역할을 하여 입자를 걸러낸다고 생각하여 왔다. 이러한 생각에 의하면, 정단측면섬모 사이의 간격(2~3 ㎛; Dral, 1967)보다 작은 입자는 섬모에 걸러지지 않고 아가미를 통과할 것이다. 하지만 이보다 작은 입자가 이매패류에 의하여 걸러지는 것을 발견함으로써(Jørgensen and Goldberg, 1953; Duff, 1967), 입자를 포획하는 기작에 관한 설명이 달라지게 되었다.

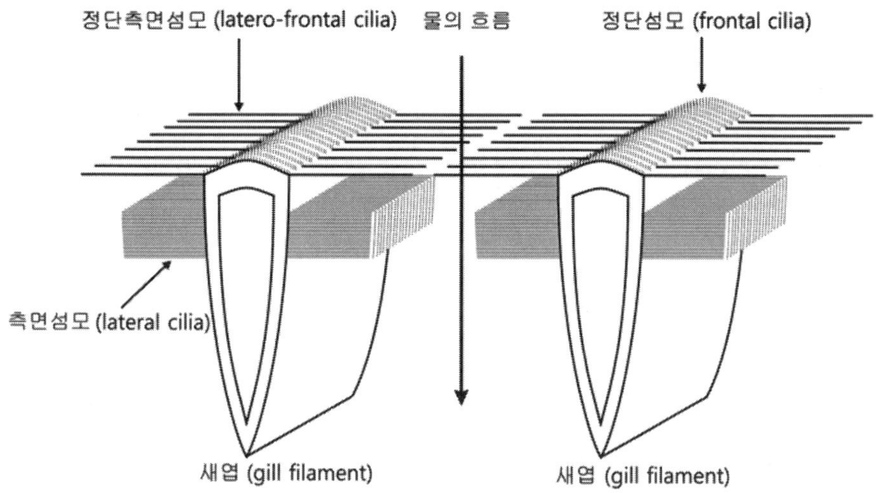

그림 6-13. 진주담치 새엽(gill filament)의 상세구조. (Dral, 1967)

즉, 정단측면섬모가 단순히 그물과 같은 역할을 할 뿐 아니라 점액질 성분을 분비하여 섬모 간격보다 작은 입자라 할지라도 섬모에 흡착될 수 있고, 흡착된 작은 입자는 점점 뭉쳐져 크기가 커진 상태에서 운반 및 섭취된다는 것이다. 정단측면섬모에 의하여 걸러진 먹이는 정단섬모에 의하여 운반된다. 정단섬모가 발생시키는 파동에는 두 가지 방향이 있다. 하나는 입을 향하여 운반하는 파동이고, 또 하나는 외투막을 향하여 운반하는 파동이다. 걸러진 입자가 자신이 좋아하는 먹이일 경우에는 입자를 입을 향하여 운반하지만, 먹이로써의 가치가 없을 경우에는 반대 방향인 외투막 쪽으로 운반한다. 먹이가 너무 커서 섭취하기 어렵다거나, 맛이 없거나 독성을 갖는 경우, 이미 충분한 먹이를 먹어서 더 이상 먹을 필요가 없을 경우, 또는 먹이의 농도가 너무 높아서 일부만 섭취하고자 할 경우에도 걸러진 입자를 외투막 쪽으로 운반한다. 이렇게 외투막 쪽으로 운반된 입자들은 외투강내에 모아져 다시 출수관을 통하여 밖으로 배출되는데, 이렇게 배출된 입자들은 그 모양이 분변(feces)과 유사하다. 하지만 분변은 소화기관을 통과한 찌꺼기인데 반면 이들은 소화기관을 거치지 않았으므로 분변과는 성격이 다르다. 그러므로 분변과 구분하기 위하여 이를 위분변(pseudofeces)이라 부른다. 위분변은 먹이의 농도가 매우 높거나, 혹은 먹이로 적합하지 않은 입자가 물속에 많을 경우에 많이 형성된다. 이와 같이 이매패류의 아가미에서 일어나는 먹이의 구분(sorting)은 이매패의 아가미가 호흡과 먹이 여과의 두 가지 기능을 동시에 수행하기 때문에 필수적으로 발달한 기능이다. 호흡을 하기 위해서는 물을 끊임없이 아가미로 통과시켜야 되는데, 만약 먹이의 구분이 이루어지지 않는다면 먹이 농도가 높을 경우 아가미가 막혀 호흡이 불가능해질 것이다. 전면섬모의 이러한 작용 이외에도 먹이를 구분하기 위한 기작은 다양하다. 즉, 패각의 개폐 강도와 빈도를 감소시켜 물이 들어오는 양을 줄이거나, 측면섬모의 파동을 약하게 하여 아가미를 통과하는 물의 속도를 감소시키거나, 혹은 아가미 섬유 사이의 간격을 좁혀서 먹이가 여과되는 면적을 감소시키는 등의 방법을 통하여 궁극적으로 자신이 필요로 하는 만큼의 먹이를 입으로 가져간다. 전면섬모에 의하여 입 쪽으로 운반된 먹이는 구부촉수(mouth palp)에 의하여 입으로 운반된다. 입으로 운반된 먹이는 소화기관을 통과한 후 마지막 남은 찌꺼기는 출수관을 통하여 밖으로 배출된다.

3) 여과율과 섭식률

이매패류가 물을 빨아들여 그 속에 있는 먹이를 섭취하는 양을 나타내기 위한 개념으로는 크게 물의 수송률(rate of water transport)과 먹이흡수율(rate of particle retention)이 있다. 앞 절에서도 언급하였듯이 이매패류의 섭식은 입수관을 통하여 들어온 물의 양과 매우 밀접한 관련을 갖고 있다. 따라서 이매패가 얼마나 많은 양의 물을 체내로 통과시키는 가를 나타내는 개념이 물의 수송률이고, 물속에 포함된 먹이를 얼마나 많이 걸러서 섭취하는 가를 나타내는 개념이 먹이의 흡수율이다. 그러므로 물의 수송률은 단위 시간당 이매패류의 몸속을 통과한 물의 부피로 표현되며, 먹이의 흡수율은 단위 시간당 이매패류에 의하여 걸러진 먹이의 개수로 표현된다.

이매패류의 물의 수송률은 pumping rate(양수율), ventilation rate(통수율), filtration rate(여수율), clearance rate(여과율) 등으로 그 측정 방법 및 표현 방법이 다르게 변화하였다. 초창기 이매패류의 여과섭식에 관한 연구에서는 pumping rate라는 개념을 사용하였다. 이 개념은 이매패류의 출수관이 마치 펌프와 유사하게 작동한다는 점에 착안하여 생겨난 것으로, 이를 알기 위하여 물의 이동량을 직접 측정하였다(Nelson, 1936; Davids, 1964). 즉, 입수관과 출수관에 관을 꽂아 일정 시간 동안 이 관을 통과하여 이동하는 물의 부피를 측정함으로써 이매패류가 얼마나 많은 양의 물을 체내로 통과시키는지 알아내었다. 이 방법은 관의 연결부위에서 물이 새지만 않으면 물의 이동량을 정확하게 알아낼 수 있다. Ventilation rate는 pumping rate와 측정 방법은 동일하지만 이매패류의 섭식생리보다는 호흡생리에 관심을 가진 사람들이 사용한 개념이다. Pumping rate와 ventilation rate를 측정하는 경우는 물의 부피를 측정하므로 직접적인 방법에 해당된다. 그러나 이와 같은 직접적인 방법은 이매패류의 몸속에 관을 꽂음으로 인하여 이매패류의 생리적 상태를 변화시키므로, 측정된 값이 자연 상태의 값과 동일하다고 여기기 어렵다는 문제가 있다. 때문에, 이와 같은 직접적인 방법은 최근에는 사용되지 않으며 대신, 물속의 먹이 입자의 농도가 이매패류의 여과섭식에 의하여 얼마나 감소하였는지를 측정함으로써 체내를 통과한 물의 양이 얼마인지를 역으로 추정하는 간접적인 방법이 널리 이용되고 있다. 이렇게 측정된 값이 filtration rate이다(Chipman and Hopkins, 1954; Walne, 1972; Winter, 1973). 이 방법으로는 체내를 통과하는 물의 양을 정확히 알아낼 수 없다는 단점이 있으나, 이매패류의 생리적 상태를 변화시키지 않기 때문에 비교적 안정적인 결과를 얻을 수 있다. Filtration rate의 개념을 사용할 때 주의하여야 할 점은, 물의 수송률이 먹이 농도의 변화에 의하여 추정되기 때문에, 물속에 포함된 먹이가 균일하게 분포하는지 여부와 물속에 포함된 모든 입자가 아가미에 의하여 걸러지는지 여부를 확인하여야 한다는 것이다. 이론적으로 체내로 들어간 물속에 포함된 모든 입자가 아가미에 걸러지게 될 경우 pumping rate와 filtration rate는 같은 값을 나타낼 것이다. 하지만, 현실적으로는 그렇지 않은 경우가 더 많으므로 filtration rate는 pumping rate보다 낮은 값으로 추정될 것이다. 또한 filtration rate라는 개념은 아가미가 입자를 걸러내는 능력으로 해석이 가능하기 때문에 실제로 측정되는 값과의 연관성이 모호하다. 즉, 물속의 입자 농도의 변화와 이매패류 몸속에서 아가미에 의하여 걸러진 입자의 양을 직접적으로 연관시키기에 무리가 따른다. 따라서 filtration rate의 개념적인 모호함을 보다 현실적으로 바꾼 개념이 clearance rate이다(Werner and Hollibaugh, 1993; Matsuyama *et al*., 1997; Sarà *et al*., 2000). Clearance rate는 filtration rate와 측정 방법은 동일하다. 실험을 통하여 측정되는 값은 아가미에 걸러진 입자의 양이 아니라 체외의 물속의 농도 변화이다. 그러므로 아가미에 의하여 걸러진 양(filtration rate) 보다는 물속의 입자가 줄어든 양(clearance rate)이 보다 정확한 표현이라고 볼 수 있다. 뿐만 아니라, 설령 체내로 들어간 입자가 아가미에 여과되었다 할지라도 이 중 일부는 위분변의 형태로 다시 체외로 배출될 수 있다. 그러므로 위분변이 형성되지 않을 경우에는 filtration rate와 clearance rate가 같은 값을 갖지만, 위분변이 형성될 경우에는 clearance rate보다 filtration rate가 크다. 일반적으로 이매패류는 체내로 들어온 먹이를 모두 여과하지 않고, 또한 여과된 입자가 모두 입으로 들어가지 않으므로, 일정 시간 동안 먹이 농도의 변화로 계산된 이매패류의 여과율은 clearance rate로 나타내는 것이 타당하다. 먹이의 흡수율 또한 물의 수송률과 유사하게 그 개념을 intake rate(흡입률)와 ingestion rate(섭식률)로 구분할 수 있다. 개념적으로 intake rate는 입수관으로 들어간 먹이의 양을 의미하고

ingestion rate는 입 속으로 들어간 먹이의 양을 의미한다(Foster-Smith, 1975). 그러므로 intake rate는 대부분 ingestion rate보다 높은 값을 갖는다. 입 속으로 들어가지 않은 먹이는 위분변으로 배출되므로 intake rate와 ingestion rate의 차이가 위분변으로 배출되는 양이 된다. 본 장에서 앞으로 언급되는 여과율은 clearance rate를 의미하고, 섭식률은 ingestion rate를 의미한다.

여과율 및 섭식률의 측정과 계산 방법은 크게 두 종류로 구분할 수 있다. 즉, 일정 부피의 먹이가 들어 있는 용기에 이매패류를 넣어 일정 시간 동안 먹이 농도의 변화를 측정하는 지수식(static) 측정법과, 이매패류가 들어 있는 용기로 먹이를 통과시키면서 통과 전・후의 농도 차이를 측정하는 유수식(flow-through) 측정법이다. 지수식 측정법은 방법이 비교적 단순한 반면 몇 가지 제약이 따른다. 즉, 실험이 이루어지는 시간 동안 이매패류의 여과율이 항상 일정하다는 가정을 하여야 하고, 장시간 동안 실험을 할 수 없다는 단점이 있다. 한정된 부피의 용기 내에서 초기에 공급된 먹이의 농도는 시간이 지나면서 지속적으로 감소하게 된다. 이처럼 먹이 농도가 변화하면 이매패류의 여과율 또한 달라질 수 있으므로 이는 계산상의 오류를 유발할 수 있다. 따라서 지수식으로 여과율을 측정할 경우는 짧은 시간 내에 실험을 실시하는 것이 좋다. 유수식 측정법은 지수식 측정법보다는 실험 방법이 복잡하지만, 일정한 농도의 먹이를 꾸준히 공급하므로 이매패가 겪는 먹이 농도는 일정하다. 또한, 실험이 진행되는 중간에도 농도의 변화를 측정할 수 있으므로 장시간 동안의 실험이 가능하다.

지수식으로 실험을 실시하였을 경우 여과율은 다음과 같이 계산할 수 있다(Coughlan, 1969). 기본적으로 지수식 측정법에서는 여과율이 시간이 지남에 따라 달라지지 않는다고 가정하므로 일정시간 (t) 이후의 먹이농도(C_t)는 다음과 같이 초기농도(C_0) 및 시간의 함수로 나타낼 수 있다.

$$C_t = C_0 \cdot e^{-g \cdot t} \qquad (1)$$

이때 g는 이매패류의 여과에 의하여 먹이 농도가 감소하는 정도를 나타내는 계수이다. 따라서 여과율(CR)은 g값과 해수의 부피(V)의 곱으로 나타낼 수 있다.

$$CR = V \cdot g \qquad (2)$$

식 (1)을 식 (2)에 대입하면 다음과 같이 나타낼 수 있다.

$$CR = V \cdot \ln(C_0 / C_t) / t \qquad (3)$$

위의 값을 실험에 사용된 이매패류의 마리 수(N) 혹은 단위 무게(W) 등으로 나누면

한 마리 당 여과율 혹은 단위 무게 당 여과율 등으로 나타낼 수 있다.

$$CR = V \cdot \ln(C_0 / C_t) / [t \cdot N(\text{or } W)] \quad (4)$$

그러므로 여과율의 단위는 ℓ/hr/g, ml/hr/ind. 등과 같이 단위 시간 당 단위 개체수(혹은 무게) 당 부피로 표현된다.

이매패류의 유생과 같이 여과율이 매우 낮은 경우에는 실험을 장시간 동안 실시할 필요가 있다. 이 경우 초기에 넣어 준 먹이생물의 농도가 세포분열을 통하여 증가하거나, 사망 혹은 용기에 흡착되는 등으로 인하여 감소할 수 있다. 그러므로 이와 같은 변화를 알기 위하여 먹이만 들어있는 대조 실험구(control)가 필요하다. 대조 실험구에서 먹이 농도의 변화가 관찰된다면 위의 식을 다음과 같은 과정을 통하여 변형시킬 수 있다. 대조 실험구에서의 초기 농도와 최종 농도를 각각 C'_0, C'_t라고 하면, C'_t는 다음과 같이 나타낼 수 있다(Frost, 1972).

$$C'_t = C'_0 \cdot e^{k \cdot t} \quad (5)$$

이때 k는 대조 실험구에서 먹이 농도가 변화하는 정도를 나타내는 계수이다. 그러므로 이 경우 이매패류의 여과에 의하여 먹이 농도가 감소하는 정도를 나타내는 계수(g′)는 다음과 같이 나타낼 수 있다.

$$g' = g + k \quad (6)$$

식 (6)을 식 (2)에 대입하여 식 (4)와 같은 형태로 변형시키면 다음과 같이 나타낼 수 있다.

$$CR = V \cdot [\ln(C'_t / C'_0) - \ln(C_t / C_0)] / [t \cdot N(\text{or } W)] \quad (7)$$

유수식으로 실험을 실시하였을 경우는 초기 먹이 농도는 일정하다. 그러므로 배양 용기로 흘러 들어가는 물과 배양 용기로부터 나오는 물에서의 먹이 농도와 물이 흘러 들어가는 속도를 알면 여과율을 다음과 같은 식으로 계산할 수 있다(Bayne, 1971).

$$CR = f \cdot (1 - C_{out} / C_{in}) / N(\text{or } W) \quad (8)$$

이때, f는 물이 흘러가는 속도, C_{out}은 배양 용기로부터 나오는 물에서의 먹이 농도, C_{in}은 배양 용기로 들어가는 물에서의 먹이 농도이다.

섭식률(IR)은 실험 기간 동안의 평균 먹이 농도와 여과율의 곱으로 나타낼 수 있다.

$$IR = C^* \cdot CR \quad (9)$$

섭식률의 단위는 cells/hr/g, cells/hr/ind. 등과 같이 단위 시간 당 단위 개체수(혹은 무게) 당 세포수로 표현된다. 유수식으로 실험을 실시하였을 경우 C^* 값은 배양용기로 들어가는 물과 나오는 물의 평균 먹이 농도[$= (C_{in} + C_{out})/2$]로 계산할 수 있다. 지수식으로 실험을 실시했을 경우는 초기 농도와 최종 농도의 산술평균 [$= (C_0 + C_t)/2$] 혹은 기하평균($= \sqrt{C_0 \cdot C_t}$)을 이용할 수 있다. 그리고 대조 실험구가 있을 경우 실험 기간 동안의 평균 먹이 농도는 다음과 같은 식으로 구할 수 있다(Frost, 1972).

$$C^* = \frac{C_0 \cdot [e^{(k-g)\cdot t} - 1]}{(k-g)\cdot t} \tag{10}$$

만약 이매패류가 위분변을 배출하였을 경우 섭식률은 다음과 같이 계산할 수 있다.

$$IR = C^* \cdot CR - PS \tag{11}$$

이때, PS는 위분변의 배출률이며, $C^* \cdot CR$은 흡입률(intake rate)이다(Foster-Smith, 1975).

4) 여과섭식에 영향을 미치는 요인들

이매패류의 여과섭식에 영향을 미치는 요인으로는 생물학적 요인과 물리·화학적 요인으로 크게 구분할 수 있다. 생물학적 요인에는 이매패류의 크기 및 성장단계, 먹이의 종류, 먹이의 농도, 기아(혹은 포만) 상태 등이 있으며, 물리·화학적 요인에는 온도, 염분, 용존산소, 오염물질 등이 있다.

(1) 크기 및 성장단계

이매패류의 여과율과 섭식률은 크기와 성장단계에 따라서 달라진다. 크기가 큰 개체일수록 필요로 하는 영양 요구량이 많으므로 여과율과 섭식률이 높은 것이 일반적이다. 이매패류의 각장(혹은 육중량)과 여과율 사이의 관계를 알아내기 위하여 많은 연구가 이루어져 왔다. Bayne *et al.*(1976)은 이매패류의 여과율이 크기의 거듭제곱, 즉 멱함수(power function)로 가장 잘 설명되어진다고 하였다.

$$CR = a \cdot (SL \text{ or } FDW)^b \tag{12}$$

이때 *CR*은 개체당 여과율(liter/hr/ind.), *SL*은 각장(shell length), *FDW*는 육중량(flesh dry weight)이고, *a*와 *b* 값은 곡선회귀를 통하여 추정되는 매개변수들이다. *a* 값은 여과율의 절대값의 크기를 의미하는데, 이 값은 이매패의 크기와 생리적 상태, 먹이의 종류와 밀도, 온도, 염분 등과 같이 다양한 요인에 의하여 결정되며(Winter, 1973), 일반적으로 크기가 큰 종일수록 *a* 값도 크다. *b* 값은 이매패류의 크기가 커짐에 따른 여과율의 증가율을 나타내는 값이다. 이 값은 이매패류의 생리적 상태 및 대사 속도와 밀접한 관련이 있다. 따라서 이매패류의 크기가 증가함에 따라 (즉, 성장함에 따라) 먹이 요구량이 얼마나 많이 증가하는 가를 나타내는 지표로 여길 수 있다. 그림 6-14는 갈색새알조개(*Glauconome chinensis*)의 개체당 여과율이 각장 및 육중량의 증가에 따라 어떻게 변화하는지를 나타내고 있다(Lee *et al*., 2002a). 각장의 증가에 대한 여과율의 증가를 나타내는 지수(*b*)값이 2.254로, 각장이 증가하는 정도보다 여과율이 증가하는 정도가 더 빠르다는 것을 알 수 있다.

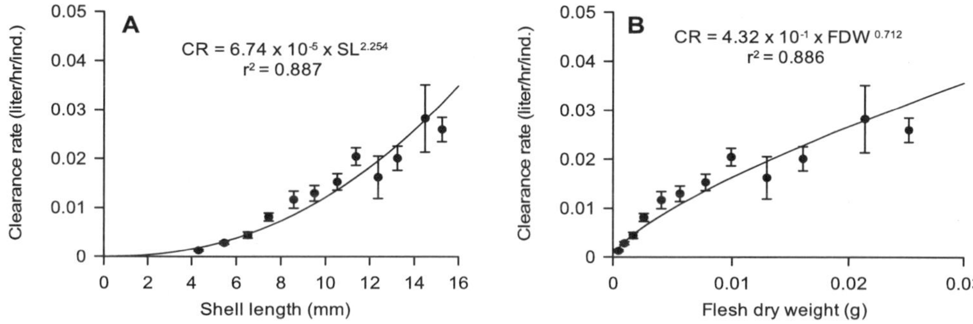

그림 6-14. 각장(shell length, A) 및 육중량(flesh dry weight, B)의 증가에 따른 갈색새알조개의 개체당 여과율 변화. (Lee *et al*., 2002a)

그러나 육중량의 증가에 대한 여과율의 증가를 나타내는 지수는 0.712로, 육중량이 증가하는 정도보다 여과율이 증가하는 정도가 더 느리며, 육중량이 더욱더 커지게 되면 여과율의 증가는 미미할 정도로 줄어들 것이다. 이는 크기가 작은 시기 즉 성장기에 있는 개체가 성장함에 따라 여과율이 빨리 증가하고, 어느 정도 성장이 완료된 개체는 중량이 증가하더라도 여과율이 크게 증가하지 않음을 의미한다. 각장에 대한 여과율의 증가 지수가 중량의 경우에 비해 큰 이유는 각장과 중량 사이 또한 멱함수 관계가 성립하기 때문이다. 그리고 각장이 같은 서로 다른 두 종의 경우 패각의 두께와 무게가 서로 다를 수 있기 때문에 육중량 또한 다를 수 있다. 그러므로 여과율과 이매패류의 크기와의 상관관계는 각장보다는 육중량을 이용하여 나타내는 것이 일반적이다. 표 6-3은 크기가 다양한 이매패류의 육중량과 개체당 여과율 사이의 상관관계로부터 추정된 매개변수를 나타내고 있다. 표 6-3에 나타낸 바와 같이 육중량과 여과율 사이의 관계는 종마다 다르며, 같은 종이라 하더라도 연구자마다 매개변수 값이 다르다. 대체적으로 a 값은 이매패의 크기가 큰 경우에 높게 나타나는 경향이 있고(*Crassostrea gigas*, *Ostrea edulis*), b 값은 크기가 작은 개체들로부터 추정된 값(*Mytilus edulis*; Winter, 1973, *Modiolus demissus*, *Glauconome chinensis*)이 크기가 큰 개체들로부터 추정된 값보다 높은 경향이 있다.

표 6-3. 이매패류의 무게(육중량, W) 및, 무게와 개체당 여과율 간의 상관관계를 나타내는 매개변수의 종간 비교.

종명	육중량 (g)	a	b	참고문헌
Crassostrea gigas	0.50～2.00	10.39	0.27	Walne (1972)
Ostrea edulis	0.50～2.00	8.80	0.23	Walne (1972)
Mytilus edulis	0.50～4.00	3.85	0.25	Walne (1972)
Mytilus edulis	0.003～1.19	2.41	0.74	Winter (1973)
Mytilus edulis	0.01～1.00	3.90	0.60	Vahl (1973)
Mytilus edulis	0.05～1.00	1.94	0.39	Thompson and Bayne (1974)
Mytilus californianus	3.00～12.0	2.27	0.29	Rao (1953)
Modiolus demissus	0.01～0.81	3.44	0.76	Kuenzler (1961)
Pecten irradians	0.66～4.12	4.74	0.82	Chipman and Hopkins (1954)
Placopecten agellanicus	5.00～40.0	0.94	0.67	MacDonald and Thompson(1986)
Venerupis decussata	0.50～1.00	4.56	0.28	Walne (1972)
Venus mercenaria	0.50～2.00	4.53	0.18	Walne (1972)
Glauconome chinensis	0.005～0.025	0.43	0.71	Lee *et al.* (2002a)

매개변수인 a와 b는 함수 $CR=a\cdot W^b$ 에 의하여 추정된 값임

이매패류의 크기가 증가함에 따라 여과율도 따라 증가하고, 여과율이 증가하는 지수 또한 실험대상의 종류 및 개체의 크기에 다라 달라짐으로 인하여, 실험을 통하여 측정된 여과율 값을 어떻게 표현 및 비교할 것인가에 대한 어려움이 발생한다. 크기가 큰 개체로부터 측정한 여과율은 당연히 크기가 작은 개체로부터 측정한 여과율보다 높을 것이다. 그러므로 실험대상의 크기에 의하여 그 종의 여과율이 결정되는 모순이 나타날 수 있다. 이러한 문제를 해결하기 위하여 MacDonald and Thompson(1986)은 다음과 같이 여과율을 표준화시켜 사용하였다.

$$CR_s = \left(\frac{W_s}{W_0}\right)^b \cdot CR_0 \tag{13}$$

이때, CR_s는 표준화된 여과율, W_s는 표준 중량, W_0와 CR_0는 각각 실험에서 측정된 이매패의 중량 및 여과율이다. 이 과정은 크기 자체에 의한 여과율의 변화를 표준화시키기 때문에 크기가 다른 개체를 이용하여 여과율을 측정하였다 할지라도 그 값을 비교할 수 있다. 여과율의 지역간 차이, 계절 변화, 또는 종간의 차이 등을 비교하기 위해서는 이와 같이 표준화된 여과율 값을 이용하는 것이 바람직하다.

(2) 먹이의 종류

이매패류의 여과섭식에 먹이의 종류가 미치는 영향에 관한 연구는 매우 다양하며, 그 결과 또한 다양하다. 이매패류가 취급하기 어려울 정도로 먹이가 너무 작거나 혹은 너무 큰 경우가 아니라면 먹이의 크기가 여과율에 큰 영향을 미치지는 않는다. Sprung and Rose(1988)는 담수산 담치류인 *Dreissena polymorpha*에게 크기가 다른 여러 종류의 먹이를 먹이면서 여과율을 측정하였는데, 크기가 0.7 ㎛ 이하인 먹이는 전혀 여과를 하지 않았고, 0.7~5 ㎛인 범위에서는 먹이의 크기가 증가함에 따라 여과율도 증가하는 것을 관찰하였다. 그러나 먹이의 크기가 5~35 ㎛인 범위에서는 여과율이 거의 일정하게 나타나, 크기가 여과율에 영향을 미치지 않는다고 하였다. Shumway *et al.*(1997) 또한 이매패류의 먹이의 선택성(selection)이 먹이의 크기보다는 먹이가 갖는 다른 특성과 관련이 있다고 하였다. 이들은 가리비류의 3종(*Patinopecten yessoensis, Argopecten irradians, Placopecten magellanicus*)을 대상으로 다양한 크기의 먹이에 대한 여과율 및 먹이 선택성에 관한 실험을 하였다. 이들의 결과에 의하면, 큰가리비(*P. yessoensis*)의 경우, 먹이가 3~5 ㎛일 때 여과율이 가장 높았고, 해만가리비(*A. irradians*)의 경우, 먹이의 크기와 상관없이 여과율이 거의 일정하였다. 그리고 *P. magellanicus*의 경우, 먹이가 3~5 ㎛일 때와 5~8 ㎛일 때는 여과율이 비슷하지만, 8 ㎛ 이상일 때는 여과율이 매우 낮게 나타났다. 이는 Sprung and Rose(1988)의 결과와 일치하지 않는 결과이다. 따라서 여과율이 먹이의 크기 자체에 의하여 달라지기 보다는 먹이가 갖는 특성에 의하여 달라진다고 여길 수 있다. Bougrier *et al.*(1997)은 참굴(*Crassostrea gigas*)과 진주담치(*Mytilus edulis*)의 여과율이 먹이의 종류에 따라 어떻게 달라질 수 있는지를 조사하였다. 이들은 분류군이 다른 세 종류의 먹이 즉, *Skeletonema costatum*(규조류: Bacillariophyceae), *Tetraselmis suecica*(담녹조류: Prasinophyceae), *Pavlova lutheri*(후각편모조류: Prymnesiophyceae)를 혼합 공급하여 먹이에 대한 선택성을 조사하였다. 굴의 경우는 *T. suesica*를 선택적으로 가장 잘 여과하였고, 진주담치의 경우는 *S. costatum*과 *T. suecica*를 모두 잘 여과하였다. 그러나 이 두 종 모두 *P. lutheri*를 잘 여과하지는 않았다. 이처럼 먹이의 종류에 따라 이매패가 선호하는 먹이가 있는 반면 그렇지 못한 경우도 있다. 그러므로, 이매패류가 선호하는 먹이와 그렇지 않은 먹이는 이매패류의 종과 먹이의 종에 따라 다르다고 보아야 할 것이다.

먹이의 유기물 함량 또한 여과율에 영향을 미친다. 자연 해수에는 영양가가 높은 먹이 입자도 있지만 이와 함께 영양가가 별로 없는 부유입자 또한 많이 있다. 따라서 수중에 존재하는 부유입자 중 유기물이 차지하는 비율에 따라 이매패류의 여과섭식 형태가 달라진다. Iglesias *et al.*(1996)은 유기물 함량이 다른 다양한 종류의 먹이의 조합을 *Cerastoderma edule*에게 먹이면서 여과율을 비교하였다. 먹이의 농도가 낮을 경우에는 유기물의 함량에 따른 여과율의 차이가 크지 않았으나, 먹이의 농도가 높을 경우에는 유기물 함량이 낮을수록 여과율이 크게 나타났다. 이는 동일한 양의 유기물을 섭취하기 위하여 더 많은 양의 물을 여과하기 위한 반응으로 해석할 수 있다. Bacon *et al.*(1998)은 먹이의 유기물 함량에 따라 우럭과 *Placopecten magellanicus*에 의하여 섭취된 먹이의 양과 위분변으로 배출된 유기물의 양을 측정하였다. 유기물의 함량이 25%로 낮을 경우, 섭취된 먹이의 양이 위분변으로 배출된 양보다 적었고, 유기물 함량이 80%로 높을 경우 섭취된 먹이의 양이 위분변으로 배출된 양보다 많았다. 이는 유기물이 부족한 먹이는 설령 몸속으로 들어갔다 하더라도 이매패류에 의하여 섭취되지 않고 그대로 외부로 방출되고 있음을 나타내는 결과이다. 이상의 결과들은 이매패류가 먹이의 종류를 입수관을 통하여 빨아들이는 단계에서는 좋은 먹이와 그렇지 못한 먹이를 크기 구분하지 않으나, 아가미에 걸러져서 입으로 운반되는 과정에서는 좋은 먹이만을 구분해내는 능력을 갖고 있다는 것을 의미한다. 이는 앞 절에서 이미 언급한 바와 같이 아가미 섬유에 붙어있는 정단섬모(frontal cilia)와 구부촉사(mouth palp)의 작용에 의한 것이다.

이매패류가 먹이를 구분하는 능력이 모든 종류의 먹이에 대해 발달하였는지 여부에 대해서는 아직 확실하지 않다. Matsuyama *et al.*(1997)은 담치류인 *Mytilus galloprovincialis*에게 무독성 적조생물인 *Scrippsiella trochoidea* 및 *Heterocapsa triquetra*와 독성 적조생물인 *Heterocapsa circularisquama*를 공급하여 여과율을 비교하였다. 그 결과, 독성을 갖는 먹이의 경우 그렇지 않은 두 종의 먹이에 비해 여과율이 현저히 낮게 측정되어 *Mytilus galloprovincialis*가 독성을 갖는 먹이를 구분할 수 있음을 보고하였다. 하지만, 이와 전혀 다른 연구결과도 많이 있다. Li and Wang(2001)은 담치류인 *Perna viridis*와 바지락(*Ruditapes philippinarum*)에게 적조생물인 *Alexandrium tamarense*를 먹여서 먹이 구분 능력에 관한 실험을 하였다. *A. tamarense*는 마비성 패독(PSP: paralytic shellfish poisoning)을 만들어내는 적조생물로 알려져 있지만, 일부 개체군은 이러한 독소를 만들지 않는 경우도 있다. 이들은 독소를 만드는 *A. tamarense*와 만들지 않는 *A. tamarense*를 각각 먹이로 주어서 여과율을 측정하였는데, 이들 이매패류는 두 종류의 먹이를 구분해내지 못하는 것으로 나타났다. Li *et al.*(2001) 또한 가리비류인 *Clamys nobilis*와 바지락이 독성을 갖는 *Alexandrium tamarense*와 무독성 규조류인 *Thalassiosira pweudonana*를 구분해내지 못한다고 하였다. 그러므로 독소를 갖는 먹이라고 해서 항상 이매패류에게 좋지 않은 먹이라고 여길 수는 없다. 한편, Lee *et al.*(in review)은 독소를 전혀 만들어내지 않는 적조생물인 *Scrippsiella trochoidea*와 *Cochlodinium polykrikoides*를 갈색새알조개(*Glauconome chinensis*)에게 먹여서 여과율을 비교하였는데, *C. polykrikoides*를 먹였을 경우의 여과율이 *S. trochoidea*의 경우보다 훨씬 낮게 나타났다. *C. polykrikoides*는 사슬을 이루면서(chain form) 체외로 많은 양의 점액질을 분비하며, 유영속도가 매우 빠른 종이다. 즉, 비록 독소를 갖고 있지 않다 하더라도 사슬을 이루거나 점액질을 분비하여 이매패류가 다루기 어렵다든지, 유영속도가 빨라서 쉽게 빠져나갈 수 있다면 이매패류가 잘 여과하지 못하는 것이다. 이상의 내용을 종합하면, 이매패류의 여과율은 먹이의 크기, 종류 및 특성에 의하여 달라질 수 있으며, 이매패류가 먹이를 구분하는 능력은 이매패류의 종류에 따라 뚜렷한 경우도 있고 그렇지 못한 경우도 있다. 또한 먹이의 구분은 이매패류와 먹이 사이에 종특이적(species specific)으로 나타난다. 그러므로, 어느 한 종류의 이매패류에게 좋은 먹이라고 해서 항상 다른 종류의 이매패류에게도 좋은 먹이라고 여길 수는 없을 것이다.

(3) 먹이 농도

일반적으로 포식자가 잡아먹는 먹이의 양은 주변에 존재하는 먹이의 농도에 의하여 달라진다. 즉, 여과율과 섭식률을 먹이 농도의 함수로 나타낼 수 있는데, 이러한 관계를 기능적 반응(functional response)이라는 용어로 표현한다(Holling, 1966). 기능적 반응의 원래 의미는 어떠한 요인의 양 혹은 농도가 증가함에 따라 생물이 나타내는 반응이 함수적 관계로 나타난다는 것이다. 기능적 반응은 먹이-포식자 관계를 갖는 모든 생태계에서 찾아볼 수 있다. 먹이의 농도가 증가함에 따라 포식자가 나타내는 반응의 양상은 여러 가지가 있을 수 있다. 그림 6-15는 대표적인 기능적 반응의 예를 나타내고 있다. 크게 세 가지 유형으로 구분할 수 있는데, 각 유형별로, 위쪽의 그림은 먹이의 농도가 증가함에 따라 포식자가 먹은 먹이의 비율이 어떻게 달라지는가를 나타내고 있고, 아래쪽의 그림은 먹이의 농도가 증가함에 따라 포식자가 먹은 먹이의 양이 어떻게 달라지는가를 나타내고 있다. 이를 다시 풀이하면, 위쪽의 그림은 포식자가 먹이를 먹기 위하여 얼마나 많은 노력을 기울였는가를 나타내고, 아래쪽의 그림은 그 노력의 결과로 포식자가 얼마나 많은 이득을 얻었나를 나타내고 있다.

첫 번째 유형(Type I)은 먹이의 농도가 어느 수준에 도달할 때까지는 포식자가 먹이의 일정 비율을 먹다가 먹이의 농도가 더욱 증가하게 되면 전체 먹이 중 포식자가 먹는 먹이의 비율이 감소하는 경우이다. 이때, 포식자가 먹은 먹이의 양은 먹이 농도가 어느 수준에 도달할 때까지는 직선적으로 증가하다가 먹이의 농도가 더욱 증가하게 되면 일정해진다. 첫 번째 유형의 경우, 포식자의 반응이 달라지는 먹이 농도의 경계값이 존재한다. 이 경계값보다 낮은 농도에서는 먹이가 부족하기 때문에 포식자는 최대한의 노력을 들여야 하고, 따라서 먹이 농도가 증가할수록 더욱 많은 먹이를 먹게 된다. 반면 이 경계값보다 높은 농도에서는 먹이가 충분하기 때문에 농도와 상관없이 포식자가 먹을 수 있는 최대한의 양을 먹을 수 있으므로 먹이 농도가 높을수록 포식자는 노력을 적게 들여도 된다. 그러므로 먹이의 농도가 이 경계값보다 높으냐 낮으냐가 포식자에게는 매우 중요하다.

두 번째 유형(Type II)은 먹이의 농도가 증가할수록 포식자가 먹은 먹이의 비율이 지속적으로 감소하는 경우이다. 이때, 포식자가 먹은 먹이의 양은 지속적으로 증가하게 되는데, 먹이가 부족하면 기울기가 급격하고, 먹이가 점점 풍부해지면서 기울기가 완만해진다. 먹이의 농도가 더욱 증가하게 되면 포식자가 먹은 먹이의 양은 어느 값을 향해 점근적으로(asymptotic) 접근하게 되는데 (그림에서의 점선), 이 값이 그 포식자가 최대로 먹을 수 있는 먹이의 양이다. 첫 번째 유형이 직선적인 반응을 보이는데 비해 두 번째 유형은 곡선적인 반응을 나타낸다.

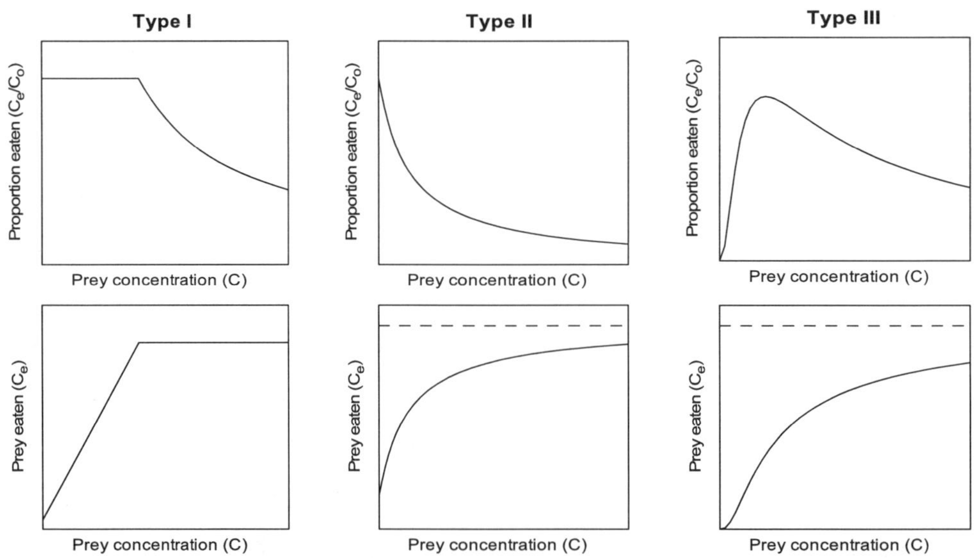

그림 6-15. 먹이 농도에 따른 포식자의 기능적 반응(functional response)의 대표적인 유형.
C: 먹이 농도, Ce/C0: 총 먹이에 대한 포식자가 먹은 먹이의 비율, Ce: 포식자가 먹은 먹이의 양. (Juliano, 2001)

실제 생물의 반응이 첫 번째 유형처럼 직선으로 나타나는 경우는 거의 없으므로 두 번째 유형이 보다 현실적이라 여길 수 있다.

세 번째 유형(Type III)은, 전체 먹이 중 포식자가 먹은 먹이의 비율이 먹이 농도가 어느 수준에 도달할 때까지는 증가하다가 먹이의 농도가 더욱 증가하게 되면 감소하는 경우이다. 이때, 포식자가 먹은 먹이의 양의 변화는 외형상으로는 두 번째 유형과 비슷하다. 그러나 두 번째 유형의 경우는 먹이 농도가 증가함에 따라 곡선의 기울기가 꾸준히 감소하는 반면, 세 번째 유형의 경우는 기울기가 일정 수준에 이르기까지는 증가하다가 그 이상에서는 감소한다. 즉, S자 모양의 변화를 나타낸다. 세 번째 유형의 경우에도 두 번째 유형과 마찬가지로 포식자가 먹은 먹이의 양은 먹이가 증가함에 따라 어느 값을 향하는 점근적인 경향을 갖고 있다. 세 번째 유형은 먹이가 극도로 부족할 경우에 포식자가 먹이를 먹고자 하려는 노력을 오히려 적게 들이는 경우에 해당된다.

각 유형별로 위쪽의 그림, 즉 포식자가 먹은 먹이의 비율(먹이를 먹고자 들이는 노력)은 이매패의 여과율(clearance rate)에 적용할 수 있고, 아래쪽의 그림, 즉 포식자가 먹은 먹이의 양(노력에 대한 포식자의 이득)은 이매패의 섭식률(ingestion rate)에 적용할 수 있다. 먹이 농도에 대한 여과율과 섭식률이 기능적 반응을 나타내고 있으므로 이들을 수학적 함수로 표현할 수 있어야 한다.

첫 번째 유형(Type I)의 경우, 먹이 농도의 경계값을 전후로 여과율과 섭식률이 각각 달리 표현된다. 여과율은 경계값 이전에서는 상수값을 갖고, 경계값 이후에서는 농도의 누승으로 나타내어질 수 있다. 섭식률은 경계값 이전에서는 직선 함수로, 이후에서는 상수로 나타내어진다. 이를 식으로 표현하면 다음과 같다.

여과율(C)의 경우,

$$C = C_{\max} \qquad (0 < x < xc) \tag{14a}$$

$$C = C_{\max} \cdot x^{-a} \qquad (x > xc) \tag{14b}$$

이때, C_{max}는 최대 여과율, x는 먹이 농도, x_c는 먹이의 경계값, a는 상수이다. 상수인 a는 여과율이 먹이 농도에 따라 얼마나 급격히 감소하는지를 나타내는 값이다.

섭식률(I)의 경우,

$$I = a + b \cdot x \qquad (0 < x < xc) \tag{15a}$$

$$I = I_{\max} \qquad (x > xc) \tag{15b}$$

이때 a와 b는 상수, x는 먹이 농도, x_c는 먹이의 경계값, I_{max}는 최대 섭식률이다. 상수인 b는 섭식률이 먹이 농도에 따라 얼마나 빨리 증가하는지를 나타내는 값이다.

두 번째 유형(Type II)의 경우, 여과율은 지수함수 혹은 농도의 누승 등으로 나타낼 수 있으며, 섭식률은 지수함수 혹은 Michaelis-Menten 방정식, 등으로 나타낼 수 있다.

여과율(C)의 경우,

$$C = a \cdot x^{-b} \tag{16}$$

혹은, $$C = a \cdot e^{-b \cdot x} \tag{17}$$

이때 a와 b는 상수, x는 먹이 농도이다. 상수인 b는 여과율이 먹이 농도에 따라 얼마나 급격히 감소하는지를 나타내는 값이다. 이 경우, 최대 여과율은 계산이 불가능하며, 측정된 여과율 값 중 가장 높은 값을 최대 여과율로 간주하는 것이 일반적이다.

섭식률(I)의 경우, 다음의 두 가지 함수가 가장 널리 적용되고 있다. 첫째는, Ivlev(1961)의 방정식으로,

$$I = I_{\max} \cdot \left(1 - e^{-\frac{a \cdot x}{I_{\max}}}\right) \tag{18}$$

이때 a는 상수, x는 먹이 농도, I_{max}는 최대 섭식률이다. 상수인 a는 섭식률이 먹이 농도에 따라 얼마나 빨리 증가하는지를 나타내는 값이다. 최대 섭식률 I_{max}는 그림 6-31에서 점근선 값에 해당된다.

둘째로, Michaelis-Menten 방정식 또한 섭식률의 표현에 널리 사용된다(Crawley, 1975).

$$I = \frac{I_{\max} \cdot x}{(K_c + x)} \tag{19}$$

이때 x는 먹이 농도, I_{max}는 최대 섭식률이고, K_c는 반포화 상수(half-saturation constant)이다. 즉, 먹이 농도가 K_c 값이 되었을 때 섭식률이 최대 섭식률의 1/2이 됨을 의미한다.

먹이 농도에 따른 섭식률의 함수를 적용하다 보면, 낮은 농도에서의 섭식률이 곡선에 일치하지 않는 경우가 있는데, 이는 포식자가 먹이 농도가 매우 낮을 경우에 먹이를 전혀 먹지 않기 때문이다. 이러한 문제를 해결하기 위하여 위의 두 식을 약간씩 변형하여 사용하기도 한다. Ivlev의 방정식은 다음과 같이 변형시킬 수 있다(Parsons *et al.*, 1967).

$$I = I_{\max} \cdot \left(1 - e^{-\frac{a \cdot (x - x_0)}{I_{\max}}}\right) \tag{20}$$

Michaelis-Menten 방정식 또한 다음과 같이 변형시킬 수 있다(Mullin *et al.*, 1975).

$$I = \frac{I_{max} \cdot (x - x_0)}{[K_c + (x - x_0)]} \tag{21}$$

변형된 두 식은 원래 식의 먹이 농도값(x)을 (x-x_0)로 바꾼 식이다. 이때 x_0는 먹이 농도의 한계값(threshold food concentration)으로 이 값보다 먹이 농도가 낮을 경우 포식자가 먹이를 먹지 않음을 의미한다.

세 번째 유형(Type III)의 경우, 여과율과 섭식률은 지수함수의 여러 가지 복합적인 형태로 나타낼 수 있다.

여과율(C)의 경우, Riisgard(1988)는 다음과 같은 지수함수를 사용하였다.

$$C = \frac{a}{x} \cdot e^{(-\frac{b}{x})} \tag{22}$$

이때 a와 b는 상수, x는 먹이 농도이다. a 값은 곡선의 크기를 나타내는 값이고, b 값은 여과율이 최대가 되는 먹이 농도를 나타내는 값이다. 따라서 최대 여과율(C_{max})은 다음과 같이 계산할 수 있다.

$$C_{max} = \frac{a}{b} \cdot e^{-1} \tag{23}$$

섭식률(I)의 경우, 곡선의 모양이 S자 형태이므로 logistic 방정식으로 나타낼 수 있다.

$$I = \frac{I_{max}}{1 + e^{\frac{(K_c - x)}{a}}} \tag{24}$$

이때 a는 상수, x는 먹이 농도, I_{max}는 최대 섭식률, K_c는 반포화상수이다. 상수인 a 값은 곡선의 크기를 나타내는 값이다.

섭식률은 먹이 농도와 여과율의 곱이므로, 식 22로부터 다음과 같이 유도할 수 있다.

$$I = I_{max} \cdot e^{(-\frac{b}{x})} \tag{25}$$

이때 b는 상수, x는 먹이 농도, I_{max}는 최대 섭식률이다. 상수인 b값은 곡선의 기울기가 증가하다가 감소하는 변곡점에서의 먹이 농도이다.

이상과 같이 나열한 여러 가지 함수 중에 어떠한 함수를 이용하여 여과율과 섭식률을 표현하는 가는 실제 측정된 값이 어떠한 경향을 보이는가에 의하여 결정할 수 있다. Coutteau *et al.*(1994)은 바지락 치패의 여과율과 섭식률을 첫 번째 유형(Type I)으로 표현하였다 (그림 6-32). 이들은 규조류인 *Chaetoceros neogracile*를 이용하여 바지락 치패의 여과율과 섭식률을 측정하였다. 이들은 먹이 농도가 어느 수준(15,200～24,100 cells/ml)에 이르기까지는 여과율이 일정하다가 그 이상에서 감소한다고 하였고, 섭식률 또한 26,600～33,700 cells/ml 이하에서는 증가하다가 그 이상에서는 일정해진다고 하였다. 이들이 계산한 바지락 치패의 최대 여과율은 2.3 liter/hr/g이며, 최대 섭식률은 6.3×107 cells/hr/g이다. 이들은 이 두 값의 비율(I_{max}/C_{max})로부터 초기제한농도(incipient limiting concentration; Sprung and Ross, 1988)를 계산하였는데, 이 농도(27400 cells/ml)와 여과율과 섭식률이 변화하는 경계값의 범위가 거의 일치한다고 하였다.

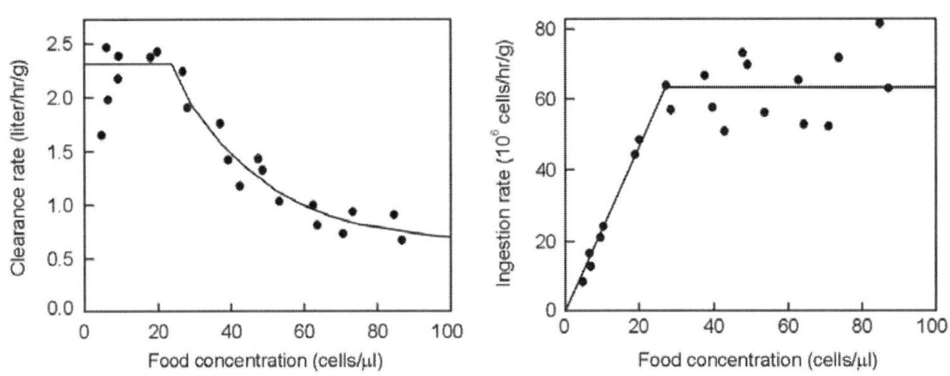

그림 6-16. 바지락 치패의 먹이 (*Chaetoceros neogracile*) 농도에 따른 여과율과 섭식률의 변화. (Coutteau *et al.*, 1994)

첫 번째 유형(Type I)은 비교적 쉽게 최대 여과율과 최대 섭식률을 구할 수 있다는 장점이 있으나, 이를 구하는 과정이 다소 육안에 의존하므로 객관성이 떨어진다. 따라서 보다 객관적인 값을 구하고자 할 경우 두 번째(Type II) 혹은 세 번째(Type III) 유형을 적용하는 것이 좋다. 많은 연구자들이 이매패의 여과율과 섭식률이 두 번째 혹은 세번째 유형에 적합하다고 여기고 있으나, 이 중 여과율과 섭식률을 함수로 표현한 경우는 많지 않다. 함수로 표현하고자 하는 이유는 최대 여과율이나 최대 섭식률 혹은 반포화상수 등을 추정하기 위함인데, 많은 경우에서 이러한 값들의 추정보다는 여과율 혹은 섭식률의 경향만을 파악하는데 중점을 두었기 때문이다. Riisgard(1988)는 백합류인 *Mercenaria mercenaria* 유생의 여과율과 섭식률을 세 번째 유형을 이용하여 나타내었다(그림 6-17). 그는 미소편모조류인 *Isochrysis galbana*를 이용하여 *Mercenaria mercenaria* 유생의 여과율과 섭식률을 측정하였다. 그는 먹이 농도 8,000 cells/ml을 경계로 그 이하일 때에는 여과율이 증가하고 그 이상일 때에는 여과율이 감소한다고 하였다. 이러한 관계로부터 먹이 농도가 8,000 cells/ml일 때 여과율이 최대로 나타남을 알아냈다. 또한 그는 이 관계식을 이용하여 섭식률 또한 표현하였다.

Lee *et al.*(in review)은 갈색새알조개(*Glauconome chinensis*)의 여과율에는 세 번째 유형을, 섭식률에는 두 번째 유형을 적용하였다(그림 6-18). 이들은 와편모조류인 *Prorocentrum minimum*을 이용하여 갈색새알조개의 여과율과 섭식률을 측정하였다. 이들은 먹이 농도가 0.62 mgC/liter(= 2,956 cells/ml)일 때를 경계로 그 이하일 때에는 여과율이 증가하고 그 이상일 때에는 여과율이 감소하는 것을 발견하였고, 그래서 그들은 여과율을 나타내기 위하여 세 번째 유형의 함수를 이용하였다. 그러나, 먹이 농도의 증가에 따른 섭식률의 변화는 뚜렷한 S자형 변화가 발견되지 않아, 섭식률을 나타내기 위하여 두 번째 유형인 Michaelis-Menten 방정식을 적용하였다.

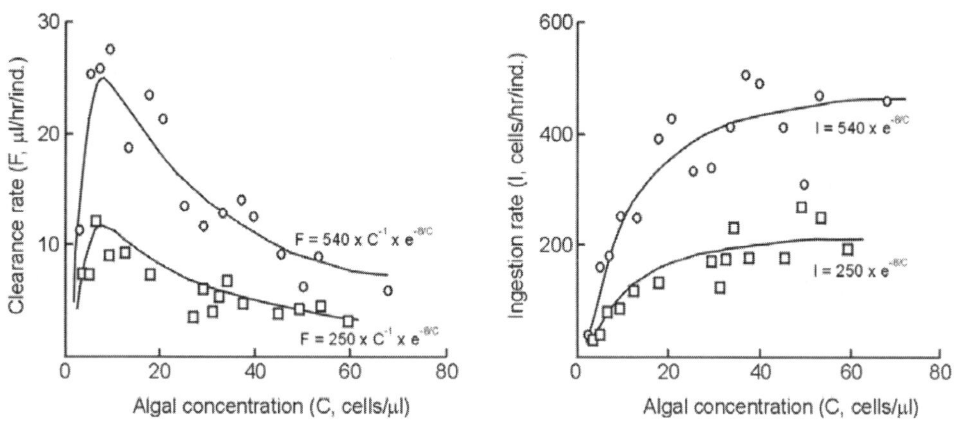

그림 6-17. 백합류 이매패류 *Mercenaria mercenaria* 유생의 먹이 (*Isochrysis galbana*) 농도에 따른 여과율과 섭식률의 변화. (Riisgård, 1988)

이상에서 설명한 바와 같이 여과율과 섭식률이 먹이 농도에 대하여 어떠한 기능적 반응을 나타내는 지는 측정된 값의 분포에 의하여 결정됨을 알 수 있다. 하지만, 여과율과 섭식률의 기능적 반응에는 적용한 모델의 유형이 무엇이든 간에 서로 공통적인 현상이 있다. 즉, 여과율은 먹이 농도가 증가할수록 감소한다는 점이며, 섭식률은 먹이 농도가 증가할수록 증가하고, 어느 농도 이상에서는 거의 일정해진다는 점이다. 먹이 농도가 증가할수록 여과율이 감소하는 이유는, 동일한 양의 먹이를 먹는데 소비하는 에너지가, 먹이의 농도가 높을수록 적게 들기 때문이다. 섭식률이 일정 먹이 농도 이상에서 일정해지는 이유는 생물이 먹을 수 있는 먹이양의 한계가 있기 때문이다. 최대 섭식률은 양은 이매패의 크기와 먹이의 영양 상태 등의 조건에 의하여 결정된다. 예시된 그림들에서 먹이 농도에 따른 여과율과 섭식률의 변화는 매우 크게 나타난다. Lee *et al.*(in review)은 먹이의 종류가 같더라도 먹이의 농도가 다르면 여과율과 섭식률이 최대 13배까지 달라질 수 있다고 하였다. 따라서 이매패의 여과율과 섭식률을 측정함에 있어서 먹이 농도가 얼마인가에 따라 그 결과가 크게 달라질 수 있음을 주의하여야 할 것이다. 먹이 농도에 따른 섭식률의 변화와 최대 섭식률을 알면 그 이매패의 적정 먹이양을 산정할 수 있다. 그러므로 먹이 농도와 이매패류의 여과섭식에 관련된 정보들은 이매패류 양식에 유용하게 사용되어질 수 있을 것이다.

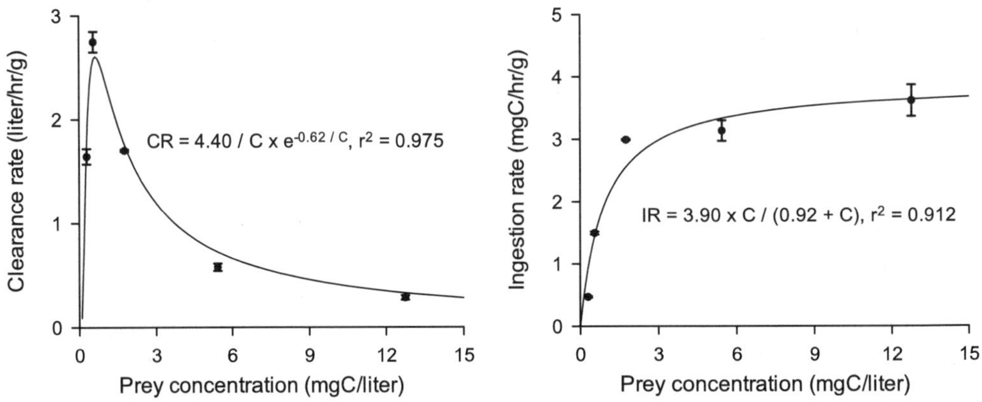

그림 6-18. 갈색새알조개의 먹이 (*Prorocentrum minimum*) 농도에 따른 여과율과 섭식률의 변화. (Lee *et al.*, (in review))

(4) 기아(Starvation)

이매패류의 여과섭식은 포식자 주변에 존재하는 먹이를 자신의 체내로 들여와서 이를 에너지원으로 사용하기 위한 과정이다. 그러므로 포식자의 배가 부른 상태에서의 여과율과 배가 고픈 상태에서의 여과율은 당연히 다르게 나타날 것이다. 실제 자연상태에서는 먹이가 결핍되는 경우는 거의 없으므로 이매패류는 자신이 충분히 먹을 수 있는 만큼의 먹이를 먹고 있다고 볼 수 있다. 그러나 실험실 조건에서는 자연상태와는 달리 먹이의 결핍이 있을 수 있으며, 이로 인하여 여과율 혹은 섭식률이 자연상태에서와 다르게 나타날 수 있다. 그러므로 기아에 의한 여과율의 변화는 실험실 조건에서만 나타날 수 있는 현상이다. Lee and Chung(2001)은 갈색새알조개에서 굶은 시간에 따라 여과율이 어떻게 달라지는가를 조사하였다. 이들은 갈색새알조개를 채집한 즉시 여과율을 측정하여 전혀 굶지 않은 상태에서의 값을 구하였고, 1일, 2일, 5일 동안 먹이를 공급하지 않은 상태에서의 여과율을 측정하여 이 값들을 비교하였다(그림 6-19).

전혀 굶지 않은 개체의 경우 배양시간이 30분일 때의 여과율과 60분, 90분, 120분일

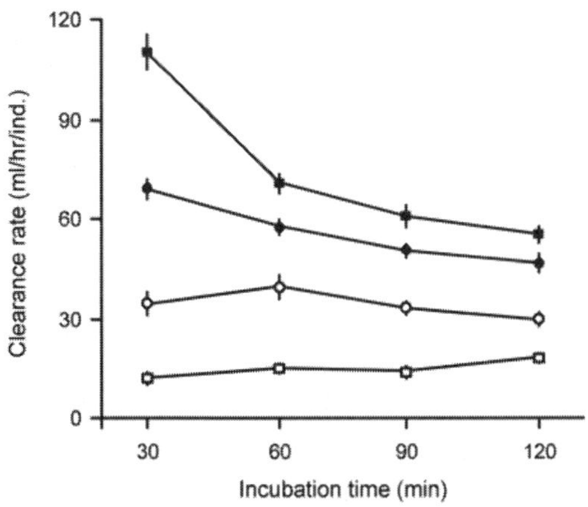

그림 6-19. 먹이를 공급하지 않았을 때 나타나는 갈색새알조개의 여과율의 변화.
○: 굶지 않은 개체, ●: 1일간 굶은 개체, ■: 2일간 굶은 개체, □: 5일간 굶은 개체. (Lee and Chung, 2001)

때의 여과율에 거의 차이가 나지 않는다. 그러나 1일간 굶은 개체의 경우 초기 30분 동안의 여과율이 굶지 않은 개체보다 2배 가량 높다. 이렇게 높아진 여과율은 배양 시간이 더 경과하여도 계속 높은 값을 유지하고 있다. 2일간 굶은 경우도 마찬가지이며, 여과율이 증가된 정도는 더욱 크다. 굶지 않은 개체의 여과율보다 약 3.5배 가량 높게 나타나고 있다. 이처럼 굶은 개체들에서는 굶지 않은 개체보다 여과율이 높게 측정되며 이는 모든 생물에게 있어서 당연한 현상으로 여길 수 있다. 그러나 이는 자연상태의 값을 과대평가하는 결과를 초래하게 된다. 뿐만 아니라, 5일 동안 굶은 개체의 경우의 여과율은 현저하게 낮아져서 굶지 않은 개체의 절반 정도에 지나지 않는다. 이는 굶은 기간이 너무 길어질 경우, 이매패의 생리적 활성 자체가 감소하여 정상적으로 여과를 할 수 없음을 의미한다. 결국 자연상태의 값을 과소평가하게 된 것이다. 이상과 같은 결과는 여과율 측정을 위하여 실험실에서 이매패류를 어떻게 유지하여야 할 것인가를 암시하고 있다. 일반적으로 자연 상태의 개체를 채집하여 실험을 실시하는 경우, 채집 후 실험실 조건에 어느 정도 적응시켜서 실험을 실시한다. 이는 채집과 운반과정 및 새로운 환경에의 노출 등으로 인하여 실험 대상이 충격을 받을 수 있으므로 모든 생리적 상태가 불안정하기 때문이다. 실험실 환경에의 적응기간 동안은 먹이를 공급하는 것이 일반적이지만, 여과율 또는 섭식률 측정을 위해서는 실험 실시 1일 전부터 먹이를 주지 않는 경우가 많다(Matsuyama *et al.*, 1997; Laabir and Gentien, 1999).

이는 탈장(depuration) 즉, 장 내용물을 완전히 비우기 위함인데, 이로 인하여 여과율이 실제보다 과대평가될 가능성이 있다. 그러므로 실험 1일 전에 먹이를 전혀 공급하지 않는 것보다는 소량이라도 먹이를 공급하는 것이 좋고, 실험 전 약 6시간 전에 탈장을 위해 먹이를 중단하여도 무방하다. 6시간 정도면 장 내용물의 대부분이 몸 밖으로 빠져나오기에 충분하다.

(5) 온도

온도는 이매패류와 같은 변온동물의 대사속도를 결정하는데 매우 중요한 역할을 한다. 일반적으로 온도가 증가하면 생물의 대사속도는 빨라지게 된다. 그러므로 여과율과 섭식률 또한 증가하는 것이 일반적이다(Jørgensen *et al.*, 1990; Vanderploeg *et al.*, 1995). 그러나 온도가 너무 높을 경우 온도 자체가 생물에게 스트레스로 작용할 수 있으므로 여과율과 섭식률이 오히려 감소하게 된다. 그림 6-20은 가리비의 일종인 *Argopecten ventricosus circularis*의 여과율과 섭식률이 온도에 따라 어떻게 달라지는가를 보여주고 있다(Sicard *et al.*, 1999). 이들은 단일 농도(1.5×10^5 cells/ml)의 *Isochrysis galbana*를 먹이로 이용하였는데, 온도가 16~22℃인 범위에서는 여과율과 섭식률이 증가하였고 있고 22~28℃ 범위에서는 감소하고 있다. 여과율과 섭식률의 증가 및 감소는 이매패의 성장과 직접 관련이 있으므로, 이 값들이 최대가 되는 온도에서 가장 높은 성장률을 기대할 수 있다. 따라서 *Argopecten ventricosus circularis*의 최적 수온은 여과율과 섭식률이 최대가 되는 19~22℃ 범위이다.

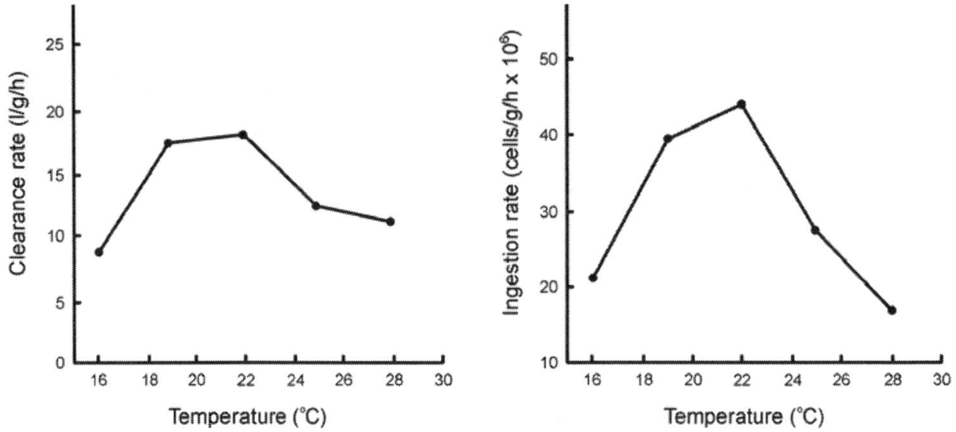

그림 6-20. 가리비류(*Argopecten ventricosus-circularis*)의 온도에 따른 여과율 및 섭식률의 변화 (먹이: *Isochrysis galbana*, 1.5×105 cells/ml). (Sicard *et al.*, 1999)

Lee *et al.*(2002b)은 개조개(*Saxidomus purpuratus*) 치패를 이용한 실험에서 Sicard *et al.*(1999)과 유사한 결과를 얻었다. 이들은 각 온도별로 먹이(*Isochrysis galbana*) 농도를 달리하면서 개조개 치패의 여과율과 섭식률을 측정하였다(그림 6-21, 22). 먹이 농도에 대한 여과율과 섭식률의 변화는 그 양상이 모든 온도에서 유사하다. 그러나 온도가 달라짐에 따라 여과율과 섭식률의 절대값은 그 차이가 매우 크다.

온도가 5~20℃인 범위에서는 여과율과 섭식률이 뚜렷이 증가하고 있으며, 20℃와 25℃ 사이에서는 거의 유사하다. 그리고 30℃가 되면 여과율과 섭식률이 현저하게 감소하는데, 이는 온도가 스트레스로 작용하였음을 의미한다. 그림 6-23은 각 온도별로 개조개 치패의 최대 여과율과 최대 섭식률의 변화를 나타내고 있다. 온도가 가장 낮은 5℃에서는 최대 여과율은 0.3 liter/hr/g으로 매우 낮다. 그러나 온도가 증가함에 따라 최대 여과율도 지속적으로 증가하여 25℃일 때 21.1 liter/hr/g으로 가장 높은 값을 나타내었다. 30℃에서는 거의 여과를 하지 않는 것으로 나타나고 있다. 최대 섭식률 또한 최대 여과율의 경우와 거의 동일한 경향을 보여주고 있다. 이들의 결과에 의하면, 온도에 따른 여과율과 섭식률이 최대 70배까지 달라질 수 있다. 개조개 치패의 경우 성장에 적합한 온도는 15~25℃ 범위이다. 이와 같이 이매패류가 여과섭식을 하는데 최적의 온도 범위가 존재한다. 이러한 최적 온도 범위는 종에 따라 다르며 그 종이 서식하는 환경에 따라 달라질 수 있다.

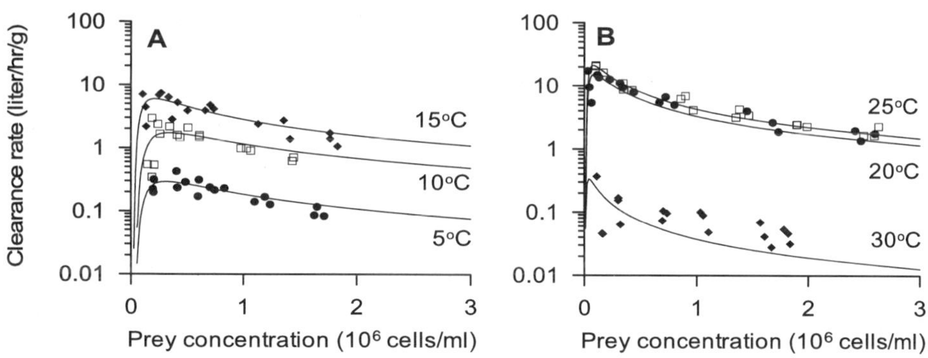

그림 6-21. 개조개 치패의 먹이 (*Isochrysis galbana*) 농도 및 온도에 따른 여과율의 변화. (Lee *et al.*, 2002b)

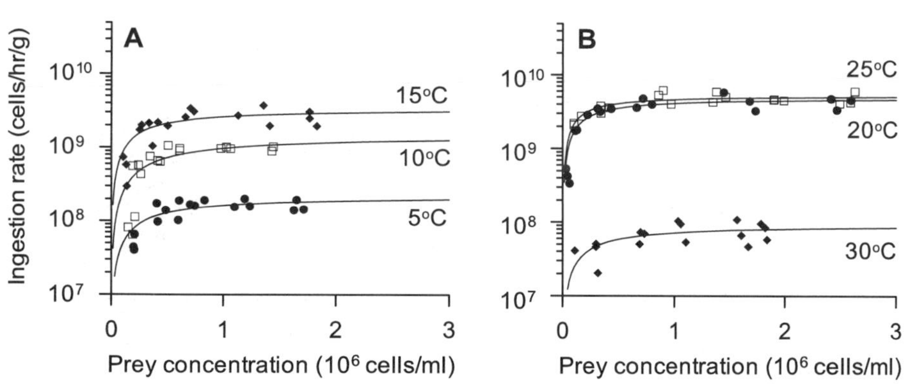

그림 6-22. 개조개 치패의 먹이 (*Isochrysis galbana*) 농도 및 온도에 따른 섭식률의 변화. (Lee *et al.*, 2002b)

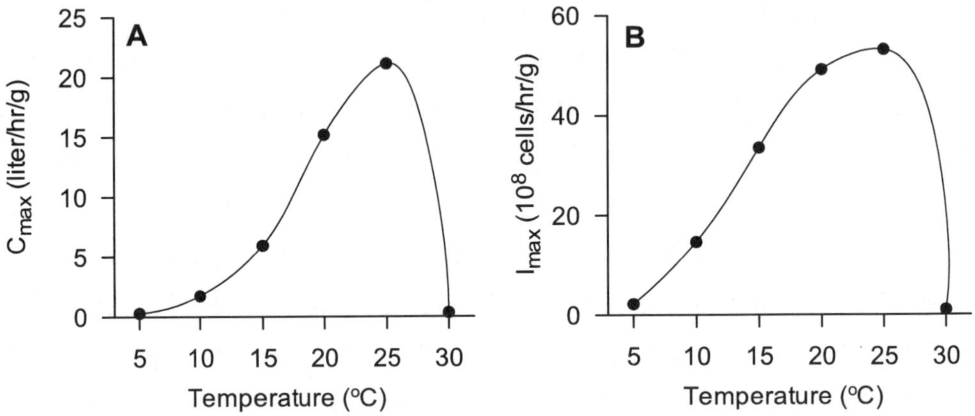

그림 6-23. 개조개 치패의 온도에 따른 최대 여과율 및 섭식률의 변화. (Lee *et al.*, 2002b)

온도가 증가함에 따라 이매패류의 여과율과 섭식률이 증가하는 이유는 이매패류의 체내에서 일어나는 생리, 생화학적 반응속도가 빨라지기 때문이며, 특히 산소를 소비하는 속도가 빨라지기 때문이다. 이매패류의 산소 흡수와 여과섭식은 동일한 과정을 통하여 이루어지므로 여과율 또한 증가하게 되는 것이다. 온도의 증가는 또한 외부환경의 특성 즉, 물의 점성을 감소시켜 여과를 더욱 용이하게 해 주는 효과도 있다(Jørgensen *et al.*, 1990). 그림 6-24는 진주담치(*Mytilus edulis*)의 여과율이 온도와 물의 점성의 변화에 따라 어떻게 달라지는가를 보여주고 있다. 온도가 4℃에서 24℃까지 증가함에 따라 여과율은 지속적으로 증가하는 반면, 물의 점성이 증가함에 따라 여과율은 감소하고 있다. 이와 같이 물의 점성과 여과율이 서로 음의 상관관계를 나타내는 것은 온도의증가가 여과율을 증가시킬 뿐만 아니라 물의 점성 또한 감소시키기 때문이다.

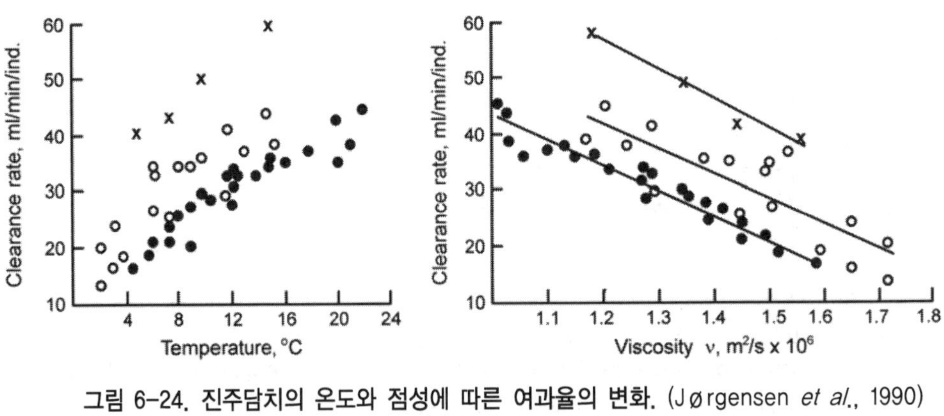

그림 6-24. 진주담치의 온도와 점성에 따른 여과율의 변화. (Jørgensen *et al.*, 1990)

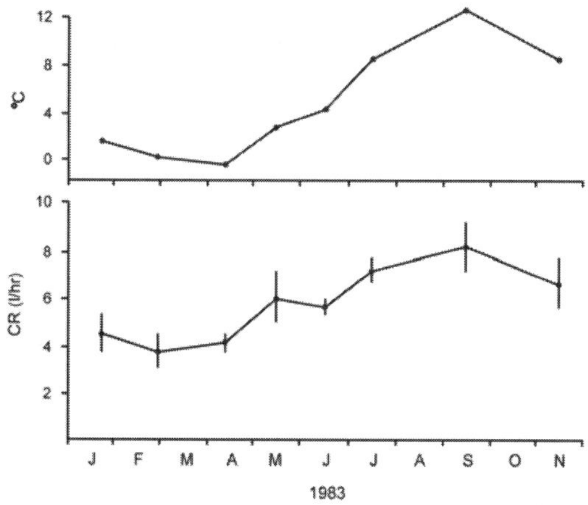

그림 6-25. 현장수온 및 가리비류(*Placopecten magellanicus*)의 여과율의 연중 변화. (MacDonald and Thompson, 1986)

물의 점성이 낮으면 아가미를 통과할 때 점성이 높은 물보다 저항을 적게 받게 되므로 이매패류가 물의 여과하는데 소모하는 에너지의 양 또한 감소하게 된다. 온도 변화에 따른 여과율의 변화는 현장 자료에서도 찾아볼 수 있다.

MacDonald and Thompson(1986)은 가리비류인 *Placopecten magellanicus*를 매월 현장에서 채집한 후, 채집 당시의 수온 조건에서 여과율을 측정하여 연중 수온의 변화와 여과율의 변화가 잘 일치하고 있음을 밝혔다(그림 6-25). 수온이 낮은 1월에서 4월까지는 여과율이 4 liter/hr 정도에서 변화하다가 수온이 증가하는 5월부터 여과율도 증가하고 있으며, 수온이 최대가 되는 8월에 가장 높은 여과율을 나타내고 있다.

이상에서 살펴본 바와 같이 온도와 이매패류의 여과율 사이에는 좋은 상관관계가 있음을 알 수 있다. 그러나 Lee *et al.*(2002b)의 결과와 MacDonald and Thompson(1986)의 결과를 자세히 살펴보면 여과율의 변화 폭에 있어서 큰 차이가 있다. 즉, 개조개(*Saxidomus purpuratus*) 치패의 경우 온도에 따른 여과율의 변화가 약 70배까지 크게 변하고 있으며(그림 6-23), 가리비류(*Placopecten magellanicus*)의 경우 그 변화는 2배 정도에 지나지 않는다(그림 6-25).

이와 같이 여과율의 변화 폭이 차이가 나는 이유는 여러 가지가 있을 수 있다. 즉, 종 자체의 차이일 수도 있으며, 개조개의 경우는 치패(각장 5mm)를 대상으로, 가리비류의 경우 성체(각장 155 mm)를 대상으로 실험을 실시하였으므로, 성장단계의 차이일 수도 있다. 그러나 이러한 이유보다 더 큰 이유는 아마도 개조개의 경우 실험실의 일정한 온도에서 사육하던 개체이고 가리비류의 경우 현장의 변화하는 온도에서 서식하던 개체이기 때문에 이 두 집단 간의 온도변화에 대한 적응력이 다르기 때문일 것이다. 실험실에서 측정한 온도에 대한 반응은 대부분이 비교적 짧은 시간 동안 변화한 온도에 대하여 생물이 나타낸 단기적인 반응(acute response)이다. 생물이 일정한 온도에 장기간 노출되어 있으면 그 온도에 적응을 하게 되는데 이를 순응(acclimation)이라 한다. 이와 같은 순응

기작이 생물에게 존재하기 때문에 온도가 변화하게 되면 그 온도에 순응하기까지 시간이 소요되기 마련이다. 이러한 순응 기간은 생물마다 다르며, 온도의 변화 폭에 따라 다르다. 그러므로 충분히 순응시키지 않은 상태에서의 대사속도는 온도의 지배를 크게 받는다. 그림 6-23에서와 같이 온도별 여과율의 차이가 큰 이유가 실험 대상이 새로운 온도에 완전히 순응하지 않은 상태이기 때문이며, 그림 6-25에서와 같이 그 차이가 크지 않은 이유는 실험 대상이 이미 현장온도의 변화에 충분히 순응되어 있이 때문이다. Widdows and Bayne(1971)은 진주담치의 여과율이 순응기간 동안 어떻게 달라지는지 실험을 하였다(그림 6-26).

이들은 현장의 해수 온도가 10℃일 때 진주담치를 채집하여 각각 5℃, 10℃, 15℃의 다른 온도 조건에 사육하면서 시간이 지남에 따라 이들의 여과율이 어떻게 달라지는지를 조사하였다. 실험 초기에는 각 온도별 여과율이 크게 차이나고 있으며 온도가 높을수록 여과율도 높았다. 그러나 놀랍게도 사육기간이 경과함에 따라 온도별 여과율의 차이는 점점 작아져 28일째에는 서로 다른 온도에서 진주담치의 여과율이 거의 동일하게 나타났다.

온도에 순응하는 양상은 그 생물이 사육되는 조건 혹은 서식하는 환경에 따라서도 달라질 수 있다. Widdows(1976)는 11℃~19℃사이에서 매일 주기적으로 변하도록 조절한 상태에서 진주담치를 사육하면서, 온도가 11℃, 15℃, 19℃가 되었을 때 측정한 여과율이 시간이 지남에 따라 어떻게 달라지는지 조사하였다(그림 6-27).

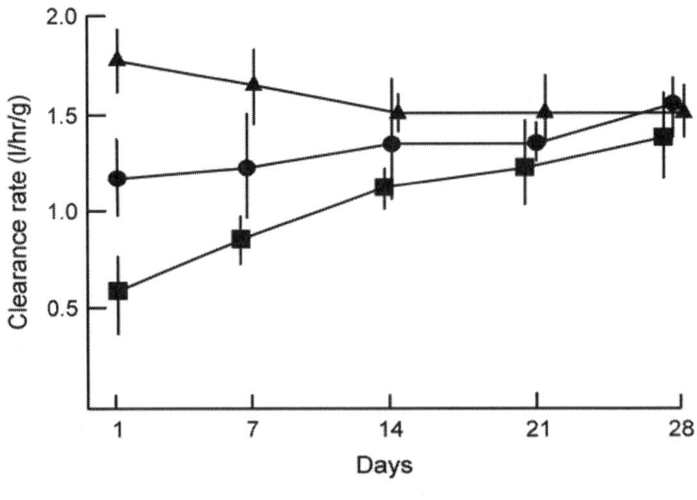

그림 6-26. 진주담치의 일정한 온도에서의 순응 기간에 따른 여과율의 변화.
■: 5℃, ●: 10℃(현장 수온), ▲: 15℃. (Widdows and Bayne, 1971)

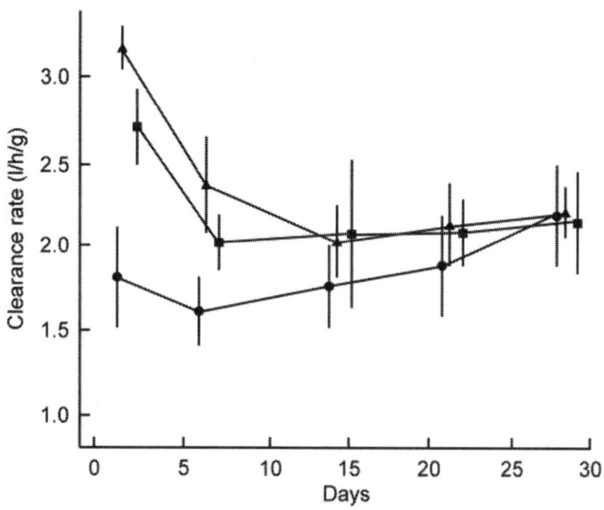

그림 6-27. 매일 주기적으로 온도가 변화되는(11℃-19℃) 사육 환경에서 진주담치의 여과율의 시간에 따른 변화.
•: 11℃, ■: 15℃, ▲: 19℃. (Widdows, 1976)

사육초기에는 하루 중 온도가 가장 높은 19℃일 때 여과율이 가장 높았고, 온도가 가장 낮은 11℃일 때 가장 낮았다. 그러나 사육기간이 경과함에 따라 그 차이는 점점 줄어들어 30일째에는 온도와 상관없이 일정한 여과율을 나타내었다. 이는 온도가 주기적으로 변화하는 조건에서 초기에는 여과율 또한 주기성을 나타내고 그 진폭도 크지만, 시간이 경과함에 따라 진폭이 감소하고 결국에는 주기성이 사라지고 있음을 의미한다. 뿐만 아니라 매일 변화하는 온도의 변화폭이 실제 환경에서 얼마나 큰가의 여부에 따라 이매패류의 여과율이 달라지기도 한다. Widdows(1976)은 서식환경이 다른 두 집단의 진주담치의 여과율이 서식환경의 특성에 따라 어떻게 달라지는지를 조사하였다. 그는 하루 중 온도변화가 1℃ 이내인 서식환경(기수역)에 사는 진주담치와 하루 중 온도가 8℃까지 변화하는 서식환경(온배수 주변)에 사는 진주담치를 채집하여 이들의 여과율이 서로 다른 온도에서 어떻게 나타나는지를 조사하였다(그림 6-28). 기수역에 서식하는 진주담치는 온도 적응 범위가 좁기 때문에 자신의 서식환경과 유사한 온도인 20℃일 때 여과율이 가장 높으며, 이보다 높은 온도인 25℃와 30℃일 때는 여과율이 현저히 감소하고 있다. 반면, 온배수 주변에 서식하는 진주담치는 온배수 배출로 인하여 실제 환경보다 높은 온도에 잘 적응이 되어 있기 때문에 온도 적응 범위가 비교적 넓다. 따라서 온도가 20℃일 때와 25℃ 및 30℃일 때 여과율의 차이가 거의 나타나지 않고 있다. 이상의 내용을 요약하면,

이매패류의 여과율 및 섭식률은 단기적으로는 온도가 증가할수록 증가한다. 반면 너무 높은 온도에서는 온도 자체가 스트레스가 되어 여과율과 섭식률이 오히려 감소한다. 그러나 장기적으로 볼 때, 이매패류는 주변의 온도에 능동적으로 순응할 수 있으며, 이러한 순응 과정을 거쳐서 결국에는 일정한 여과율과 섭식률을 유지하게 된다.

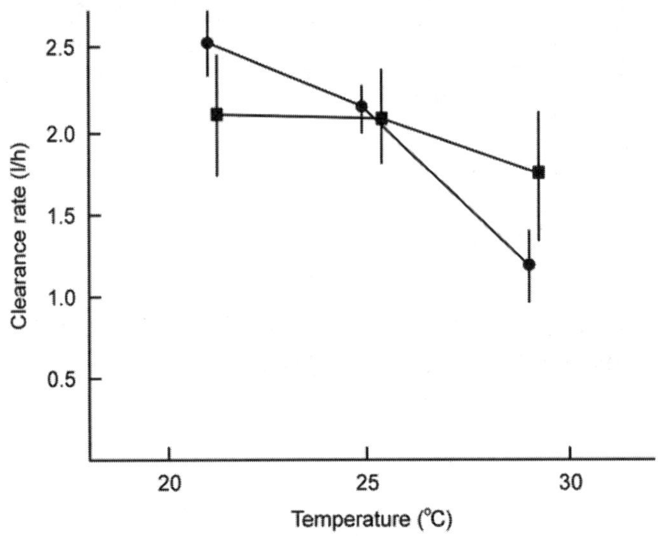

그림 6-28. 서식환경이 다른 진주담치의 온도에 따른 여과율의 변화. •: 하루 중 온도 변화가 1℃ 이내인 환경에 서식하는 진주담치의 여과율, ▪: 하루 중 온도 변화가 8℃ 이상인 환경에 서식하는 진주담치의 여과율. (Widdows, 1976)

(6) 염분

염분이 해양생물에게 영향을 미치는 경우는 생물의 서식 장소가 기수역 혹은 연안역일 경우와 강우가 집중되는 시기 등과 같이 일반적인 상태이라기보다는 특수한 상태인 경우가 많다. 또한 염분의 변화가 심한 곳에 서식하는 생물은 대부분이 염분에 대한 내성이 강한 광염성(euryhaline) 종이므로 염분의 변화에 의하여 생리적 활성이 달라지는 경우가 많지 않다. 이러한 이유로 인하여 염분이 이매패류의 여과섭식에 미치는 영향에 관한 연구는 그리 많지 않으며(Bohl, 1972; Lavarro and Gonzalez, 1998), 오히려 삼투조절 기능이라든지(Shumway, 1977), 염분에 대한 적응 기작(Livingston *et al.*, 1979) 등에 관한 연구가 많다.

염분에 대한 이매패류의 반응 또한 온도와 마찬가지로 갑작스러운 변화에 대한 단기적 반응(acute response)과 장기간 동안 일어나는 순응(acclimation)의 두 가지 형태로 구분할 수 있다.

Navarro and Gonzalez(1998)는 가리비류인 *Argopecten purpuratus*의 여과율이 염분의 변화에 대하여 어떻게 달라지는지 조사하였다. 이들은 실험을 실시하기 전 1주일 동안 각각의 실험 염분에 순응시킨 후 여과율을 측정하였다. 염분이 27∼30‰인 범위에서는 여과율이 정상적으로 측정되었고, 염분이 이보다 낮은 경우 여과율이 감소하였다(그림 6-29).

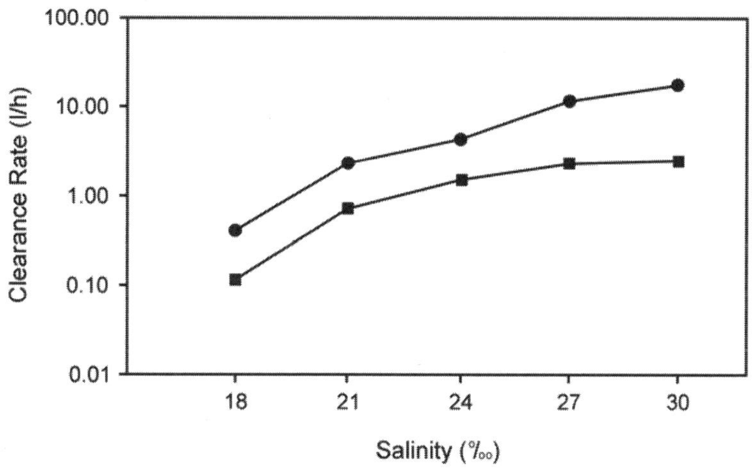

그림 6-29. 크기가 다른 두 집단의 가리비류(*Argopecten purpuratus*)의 염분에 따른 여과율의 변화. •: 10 g, ■: 1 g. (Navarro and Gonzalez, 1998)

이와 같이 저염분 상태에서 여과율이 감소하는 현상은 Theede(1963), Lubet and Chappuis(1966), Bøhle(1972) 등의 연구 결과에서도 찾아볼 수 있다.

Theede(1963)는 염분이 15‰인 발트해(Baltic Sea)산 진주담치와 염분이 30‰인 북해(North Sea)산 진주담치의 여과율을 측정하였는데, 각각의 서식환경과 같은 염분 조건에서의 여과율은 두 집단이 서로 유사하였으나, 염분을 서로 바꾸었을 때의 여과율은 극심하게 감소하는 것을 관찰하였다. 이렇게 감소된 여과율은 그 염분에서 7∼10일이 경과된 후에도 정상상태로 회복되지는 않았다. Lubet and Chappuis(1966)은 염분이 19‰ 미만으로 낮아지면 *Mytilus galloprivincialis*의 여과율이 감소한다고 하였다.

Bøhle(1972)은 진주담치를 각각 34‰, 26‰, 18‰에 7주 동안 적응시키면서 여과율을 측정하였다. 34‰에서는 여과율이 정상적이었고, 26‰과 18‰에서는 초기에 급격히 감소하는 것을 관찰하였다. 26‰에서는 시간이 경과함에 따라 여과율이 서서히 증가하여 4주

이후부터는 정상적으로 회복되었다. 그러나 18‰에서는 7주가 지난 후에도 여과율이 정상적으로 회복되지 않았다. 이러한 결과는 염분이 변화하였을 때 이매패가 적응하는 기간이 매우 길다는 것을 암시한다. 온도에 대한 적응이 약 3~4주 정도이면 완전히 이루어지는 점에 비추어 볼 때, 염분에 대한 적응 속도는 이보다 느리다고 볼 수 있다.

(7) 용존산소

용존산소량은 이매패류의 여과섭식뿐만 아니라 모든 대사과정에 영향을 미친다. 이매패류의 여과섭식과 호흡(산소흡수)은 동일한 과정을 통하여 이루어지므로, 수중의 산소량(산소분압: PO_2)의 감소에 따른 여과율의 변화는 호흡률의 변화와 직접적인 연관을 갖고 있다. 즉, 산소 분압에 대한 호흡률의 반응이 여과율에 그대로 반영되는 것이다. 일반적으로 이매패류는 수중의 산소 분압이 감소하게 되면 이에 대한 적응 기작을 갖고 있다. 즉, 호흡을 위하여 빨아들이는 물의 양을 주위의 산소 분압에 맞도록 감소시켜 호흡률을 낮게 유지하고, 체내에서의 산소소비율을 감소시킨다(Bayne, 1971). 따라서 이와 함께 다른 모든 대사 속도 또한 느려지게 된다. 이러한 적응 기작은 이매패류가 저산소(hypoxic) 혹은 무산소(anoxic) 환경에 잘 적응되어 있음을 의미한다. 물론 산소가 완전히 결핍된 환경에서 이매패류가 생존할 수 있는지 여부는 그 상태가 얼마나 오래 지속되는가에 의하여 결정될 것이다. 이러한 적응 기작으로 인하여, 산소가 부족하게 되면 이매패류의 여과율이 감소하게 된다. Sobral and Widdows(1997)는 바지락류인 *Ruditapes decussatus*의 여과율이 산소가 부족한 상태에서 어떻게 달라지는지를 조사하였다(그림 6-30).

이들은 산소분압이 포화상태의 25%(약 6kPa) 정도로 감소할 때까지는 여과율이 정상적인 상태를 유지하고 있다가, 그 이하로 낮아질 경우 여과율이 급격히 감소하는 것을 관찰하였다. 또한 이들은, 산소가 극도로 부족한 상태(1.2kPa)에서도 비록 낮은 값이지만 여과율이 0보다 큰 값을 나타내어 이매패가 활동을 완전히 중

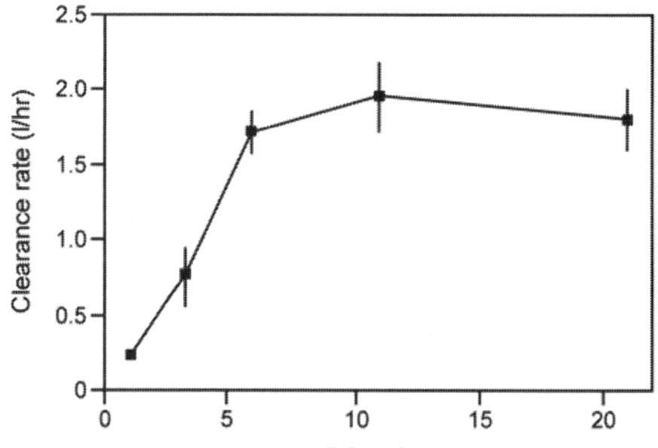

그림 6-30. 바지락류(*Ruditapes decussatus*)의 산소분압에 따른 여과율의 변화. (Sobral and Widdows, 1997)

단하지는 않는다는 점을 강조하였다. 만약, 산소의 분압이 낮아진 상태에서 정상적인 대사 속도를 그대로 유지한다면 산소의 소비율이 공급률보다 높아 체내의 산소가 결국에는 고갈되어 버릴 것이고, 반대로 대사를 완전히 멈추어 버린다면 산소의 공급 자체가 중단되어 결국에는 치명적인 결과를 초래할 것이다. 그러므로 이와 같은 저산소 상태에 대한 이매패류의 적응 기작은 자신의 생존 및 에너지 보존을 위하여 발달시킨 것으로 해석할 수 있다.

(8) 오염물질

수중에 녹아있는 오염물질은 다양한 경로를 통하여 이매패류의 여과섭식에 영향을 미칠 수 있다. 이매패류의 여과율에 오염물질이 미칠 수 있는 영향은 크게 신경계의 기능 저하와 아가미의 손상 등이 있다. 신경계의 기능이 저하되면 이매패류가 먹이를 감지하는 능력이 떨어져 여과율이 감소하게 되고, 아가미 조직이 손상을 입게 되면 걸러진 입자를 입으로 운반하는 능력이 감소되므로 섭식률이 감소하게 된다. 뿐만 아니라 오염물질이 몸에 축적되면 체내에서 일어나는 대사과정에 장애를 일으키거나 조직의 변형 등으로 인한 이차적인 영향 등도 여과섭식에 영향을 미칠 수 있다. 그러나 이매패류는 다른 무척추동물에 비해 오염물질에 대한 내성이 강하기 때문에 낮은 수준에서의 오염은 이매패류의 대사에 큰 영향을 미치지는 않는다. 정 등(1997)은 참재첩(*Corbicula leana*)

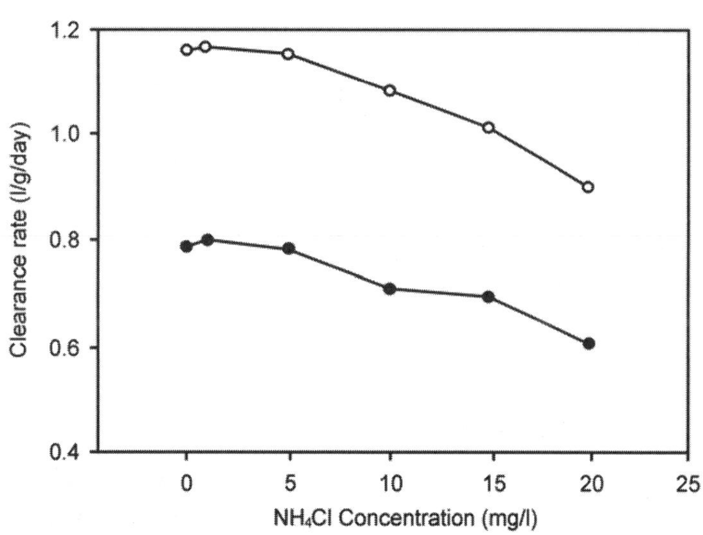

그림 6-31. 참재첩의 암모니움(NH_4Cl) 농도에 따른 여과율의 변화.
○: 작은 개체(10 mm), ●: 큰 개체(20 mm). (정 등, 1997)

의 여과율이 암모니움(NH_4Cl)의 농도에 따라 어떻게 달라지는지 조사하였다. 이들은 크기가 큰 개체(각장 20 mm)와 작은 개체(각장 10 mm)로 구분하여 NH_4Cl 농도를 0~20mg/l까지 변화시키면서 여과율을 측정하였다(그림 6-31). NH_4Cl 농도가 5mg/l 미만인 경우에는 여과율이 정상적으로 나타났으나, 그 이상인 농도에서는 농도가 증가함에 따라 여과율이 감소하였다. 이들은 높은 NH_4Cl 농도에서 여과율의 감소가 아가미의 손상에 의한 것이라고 하였다.

중금속이 이매패류의 여과섭식에 미치는 영향 또한 암모니움과 유사하다. 정 등(1998)은 중금속인 구리(Cu), 카드뮴(Cd) 및 수은(Hg)의 농도에 대한 참재첩의 여과율 변화를 조사하였다(그림 6-32). 구리와 카드뮴의 경우 농도가 1 ppm일 때에는 여과율이 감소하지 않지만, 3 ppm이상일 때에는 여과율이 뚜렷이 감소하고 있다. 수은의 경우는 그 영향이 더욱 커서 1 ppm만 되어도 여과율이 감소하고 있으며, 3 ppm에서는 정상상태의 1/2에도 미치지 못하고 있다. 이와 같이 오염물질 농도의 증가에 따른 여과율의 감소는 아주 뚜렷하게 나타난다. 하지만 여과율이 감소될 정도의 오염물질 농도(ppm 수준)는 실제 자연환경에서 존재할 수 있는 농도범위(ppb 수준)보다 훨씬 높다는 점을 주목하여야 한다. 그러므로 오염물질에 노출되었다 할지라도 그 농도가 극단적으로 높지 않다면 이매패류의 여과율은 크게 저하되지 않을 것이다.

그러나 단기적으로는 영향이 없다 하더라도 장기적으로 영향이 나타날 수는 있다. Axiak and George(1987)는 실제 자연상태에서 일어날 수 있는 상황을 실험실에서 재현하여 장기간 오염물질에 노출된 이매패류의 여과율이 저하될 수 있음을 밝혔다.

이들은 백합류인 *Venus verrucosa*를 원유(crude oil)에 145일간 노출시키면서 여과율의 변화를 관찰하였다(그림 6-33).

이들은 원유 농도를 100 μg/liter로 실험을 하였는데 이 농도에서 실험기간 동안 사망한 조개는 없었다고 한다. 그러나 실험 시작 후 30일째부터 여과율이 감소하기 시작하여

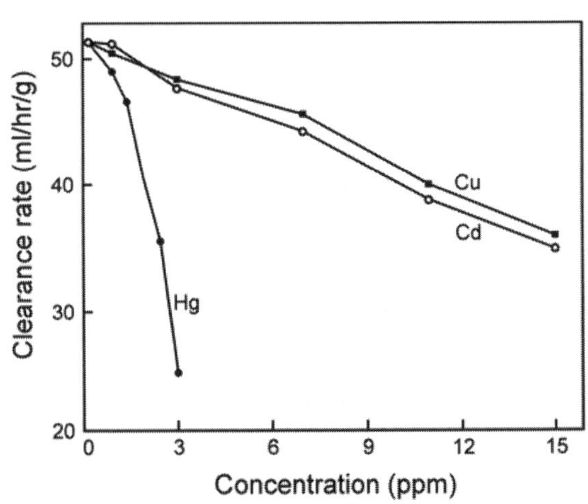

그림 6-32. 참재첩의 중금속 농도에 따른 여과율의 변화.
■: Cu, ○: Cd, •: Hg. (정 등, 1998)

시간이 경과할수록 대조구와 실험구와의 차이는 점점 커지고 있다. 따라서 생물을 사망에 이르게 하지 않는 낮은 농도라 할지라도 장기간 지속적으로 오염물질에 노출되면 이매패류의 여과율이 감소하게 된다. 그러므로 오염물질이 이매패류의 생리적 특성에 미치는 영향을 알아내기 위해서는, 오염물질의 농도와 그 물질에 생물이 노출된 시간을 함께 고려하여야 할 것이다.

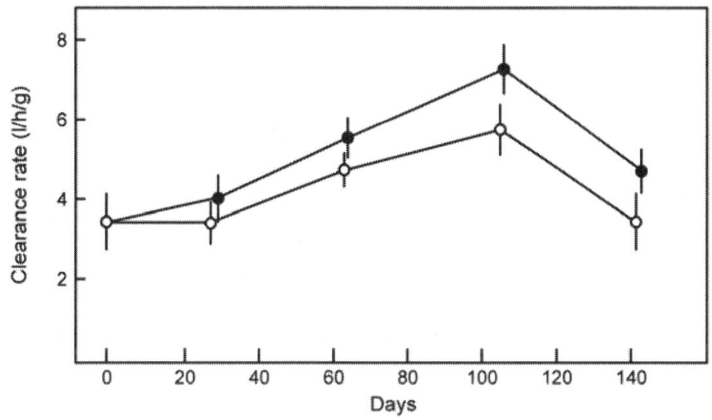

그림 6-33. 원유(crude oil)에 노출된 백합류(*Venus verrucosa*)의 시간에 따른 여과율의 변화.
•: 대조구, ○: 실험구 (원유농도: 100 ㎍/L). (Axiak and George, 1987)

3. 호흡 및 배설

1) 호흡(Respiration)

생물은 생명을 영위하기 위하여 먹이를 섭취하게 되고 이로부터 에너지를 얻게 되는데 여기에 산소가 필요하게 된다. 이매패류와 같이 물속에서 살고 있는 생물은 산소를 물속에서 얻게 되므로 물속에 녹아 있는 산소, 즉 용존산소의 양과 이용방법이 생물의 생존을 좌우한다고 할 수 있다.

호흡이란 생물체와 환경과의 사이에 산소(O_2)의 섭취와 이산화탄소(CO_2)의 방출을 수반하는 것을 말하는 것으로 에너지가 방출되지 않는다면 단순히 가스교환(gas exchange)[1)]이라고 볼 수 있다. 단세포 동물은 몸 표면을 통하여 가스교환이 일어나지만 고등한 다세포 동물은 호흡기관(respiratory organ)이라는 가스교환 기관을 가진다.

호흡은 호흡이 일어나는 곳을 중심으로 크게 세 가지로 나눈다. 즉, 호흡기관에서 가스교환이 일어나는 것을 외호흡(external respiration), 체액과 조직사이에서 이루어지는 가스교환인 내호흡(internal respiration)과 세포내에서 이루어지는 호흡으로 영양소를 분해하여 에너지를 생산하는 동시에 분해산물인 노폐물을 내보내는 세포성호흡(cellular respiration)으로 구분할 수 있다.

호흡기관에는 체표와 같이 단순히 산소가 확산을 통하여 이동하는 것을 비롯하여 일정한 형태를 가지고 가스를 교환하는 것이 있는데, 아가미(gill), 기관(trachea), 허파(lung) 등이 그것이다.

물속에 녹아있는 용존산소는 수생생물의 생존에 중요한 의미를 가지는데, 용해되는 산소의 양은 ① 산소의 분압, ② 산소의 용해도, ③ 온도 등에 좌우된다. 공기 중에 산소의 양은 20.95%를 함유하고 있으며 0℃의 수분 100 ml 속에는 약 1 ml의 산소가 용해된다. 그러나 온도가 상승하면 산소의 용해도는 감소한다. 예를 들면 15℃에서 산소의 용해도는 100 ml 당 0.7 ml 이지만 37℃에서는 0.5 ml 로 감소된다. 대기압이 증가되면 보다 많은 기체가 물에 용해된다. 정상의 대기압은 760 mmHg이고 이 가운데 산소가 20.95% 포함되어 있으므로 산소의 분압은 159 mmHg(760 mmHg × 20.95% = 159 mmHg)가 된다. 수조 내 산소의 분압이 159 mmHg가 되면 대기 중의 산소 분압과 같게 되어 산소의 입출입이 없는 평형상태에 있게 된다. 만일 대기 중의 산소의 분압이 감소하게 되면 수조 속에 용해되는 산소의 양도 감소하게 된다. 즉, 대기압은 고도에 따라 감소하게 되므로 용해되는 산소의 양도 감소하게 된다. 고도 약 5,500 m의 대기압은 해면의 절반에 해당되므로 용해되는 산소의 양도 역시 절반이다.

(1) 호흡기작 (Respiratory mechanisms)

이매패류에서 호흡은 환경수가 입수관을 통해 외투강내로 들어와서 아가미를 통과한 후 출수관으로 내보내지는 물의 순환에 따르고 있다(그림 6-1). 그러나 원새류(protobranchs) 가운데 일부 이매패류는 입출수관(siphon)이 없고 대신 좌우측 패각 사이의 틈새로 물이 들어와 외투강을 거쳐 나간다. 이매패류들은 주기적으로 또는 반사적으로 패각을 여닫으며 외투강내를 청소한다. 하지만 무산소 상태에서는 패각을 닫은 상태로 유지하는 경우가 많지만(예; 담치류 *Mytilus*, 백합류 *Mercenaria*, 굴류 *Ostrea*),

---

1) 학자들은 가스교환을 보는 관점에 따라용어 사용을 달리하고 있는데, 가스교환(gas exchange)은 동물체의 체표를 통하여 산소를 받아들이고 이산화탄소를 내보내는 것을 말하고, 호흡(respiration)은 세포내에서 대사활동의 결과로 에너지를 방출할 때 사용한다. 그리고 산소소비(oxygen consumption)는 이산화탄소의 방출과는 무관하게 단순히 생물이 산소를 소비하는 관점에서 사용한다.

그렇지 않은 경우도 있다(예; 새조개류 *Cardium*, 가리비류 *Pecten*). 입수관으로 들어온 물은 아가미 표면에 있는 소공을 통하여 그 안의 수관(water tube)으로 들어간다. 그 후 물은 상새강(suprabranchial cavity)으로 나가는데 이 강은 네 개로 되어 있다. 상새강은 아가미 위에 있으며 몸의 종축과 평행하는 방향으로 놓여 있다. 그리고 이 강은 후폐각근의 밑에 있는 출수관으로 연결되며 물은 이곳을 통하여 밖으로 나간다. 이와 같이 물이 아가미를 통과하는 동안 물과 체액 사이에 가스교환이 일어나며, 가스교환 효율은 아가미에 나와 있는 섬모의 운동과 물의 흐름 속도와 관련되어 있다.

가. 섬모운동(Ciliary activity)

아가미의 섬모운동에 관하여 많은 학자들이 관심을 가지고 있으나 아직 명확히 밝혀져 있지 않고 있다. Grave and Schmitt (1925)는 담수 이매패류의 연구에서 섬모세포는 신경과 연결되어 있지 않고 독립적으로 운동을 한다고 하였다. Lucas (1931a, b)도 진주담치(*Mytilus edulis*)와 *Modiolus modiolus*를 대상으로 중앙 신경계와 아가미 신경계와의 관련에 대하여 연구하였지만 아무런 관련을 찾지 못했다. 새엽(gill filament)에는 수축세포(contractile cell)는 있지만 신경은 나와 있지 않았다. 따라서 아가미의 섬모운동은 세포의 세포질을 통한 협동작용으로 나타난다고 결론을 맺었다.

일반적으로 섬모운동은 산소를 필요로 함으로 산소의 섭취는 섬모운동에 따라 달라진다. 용존산소가 충분하다면 0~30℃에서 아가미 섬모의 산소소비는 아가미 운동의 속도에 비례한다(Gray, 1924).

나. 물의 흐름(Rate of water flow)

대부분의 이매패류는 아가미에 나와 있는 섬모운동에 의하여 물의 흐름을 조절함으로서 물속에 녹아 있는 산소를 취한다. 이매패류는 주기적 또는 반사적으로 양 패각을 여닫음으로서 외투강내를 항상 깨끗하고 신선하게 유지한다. 따라서 이매패류의 환수율(아가미를 통하여 단위시간당 흐르는 물의 양)의 측정은 환경수로부터 받아들이는 산소의 양을 계산하는데 필수적이다. 그러나 이매패류에서 물의 흐름은 호흡보다는 먹이섭취와 더 밀접한 관계가 있다(Krogh, 1959). 특히 물의 흐름은 아가미 표면의 섬모운동에만 달려 있는 것이 아니고 양 패각의 위치에 따라서도 조절된다(Hopkins, 1932, 1933).

이매패류의 환수율은 성체보다 어린 개체일수록 높으며 생리적 조건에 따라 변한다(Fox *et al.*, 1937). 담치류(*Mytilus*, 75~166 g)는 시간 당 2.2~2.9 L의 물을 순환한다. 그리고 13℃에서 3~5%의 산소를 섭취하며 온도가 올라가면 더 많은 산소를 받아들인다.

다. 산소이용(Oxygen utilization)

입수관과 출수관 사이의 용존산소 농도의 차이는 단위시간당 물의 절대 이용량에 환수율을 곱함으로서 얻을 수 있다. 입수관과 출수관 사이의 용존산소 비를 이용계수(utilization coefficient)라고 한다(Hazelhof, 1939). 일반적으로 이매패류의 산소이용은 다른 연체동물에 비해서 매우 낮다(표 6-4). 특히 단위시간당 아가미를 통해 많은 양의 물이 통과함에도 불구하고 취득하는 산소의 양은 아주 적은 양에 불과하다.

출수관은 조직의 산소요구와 환경수에서 산소의 이용능력에 따라 다양한 형태로 물의 흐름을 조절함으로서 아가미의 환수율을 조절하고 있다. Van Dam(1954)은 출수관으로 나오는 물에서 산소 농도에 상당한 차이가 있는 것을 밝혔는데, 이는 출수관에서 나오는 물속의 산소가 전적으로 이매패류의 호흡에 의해서 소비된 결과가 아니라는 것을 의미한다.

표 6-4. 이매패류에서 산소이용율

종명	산소이용율(%)	참고문헌
Mya arenaria(우럭)	3~10	Van Dam(1935)
Pecten irradians(가리비)	2.5~6.8	Van Dam(1954)
Cardium tuberculatum(새조개)	6~10	Hazelhof(1939)
Solen siliqua(맛조개)	7~12	Hazelhof(1939)
Pinna nobilis(키조개)	3~8	Hazelhof(1939)

(2) 호흡에 미치는 환경요인

가. 수온

온도와 수소이온 농도는 섬모운동과 아가미를 통한 물의 흐름에 영향을 주는 가장 큰 요인이다. 진주담치에서 보면 수온 0~33℃의 범위에서 수온이 상승할수록 아가미의 섬모운동이 증가한다. 그러나 34~40℃ 범위에서는 현저히 감소하였으며, 40℃에서는 섬모운동이 휴지 상태로 되며, 45℃에서는 아가미가 수축하는 현상을 보였다. 또 13℃에서는 3~5%의 산소를 물로부터 받아들인다. 동죽(*Mactra venerifomis*)은 수온 5~30℃ 범

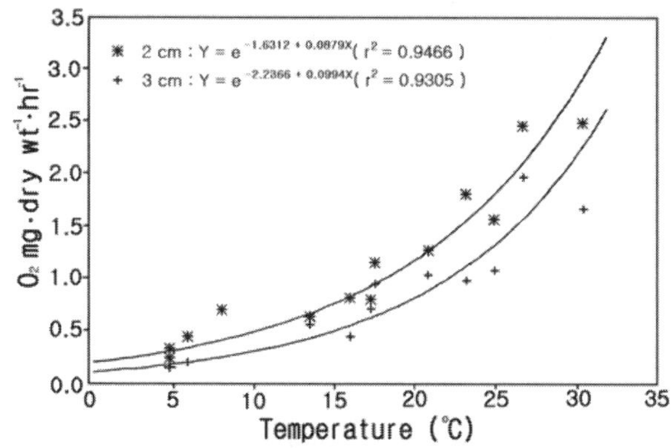

그림 6-34. 서식지 온도에 따른 동죽의 산소소비 경향 (각장 2 cm, 3 cm)

위에서 온도와 산소소비 경향을 보면 그림 6-34에서와 같이 지수 곡선으로 나타나 수온이 높을수록 산소소비율이 높게 나타났다(Lee, 1996).

일반적으로 고온에 견디는 대한 저항성은 종에 따라 다르게 나타난다. Vernberg *et al.*(1963)의 실험에 의하면 *Aequipecten irradians*의 아가미 조각을 37℃에 두었을 때 아가미의 섬모운동이 멈춘 반면, 버지니아굴(*Crassostrea virginica*)과 *Modiolus demissus*의 아가미 조각은 44℃에 두어도 섬모의 움직임을 관찰할 수 있었다.

백합(*Meretrix lusoria*)은 수온 11～29℃ 범위에서는 21℃에서 산소소비율이 가장 높았으며 29℃의 고온에서는 11℃의 저온에서 보다도 오히려 산소소비율이 감소하였다(Lee and Chin, 1986). 바지락(*Ruditapes phillipinarum*)을 수온 18℃와 25℃에 순응시킨 후 하루에 1℃씩 상승시킨 경우 수온 30℃까지 산소소비율은 꾸준히 증가하였으며 하루에 2℃ 또는 3℃씩 상승시킨 경우에는 그림 6-35에서와 같이 사망 직전의 온도(35℃)까지 산소소비량이 증가하는 것을 볼 수 있다(Shin *et al.*, 2000).

표 6-5에 몇 종의 이매패류에 대한 온도별 산소소비량을 나타내었다. 일반적으로 온도가 높을수록 산소소비량이 높지만, 같은 온도에서도 종에 따라 상당한 차이가 있는 것을 볼 수 있다.

나. 염분

*Aequipecten irradians*는 염분이 낮아짐에 따라 아가미 섬모운동이 중단되었고 진주담치와 *Venus mercenaria*는 60%로 염분이 희석되자 아가미 운동이 멈추었다. 그러나 버지니아굴과 *Modiolus demissus* 등은 염분에 영향을 보이지 않았다. 강 하구에 서식하는 백합의 경우에는 희석된 염분에 적응되어 염분 33‰에서 보다 23‰에서 산소소비량이 높았다(표 6-6). 그러나 동죽은 10‰의 낮은 염분에서는 정상 염분(30‰) 보다 2～9배의 낮은 산소소비율을 나타내었다(Lee, 1996).

한편, 18℃와 25℃에서 순응시킨 바지락을 3.20~32.0‰에서 측정한 산소소비량을 보면 18℃에 순응시킨 바지락의 경우 염분의 감소에 따라 산소소비율도 감소하는 경향을 보였으나, 25℃에 순응시킨 바지락은 18℃에 순응된 개체와 달리 저염분에도 높게 나타나(그림 6-36), 고수온-저염분 환경에서 생존하기 위한 생리적 적응의 한 단면을 보여주고 있다(Shin *et al*., 2000).

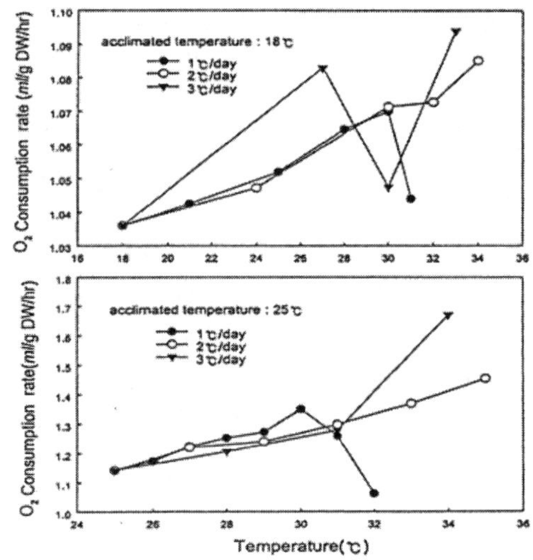

그림 6-35. 18℃와 25℃에서 순화시킨 바지락의 온도에 따른 산소소비량

표 6-5. 온도에 따른 이매패류의 산소소비량

온도 (℃)	종명	산소소비량 (μl O_2/g wet wt./hr)	참고문헌
10	*Ostrea edulis*(넓적굴)	6	Korringa(1952)
	Tegillarca granosa(꼬막)	12~86*	Shin *et al*.(2002)
11	*Meretrix lusoria*(백합)	260~610*	Lee and Chin(1986)
14	*Mya arenaria*(우럭)	30~40	Collip(1921)
15	*Mactra veneriformis*(동죽)	567~1,225*	Lee(1996)
16	*Mytilus edulis*(진주담치)	55	Rotthauwe(1958)
17	*Corbicula leana*(참재첩)	7.1~10.0*	Chung *et al*.(1997)
20	*Mactra veneriformis*(동죽)	714~1,316*	Lee(1994)
	Pecten rradians(대서양해만가리비)	70	Van Dam(1954)
	Pecten grandis	70	Van Dam(1954)
21	*Meretrix lusoria*(백합)	360~705*	Lee and Chin(1986)
24	*Lima squamosa*	6~14	Montuori(1913)
	Lithodomus lithophagus	4~20	
	Mytilus galloprovincialis(지중해담치)	6~18	
	Pecten jacobeus	12~28	
	Pecten varius	37~71	
	Tapes decussatus	16~50	
25	*Corbicula leana*(참재첩)	8.8~12.7*	Chung *et al*.(1997)
	Mactra veneriformis(동죽)	1,071~2,366*	Lee(1996)
	Tegillarca granosa(꼬막)	41~208*	Shin *et al*.(2002)
29	*Meretrix lusoria*(백합)	99~480*	Lee and Chin(1986)

* 건중량 기준(μl O_2/g dry wt./hr)

표 6-6. 염분에 따른 이매패류의 산소소비량

염분 (‰)	종명	산소소비량 (mg O_2/g dry wt./hr)	참고문헌
10	*Mactra veneriformis*(동죽)	0.03~1.57	Lee(1996)
13	*Meretrix lusoria*(백합)	0.18~0.31	Lee and Chin(1986)
20	*Mactra veneriformis*(동죽) *Ruditapes philippinarum*(바지락)	0.21~1.67 0.1~1.0	Lee(1996) 해양수산부(2001)
23	*Meretrix lusoria*(백합)	0.36~0.98	Lee and Chin(1986)
27	*Ruditapes philippinarum*(바지락)	0.05~2.1	해양수산부(2001)
30	*Mactra veneriformis*(동죽)	0.81~3.38	Lee(1996)
33	*Meretrix lusoria*(백합) *Ruditapes philippinarum*(바지락)	0.25~0.41 0.07~2.1	Lee and Chin(1986) 해양수산부(2001)

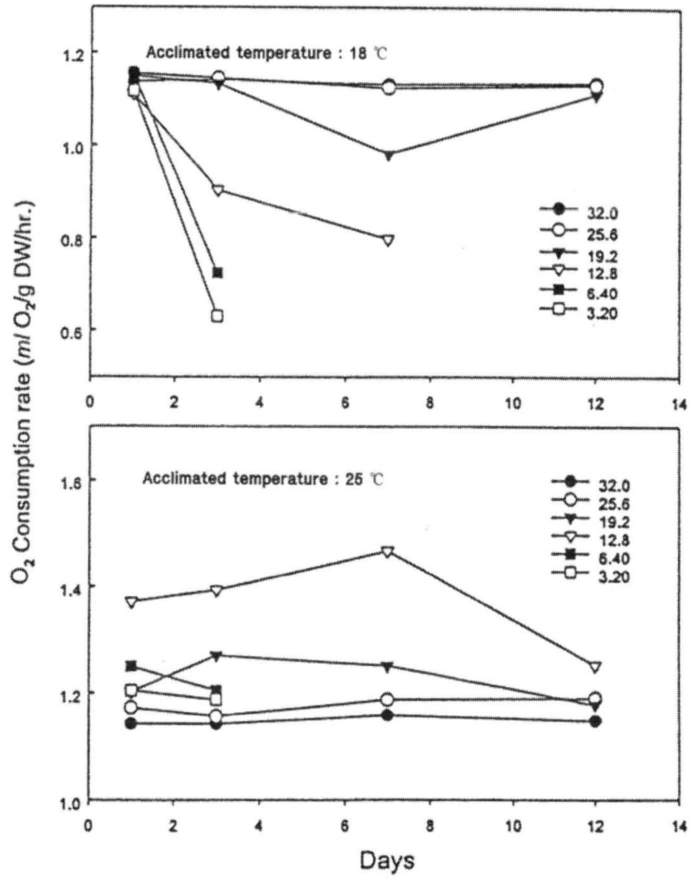

그림 6-36. 18℃와 25℃에 순응시킨 바지락의 염분에 따른 산소소비량 변화

다. 기타

가) 산소장력

대부분의 이매패류는 산소 장력(oxygen tension)이 산소를 취할 수 없는 수준이하로 내려가지 않는 한 큰 영향은 받지 않는다. 하지만 진주담치는 산소의 장력과 산소소비가 직선적 함수관계를 보이며, 만일 일정 수준이하로 산소장력이 떨어지면 패각을 단단히 닫고 오랜 시간동안 환경에 견디려는 힘을 보인다(Rotthauwe, 1958).

각장 23∼26 mm 크기의 바지락을 0.5 mg/L에서 6.5 mg/L 사이의 용존산소에 노출시켰을 때 용존산소가 3.5 mg/L 이하로 되면 폐사개체가 나오기 시작하며 산소소비량도 감소를 나타내기 시작하여(그림 6-37), 6일 동안의 반수치사농도(LC_{50}-6day)는 2.40 mg O_2/L였다(Shin *et al.*, 2001). 또 각장 20 mm와 30 mm 전후의 꼬막(*Tegillarca granosa*)도 1.6 mg/L 이하의 낮은 용존산소에서 현저히 낮은 산소소비율을 나타내었으며(그림 6-38) 폐사개체도 나타났다. 6일 반수치사농도(LC_{50}-6day)는 0.95∼1.31 mg/L로 바지락에 비해 낮은 농도를 나타내어 저산소농도에 대한 내성이 바지락보다 약함을 보였다. 한편, *Mercenaria*는 1 ml 의 O_2를 소비하는데 2.9 L의 물을 순환시켜야 하며 산소의 분압이 감소하면 산소를 받아들이는 것은 일정하지만 물의 펌핑 작용이 증가하는 것을 볼 수 있다(Loveland and Chu, 1969). 또 물속의 CO_2 농도가 증가할수록 아가미의 섬모운동도 영향을 받아 감소경향을 보인다(Gray, 1924).

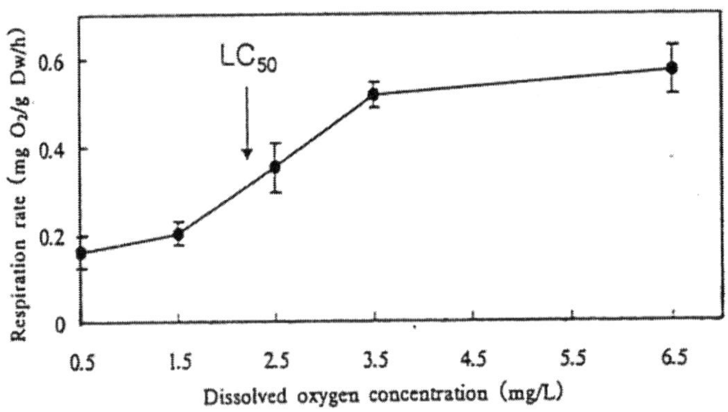

그림 6-37. 용존산소 농도에 따른 바지락의 산소소비율 변화

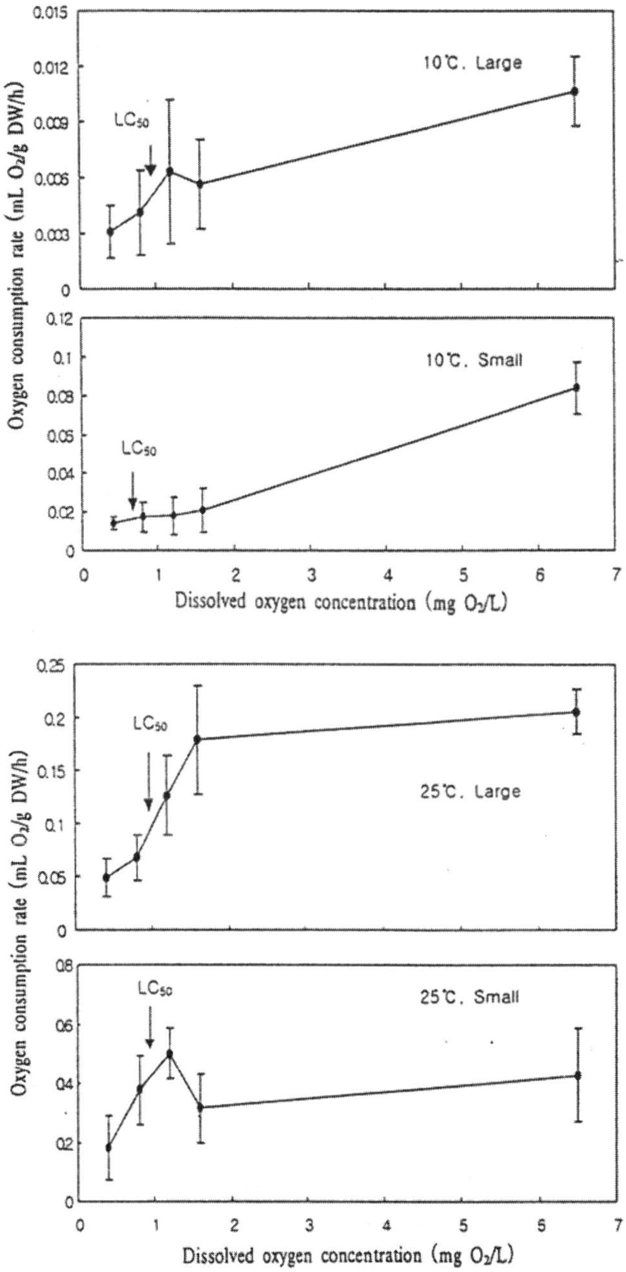

그림 6-38. 10℃와 25℃에서 용존산소농도 변화에 따른 꼬막의 산소 소비량 변화

나) 주기성

일반적으로 조간대에 서식하는 이매패류를 비롯한 대부분의 동물들은 명암(일출 및 일몰)과 조석(노출시간)에 따른 주기성을 나타낸다. 이러한 주기성은 패각의 개폐에 따라 여수율 및 호흡율에 생리적리듬으로 나타난다.

백합의 경우 일출 및 일몰에 따라 산소소비량에 주기성을 보여 일몰 3시간 후에 가장 높았으며 일출이 가까워짐에 따라 감소하여 일출 후 오전 중에 가장 낮은 산소소비를 나타냈다(그림 6-39). 크기에 따라서는 일반적으로 큰 그룹(각장 6 cm)의 산소소비량이 작은 그룹(각장 3 cm)보다 현저히 높으나 변동 폭은 작은 그룹이 컸다. 그러나 양 그룹의 일간 산소소비의 변동경향은 서로 비슷하였다(Lee and Chin, 1986). 또 바지락에서도 (Chung *et al*., 1999) 밤-만조시에 최대 산소소비율을 나타내었고 낮-간조시간대에 가장 적은 산소소비율을 나타내면서 하루에 2번의 peak를 보여 조석에 따른 리듬을 보였다(그림 6-40). 동죽의 경우에도 계절변화를 보여 동절기인 2월에 가장 낮은 산소소비량을 나타내었고 하절기인 7~8월에 가장 높은 산소소비량을 나타내었다(Lee, 1996).

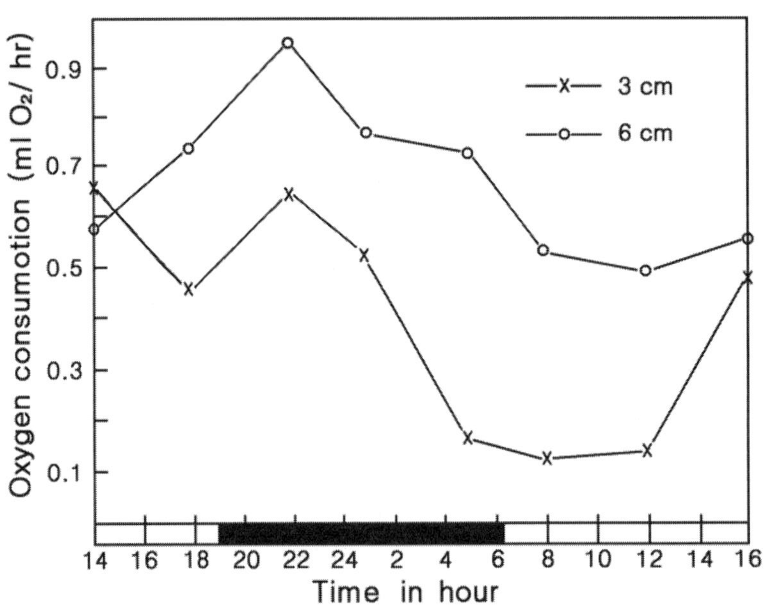

그림 6-39. 백합의 명암에 따른 일주기성 산소소비량 비교

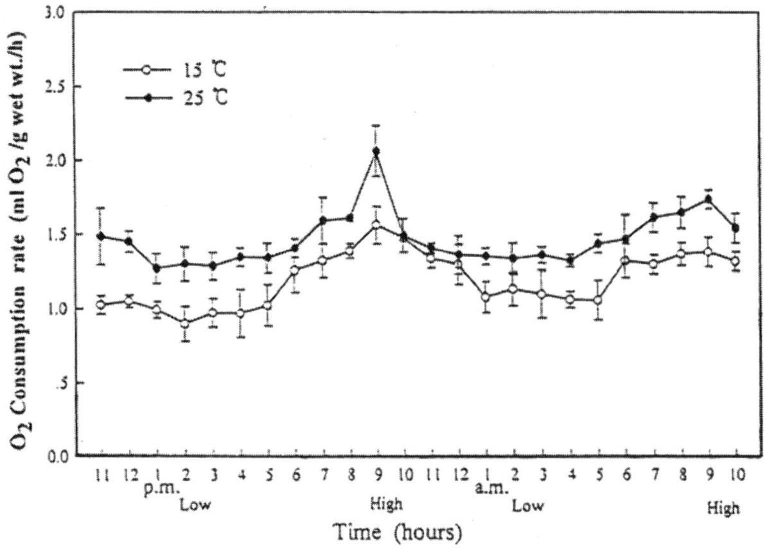

그림 6-40. 바지락의 조석에 따른 일주기성 산소소비

다) 기아의 영향

염분 23‰과 수온 26℃에서 백합을 2~7일간 기아상태에서 산소소비량을 측정한 결과 산소소비량은 기아가 진행됨에 따라 산소소비량이 서서히 감소하는 경향을 보였다. 크기에 따른 감소율은 크기가 작은 그룹(각장 3 cm)이 큰 그룹(각장 6 cm)에 비해서 더 크게 나타나서 작은 개체에서 기아에 따른 생리적 저해가 더 큼을 나타냈다(표 6-7).

표 6-7. 기아시간에 따른 백합의 산소소비량

기아일수(일)	산소소비량(ml O_2/hr)	
	각장 3 cm	각장 6 cm
0	0.40	0.59
2	0.38	0.58
5	0.35	0.57
7	0.32	0.52

라. 이매패류의 크기와 호흡

이매패류의 산소소비량은 크기에 따라 변하는데, 산소소비율(rate of oxygen consumption)은 개체 당 소비하는 산소의 양(ml 또는 mg) 또는 단위 체중(g 또는 kg, 건중 또는 습중량)당 소비하는 산소의 양으로 나타낸다(Prosser, 1973). 산소소비량을 표시하는 방법으로 Q O_2는 ml O_2/g dry wt./hr 을 의미하며, V O_2는 mg O_2/ g wet wt.(or volume) of tissue의 의미를 나타낸다. 일반적으로 작은 개체에 비해서 큰 개체의 총대사량(ml O_2/개체)은 크지만, 대사율(Q O_2나 V O_2)은 반대로 보다 작은 것이 큰 개체보다 크다. 동물의 체중과 산소소비와의 관계는 다음과 같이 일정한 함수관계를 가진다.

$M = aW^b$ M = 단위시간 당 총산소소비량(dO_2/dt), W = 체중, a,b = 상수

이를 다시 쓰면

$$\log M = b \log W + \log a$$

양대수 방안지에서 X축에 체중을, Y축에 산소소비량을 나타내었을 때 상수 b는 곡선의 기울기(slop)이며 a는 Y축을 절단하는 절편(intercept) 이다(그림 6-41). 따라서 단위시간 및 단위무게 당 산소소비량(Q O_2)은 다음과 같이 쓸 수 있다.

$$Q\,O_2 = \log\frac{M}{W} = (b-1)\log W + \log a$$

만일 체중이 W=1 이면 비체중의존 대사형(weight-independent metabolism)이라고 하며, b=1 이면 체중의존 대사형(weight-dependent metabolism)이라고 부른다. 대체로 b 값은 0.45~0.99의 값을 보이는데(Ghiretti, 1966; McLusky, 1973; Bayne and Widdows, 1978), 실제 많은 경우 b=0.67 전후를 나타낸다. 이는 호흡이 체중보다는 체표면적에 비례한다는 것을 의미한다(von Brand *et al.*, 1948; Rotthauwe, 1958; Read, 1962). 표 6-8에 개체 크기에 따른 b 값을 나타내었다.

2) 배설(Excretion)

이매패류의 배설은 다른 동물과 마찬가지로 대사 부산물의 배출과 체내 삼투물질의 조절작용이라고 할 수 있다. 먹이로 체내에 섭취한 영양분 중 당질과 지질은 체내에서 산화되어 에너지로 이용되고 부산물인 물과 이산화탄소는 체외로 배출하지만, 단백질의 경우는 생리적인 조건에 따라서 다양한 질소화합물로 전환된다.

표 6-8. 개체 크기에 따른 이매패류의 산소소비량

종명	크기	b 값	참고문헌
Crassostrea gigas(굴)	0.1~1.7g dry wt.	0.48~0.92	해양수산부(2001)
Mactra veneriformis(동죽)	1.5~2.0g dry wt.	0.30~0.71	Lee(1994)
Mercenaria(백합류)	0.43~3.0g dry wt.	0.66	Loveland *et al.*(1969)
Meretrix lusoria(백합)	0.1~5.0g dry wt.	0.41~0.63	Lee and Chin(1986)
Mytilus(담치류)		0.65	Read(1962)
Scapharca broughtonii(피조개)	0.1~7.9g dry wt.	0.24~0.44	해양수산부(2001)

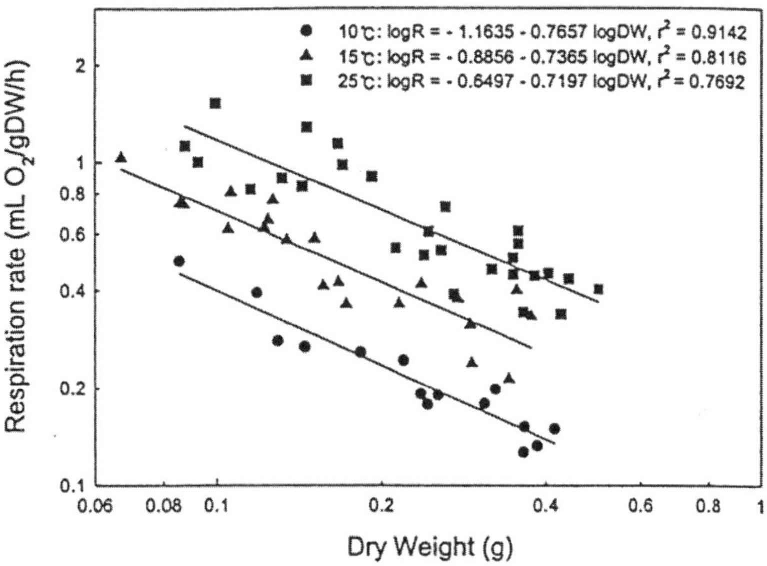

그림 6-41. 크기(무게)에 따른 바지락의 비체중산소소비량

이러한 배설기능을 담당하는 곳이 배설기관인데 몸의 형태나 서식지의 환경조건에 따라 다양한 형태를 갖는다. 특히 배실기관의 형태는 동물의 분류군을 나누는데 이용되기도 한다. 배설기관은 배의 발생과정 중에 중배엽(mesoderm)기원이다. 중배엽은 생식기, 심장, 신장 등으로 발달되는데, 신장 세포의 일부는 배설기관의 분비선으로도 발달한다.

(1) 배설물질의 생성

동물에 있어서 배설물질은 단백질의 소화로 생성된 아미노산 대사의 결과로 나타난다고 할 수 있다. 아미노산은 장에서 흡수되어 간에 저장되며, 간에서 재합성되어 혈장단백질로 보급되거나 분해되어 탈아미노과정(deamination)을 거친다. 이 과정에는 아미노기가 전이되어 다른 아미노산이 생성되는 아미노기 전이과정과 아미노기를 이탈시키는 탈아미노과정으로 구분된다.

① 아미노기 전이과정(transamination)

아미노기전이 반응에서 아미노 질소는 하나의 화합물에서 다른 화합물로 전이되는데, 모든 동물의 조직에서 일어나고 있다.

$$\underset{\text{amino acid}}{R \cdot CHNH_2 \cdot COOH} + \underset{\text{yellow pigment}}{\text{Flavin}} \overset{\text{deamination}}{\longleftrightarrow} R \cdot CN{=}NH \cdot COOH + \text{Flavin } H_2$$

② 탈아미노과정(deamination)

이 반응에는 촉매효소로서 flavoprotein에 의해 케토산(keto acid)과 암모니아(amm-onia)로 변환된다.

$$R \cdot CN{=}NH \cdot COOH + H_2O \rightarrow R \cdot \underset{\text{keto acid}}{\overset{\overset{\displaystyle O}{\|}}{C}} \cdot COOH + NH_3$$

$$\text{Flavin } H_2 + O_2 \rightarrow \text{Flavin} + H_2O_2 \xrightarrow[\text{catalase}]{} H_2O + \tfrac{1}{2} O_2$$

케토산은 아미노기를 받아서 다시 아미노산으로 전환된다.

$$R \cdot \underset{\text{keto acid}}{\overset{\overset{\displaystyle O}{\|}}{C}} \cdot COOH + NH_2 \rightarrow R \cdot CHNH_2 \cdot COOH$$

그리고 아미노산으로 전환되지 않은 케토산은 세 가지 경로를 거쳐 변화되는데, (i) 크레브스회로(Kreb's cycle)에서 직접 산화되어 CO_2와 H_2O로 분해되거나, (ii) pyr-uvate로 되어 탄수화물로 전환하여 산화되거나, (iii) acetyl coengyme A를 거쳐 지방산의 합성물질로 제공된다.

(2) 배설물질의 종류

가. 단백질 분해산물

단백질 분해산물에는 적어도 6종의 화합물이 생성된다.

① 아미노산(amino acid)

단백질이 가수분해하여 polypeptide나 dipeptide로 분해되며 이들은 구성아미노산으로 분해된다. 어떤 동물에서는 구성아미노산이 더 이상 변화 없이 그대로 아미노산으로 배설하는 것을 볼 수 있는데, 특히 조간대 생물 중에는 삼투조절을 위하여 아미노산을 배설하는 것도 있다.

② 암모니아(ammonia; NH_3)

암모니아는 독성을 가지며 물에 잘 녹는다. 혈액 내에는 매우 낮은 농도로 녹아 있으며 아미노산의 산화에 의해 형성된다. 무척추동물에서 많이 볼 수 있는 배설물질이다.

③ 요소(urea; $CO(NH_2)_2$)

비교적 독성이 약하며 물에는 암모니아보다 용해도가 작다. 암모니아가 오르니친

회로(Ornithin cycle)에서 암모니아로 전환되거나 arginase의 촉매로 아르기닌 (arginine) 으로부터 생성된다. 대부분 포유류 오줌의 주성분이다.

④ 요산(uric acid; $C_5H_4N_4O_3$)

조류나 육상 파충류, 달팽이 및 곤충류 등 육식성 동물에서 볼 수 있는 배설물질로 암모니아가 요산으로 전환된다. 독성이 낮고 물에는 잘 용해되지 않아 액체로 분비되기보다는 결정화(crystalization)하여 분비된다.

⑤ 산화트리메칠라민(trimethylamine oxide, TMO)

암모니아가 메칠화(methylation)하여 생긴 trimethylamine이 산화된 것이다.

⑥ 구아닌(guanine, 2-amino-6-oxypurine; $C_5H_5N_5O$)

퓨린의 하나로 DNA와 RNA에 존재한다. 어류의 비늘이나 여러 동물의 조직에 결정체로 존재하며 배설물로도 배출된다..

나. 퓨린 대사산물

배설질소의 약 5%가 핵 분열시 퓨린 대사로부터 배설된다. 일부 갑각류, 환형동물 및 성구동물에서 볼 수 있다. 퓨린은 동물에 따라 여러 가지 중간산물로 분해되는데, 퓨린대사의 반응을 담당하는 효소군은 모든 동물에 있는 것이 아니고 동물에 따라 중간산물을 배설하기도 한다. 즉, 대체로 고등동물은 말단의 효소를 잃음으로서 중간산물을 배설하며, 하등동물은 퓨린대사가 진행되어 암모니아로 배설한다.

다. 배설기관

1895년 Goodrich는 처음으로 배설기관을 체계화 하였다. 동물은 신관(nephridium)과 체강관(coelomoduct)의 두개 관에 의해서 외부 환경과 연결되어 있다. 배설기관은 단세포 또는 다세포의 표피가 여과와 확산할 수 있는 기능을 가지면서 배설기관으로 발달하는데, 세포막의 안과 밖의 부분압(partial pressure) 또는 삼투압(osmotic pressure)의 차이에 의해 물질의 여과나 확산이 일어난다.

① 세포적 배설기관(cellular excretion organ)

- 담수산 원생동물의 수축포(contractile vacuole)가 그 예이다.

② 전신(protonephridium)

- 몸의 간충직 내에 관들이 나무 모양으로 분지되어 되어 있는데, 분지의 한쪽 끝은 종단세포 (일명 불꽃세포 flam cell)로 이곳에 나와 있는 섬모낭에서 배설물을

거른다.

- 편형동물, 윤충류에서 볼 수 있다.

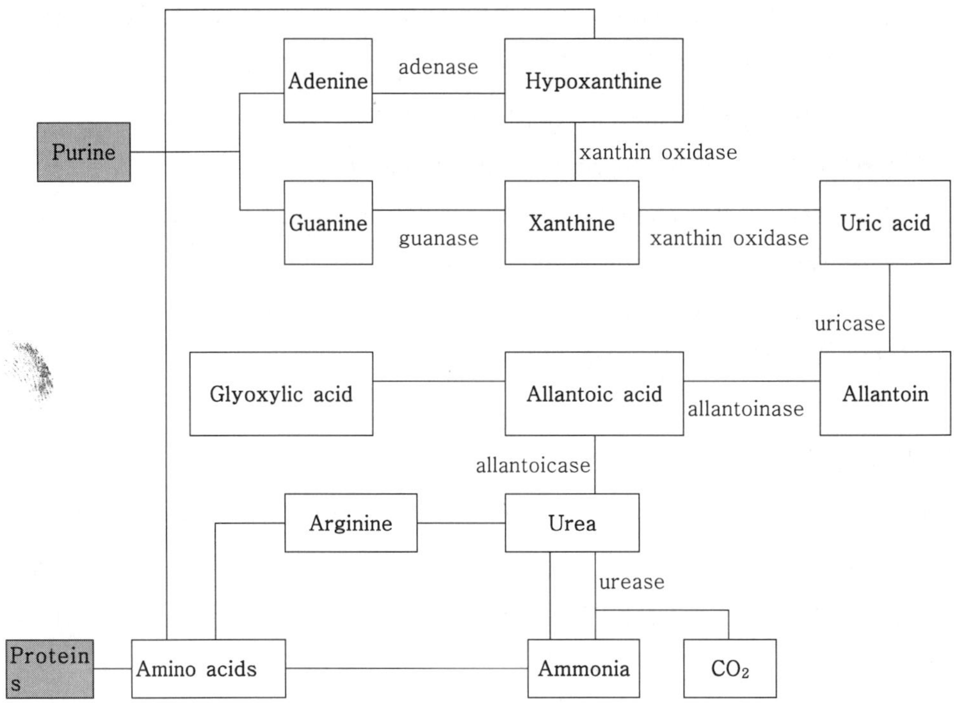

그림 6-42. 질소산물의 대사과정

③ 신관(nephridium)

- 각 체절에 한 쌍의 섬모성 깔대기가 위치해 있고, 신구(nephrostome)는 체강에 열려져 있으며 배설공은 다음 체절에서 외부로 열려져 있다.
- 환형동물에서 전형적으로 볼 수 있다.
- 신관의 변형으로 갑각류에서는 촉각선(anntenule gland), 또는 녹선(green gland), 거미류에서는 다리의 기부선(basal gland), 그리고 연체동물에서는 보야누스기관(Bojanus's organ)으로 된다.

④ 사구체 콩팥(glomerula kidney), 무사구체 콩팥(aglomerula kidney)

- 척추동물에서 볼 수 있는 배설기관으로 원구류에서는 전신이 신관과 비슷한 신구를 가진다.

- 어류는 중신이 보우만주머니(Bowman's capsule)로 되어 그 속에 모세혈관이 모여 사구체를 형성하고 있다. 이것을 말피기소체(Malpighi body)라고 한다.
- 파충류, 조류, 포유류 등은 후신이 체강에 열리는 일이 없고 말피기소체로만 되어 있다.

라. 이매패류의 배설기관

연체동물의 배설기관은 여러 가지 이름으로 불리고 있는데, 신장(kidney)이라는 용어가 오랫동안 사용되어져 오고 있다. 여기에는 여과(filtering)와 선 분비(glandular secretion)를 위한 구조를 가지고 있다. 선 분비 기능을 가진 부분을 보야누스(Bojanus), 신관(nephridium), 신낭(nephridial sac), 신장기관(renal organ), 신장(kidney), 신장낭(kidney sac), 신부속(renal appendage), 정맥부속(venous appendage) 등으로 부르고 있는데, Strohl(1913~1914)은 복족류의 배설기관 중 선 분비를 담당하는 기관을 신관(nephridium)이라고 하였고, 이매패류에서는 보야누스기관, 두족류에서는 신부속이라고 각각 부르고 있다. 그리고 여과에 대해서는 배설기관과 관련지우기는 아직 명확하지 않다.

이매패류의 배설기관에 대해서는 많은 학자들에 의해 관찰되어져 왔다(Odhner, 1911; Strohl, 1913~1914; Turchini, 1923; Haas, 1926; Franc, 1960). 이매패류의 배설기관은 보야누스(Bojanus)라고 불리는 두 개의 신관(nephridium)으로 되어 있는데, 이 기관은 이매패류의 등 쪽 위심강에 위치하여 있다(그림 6-1). 어떤 종류에서는 다른 기관과 서로 연결되어 있는데, 예를 들면 생식소와 연결되어 생식물질을 받아 배출시킨다. 그러나 고등한 종류에서는 생식소와 배설기관은 서로 분리되어 외투강 내에서만 합쳐져 있다. 위심샘(pericardinal glands)은 일명 케벨씨선(Keber's gland)이라고 부르는데 심장 또는 외투강에 위치해 있다. 심장에 있는 위심샘은 심장의 주변에 붙어 있으면서 위심강 내로 직접 분비한다.

Kowalevsky(1889)는 가리비에 황산인디고(indigo sulfonate)와 카민(carmine) 혼합 용액을 주입한 결과, 황산인디고는 보야누스기관에 축적되고 카민은 위심샘에 축적되는 것을 알았다. 이것은 보야누스기관에서 물질이 분비되고 재흡수가 일어난다는 것을 밝혀 주는 결과라 하겠다. 특히 Florkin와 Duchateau(1948)는 보야누스기관의 용액 내 이온 농도가 혈액이나 위심강 내 용액의 이온 농도보다 낮다는 것을 밝힘으로써 위의 사실을 뒷받침 하였다.

한편, 카민이 위심샘에 축적되는 것은 식세포작용(phagocytosis)이나 세포의 pH에 따라 수동적 과정에 의해 일어난다. 카민축적이 일어난 위심샘 세포의 pH는 산성으로 되어 있다.

마. 이매패류의 배설물질

일반적으로 동물의 최종 배설물질의 구성성분을 표 6-9에 나타내었다. 이매패류가 속한 연체동물의 경우 5～70%가 암모니아성 질소이고, 1～60%가 요소, 1～40%가 아미노산 질소 등이 배설되는 것으로 조사되었다.

백합을 대상으로 배설질소의 종류를 측정한 결과를 보면(Lee and Chin, 1986), 표 6-10에서 보는 바와 같이 총배설질소 중 47.0～60.2%가 암모니아로 나타낸 반면 아미노산 질소는 13.4～15.9%이었다. 일반적으로 총배설질소량 중 암모니아 배설량이 50% 이상일 때 암모니아 배설형 동물로 본다는 점(Chin, 1977)에서 백합은 암모니아 배설형 동물로 간주된다. 또한 상당량의 비암모니아성 질소가 배설되고 있는데, 특히 아미노성 질소의 경우 작은 개체일수록 상대적 배설율이 높게 나타나고 있다.

표 6-9. 여러 가지 동물의 최종 배설물질의 구성성분(총질소에 대한 구성비, %). (Scheer, 1966)

동물군	배설물질					
	Ammonia	Urea	Uric acid	Amino acid	Purine	미확인 물질
원생동물	60-90	0	0	-	-	-
환형동물	20-90	4-90	0-1	1-20	3-20	10-30
연체동물						
두족류	30-70	1-15	1-2	10-20	5-20	10-20
복족류	10-40	2-60	1-10	1-30	5-30	3-80
이매패류	5-60	3-5	0-2	10-40	5-20	5-80
절지동물						
곤충류	2-20	0-10	50-90	0-10	-	5-40
갑각류	30-99	0-10	0-10	0-30	0-40	2-70
극피동물	20-40	5-20	0-1	20-30	5-10	20-30
어류						
경골어류	50-70	10-20	-	3-15	-	1-10
연골어류	2-10	80-90	-	1-20	-	4-10

이는 유리아미노산이 해산무척추동물에서 삼투압 조절에 중요한 역할을 한다는 점에 비추어 보아(Johannes and Satomi, 1967; Bartberger and Pierce, 1976; Bayne and Scullard, 1977), 백합의 경우도 큰 개체와 작은 개체 간 서식지 환경조건의 차이에서 오는 것이라고 할 수 있다.

바. 배설에 영향을 미치는 환경요인

가) 수온의 영향

백합을 대상으로 11~29℃에서 배설 경향을 실험한 결과를 보면(Lee and Chin, 1986), 21℃에서 가장 높은 배설량을 나타내었는데, 크기가 큰 그룹(각장 6 cm)은 29℃에서, 크기가 작은 그룹(각장 3 cm)은 11℃의 낮은 온도에서 가장 적은 배설량을 나타내었다. 그리고 큰 그룹이 작은 그룹에 비하여 모든 구간에서 3.8배나 높은 배설량을 나타내었다. 또 21~29℃구간에서 Q_{10}은 부(負)의 값을 나타내어 29℃의 고온에서는 대사가 억제되고 있음을 보였다(표 6-11).

참굴(*Crassostrea gigas*)을 대상으로 10~25℃ 사이에서 측정한 암모니아 배설경향은 수온이 높을수록, 또 크기가 클수록 배출량이 많았다(그림 6-43). 그러나 피조개(*Scapharca broughtonii*)의 경우는 크기가 작을수록 배출되는 암모니아 농도의 기울기가 급한 경향을 보였으며 크기가 클수록 암모니아의 배출농도 경사가 다소 완만한 경향을 나타내어 생물에 따라 온도에 반응하는 정도가 다름을 나타내었다(그림 6-44; 해양수산부, 2001).

표 6-10. 백합의 크기에 따른 배설질소 구성비(%)

각장(cm)	암모니아 질소	아미노산 질소	기타물질
2	60.2	15.9	23.9
3	56.0	15.1	28.9
4	53.2	14.6	32.2
5	51.1	14.2	34.7
6	49.5	13.9	36.6
7	48.1	13.6	38.3
8	47.0	13.4	39.6

표 6-11. 온도변화에 따른 백합의 질소배설에 대한 Q_{10}

온도구간	각장	
	3 cm	6 cm
11~21℃	5.37	1.31
21~29℃	-1.55	-1.82
11~29℃	2.09	-1.12

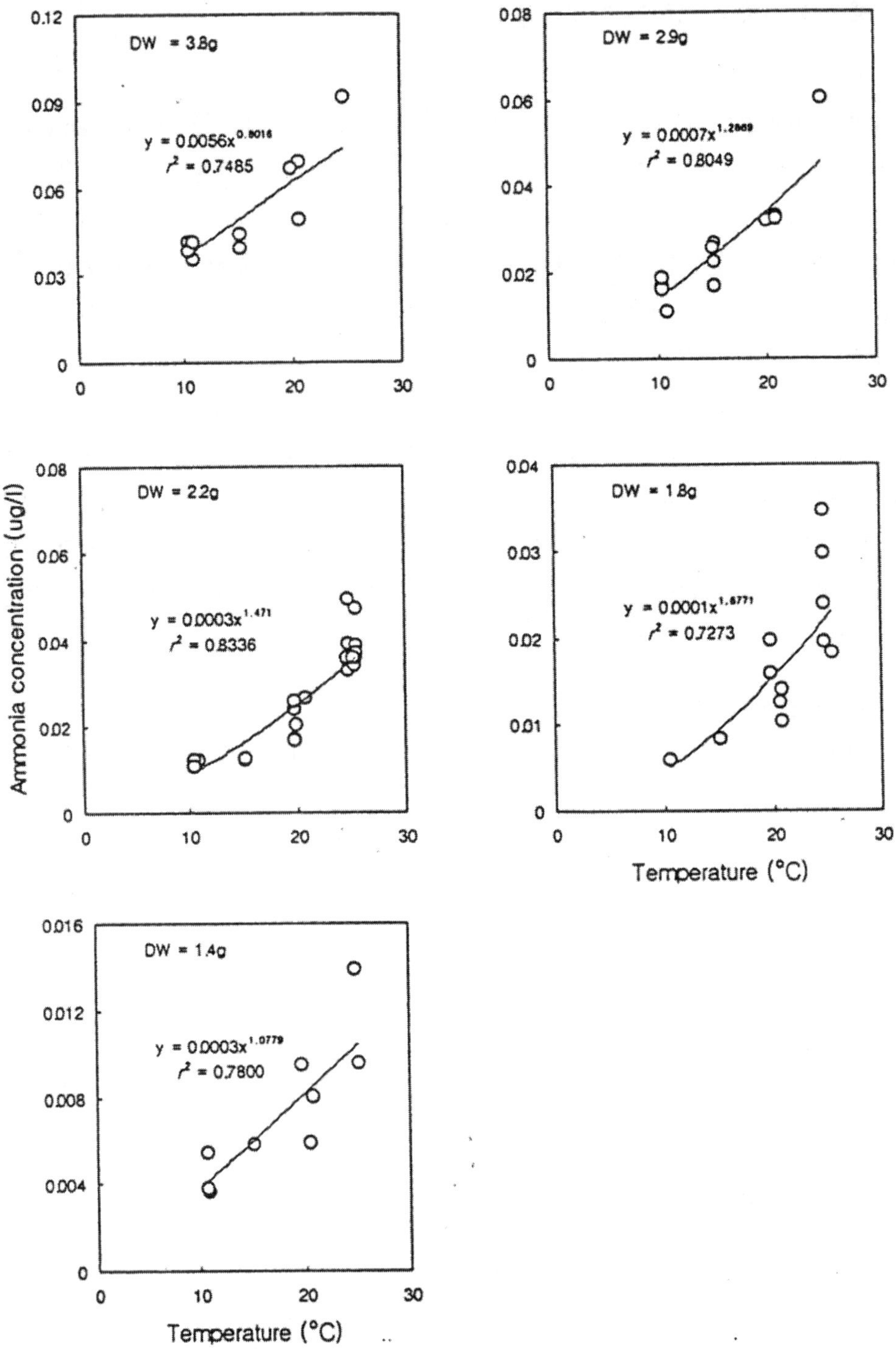

그림 6-43. 온도에 따른 참굴의 암모니아 배설량 변화

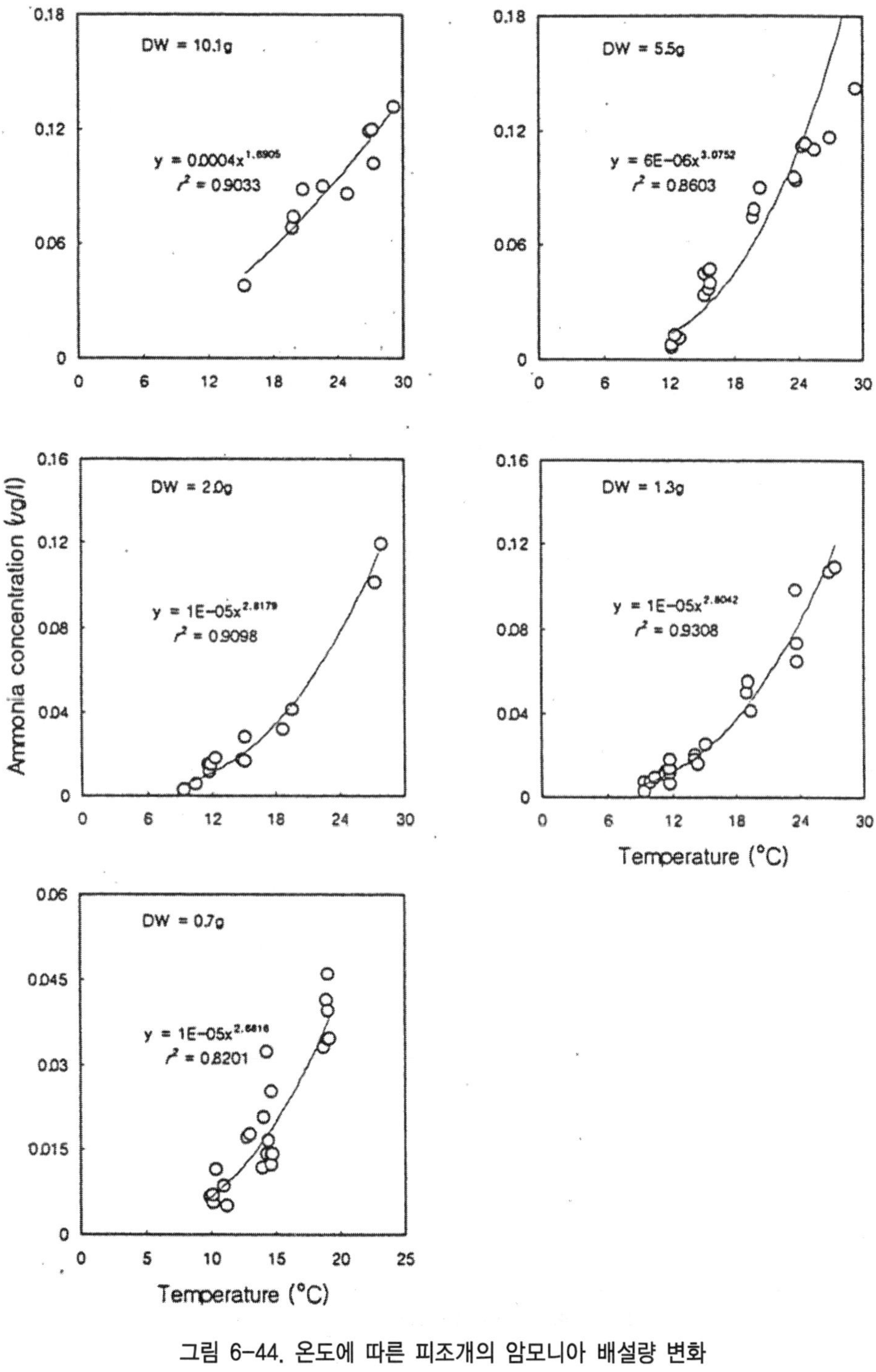

그림 6-44. 온도에 따른 피조개의 암모니아 배설량 변화

나) 염분의 영향

염분을 13, 23 및 33‰로 하여 백합의 질소 배설량을 조사한 결과 정상 염분(33‰)보다 염분이 낮아짐에 따라 질소 배설량도 낮아지는 경향을 보였는데, 작은 그룹(각장 3 cm) 보다 큰 그룹(각장 6 cm)에서 감소폭이 더 크게 나타났다. 또 바지락도 염분이 낮을수록 암모니아 배설량이 낮아지는 경향을 보였다(해양수산부, 2001).

다) 기아의 영향

수온 26℃와 염분 23‰에서 백합을 기아상태에서 배설 질소량을 측정한 결과를 보면 기아일수가 증가함에 따라 질소 배설량은 현저히 감소하였는데, 감소율을 보면 작은 그룹(각장 3 cm)은 86.7%, 큰 그룹(각장 6 cm)은 61.3%로 크기가 작은 것에서 더 큰 감소율을 나타내었다(표 6-12).

표 6-12. 기아일수에 따른 백합의 질소배설(T-N, μg/h) 경향

기아일수(일)	각장	
	3 cm	6 cm
0	13.5	148.1
2	8.1	111.6
5	3.5	85.1
7	1.8	57.3

라) 일주기성

백합을 재료로 질소배설의 일주기성을 관찰한 결과 일몰이 가까워짐에 따라 서서히 감소하다가 일출과 더불어 증가하기 시작하여 정오경에 가장 높은 배설량을 보였다. 개체크기에 따른 배설 경향의 차이는 보이지 않았다(Lee and Chin, 1986; 그림 6-45).

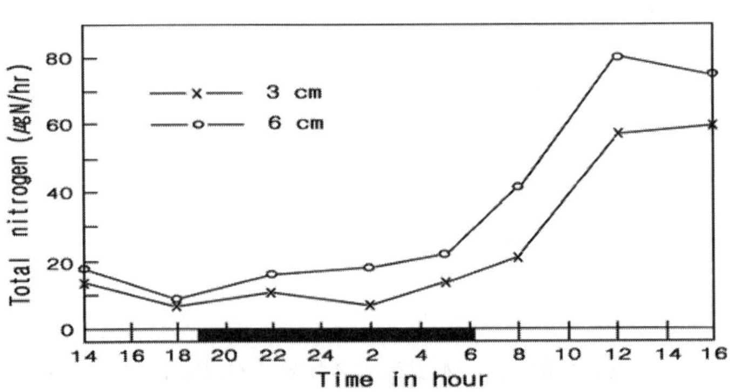

그림 6-45. 백합의 질소배설 일주기성

참고문헌

Alexei, V. K. 1997. Patterns of gill structure and development as taxonomic characters in bivalve molluscs (Mollusca, Bivalvia). Annales. Zoologici., 46:245-254.

Atkins, D. 1937. On the ciliary mechanisms and interrelationships of lamellibranchs. Part III: Types of lamellibranch gills and their food currents. Q. J. Microsc. Sci., 79:375-421.

Axiak, V. and J. J. George. 1987. Bioenergetic responses of the marine bivalve *Venus verrucosa* on long-term exposure to petroleum hydorcarbons. Mar. Environ. Res., 23:33-47.

Bacon, G. S., B. A. MacDonald and J. E. Ward. 1998. Physiological responses of infaunal (*Mya arenaria*) and epifaunal (*Placopecten magellanicus*) bivalves to variations in the concentration and quality of suspended particles. I. Feeding activity and selection. J. Exp. Mar. Biol. Ecol., 219:105-125.

Barrington, E. J. W. 1979. *Invertebrate Structure and Function*. ELBS, Great Britain, pp. 256-350.

Barnes, R. D. 1980. *Invertebrate Zoology*. 4th Ed.Holt Saunders, Tokyo. pp. 316-466.

Barteberger, C. A., and S. K. Pierce Jr. 1976. Relationship between ammonia excretion rates and hemolymph nitrogenous compounds of a euryhaline bivalve during low salinity acclimation. Biol. Bull., 150(1):1-13.

Bayne, B. L., and C. Scullard. 1977. Rates of nirogen excretion by species of *Mytilus* (Bivalvia; Mollusca). J. mar. biol. Ass. U.K., 57:355-369.

Bayne, B. L., and J. Widdows. 1978. The physiological ecology of two populations of *Mytilus edulis* L. Oecologia(Berl.) 37:137-162.

Bayne, B. L. 1971. Ventilation, the heart beat and oxygen uptake by *Mytilus edulis* L. in declining oxygen tension. Comp. Biochem. Physiol., 40A:1065-1085.

Bayne, B. L., C. J. Bayne, T. C. Carefoot, and R. J. Thompson. 1976. The physiological ecology of *Mytilus californianus* Conrad. 2. Metabolism and energy balance. Oecologia, 22:211-228.

Beninger, P. G., M. Le Pennec and M. Salaün. 1988. New observations of the gills of *Placopecten magellanicus* (Mollusca: Bivalvia), and implications for nutrition. I.

General anatomy and surface microanatomy. Mar. Biol., 98:61-70.

Beninger, P. G., S. St-Jean, Y. Poussart and J.E. Ward. 1993. Gill function and mucocyte distribution in *Placopecten magellanicus* and Mytilus edulis (Mollusca: Bivalvia):the role of mucus in particle transport. Mar. Ecol. Prog. Ser., 98:275-282.

Beninger, P. G., and S. C. Dufour. 1996. Mucocyte distribution and relationship to particle transport on the pseudolamellibranch gill of *Crassostrea virginica* (Bivalvia:Ostreidae). Mar. Ecol. Prog. Ser., 137:133-138.

Beninger, P. G., P. Decottignies and Y. Rincé. 2004. Localization of qualitative particle selection sites in the heterorhabdic filibranch *Pecten maximus*(Bivalvia: Pectitidae). Mar. Ecol. Pro. Ser., 275:163-173.

Beninger, P. G., S. A. P. Dwiono and M. Le Pennec. 1994. Early development of the gill and implications for feeding in *Pecten maximus* (Bivalvia:Pectinidae). Mar. Biol., 119:405-412.

Beninger, P. G., M. Le Pennec and A. Donval. 1991. Mode of particle ingestion in five species of suspension-feeding bivalve molluscs. Mar. Biol., 108:225-261.

Beninger, P. G., J. E. Ward, B. A. MacDonald and R. J. Thompson. 1992. Gill function and particle transport in *Placopecten magellanicus* (Mollusca: Bivalvia) as revealed using video endoscopy. Mar. Biol., 114:281-288.

Bigas, M., M. Durfort and M. Poquet. 2001. Cytological effects of experimental exposure to Hg on the chilled epithelium of the European flat oyster *Ostrea edulis*:ultrastructural and quantitative changes related to bioaccumulation. Tissue Cell, 33:178 - 188.

Bohle, B. 1972. Effects of adaptation to reduced salinity on filtration activity and growth of mussels (*Mytilus edulis*). J. Exp. Mar. Biol. Ecol., 10:41-49.

Bougrier, S., A. J. S. Hawkins and M. Héral. 1997. Preingestive selection of different microalgal mixtures in *Crassostrea gigas* and *Mytilus edulis*, analysed by flow cytometry. Aquaculture, 150:123-134.

Bubel A. 1989. Cilia (Flagella). In: Microstructure and function of cells; Electron micrographs of cell ultrastructure. Ellis Horwood Limited, New York, pp. 99-128.

Brusca, R. C., and G. J. Brusca 1990. Invertebrates. Sinauer Asso. Massachusetts, pp. 695-769.

Caspers, H. 1940. Über Nahrungserwerb und Darnverlauf bei *Nucula*. Zool. Anz., 129:48-55.

Chin, P. 1977. Nitrogen excretion in the bivalve molluscs. 1. *Anadara subcrenata*. Publ. Inst. Mar. Sci. nat. Fish. Univ. Busan 10:1-4.

Chipman, W. A. and J. G. Hopkins. 1954. Water filtration by the bay scallop, *Pecten irradians*, as observed with the use of radioactive plankton. Biol. Bull. Mar. Biol. Lab. Woods Hole, 107:80-91.

Chung, E. Y., Y. K. Shin and M. S. Choi. 1997. Prediction of water quality and water treatment in Saemankeum Lake 1. Effects of environmental pollutants on filtration and oxygen consumption of the Marsh clam, *Corbicula leana*. Korean J. Malacol. 13(2):203-206.

Chung, E. Y., Y. K. Shin and S. B. Hur. 1999. Physiological rhythms in the oxygen-consumption and filtration rates of the Manila clam, *Ruditapes philippinarum*. Korean J. Malacol. 13(2):203-206.

Collip, J. B. 1921. A further study of the respiratory processes in *Mya arenaria* and other marine Mollusca. J. Biol. Chem. 49:297-310.

Coughlan, J. 1969. The estimation of filtering rate from the clearance of suspensions. Mar. Biol., 2:356-358.

Coutteau, P., K. Curé and P. Sorgeloos. 1994. Effect of algal ration on feeding and growth of juvenile Manila clam Tapes *philippinarum* (Adams and Reeve). J. Shellfish Res., 13:47-55.

Crawley, M. J. 1975. The numerical response of insect predators to changes in prey density. J. Anim. Ecol., 44:877-892.

Davids, C. 1964. The influence of suspensions of micro-organisms of different concentrations on the pumping and retention of food by the mussel (*Mytilus edulis* L.). Neth. J. Sea Res., 2:233-249.

Dral, A. D. G. 1967. The movements of the latero-frontal cilia and the mechanism of particle retention in the mussel (*Mytilus edulis* L.). Neth. J. Sea Res., 3:391-422.

Drew, G. A. 1899. The anatomy, habits and embryology of *Yoldia limatula*, Say. Memoirs from the Biological Laboratory of the Johns Hopkins University. 4:1-37.

Drury R. A. B. and E. A. Wallington. 1980. Carleton's histological technique. Oxford

University Press, Oxford, pp. 520.

Duff, M. F. 1967. The uptake of enteroviruses by the New Zealand marine blue mussel, *Mytilus edulis aoteanus*. Am. J. Epidemiol., 85:486-493.

Dufour, S. C. and P. G. Beninger. 2001. A functional interpretation of cilia and mucocyte distrubutions on the abfrontal surface of bivalve gills. Mar. Biol., 138:295-309.

Eble A. F. 2001. Anatomy and histology of *Mercenaria mercenaria*. In:Biology of the hard clam, Kraeuter, J. N. and M. Castagna, eds. Elsevier, New York, pp. 117-220.

Fawcett, D. W. and K. P. Porter. 1954. A study of the fine structure of ciliated epithelia. J. Morphol., 94:221-281.

Fiala-Médioni, A. and C. Métivier. 1986. Ultrastructure of the gill of the hydro-thermal vent bivalve *Calyptogena magnifica*, with a discussion of its nutrition. Mar. Biol., 90:215-222.

Florkin, M., and Duchateau, G. 1948. Sur l'osmoregulation de l'anodonte(*Anodonta cygnea* L.). Physiol. comparata et oecol. 1:29-45.

Foster-Smith, R. L. 1975. The effect of concentration of suspension on the filtration rates and pseudofecal production of *Mytilus edulis* L., *Cerastoderma edule* (L.) and *Venerupis pullastra*. J. Exp. Mar. Biol. Ecol., 17:1-22.

Fox, D. L., H. U. Svedrup and J. P. Cunningham. 1937.The rate of water propulsion by the California mussel. Biol. Bull. 72:417-438.

Franc, A. 1960. Classe Bivalvia. In *Traite de Zoologie*. ed. P. P. Grasse, Vol. 5, Part II, Masson, Paris, pp. 1845-2164.

Frost, B. W. 1972. Effects of size and concentration of food particles on the feeding behavior of the marine planktonic copepod *Calanus pacificus*. Limnol. Oceanogr., 17:805-815.

Gainey, L. F., and M. J. Greenberg. 2003. Nitric oxide mediates seasonal muscle po-tentiation in clam gills. J. Exp. Biol., 206:3507-3520.

Ghiretti, F. 1966. Respiration. In *Physiology of Mollusca* Vol. II, eds. K.M. Wilbur and C. M. Yonge, Academic Press, London, pp.175-208.

Gómez-Mendikute, A., M. Elizondo, P. Venier and M. P. Cajaraville. 2005. Characterization of mussel gill cells in vivo and in vitro. Cell Tissue Res., 321:131-140.

Grave, C., and F. O. Schmitt. 1925. A mechanism for the coordination and regulation of ciliary movements as revealed by microdissection and cytological studies of ciliated cells of Molluscs. J. Morphol. and Physiol. 40:479-516.

Gray, J. 1924. The mechanism of ciliary activity. IV. The relation of ciliary ctivity to oxygen consumption. Proc. Roy. Soc. B96:95-114.

Grizzle, R. E., V. M. Bricelj and S. E. Shumway. 2001. Physiological ecology of *Mercenaria mercenaria* In:Biology of the hard clam. Kraeuter, J. N. and M. Castagna, eds. Elsevier, New York, pp. 305-382.

Haas, F. 1926. Lamellibranchia. In Die Tierwelt der Nord- und Ostsee Lieferung V. Teil IX d-1, ed. Grimpe and E. Wagler, Akad. Verlagsges., Leipzig. pp. 1-96.

Hagiwara H., N. Ohwada and K. Takata. 2004. Cell biology of normal and abnormal ciliogenesis in the ciliated epithelium. Int'l. Rev. Cytolo., 234:101-141.

Hazelhof, E. H. 1939. Uber die Ausnutzung des Sauerstoffs bei verschiedenen WassertierenZ .vergleich. Physiol. 26:306-327.

Holling, C. S. 1966. The functional response of invertebrate predators to prey density. Memoirs of the Entomological Society of Canada, 48:1-87.

Hopkins, A. E. 1932-1933. Experiments on the feeding behaviour of the oyster *Ostrea gigas*. J. Exptl. Zool. 64:469-494.

Iglesias, J. I. P., M. B. Urrutia, E. Navarro, P. Alvarez-Jorna, X. Larretxea, S. Bougrier and M. Héral. 1996. Variability of feeding processes in the cockle *Cerastoderma edule* (L.) in response to changes in seston concentration and composition. J. Exp. Mar. Biol. Ecol., 197:121-143.

Ivlev, V. S. 1961. Experimental ecology and feeding of fishes (D. Scott, translator). Yale University.

Johannes, R. E. and M. Satomi, 1967. Measuring organic matter retained by aquatic invertebrates. J. Fish. Res. Bd. Canada 24(11):2467-2471.

Jørgensen, C. B. 1981. A hydromechanical principle for particle retention in *Mytilus edulis* and other ciliary suspension feeders. Mar. Biol., 61:277-282.

Jørgensen, C. B., P. S. Larsen and H. U. Riisgard. 1990. Effects of temperature on the mussel pump. Mar. Ecol. Prog. Ser., 64:89-97.

Jørgensen, C. B. and E. D. Goldberg. 1953. Particle filtration in some ascidians and lamellibranchs. Biol. Bull. Mar. Biol. Lab. Woods Hole, Mass., 105:477-489.

Juliano, S. A. 2001. Nonlinear curve fitting:Predation and functional response curves. In:Scheiner, S. M. and J. Gurevitch (eds.). Design and analysis of ecological experiments. Oxford University Press, New York. pp. 178-196.

Kellogg, J. L. 1895. A contribution to our knowledge of the morphology of lamellibranchiate molluscs. Bull. U.S. Fish. Comm., 10:389-436.

Kellogg, J. L. 1915. Ciliary mechanisms of lamellibranchs. J. Morphol., 26:625-701.

Korringa, P. 1952. Recent advances in oyster biology. Quart. Rev. Biol. 27:266-308.

Kowalevsky, A. 1889. Ein Beitrag zur Kenntnis der Exktretionsorgane. Biol. Zentr. 9:65-76.

Krough, A. 1959. The Comparative Physiology of Respiratory Mechanisms. Univ. of Pennsylvania Press, Philadephia. 172pp.

Kuenzler, E. J. 1961. Structure and energy flow of a mussel population in a Georgia salt marsh. Limnol. Oceanogr., 6:191-204.

Laabir, M. and P. Gentien. 1999. Survival of toxic dinoflagellates after gut passage in the pacific oyster *Crassostrea gigas* Thunberg. J. Shellfish Res., 18:217-222.

Lee, C.-H. and E.-Y. Chung. 2001. Determination of experimental conditions for measurement of the clearance rate of an intertidal bivalve, *Glauconome chinensis*. Korean J. Malacol., 17(2):95-104.

Lee, C.-H., J. Y. Song and E.-Y. Chung. 2002a. Effect of body size on feeding physiology of an intertidal bivalve, *Glauconome chinensis* Gray (Glauconomidae). J. Fish. Sci. Technol., 5(3):in press.

Lee, C.-H., Y.-S. Choi and J.-D. Bang. 2002b. Feeding of juvenile purple Washington clam, *Saxidomus purpuratus* (Sowerby):Effects of algal concentration and temperature. J. Aquacult., 15(4):in press.

Lee, C.-H., J. Y. Song and E.-Y. Chung, in review. Filtration of red tide dinoflagellates by an intertidal bivalve *Glauconome chinensis* Gray (Glauconomidae):Implication for tidal flat functioning. Malacologia (in review)

Lee, J. S. and K. H. Ma. 2003, Gill ultrastructure of the granular ark, *Tegillarca granosa* (Bivalvia: Arcidae). Korean J. Electron Microscopy, 33:223-231.

Lee, J. Y., and P. Chin. 1986. Oxygen consumption and nitrogen excretion of hard clam,

Meretrix lusoria. Bull. Fish. Sci. Inst. Kunsan Fish. Jr. Coll., 2:1-14.

Lee, J. Y. 1994. Effects of silt and clay on the rates of respiration, filtration and nitrogen excretion in shellfish, *Mactra veneriformis*. Bull. Korean Fish. Soc. 27(1):59-68.

Lee, J. Y. 1996. Study in the oxygen consumption of surfclam, *Mactra veneriformis* Reeve. J. Korean Fish. Soc., 29(5):614-619.

Li, S.-C. and W.-X. Wang. 2001. Radiotracer studies on the feeding of two marine bivalves on the toxic and nontoxic dinoflagellate *Alexandrium tamarense.* J. Exp. Mar. Biol. Ecol., 263:65-75.

Li, S.-C., W.-X. Wang and D. P. H. Hsieh. 2001. Feeding and absorption of the toxic dinoflagellate *Alexandrium tamarense* by two marine bivalves from the South China Sea. Mar. Biol., 139:617-624.

Livingston, D. R., J. Widdows, P. Fieth. 1979. Aspects of nitrogen metabolism of the common mussel *Mytilus edulis:adaptation* to abrupt and fluctuating changes in salinity. Mar. Biol., 53:41-55.

Loveland, R. E., and D. S. K. Chu. 1969. Respiratory movements and pumping in *Mercenaria.* Comp. Biochem. Physiol. 29:173-184.

Lucas, A. M. 1931a. An investigation of the nervous system a s possible factor in the regulation of ciliary activity of the lamellibranch gill. J. Morphol. and Physiol. 51:147-194.

Lucas, A. M. 1931b. The distribution of the branchial nerve in *Mytilus edulis* and its relation to the problem of nervous control of ciliary activity. J. Morphol. and Physiol. 51:147-194.

MacDonald, B. A. and R. J. Thompson. 1986. Influence of temperature and food availability on the ecological energetics of the giant scallop *Placopecten magellanicus.* III. Physiological ecology, the gametogenic cycle and scope for growth. Mar. Biol., 93:37-48.

MacGinitie, G. E. 1941. On the method of feeding of four pelecypods. Biol. Bull. Woods hole, 80:18-25.

Matsuyama, Y., T. Uchida and T. Honjo. 1997. Toxic effects of the dinoflagellate *Heterocapsa circularisquama* on clearance rate of the blue mussel *Mytilus galloprovincialis*. Mar. Ecol. Prog. Ser., 146:73-80.

McLusky, D. S. 1973. The effects of temperature on the oxygen consumption and filtration rate of *Chlamys* (*Aequipecten*) *opercularia* (L.) (Bivalvia). Ophelia, 10:141-154.

Møhlenberg, F and H. U. Riisgård. 1978. Efficiency of particle retention in 13 species of suspension feeding bivalves. Ophelia., 17:239-246.

Montuori, A. 1913. Les procesus oxydatifs chez les animaux marins en rapport avec la loi de superficie. Arch. ital. biol. 59:213-234.

Morse, M. P. and J. D. Zardus. 1997. Bivalvia. In: Microscopic anatomy of invertebrates, Vol. 6A, Mollusca II A. Harrison, F. W. and A. J. Kohn, eds. John Wiley & Sons, Inc. Publication, New York, pp. 7-118.

Mullin, M. M., E. F. Stewart and F. J. Fuglister. 1975. Ingestion by planktonic grazers as a function of concentration of food. Limnol. Oceanogr., 20:259-262.

Navarro, J. M. and C. M. Gonzalez. 1998. Physiological responses of the Chilean scallop *Argopecten purpuratus* to decreasing salinities. Aquaculture, 167:315-327.

Nelson, T. C. 1936. Water filtration by the oyster and a new hormone effect upon rate of flow. Proc. Soc. Exp. Biol. N.Y., 34:189-190.

Nelson, T. C. 1960. The feeding mechanism of the oyster. II. On the gills and palps of Ostrea edulis, *Crassostrea viginica* and *Crassostrea angulata*. J. Morphol., 107:163-191.

Odhner, N. 1911. Morphologische und phylogenetische Untersuchungen uber die Nephridien der Lamellibranchien. Z. wiss. Zool. 100:287-391.

Owen, G. 1974. Studies on the gill of *Mytilus edulis*:the eu-latero-frontal cilia. Proc. R. Soc. London Ser. B., 187:83-91.

Owen, G. 1961. A note on the habits and nutrition of *Solenomya parkinsoni*. Quar. J. Micr. Sci., 102:15-21.

Parsons, T. R., R. J. LeBrasseur and J. D. Fulton. 1967. Some observations on the dependence of zooplankton grazing on the cell size and concentration of phytoplankton blooms. J. Oceanogr. Soc. Japan, 23:10-17.

Prosser, C. L. 1973. Oxygen: Respiration and metabolism. In *Comparative Animal Physiology*. ed. C. L. Prosser, Saunders Co. pp. 165-211.

Rao, K. P. 1953. Rate of water propulsion in *Mytilus californianus* as a function of latitude. Biol. Bull. Mar. Biol. Lab., Woods Hole, 104:171-181.

Read, K. R. H. 1962. Respiration of the bivalved *Molluscs Mytilus* edulis L. and *Brachidontes demissus plicatulus* Lam. as a function of size and temperature. Comp. Biochem. Physiol. 7:89-101.

Riisgard, H. L. 1988. Feeding rates in hard clam (*Mercenaria mercenaria*) veliger larvae as a function of algal (*Isochrysis galbana*) concentration. J. Shellfish Res., 7:377-380.

Ridewood, W. G. 1903. On the structure of the gills of the Lamellibranchia.Philos. Trans. R. Soc. Lond. B, 1905:147-284.

Rotthauwe, H. W. 1958. Untersuchungen zur Atmungsphysiologie und Osmoreguation bei *Mytilus edulis* mit einem kurzen Anhang uber die Mlutkonzentration von *Dreissensia polymorpha* in Abhangigkeit von Elektrolytgehalt des Aussenmediums. Veroff. Inst. Meeresforsch. Bremerhaven 5:143-159.

Sara, G., C. Romano, M. Caruso, and A. Mazzola. 2000. The new lessepsian entry *Brachidontes pharaonis* (Fischer P., 1870) (Bivalvia, Mytilidae) in the western Mediterranean: A physiological analysis under varying natural conditions. J. Shellfish Res., 19:967-977.

Scheer, B. T. 1966. *Animal Physiology*. 5th, John Wiley and Sons Inc., New York.

Shumway, S. 1977. Effect of salinity fluctuation on the osmotic pressure and Na^{+}, Ca^{2+}, and Mg^{2+} ion concentrations in the hemolymph of bivalve molluscs. Mar. Biol., 41:153-177.

Shumway, S. E., T. L. Cucci, M. P. Lesser, N. Bourne and B. Bunting. 1997. Particle clearance and selection in three species of juvenile scallops. Aquacult. Int., 5:89-99.

Sicard, M. T., A. N. Maeda-Martinez, P. Ormart, T. Reynoso-Granados and L. Carvalho. 1999. Optimum temperature for growth in the catarina scallop (*Argopecten ventricosus-circularis*, Sowerby II, 1842). J. Shellfish Res., 18, 385-392.

Silvester, N. R. and G. H. Sleigh. 1984. Hydrodynamic aspect of particle capture by Mytilus. J. Mar. Biol. Assoc. U.K., 64:859-879.

Shin, Y. K., Y. Kim, E. Y. Chung and S. B. Hur. 2000. Temperature and salinity tolerance of the Manila clam, *Ruditapes philippinarum*. J. Korean Fish. Soc.

33(3):213-218.

Shin, Y. K., Y. Kim, E. Y. Chung and S. B. Hur. 2001. Effect of the dissolved concentration of the physiology of the Manila clam, *Ruditapes philippinarum*. J. Korean Fish. Soc. 34(3):190-193.

Shin, Y. K., T. S. Moon and C. H. Wi. 2002. Effects of dissolved oxygen concentration of the physiology *Tegillarca granosa*(Linnaeus). J. Korean Fish. Soc. 35(5): 485-489.

Sobral, P. and J. Widdows. 1997. Influence of hypoxia and anoxia on the physiological responses of the clam *Ruditapes decussatus* from southern Portugal. Mar. Biol., 127:455-461.

Sprung, M. and U. Rose. 1988. Influence of food size and food quality on the feeding of the mussel *Dreissena polymorpha*. Oecologia, 77:526-532.

Stasek, C. R. 1961. The ciliation and function of the labial palps of *Acila castrensis* (Protobranchia, Nuculidae), with an evaluation of the role of the protobranch organs of feeding in the evolution of the bivalvia. Proc. Zool. Soc. Lond., 137:11-538.

Strohl, J. 1913-1914. Die Exkretion (Mollusken). In*Handbuch der Vergleichenden Physilogie*.ed. H. Winterstein, Vol. 2, Part 2. Fischer, Jena. pp. 443-607.

Thompson, R. J. and B. L. Bayne. 1974. Some relationships between growth, metabolism and food in the mussel, *Mytilus edulis*. Mar. Biol., 27:317-326.

Turchini, J. 1923. Contribution a letude de L'histologie de la cellue renale. L'excretion urinaire chez les Mollusques. Arch. Morphol. gen. et exptl. 18:7-241.

Van Dam, L. 1935. On the utilization of oxygen by *Mya arenaria*. J. Exptl. Biol. 12:86-94.

Van Dam, L. 1954. On the respiration in scallops (Lamellibranchia). Biol. Bull. 107:192-202.

Vahl, O. 1973. Pumping and oxygen consumption rates of *Mytilus edulis* L. of different sizes. Ophelia, 12:45-52.

Vanderploeg, H. A., J. R. Liebig and T. F. Nalepa. 1995. From picoplankton to micropankton:temperature-driven filtration by the unionid bivalve *Lampsilis radiata siliquoidea* in Lake St. Clair., Ca. J. Fish. Aquat. Sci., 52:63-74.

Vernberg, F. J., C. Schlieper and D. E. Schneider. 1963. The influence of temperatureand salinity on ciliary activity of excised gill tissues of Molluscs from North

Carolina. Comp. Biochem. Physiol. 8:271-285.

Von Brand, T., M. O. Nolan and E. R. Mann. 1948. Observations on the respiration of *Australorbis glabratus* and some other aquatic snails. Biol. Bull. 95:199-213.

Walne, P. R. 1972. The influence of current speed, body size and water temperature on the filtration rate of five species of bivalves. J. Mar. Biol. Ass. U. K., 52:345-374.

Ward, J. E., H. K. Cassell and B. A. MacDonald. 1992. Chemoreception in the sea scallop *Placopecten magellanicus* (Gmelin). I. Stimulatory effects of phytoplankton metabolites on clearance and ingestion rates. J. Exp. Mar. Biol. Ecol., 163:235-250.

Way, C. M., D. J. Hornbach, T. Deneka and R. A. Whitehead. 1988. A description of the ultrastructure of the gills of freshwater bivalves, including a new structure, the frontal cirrus. Can. J. Zool., 67:357-362.

Werner, I. and J. T. Hollibaugh. 1993. Potamocorbula amurensis:Comparison of clearance rates and assimilation efficiencies for phytoplankton and bacterioplankton. Limnol. Oceanogr., 38:949-964.

Widdows, J. 1976. Physiological adaptation of *Mytilus edulis* to cyclic temperatures. J. Comp. Physiol., 105:115-128.

Widdows, J. and B. L. Bayne. 1971. Temperature acclimation of *Mytilus edulis* with reference to its energy budget. J. Mar. Biol. Assoc. U. K., 51:827-843.

Wilbur, K. M. and C. M. Yonge. 1966. Physiology of mollusca. Academic Press, New York and London, Vol. II. pp. 175-386.

Winter, J. E. 1973. The filtration rate of *Mytilus edulis* and its dependence on algal concentration, measured by a continuous automatic recording apparatus. Mar. Biol., 22:317-328.

Young, C. M. 1939. The protobranchiate Mollusca:a functional interpretation of their structure and evolution. Phil. Trans. Roy. Soc. Lond. B., 230:79-147.

Yonge, C. M. 1926. Structure and physiology of the organs of feeding and digestion in *Ostrea edulis*. J. Mar. Biol. Assoc. U.K., 14:295-386.

Zardus, J. D. 2002. Protobranch bivalves. Adv. Mar. Bio., 42:1-65.

孔泰勳·河斗鳳·朴相允·南相烈·姜萬植·李敬魯, 1975. 動物生理學. 文運堂499pp.

국립수산진흥원. 1999. 한국 연근해 유용연체동물도감. 도서출판 구덕, 부산, pp. 197.

박정준 · 이정식. 2007. 대복, *Gomphina veneriformis* 아가미의 주사 및 투과전자현미경적 미세구조. 2007년도 한국수산과학총연합회 공동학술대회 발표요지집, P. 373.

유종생. 1988. 원색한국패류도감. 일지사, 서울, pp. 196.

정의영, 신윤경, 최문술. 1997. 새만금호의 수질예측과 그에 따른 대책 1. 환경 오염원이 참재첩(*Corbicula leana*)의 여수작용 및 산소소비에 미치는 영향. 한국패류학회지, 13:203-210.

정의영, 신윤경, 최문술. 1998. 새만금호의 수질예측과 그에 따른 대책 2. 담수수질 정화처리자인 참재첩(*Corbicula leana*)의 대사생리에 미치는 중금속 오염원의 급성독성 영향. 한국패류학회지, 14:51-59.

해양수산부, 2001.패류양식장에서 지속적인 생산성 유지를 위한 최적생산기술 개발. 수산특정연구개발사업 연구결과보고서.

제 7 장
이매패류(Bivalves)의 혈액학

동물체의 체내에 존재하는 액체를 통틀어 체액(tissue fluid)이라 하며, 순환계를 통하여 몸 전체에 운반된다. 체액은 그 존재하는 부위에 따라 세포내에 존재하는 세포내액(intracellular fluid)과 세포의 바깥에 존재하는 세포외액(extracellular fluid)으로 구분한다. 세포외액은 다시 조직·세포사이에 존재하는 조직액(tissue fluid)과 특정의 관내를 순환하는 관내세포외액(intravascular extracellular fluid)으로 구분한다. 관내세포외액 성분의 대부분은 혈장(plasma)이며, 그 외 림프관내를 순환하는 림프액(lymph)이 있다.

혈장과 혈장 속에 일정한 형태를 갖춘 세포 성분인 혈구(blood cell)가 현탁 부유하고 있는 것을 통틀어 혈액(blood)이라 한다. 혈장이 모세혈관에서 여과되어, 조직속으로 나오면 조직액이 된다. 또 조직액의 일부는 모세혈관이나 모세림프관으로 들어가 혈장 또는 림프액이 되기도 한다. 림프액은 다시 혈관내로 들어가 혈장이 되기 때문에 세포외액은 서로 밀접한 관계가 있다. 이러한 체액을 순환시키기 위하여 척추동물의 순환계에는 폐쇄혈관계와 림프관계가 있으며, 체액은 그 존재 부위에 따라 혈액, 림프액 및 조직액으로 명백히 구분하고 있다.

어류의 혈관계는 다른 고등 척추동물과 마찬가지로 심장에서 동맥을 통하여 조직으로 보내어져 조직속에 분포하는 모세혈관을 거쳐 다시 정맥을 통하여 심장으로 되돌아오는 단순한 폐쇄혈관계이지만, 림프관계의 존재가 불분명하기 때문에 혈액과 조직액만을 구분하고 있다. 한편 이매패류의 순환은 심장에서 동맥으로 보내어진 혈액은 바로 조직 사이로 방출되어져 혈액과 조직액으로 혼합되고, 조직액이 다시 정맥을 통하여 심장으로 되돌아오게 된다. 따라서 관내순환계와 조직액간의 구분이 불가능한 개방혈관계이기 때문에 고등 척추동물이나 어류와 같이 혈액, 림프액 및 조직액으로의 구분은 불가능하다. 그럼으로 이매패류의 체내를 순환하는 체액을 통틀어 혈림프(hemolymph)라 하며, 혈림프 중에 부유하고 있는 세포 성분을 혈구(hemocytes)라 부르고 있다.

이매패류의 양식이 활발해지면서 이매패류의 혈액에 관한 연구가 진행되었지만, 이매패류 혈액의 구조와 기능에 관한 연구는 이매패류 혈액에 관한 기본적인 지식을 얻기 위해서 또는 대합, 굴과 같이 경제적으로 중요한 이매패류에서의 혈액의 생리적 역할에 대한 궁금증으로부터 시작되었다. 이러한 연구들의 결과 현재는 이매패류의 혈액이 상처의 치유(wound repair), 패각의 복원(shell repair), 영양소의 소화와 운반(nutrient digestion and transport), 이물질의 배출(excretion) 등의 중요한 역할을 한다는 것이 명백해졌다(Cheng, 1977). 이매패류의 혈구는 몇 종류뿐이지만, 고등 척추동물과 마찬가지로 적혈구와 백혈구의 구분이 가능하며, 적혈구에는 산소 운반에 필요한 헤모글로빈을 함유한 피조개(*Scapharca broughtonii*)와 밤색무늬조개(*Glycimeriis vestitus*)도 있다. 그러나 거의 대부분의 이매패류 혈액에는 백혈구만이 존재한다고 생각된다.

1. 혈림프(hemolymph, hemocyte)

혈림프중에는 포유류의 적혈구와 마찬가지로 헤모글로빈을 함유한 적혈구를 가지고 있는 피조개와 같은 종도 있지만, 대개의 이매패류는 포유류의 백혈구에 해당되는 세포성분만을 가지고 있어, 이매패류의 혈액학에서 적혈구가 차지하는 비중은 매우 낮다. 또한 적혈구를 가지고 있는 종이 극소수에 불과하기 때문에 이매패류의 혈림프라고 하면, 적혈구를 무시하고 백혈구만을 의미하기도 한다. 따라서 여기서는 피조개의 적혈구의 광학현미경적 및 전자현미경적 특징에 관하여 간단히 언급하는데 그치고, 혈림프의 주요 기능을 수행하는 백혈구에 관하여 주로 설명하기로 한다.

피조개의 적혈구는 Giemsa염색 후에는 포유류의 적혈구와 마찬가지로 등색을 나타내지만 운동성은 없다. 세포의 직경은 15.9 ㎛, 핵세포지수는 0.06으로 전체 혈구중에 차지하는 적혈구의 비율은 75-92%정도이다. 적혈구의 모양은 타원형 또는 원반형으로 중앙부가 약간 들어간 것과 반대로 팽출된 것 등이 관찰된다. 조대 크로마틴을 가지고 있으며 적자색으로 염색되는 원형 또는 타원형의 핵은 세포의 중앙 에 위치하거나 또는 약간 편재되어 있다. 이러한 핵속에는 빛에 굴광성을 띄는 소형의 과립이 관찰되기도 한다. 세포질은 핑크색으로 염색되며 내부에 회흑색 또는 흑청색의 과립을 가지고 있다. 피조개의 적혈구를 전자현미경으로 관찰하면 크로마틴은 핵의 내부 또는 핵막을 따라 응집된 덩어리를 형성하고 있으며, 세포질의 기질은 전자밀도가 약간 높다. 세포질에는 세포질내 소기관이 거의 없고, 소수의 미토콘드리아와 소포가 존재하며, 드물게 골지체가 관찰되기도 한다. Giemsa염색시에 관찰되는 세포질내의 과립은 한계막으로 둘러쌓여 있으며, 전자밀도가 비교적 높은 물질이 충만된 덩어리로 관찰된다.

이매패류의 혈구는 모두가 백혈구이며, 보통 hyaline cell과 granular amoeboid cell의 2가지 형태로 구분하고 있다. 이 중 후자는 세포질에 커다란 과립을 가지고 있기 때문에 과립구(granulocytes), 또는 아메바운동을 하면서 탐식능력이 있기 때문에 amoebocytes 또는 phagocytes라고 부른다.

Hyaline cell은 세포질에 전혀 과립이 없는 것은 아니지만, 과립이 드물며 또한 드문드문 흩어져 있고, 과립구처럼 아메바운동도 하지만 운동능력은 과립구보다는 훨씬 약한 것으로 포유류의 림프구에 해당된다고 생각하면 이해하기 쉽다.

굴에 있어서는 가는 유리관으로 위심강벽(pericardial wall)을 찔러서 심방이나 심실로부터 직접 혈액을 채취하지만, 혈액은 패액 중 또는 아가미나 외투막의 표면에 항상 존재하고 있기 때문에 카버글라스를 가지고 아가미나 외투막의 표면에서 채취하거나 피펫을 사용하여 흡인하여 채취할 수 있다. 채취한 해역의 염분농도와 같은 해수를 소량 떨어뜨린 샤레 또는 습윤 상자속에서 버지니아굴의 혈구는 약 6일정도 생존가능하다. 도말표본을 만들기 위해서는 슬라이드글라스위에 떨어뜨린 다음 혈구가 부착하여 펴져나갈 때까지 기다린 후, 포르말린 증기, 메탄올, 글루탈알데히드액, Bouin액에 수 분간 또는 크롬산이나 오스뮴산(액상 또는 기체상)에 고정한 다음, 일반 혈액염색을 한다.

1) 혈액의 색깔

이매패류의 혈액은 포유류의 헤모글로빈이나 다른 무척추동물들이 가지고 있는 헤모시아닌과 같은 호흡색소를 가지고 있지 않기 때문에 무색을 띄는 것이 보통이다. 그러나 피조개의 혈림프에는 적혈구가 존재하며, 적혈구가 가지고 있는 헤모글로빈 때문에 붉은 색을 띄고 있어, 방혈시켰을 때 포유류의 피와 같은 색을 띄게 됨으로 피조개라는 명칭을 붙인 것으로 보인다.

2) 혈림프의 기원과 형성

(1) 조혈

이매패류의 조혈에 관해서는 밝혀진 것은 거의 없지만, 복족류의 경우에는 heamolymph sinuses의 막내섬유소(trabeculae), 위심강의 일부를 만들고 있는 renal organ의 포상부분(sacculr portion) 및 소성결합조직(loose connective tissue)에 있는 섬유아세포(fibroblast)에서 만들어진다고 하였는데, 달팽이에서는 위심강과 외투강의 뒤쪽 상피사이에 있는 기관에서 만들어지는 것을 조직학적으로 증명하였다.

이매패류에서는 소화관이 조혈기관일 것이라는 주장도 있어, 소화관벽에 있는 섬모가 먹이를 분해하여 생기는 소위 “monreal″ 또는 ″life substances″라는 물질을 사용하여 혈구를 만든다고 하였지만, 정확한 자료가 없어 현재 일반적으로 인정되고 있는 것은 결합조직세포가 분화되어 만들어지는 것으로 받아들여지고 있다.

(2) 계통발생

이매패류의 혈액에는 다른 형태의 혈구가 존재하기 때문에 계통발생학적으로 다른 단계가 있을 것으로 생각되고 있지만 불확실한 점이 많다.

Moore and Lowe(1977)는 진주담치(*Mytilus edulis*)를 사용하여 도말표본이 아닌 조직표본을 작성하여 진주담치에는 소형의 호염기성 hyaline cell(lymphocyte, 림프구), 대형의 호염기성 혈구(macrophage)와 호산성 과립성혈구(granulocyte, 과립구)의 3종류의 혈구가 있으며, 2개의 분화단계 즉 호염기성혈구와 호산성혈구의 분화계열이 있다고 주장하였다.

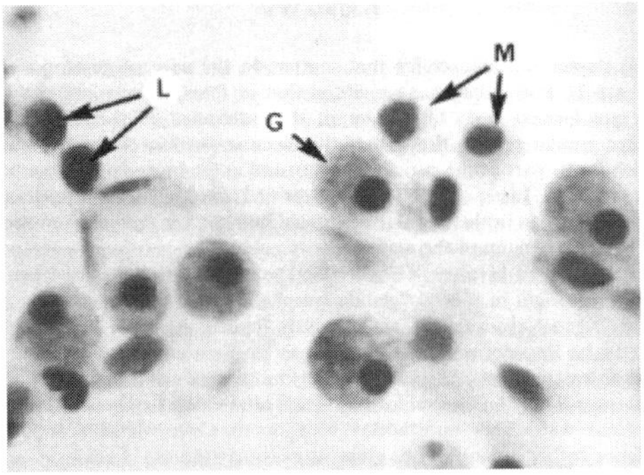

그림 7-1. 담치 결합조직의 조직표본. L: 소형의 호염기성 hyaline cell(림프구), M:대형의 호염기성 혈구(마크로파아지), G: 과립구 (Moore and Lowe, 1977).

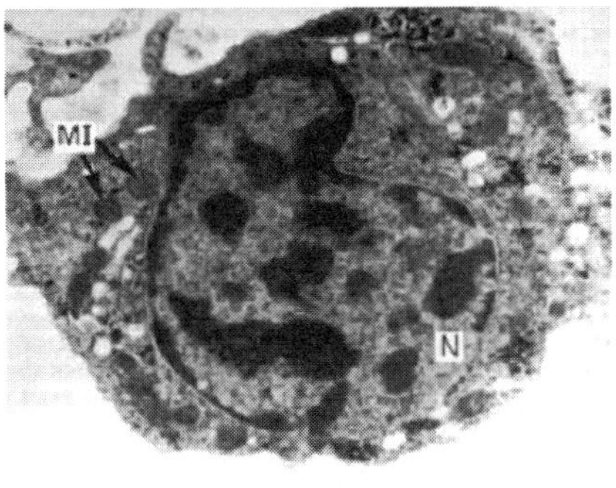

그림7-2. 담치 hyaline cell(림프구)의 전자현미경상. 핵(N)과 미토콘드리아(MI).× 16,000.

이들에 의하면 호염기성 혈림프 계열은 형태적으로 매우 다양하며, 이 계열에서 가장 미숙한 것으로 생각되는 것은 직경이 4~6 ㎛로 소형이며, 소량의 호염기성 hyaline의 세포질을 가지고 있다. 이 세포는 대개 타원형이고 둥근 핵을 가지고 있으며, 전체 세포에서 세포질이 차지하는 비율이 커짐에 따라 다량의 RNA를 포함하고 있어 세포질의 호염기성도 증가되어지고 pyronine Y에 진하게 염색된다. 이 소형의 호염기성 hyaline cell(lymphocytes)은 분화되어감에 따라 직경 10 ㎛의 대형 호염기성혈구(마크로파아지)로 된다. 마크로파아지의 세포질내의 RNA는 궁극적으로 줄어들게 되고, 세포는 점점 불규칙한 모양을 하게 되면서 위족을 내거나 세포질에 공포나 과립이 생겨 나온다. 핵도 점차 타원형의 성질을 상실하여 결국 불규칙하게 된다고 한다.

또 다른 증식계열인 호산성혈구계열은 호산성과립성혈구(과립구)계열로서, 이 계열의 세포는 직경이 7~12 ㎛정도인 것이 대부분이지만 5~7 ㎛의 소형의 혈구도 있다. 이중 소형의 혈구는 미숙한 것으로 생각되며 세포질과립의 호산성은 성장함에 따라 증가되어 진다. 이 과립구는 마크로파아지나 과립구의 중간형이라고 할 수 있는 형태적 특징은 없지만, 분명한 증식계열을 가지고 있는 소량인 소형의 과립구는 소화선의 결합조직속에 있는 많은 과립구의 분열상을 나타내고 있다할지라도 림프구와 과립구의 중간형이라 생각된다.

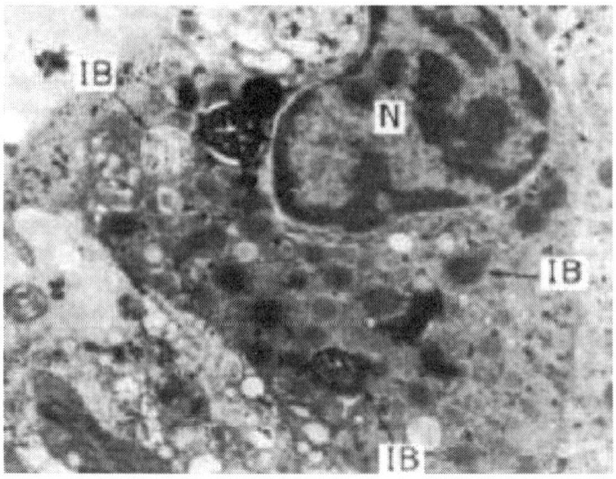

그림 7-3. 다양한 전자밀도의 봉입체(IB)와 핵(N)을 가진 마크로파아지. × 9,000.

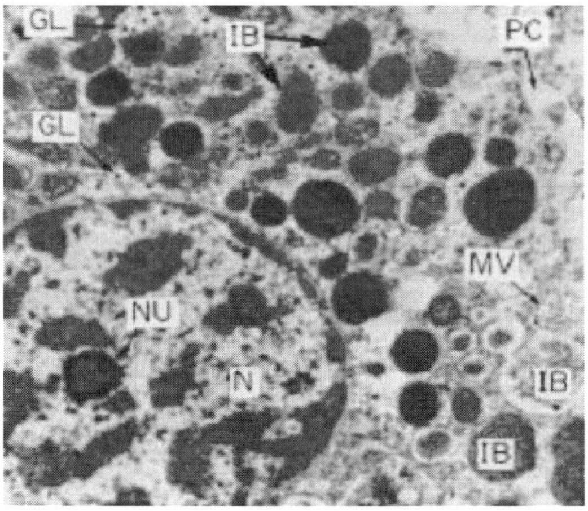

그림 7-4. 과립구 핵소체(NU)를 가진 핵(N)과 막결합성 봉입체(IB),
음세포작용 채널(PC), 합포체(MV), 글리코겐 입자(GL)가 들어있는 세포질. ×14,000.

이매패류의 혈구에 관한 연구 결과를 종합하면, 이매패류의 혈구 발생에는 4단계가 있어, 우선 간세포인 leucoblast가 있어 이것이 증식할 수 있는 능력을 가진 hyalinocyte로 분화되고, 이 hyalinocyte가 과립성 hyalinocyte와 2종의 중간형으로 분화되는 성숙단계로 나뉜다. 이 단계의 세포가 더욱 분화되어 과립성 hyalinocyte에서 호염기성과립구와 호산성과립구가 만들어지고, 중간형에서 섬유아세포와 myoblast, 또 다른 중간형에서 색소세포가 만들어지는 기능적 단계로 이 단계의 모든 세포는 생체방어에 참여하지만, 그렇지 못한 세포는 노화(senescence)와 아메바운동(diapedesis)의 과정을 통해서 사멸되어 간다는 것이다. 그러나 이러한 설명은 너무 복잡하여 단순화할 필요가 있으며, 또한 실험적 사실에 근거한 것이 아니라 연구자들의 결과를 종합한 것임으로 체계적이라 할 수 없다.

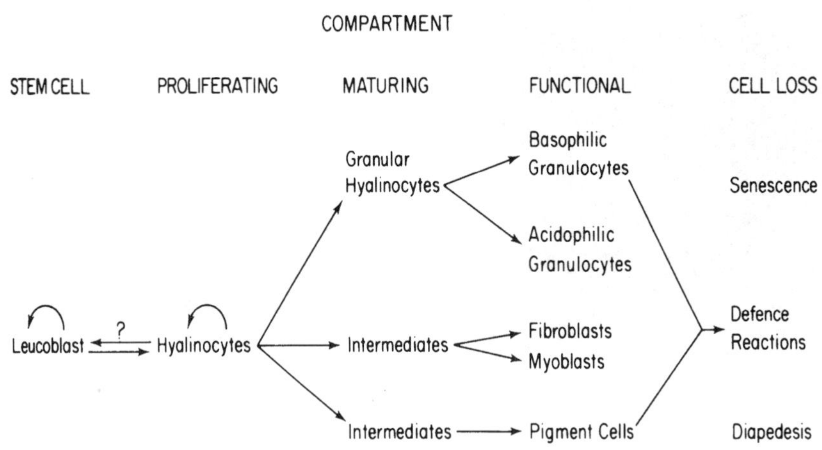

그림 7-5. 이매패류 혈림프의 분화 모식도.

3) 혈림프의 구조와 분류

이매패류의 혈구를 정확하게 분류한다는 것은 매우 중요한 것으로 최근에 와서야 연구자간에 완전한 일치는 보지 못하였지만, 어느 정도 체계화되었다고 할 수 있다.

(1) 분류체계

참굴(*Crassostrea gigas*)의 혈구의 분류는 혈구와 핵의 모양과 크기, 핵의 위치와 염색성, 염색질의 분포, 핵소체의 존재 유무, 핵주변명대의 특성, 세포질내 과립의 특징에 따라 6개의 그룹으로 나눌 수 있다. 그러나 대체로 2개의 범주 즉 과립구와 무과립구로 나누는 것이 일반적으로 최근에 Feng *et al.*(1971)은 버지니아굴의 혈구를 광학현미경과 전자현미경을 이용하여 과립성백혈구와 무과립성백혈구로 나누어, 현재는 후자를 hyalinocytes, 전자를 granulocytes라는 명칭으로 혈구의 분류에 사용하게 되었다. 그는 버지니아굴에서 3형태의 hyalinocytes와 1형태의 granulocytes를 보고하였는데 hyalinocytes의 3개의 혈구중 모양 1은 비교적 크고 난형의 핵을 갖고 있으면서 세포질이 거의 없는 림프구모양의 혈구이고, 모양 2는 모양 1과 유사한 난형의 핵을 가지고 있지만 세포질이 모양 1보다 풍부한 혈구이다. 모양 3은 농축된 염색질을 가진 타원형의 핵이 특징적인 혈구이다. Feng *et al.*(1971)은 과립구의 모양은 한가지이지만, Giemsa염색표본의 광학현미경상에 세포질내 과립이 3가지 색조를 발견할 수 있기 때문에 과립구에도 분명히 3종류의 혈구가 있을 것으로 생각하였다. 그러나 같은 버지니아굴을 조사한 다른 연구자는 과립구의 과립은 단 한가지라고 하고 이것이 식포의 기원(primary phagosomes)이라고 하였는데, 후에 이것은 공포(vesicles)로 불리게 되었다(Cheng and Cali, 1974; Cheng, 1975).

그러나 버지니아굴의 과립구는 혈구의 크기에 따라 소형, 중형, 대형으로 구분할 수 있으며, 이 중 중형과 대형의 과립구는 탐식능력이 소형에 비해 활발하기 때문에 이것에 근거하여 대형이 성숙된 것이며, 소형과 중형이 미숙의 과립구라 생각되지만 아직 분명하지는 않다.

Cheny(1971)는 *Tapes semidecussata*의 혈구를 조사하여 2종류의 혈구 hyaline leucocyte(termed leucocytes)와 granular leucocyte(termed granulocytes)로 구분하였는데, 혈구는 크기나 염색성에서 변화가 심하고, 핵의 크기가 감소하는 것은 핵의 이형염색화(heterochromasia)와 편재성(eccentricity) 및 세포질의 과립화와 밀접한 관계가 있다고 하였다.

또 버지니아굴을 재조사한 Foley and Cheng(1972)은 살아있는 혈구의 크기와 운동을 기준으로 대형과 소형의 2종류의 혈구로 분류하고, 대형은 다시 granulocyte와fibrocytes로 세분하였지만, 소형의 혈구는 무과립이거나 과립이 약간 존재하거나 관계없이 모두 hyalinocyte라 하여, 결과적으로 버지니아굴에는 3종류의 혈구가 존재한다고 하였는데, 이는 백합(*Mercennaria mercenaria*)에서의 분류(Foley and Cheng, 1972)와 같은 결과이다.

백합의 과립구는 세포질속에 있는 과립의 많고 적음이 매우 특징적인데, 세포질속에는 길게 늘어난 충양체(vermiform bodies), 직경 1~4 ㎛의 공포(vacuoles), 작고 타원형인 직경 0.7 ㎛정도의 수축봉입체(refractile inclusion), 여러 가지 모양의 과립(최대인 것은 직경 0.8 ㎛) 등의 4가지가 들어있다(Foley and Cheng, 1974). 기질 위에서 신장하여 있는 과립구는 세포질의 바깥 부분은 과립이 없으며, 길이가 1~8 ㎛정도인 위족을 내고 있는데 이러한 세포는 운동성과 원형질유동(cylosis)이 있다.

Fibrocytes는 수축되었을 때는 방추형인데 부착기질 위에서는 매우 느리게 신장되며, 이 때 핵은 항상 편재되어 있다. 이 세포도 직경 2 ㎛ 정도의 충양체가 세포질내에 균등하게 분포하고 있으며, 소형의 수축봉입체는 핵 주변에 분포하고 있다. Fibrocytes도 과립구의 위족과 마찬가지로 많은 사상위족(filopodia)를 내고 있는데, 이것은 세포질속으로 되돌릴 수 있다. 기질위에서 확산된 다음에는 세포질의 일부가 기질에서 떨어져 수축하면서 파상으로 되어 조금씩 매우 느리게 기질 표면을 이동하는데 원형질유동은 항상 일어나고 있다.

Hyalinocytes는 크고 편재된 핵을 가지고 있으며, 세포질속에 충양체, 공포와 수축봉입체를 가지고 있으며 보통 사상위족은 내고 있지 않지만, 때로는 위족을 내며 원형질 유동은 매우 느리게 일어나고 있다.

Cheng and Foley(1975)는 백합의 혈구를 전자현미경으로 관찰한 결과, fibrocytes는 세포질내에 글리코겐의 집합체가 들어 있으며, 크고 전자밀도가 낮은 막상의 공포가 있는데, 이 공포는 digestive lamellae를 둘러쌓고 있으며 세포성물질을 분해시키고 있는데 이러한 크고 전자밀도가 낮은 공포를 식포라 한다. Fibrocytes의 미토콘드리아는 과립구나 hyalinocyte와 같이 cristae가 거의 없으며, 내부가 무구조인 소형의 막상 공포가 있는데 내용물은 lysozome인 것으로 생각된다. Fibrocyte는 많은 글리코겐의 집합체와 digestive lamellae를 쌓고 있는 식포를 가지고 있기 때문에 fibrocyte는 실제로는 과립구로서 탈과립이 일어나 세포성물질을 분해시키고 있는 것이라 하였다(Cheng and Foley, 1975). Fibrocyte가 과립구의 일종이라는 사실에 근거를 한다면 패류의 과립구는 세균과 같은 입자성 물질을 세포질내로 끌어들여 식포내에 digestive lamellae를 형성함으로서 세균을 세포내소화시켜 세균의 탄수화물을 분리시켜 과립구내에 글리코겐의 집합체로서 축적할 수 있다는 것이다(Foley and Cheng, 1974).

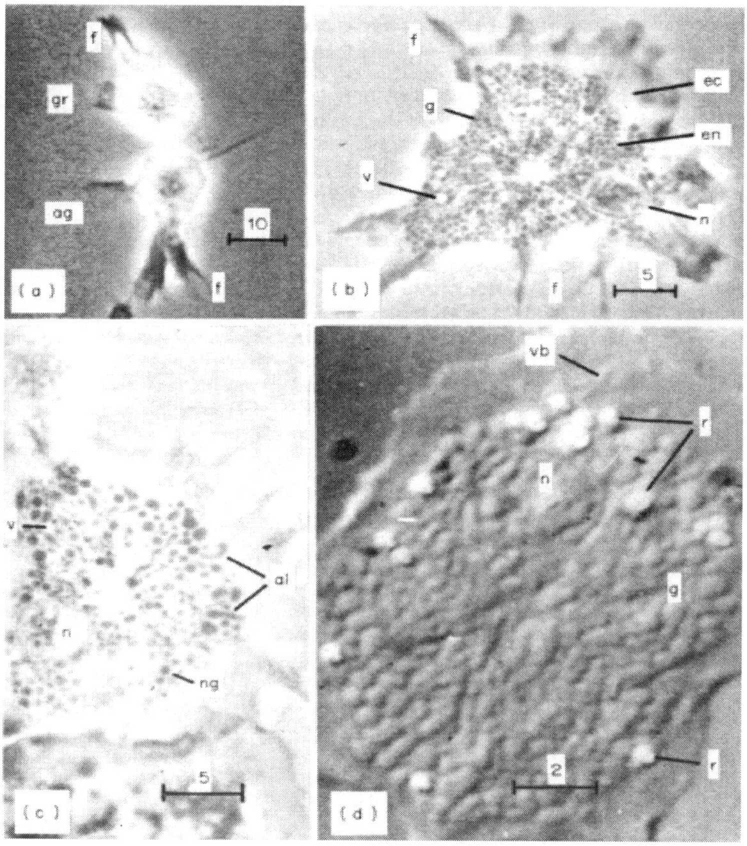

그림 7-6. 백합의 과립구.
(a): 사상위족을 내고 있는 과립구(gr)와 hyalinocyte(ag), 위상차 현미경. (b): 기질상에서 확산 중인 과립구, 내형질(en), 외형질(ec), 사상위족(f), 과립(g), 공포(v), 핵(n), 위상차현미경. (c): 과립구의 과립, 타원형(ng), 연장형(al), (d): 확산중인 과립구, 외형질중의 충양돌기(vb)와 내형질속의 핵(n), 수축봉입체(r), 과립(g). (Foley and Cheng, 1974)

따라서 이러한 결과를 종합하면 백합이나 버지니아굴에는 과립구와 hyalinocyte의 2계열이 있다는 것을 알 수 있다. 그러나 Moore and Lowe(1977)는 진주담치에는 호염기성구와 호산성과립구(과립구)가 있으며, 호염기구는 다시 작은 림프구(lymphocytes)와 크고 탐식성이 있는 machrophage로 구분하였는데, 마크로파아지에는 가수분해효소가 있으며 과립구에도 마크로파아지보다는 적기는 하지만, acid phosphatase, β-glucuronidase, β-haxosaminidase, indoxyl esterase 등이 있다고 하였다.

또 Moore and Eble(1977)은 백합의 혈구를 무과립구, 소과립구, 대과립구의 3형태로 구분하였으며, 담치와 참굴의 혈액을 핵의 형태를 기준으로 4형태로 분류한 보고도 있다..

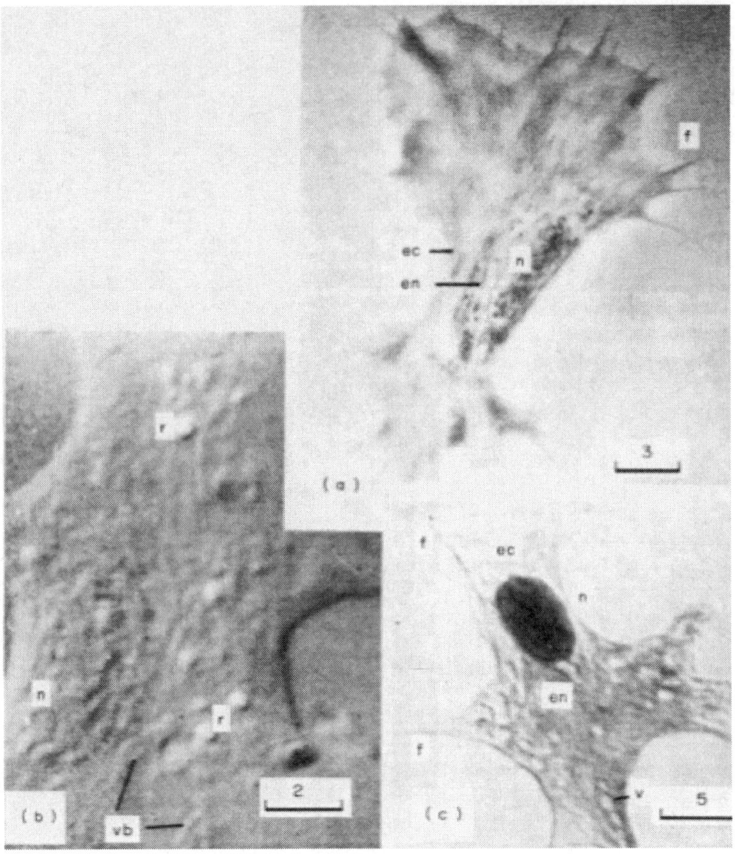

그림 7-7. 백합의 fibrocyte.
(a): 사상위족을 내고 있는 외형질(ec), 내형질(en), 핵(n). (b): 생표본, 수축봉입체(r), 핵(n), 충양돌기(vb). (c): 외형질(ec)에서 나온 사상위족과 내형질(en)의 핵(n) 및 공포(v), Giemsa염색. (Foley & Cheng, 1974).

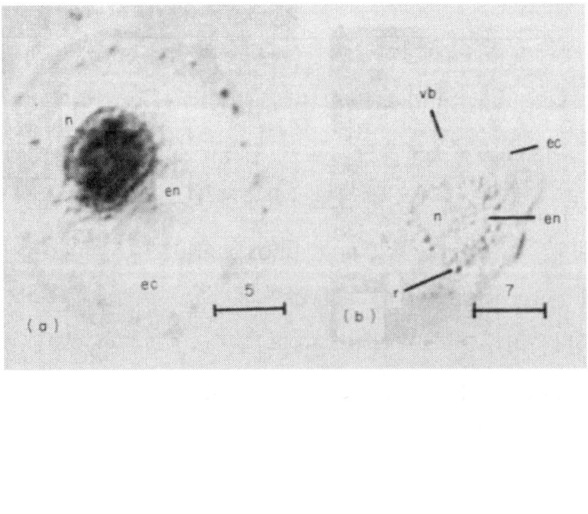

그림 7-8. 백합의 hyalinocyte.
(a): 염색표본, 사상위족의 돌출이 없는 외형질(ec)과 핵이 들어있는 내형질(en). (b): 생표본, 외형질(ec), 내형질(en), 수축봉입체(r), 충양체(vb). (Foley and Cheng, 1974).

(2) 분류에 대한 가설

위에서 설명한 것처럼 이매패류의 혈구의 종류에 관해서는 여러 가지 견해가 있으며, 또한 각각의 혈구에 대한 정확한 정의에 관해서도 연구자간에 일치된 견해에 도달하지 못하고 있다. 그러나 현재의 분류체계에 있어 2가지의 원칙에 따라 분류되어지고 있는 것이 일반적이라 하겠다. 즉 첫 번째는 세포질속에 많은 과립이 들어있는 과립구와 과립구에 비해 세포질이 적으며 또한 세포질속에 과립이 없거나 매우 적은 hyalinocytes로 분류하는 것이며 또 다른 하나는 세포질속에 작은 과립이 들어 있는 세포(finely granular haemocytes), 거대과립이 들어 있는 세포(coarsely granular haemocytes), 핵을 둘러 쌓고 있는 세포질이 거의 없는 3종류로 분류하는 것이다. 그러나 후자의 경우 세포질속의 과립의 구분이 명백하지 않을 뿐 아니라 광학현미경상에서는 고정액의 종류에 따라 세포질의 모양에 변화를 일으키기 때문에 합리적이지 못하다는 것이다.

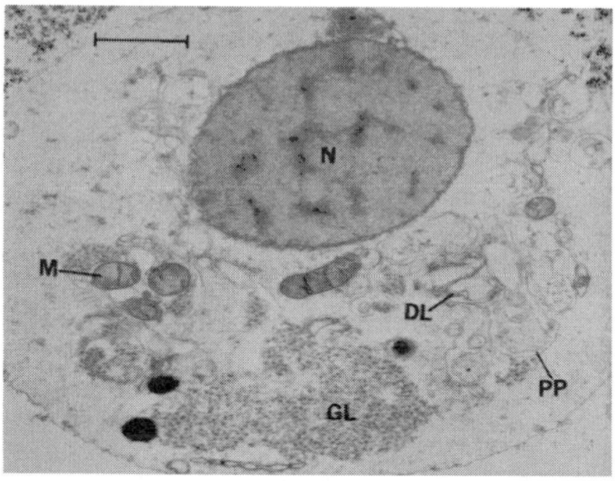

그림 7-9. 백합 fibrocyte의 전자현미경상. DL: digestive lamelae, GL: 글리코겐, PP: 1차 식포, M: 미토콘드리아, N: 핵. (Cheng and Foley, 1975). Bar=2 ㎛.

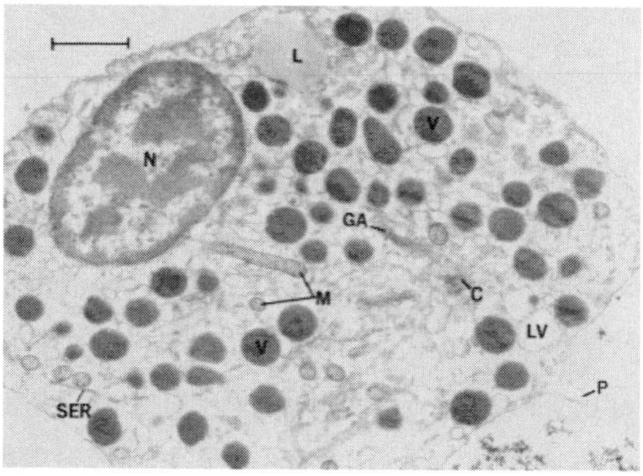

그림 7-10. 백합 과립구의 전자현미경상. 중심체(C), 골지체(GA), 지방적(L), 투명공포(LV), 미토콘드리아(M), 핵(N), 위족(P), 활면소포체(SER), 전자밀도 치밀 공포(V) (Cheng and Foley, 1975). Bar=2㎛.

그 예로 백합속의 과립은 미토콘드리아나 리소조옴, 식포, 골지체처럼 기능적 역할을 수행하는 세포내 소기관의 하나이기 때문에 과립이라 할지라도 모양이 서로 다른 것은 물론이고 고정액의 종류에 따라 형태적으로 차이가 생기는데 이는 과립의 살아있는 혈구에서 계통발생학적으로 발달의 단계가 서로 다름을 의미하게 된다. 따라서 많은 연구자들이 fibrocyte로 분류한 것은 과립구가 이물을 탐식한 다음에 세포내소화를 시키고 있는 단계의 끝 단계(endocytosis-intracellular degration)인 탈과립한 상태의 과립구로 생각되고 있다. 이러한 견해에 대한 이해가 없다면 fibrocyte를 하나의 독립된 혈구로 분류하는 것은 당연하다. 또 혈구의 크기에 기준을 두고 분류를 하는 연구자도 있지만, 혈구의 크기도 부유액의 종류에 따라 현저한 차이를 나타내고 있음은 잘 알려져 있고(Foley and Cheng, 1974), hyalinocyte, hyaline cell 또는 lymphocyte라는 명칭으로 분류되는 것은 과립구보다 크기가 적을 뿐만 아니라 고형물질위에서 행동 방식이 과립구와 다르고, 사상 위족도 내지 않으며, 이동할 때 몇 개의 lopopodia만이 만들어 질 뿐임으로 척추동물의 림프구에 대응하는 개념으로 림프구라는 용어를 사용하고 있지만, hyalinocytes라 부르는 것이 타당할 것이다. 이처럼 세포질내의 과립의 형상에 따른 분류는 다분히 인위적인 요소의 가미가 많기 때문에 과립의 유무에 따라 2종류로 분류하는 것이 보다 합리적인 분류방법이라 생각된다. 그러나 이 분류방법에도 과립구의 염색성에 차이가 생기기 때문에 연구자에 따라서는 호염기성과립구, 호산성과립구, 호중성과립구로 분류하고 있는데 이것도 과립구의 조건에 따라서는 호중성, 호산성, 호염기성이 혼합되어 있는 형태로 관찰되어지기 때문에 인위적인 분류기준에 불과하다. 또 과립구가 가진 과립은 발생의 각 단계에 따라 염색에 대한 친화성에 차이가 나는데, 이는 성숙함에 따라 알칼리에서 산성으로 변화되어지는 것이 보통이다. 따라서 과립구에 호염기성 또는 호산성과립이 섞여 나온다는 것은 성숙의 한 단계에서 다른 단계로 이행되고 있음을 의미하는 것으로 미숙의 단계에서는 호염기성과립이 출현하지만 성숙함에 따라 과립은 호산성으로 됨을 의미한다.

Moore and Lowe(1977)는 담치에는 호산성의 과립구(7～12 ㎛)보다는 적은 두 종류의 호염기성 혈구가 존재한다고 하였는데, 이 호염기구를 크기에 따라 소형호염기성혈구(small basophilic haemocytes, 4～6 ㎛)와 대형 호염기성혈구(large basophilic haemocytes, 7～10 ㎛)로 구분하였다. 이들은 소형의 호염기성혈구를 림프구, 대형 호염기성혈구를 식세포성 마크로파아지(phagocytic macrophages)라 지칭하면서 소형의 혈구가 대형의 혈구의 전구세포라 고찰하였다. 그러나 그들의 각각의 혈구에 대한 설명을 살펴보면 림프구라 칭한 것은 hyalinocytes이고, 식세포성 마크로파아지라 칭한 혈구는 미숙의 과립구이라는 것을 알 수 있다. 왜냐하면 식세포성 마크로파아지와 과립구는 산포스파타아제(acid phosphatase), β-글루쿠로니나아제(β-glucuroninase), 헥소사미나아제(hexosaminase) 및 인독실에스테라제(indoxyl esterase)와 같은 리소조옴성 가수분해효소(lysosomal hydrolase)를 가지고 있는데, 양에 있어서는 과립구가 적지만 이들 효소는 과립구가 특징적으로 가지고 있는 효소이기 때문이다. 또 그들의 전자현미경상에서 식세포성 마크로파아지는 세포질내 과립인 리소조옴과 이물질을 둘러쌓고 있는 식포가 보이는데 이것 또한 과립구의 특성이다. 따라서 그들이 식세포성 마크로파아지라고 분류한 것은 호염기성 과립을 가진 미숙한 과립구이다.

이매패류의 혈구를 분류하는 또 하나의 특징은 핵과 세포질이 호염기성인가 호산성인가가 사용되고 있지만, 실제로는 고정액이나 세포의 성숙도에 따라 색조가 변하기 때문에 기준으로 채택하기에는 문제점이 있다.

현 단계에 있어 이매패류의 혈구에는 세포의 성숙도에 따라 염색성이나 형태적 특징과 기능에 변화가 있는 것은 사실이지만, 일반적으로 두 종류의 혈구 즉 과립구와 hyalinocytes로 구분하는 것이 가장 합리적인 것으로 받아들여지고 있다.

그림 7-11에 나타낸 것은 현 단계에 있어서의 혈구분화의 가설로서 과립구에는 granuloblast가 있어, 이 세포에서 미숙한 과립구인 progranulocytes로 분화되어간다. Progranulocytes는 과립구계에서 가장 크기가 소형이며, 세포질내에 과립이 거의 없으며, 미약하지만 탐식능력이 있다. 또 핵과 세포질내의 과립이 호염기성을 띄며, 신장되었을 때 소수의 위족을 내는 것이 이 세포의 특징이라 할 수 있다.

Progranulocytes에서 과립구 I(granulocyte I)이 분화되어 나오는데 과립구계 중에서 크기가 중간정도이며, 세포질내에 많은 호염기성 과립을 가지고 있지만 어떤 것은 아직도 호산성과립을 가진 것과 반사광을 내는 과립을 가진 것도 있다. 탐식능력은 활발하고 실모양의 위족을 내며 세포가 모여 덩어리를 만드는 성질(clumping)이 강하다. 또 세포질내에 골지체, 조면소포체, liposome 및 리소조옴과 같은 세포질내소기관이 풍부하며 산성 가수분해 효소(acid hydrolase)의 활성이 높은 것이 보통이다. 과립구 I은 성숙하여 과립구 II(granulocyte II)로 된다. 과립구 II는 과립구계에서 가장 크기가 크며, 세포질에는 소수의 호산성과립을 포함한 과립이 매우 많으며, 세포질에는 탈과립 과정의 잔재물인 공포가 있다. 탐식능력이 활발하며 신장할 때 실모양의 위족을 많이 내고 세포질에는 골지체, 활면소포체, liposome 및 리소조옴과 같은 세포질내 소기관이 있으며, 세포끼리

뭉치는 성질이 있으며 산성 가수분해효소의 활성이 가장 높은 것이 특징이다. 만약 과립구 II가 이물질을 탐식하여 세포내 탈과립이 일어났다면 노쇠한 과립구(spent granulocyte)로 된다. 이 세포는 서로 마주보고 있는 쪽에 위족을 내고 있는데 그 수는 소수에 불과하며 세포질내과립도 거의 없고 대신에 크기와 모양이 다양한 많은 공포를 가지고 있다. 또 리소조옴과 산성 가수분해효소의 활성은 매우 낮다. 식포내에는 digestive lamellae와 부정형의 부분적으로 소화된 이물질이 들어있으며 세포질내에 글리코겐과립이 모여 있는 것이 특징이다.

이매패류의 사후 또는 병적인 상태에서는 여러 개의 과립구 II가 융합하여 다핵 거대세포(multinuclear giant cell)인 거세포(macrocyte)로 되는데, 이 세포에 관해서는 알려진 것이 거의 없다.

Hyalinocytes계도 과립구계와 마찬가지로 분열능력이 있는 가상의 세포인hyalinoblast가 존재하며, 이것에서 미숙의 hyalinocytes인 prohyalinocytes가 분화되어 나온다는 것이다.

Prohyalinocytes는 핵이 비교적 크며 세포질의 양은 비교적 적다. 세포질내 과립은 없으며 위족도 내지 않거나 내더라도 소수에 불과하며 세포질은 기본적으로 호염기성을 띄는 것이 특징이다. 이 prohyalinocytes가 성숙하여 hyalinocytes로 된다. Hyalinocytes는 비교적 적은 양의 세포질이 한 개의 커다란 핵을 둘러쌓고 있으며, 세포질내에 과립은 소수이고 몇 개의 엽 모양의 위족(lobopodia)으로 이동을 한다. 끝으로 장액세포(serous cell), 갈색세포(brown cell), 색소세포(pigment cell)라는 계열이 있는데, 이 세포는 보통의 순환계에서는 찾아볼 수 없고, 케버선(Keber's gland)에서 만들어진다. 아직 케버선내에 있거나 방출된지 얼마 되지 않은 매우 어린 세포는 운동성이 없으며, 세포질내에 많은 엷거나 진한 갈색 색소립을 가지고 있는 것이 특징이다. 이 세포는 분열능력이 있어 중간 정도 성숙한 색소세포로 분화되어 가는데, 분화된 세포는 세포질내에 산성의 무코다당체와 색소립이 세포질내에 많이 포함되어 있다(Cheng and Burton, 1966). 미성숙세포가 성숙하여 성숙의 대형의 갈색세포로 되면, 세포질내에 무코다당체는 보이지 않으며 많은 색소립으로 세포질이 가득 차게 된다.

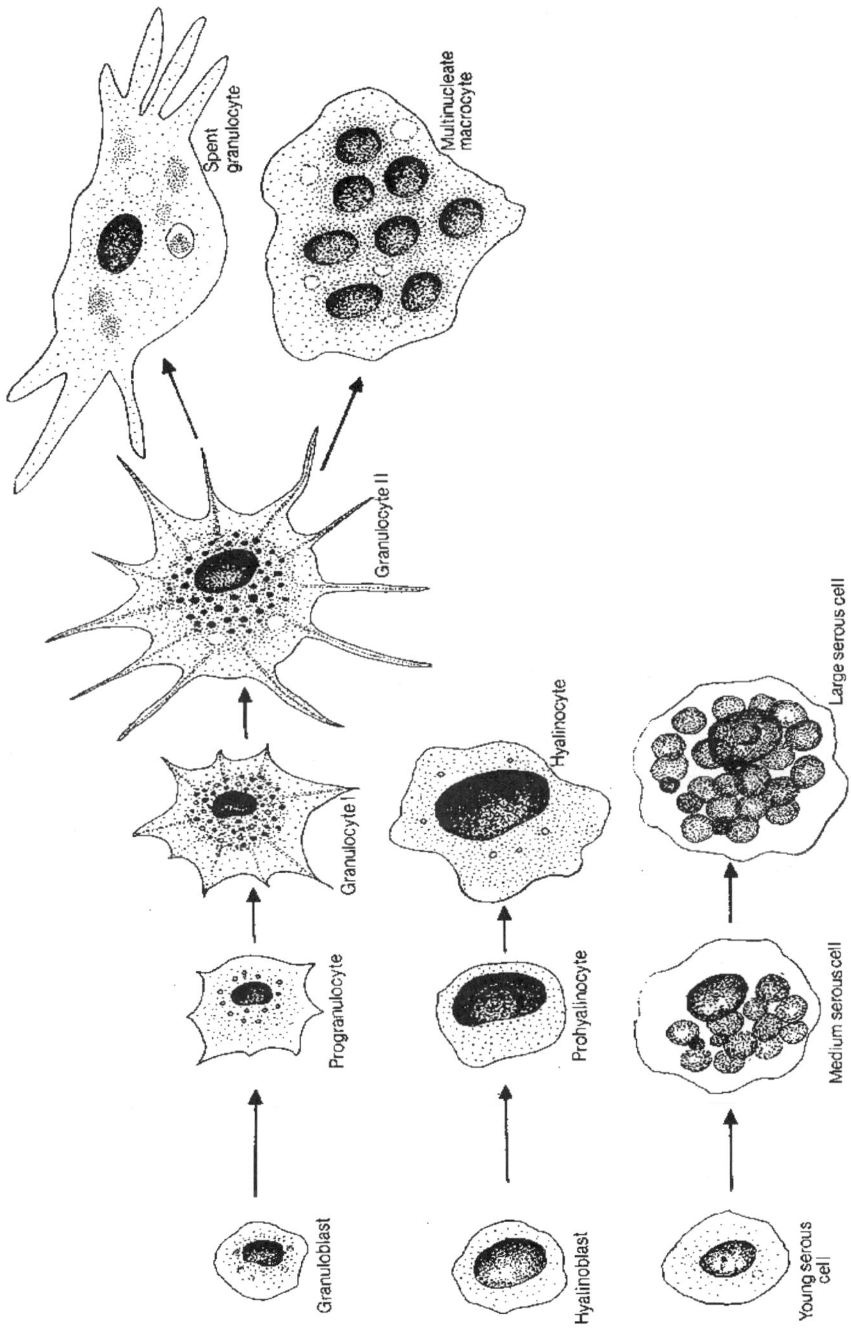

그림 7-11. 이매패류 혈액의 가상적인 계열을 나타낸 모식도.

2. 혈림프의 채취와 형태 관찰

1) 채취 부위

어류는 마취한 다음 미부 혈관이나 심장에서 채혈하고 있다. 그러나 이매패류는 채혈을 위하여 접촉하게 되면 패각을 굳게 닫아버리기 때문에 실제적으로 마취의 과정은 필요하지 않으며, 채취 전에 채집 장소의 환경이나 실험실내의 수조의 순치 조건이 더욱 중요할 것으로 생각된다. 참굴과 같은 대형 패류는 양 패각 사이에 칼을 삽입하여 폐각근을 절개하면 직장의 부근에 있는 심장에서 채혈할 수 있다(Bachere *et al.*, 1991). 그러나 심장의 위치를 발견하기 어려우며 또한 개각 후 시간이 경과하게 되면 심장의 박동이 정지하여 버리기 때문에 채혈이 불가능하게 된다. 또 대형 패류라 할지라도 크기가 작은 개체이거나 또는 바지락과 같은 소형 패류에서는 주사침이 심장을 관통하여 혈림프속에 패액이 혼입되는 경우가 많아 심장에서 채혈이 불가능한 경우가 많다. 따라서 채혈하고자 하는 패류로부터 효과적으로 채혈하기 위해서는 각 패류에 알맞은 채혈방법을 강구할 필요가 있다. 가장 손쉽게 할 수 방법으로는 폐각근에서 채혈하는 방법이지만, 패류의 종류에 따라 폐각근의 존재부위와 두께 등을 고려하여 주사기의 삽입 위치, 각도 및 삽입 깊이 등을 사전에 검토할 필요가 있다.

양 패각 사이에 칼을 삽입하여 후패각근이 상하지 않도록 패각에 근접하게 절단하여 개각하고, 후폐각근(posterior adductor muscle) 일부를 절취하여, Davidson액에 고정한 다음 파라핀 절편을 만들어 H-E염색 후 광학현미경으로 관찰하면 그림 7-12와 같이 혈구가 근섬유와 결합조직 사이에 모여 있는 것을 알 수 있다. 따라서 현재로서 패류에 스트레스를 가하지 않으면서 채혈할 수 있는 가장 효과적인 방법은 후폐각근 부위에 주사기를 삽입하여 채혈하는 방법이다.

그러나 패각에 주사기를 삽입하기 위해서는 패각이 존재하는 양패각 부위에 구멍을 내어야만 하는데 쇠톱으로 부위를 갈아 내기도하지만, 치과용의 소형 드릴(그림 7-13)을 이용하는 것이 가장 손쉬운 방법이다.

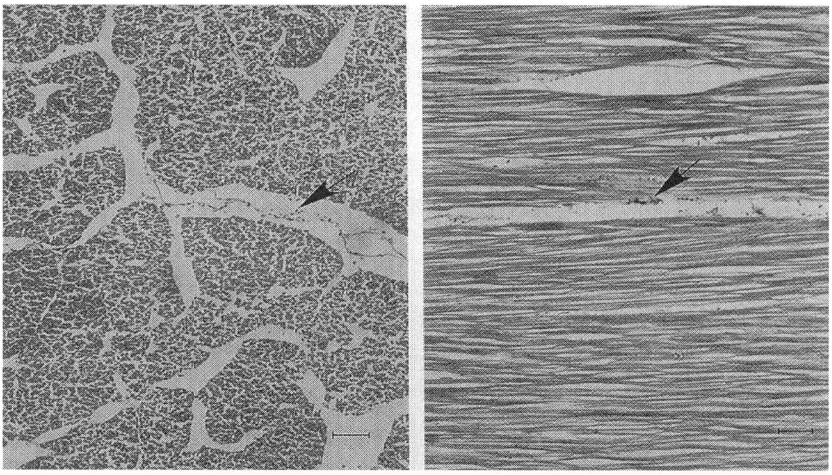

그림 7-12. 바지락 후폐각근의 종단면과 횡단면.
근섬유 사이의 결합조직(화살표)에 혈구가 존재한다. HE, Bar=0.1 ㎛.

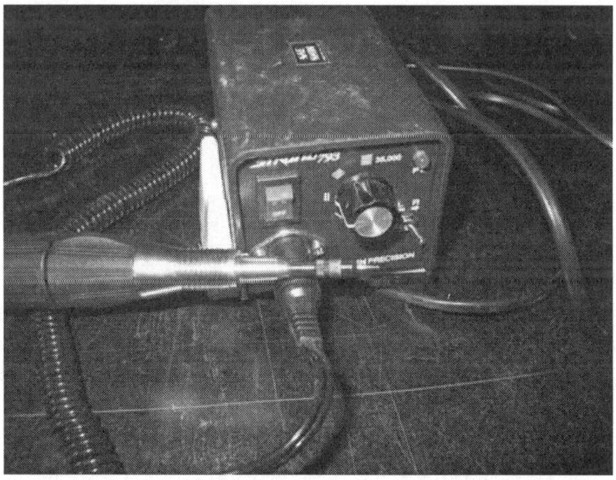

그림 7-13. 패류의 패각을 천공하기 위한 치과용 소형 드릴. 드릴의 구경은 다양하게 교환하여 사용 가능하며, 드릴의 회전수도 변환이 가능하다.

2) 채혈 방법 및 염색

혈구의 채취를 위해서 후패각근 주변 부위를 70% 알콜면으로 소독한 다음 패각에 I자형의 흠집 또는 드릴로 구멍을 내어 항응고제 (modified anti-aggregant solution, MAS: glucose 20.8 g, sodium citrate 8 g, EDTA 3.36 g, sodium chloride 22.5 g, distilled water 1 ℓ, pH 7.5, Bachere *et al.*, 1991)로 내부를 적신 2.5 ㎖의 멸균 플라

스틱주사기에 20-23G 주사침을 부착하여 패각의 흠집을 통해 후폐각근에 삽입하여 채혈한다. 이 때 너무 깊게 삽입하게 되면 패액이 섞여 흡입되는 경우가 있음으로 주의를 요한다.

채혈한 혈구를 미리 준비해 둔 홀슬라이드글라스에 한 방울 적하시키고, 무염색 상태로 위상차현미경으로 무염색 상태의 형태를 관찰한다. 또 채혈한 혈구를 슬라이드글라스에 한 방울 떨어뜨린 다음 습윤 상자에 넣어, 실온 또는 25℃에서 15-30분간 방치한 다음 여과멸균해수(0.25 ㎛ filtered seawater, FSW)로 미부착 혈구를 제거한 다음 2.5% glutaraldehyde-seawater액으로 5분간 고정한 후, Giemsa액에 25분간 염색하여 혈구의 크기와 형태를 측정한다. 혈구의 형태 관찰을 위한 또 다른 방법으로 채취한 혈구를 MAS와 1:3으로 혼합하여, 실리콘 코팅된 시험관(직경 13 ㎜)에 옮겨 Pasteur pipette로 흡인 분출을 반복하여 혼합한 후 부유세포수집기로 800 rpm, 2분간 실온에서 원심하여 슬라이드글라스에 부착시킨 다음 May-Grünwald Giemsa로 염색하여 광학현미경으로 관찰한다.

혈구의 응집을 방지하기 위하여 여과 멸균한 해수에 10 mM이 되게 용해시킨 L-cystein 300 ㎕(또는 다른 항응고제)를 넣은 플라스틱 주사기로 후폐각근에 채혈한 여러 마리의 혈액을 pool하여 780 g에 10분간 원심분리하여 상청을 제거하고 나서 멸균해수에 혈구를 재부유시킨다. 슬라이드글라스위에 glueing Teflon ring(내부직경 15 ㎜, 두께 1 ㎜)의 한가운데에 떨어뜨린 후, 링위에 카바글라스가 부착할 수 있도록 소량의 바셀린을 바른 후 카바글라스를 덮고 실온에서 30분간 방치하여 슬라이드 글라스면에 혈구를 부착시킨다. 슬라이드 글라스에 부착한 혈구는 1% sucrose를 첨가한 여과해수에 용해시킨 1%의 글루탈알데히드액에 4℃에서 30분간 고정시킨다. 고정 후 인산완충용액(PBS, 1.37 M NaCl, 0.03 M KCl, 0.015 M KH_2PO_4, 0.065 M Na_2HPO_4, pH 7.2)로 세척한 다음 세포화학반응을 조사한다.

Giemsa염색은 10% Giemsa용액에 10분간 염색한 다음 증류수로 세척하고 봉입한다. 이 염색 후 핵은 청색, 세포질은 담청색 또는 자주색을 띄게 된다.

Pappenheim's panoptical 염색은 May-Grünwald액에 3분간 염색한 다음 증류수로 씻고 5% Giemsa액에 10분간 염색한 다음 증류수로 세척하고 봉입한다. 이 염색 후 호염기성 과립은 청색, 중성과립은 갈색, 호산성과립은 핑크색으로 염색된다.

Ehrich's triacid mixture반응은 포화 orange O: 포화 acid fuchsin: 포화 methyl green액: 증류수: 무수 에탄올: 글리세린을 12:8:10:30:18:5로 혼합한 액에 15분간 염색한

다음 증류수로 세척하고 봉입하면, 호염기성 과립은 담녹색, 호중성은 자주색 및 호산성은 적색으로 염색된다.

Neutral red색소는 슬라이드글라스에 혈구를 부착시킨 다음, 여분의 여과멸균해수는 버리고 그 위에 멸균해수에 용해시킨 neutral red(8 ㎎/ℓ)액 60 ㎕를 중층한 다음 관찰하면, 이 색소는 lysosome과 특이적으로 반응한다.

Tolidine blue는 글루탈알데히드 고정한 슬라이드글라스 표본을 0.5% tolidine blue액과 0.5% sodium tetraborate혼합액을 여과한 액에 10초간 담궈 핑크-자주색으로 발색시킨다. 이 때 황산기를 제거하기 위하여 고정 후 100 ㎖의 메탄올에 36%가 되도록 희석한 염산 800 ㎕와 37℃에서 30분간 전배양한 다음 증류수로 세척하고 tolidine액에 담구는 방법도 있다.

Acridine orange는 멸균해수에 용해시킨 acridine orange(0.1 ㎎/ℓ)로 90초간 염색한 멸균해수로 가볍게 세척한 다음 즉시 형광현미경(450-490nm)으로 관찰하면 적색의 형광을 발한다.

Sudan black B염색은 슬라이드부착혈구를 50%에탄올에 30분간 담군 다음 70%에탄올 Sudan black B액에 실온에서 30분간 염색 후 50%에탄올에 수회 침지한 다음 대비염색으로 Giemsa염색한다.

Periodic Acid-Schiff reaction(PAS)은 슬라이드글라스 부착혈구를 1%과요소산액과 반응 후 증류수로 세척하고 Schiff액과 30분간 반응시킨다. 반응 후 아황산액을 3분간 3회 통과시킨 다음, 흐르는 물에 30분간 발색시킨 다음 대비염색으로 Harris 헤마톡시린으로 염색한다. 양성반응물질이 글리코겐인지 확인하기 위하여 과요소산과 반응시키기기 전에 37℃에 15분간 2회 타액소화시험을 실시한다.

Acid phosphatase(ACP)는 ACP는 기질로서 naphthol AS-BS phosphate를 기질로 하는 시판키트인 acid phosphatase leucocyte(Sigma)와 Gomori기질액의 2가지 방법으로 검출한다. 식염을 2%첨가한 Barker's formal calcium과 혈액이 1:3의 비율로 채혈한 실온에서 20분간 방치하여 고정한 다음 다량의 식염수를 첨가하여 원심세척 후 cytospine으로 슬라이드글라스에 부착시킨 다음 공기 중에서 충분히 건조시킨 후 기질액과 반응시킨다. ACP키트는 기질액과의 반응시간을 2시간으로 한 것과 부과의 고정을 하지 않은 것 이외에는 제조업자의 지시에 따른다. Gomori기질액을 사용한 경우 슬라이드 도말표본을 흐르는 물에 충분히 세척하고, 37℃에 overnight시킨 Gomori기질액과 37℃에서 2시간 반응시킨다. 반응 후 증류수로 세척하고 1% ammonium sulfide액에 2분간 침지한 다음 methylene blue로 대비 염색한다. 기질액을 제외한 반응액과 반응시킨 것을 대조로 한다.

(1) 가수분해 효소(hydrolytic enzymes)

혈구가 가지고 있는 효소를 가수분해효소를 조직화학적으로 증명하기 위해서는 다음과 같은 방법을 사용한다.

가. β-glucuronidase

고정 후 0.1 M sodium acetate buffer(pH 5.2)에 세척하고 효소액과 37℃에서 2시간 반응한다. 효소액은 dimethylformamide(DMF) 250 ㎕에 naphthol AS-BI β-glucuronide를 4 ㎎용해액, 용액 A 400 ㎕(0.4 g new fuchsin), 36% 염산액 2 ㎖, 증류수 8 ㎖, 용액 B(증류수에 4%로 용해시킨 $NaNO_2$) 400 ㎕, 0.1 M sodium acetate buffer(pH 5.2) 20 ㎖의 혼합액이다. 반응 후 sodium acetate buffer로 세척 후 봉입한다.

나. Acid phosphatase

고정 후 0.1 M sodium acetate buffer (pH 5.2)에 10분간 담궈 세척하고, 효소액과37℃에서 2시간 반응한다. 효소액의 조성은 glucuroniase와 유사하지만 400 ㎕의 DMF에 naphthol AS-BI sulfate를 10 ㎎녹인 것을 사용한다. 양성반응은 적색을 띈다.

다. Alkaline phosphatase

고정 후 0.1 M Tris-HCl buffer(pH 9)로 10분간 세척한 다음 효소액과 37℃에서 2시간 반응한다. 효소액은 acid phosphatase와 같지만 sodium acetate buffer 대신에 Tris-HCl buffer 20 ㎖를 사용한다. 반응 후 Tris-HCl buffer로 세척 후 봉입한다. 양성반응은 적색으로 염색된다.

라. 5′-nucleotidae

고정 후 0.2 M Tris-malete buffer(pH 7.2)에 10분간 담궈 세척한 다음 효소액과 37℃에서 2시간 반응한다. 효소액은 adenosine-5′-monophosphate(AMP) 20 ㎎, 증류

수 22 ㎖, Tris-malete buffer 20 ㎖, 2% $PbNO_3$ 3 ㎖, 2.5% $MgSO_4$ 5 ㎖를 혼합한 것이다. 효소액과 반응 후 증류수에 2회 세척한 다음 ammonium sulphide용액(21%, Fluka)을 증류수로 100배 희석한 액에 2분간 세척한 다음 봉입한다. 이 때 양성반응은 흑색을 띈다.

마. Non-specific esterase

고정 후 PBS에 10분간 세척한 다음 4℃에서 효소액과 2시간 반응시킨다. 효소액은 naphthol AS-D acetate 10 ㎎을 아세톤 1 ㎖에 녹인 것을 Fast blue B 80 ㎎을 녹인 PBS 49 ㎖를 혼합한 것이다. 반응 후 PBS에 10분간 세척하고 봉입한다. 이 때 양성반응은 청색으로 염색된다.

바. Acid esterase

고정한 혈구를 0.1 M phosphate-citric acid buffer(pH 5.5)에 10분간 세척하고 효소액과 4℃에서 16시간 반응한다, 효소액은 500 ㎕의 아세톤에 용해시킨 naphthol acetate 3 ㎎, β-glucuroniase효소액 용액 A B용액 각각 250 ㎕와 phosphate-citric acid buffer 19 ㎖의 혼합액이다. 배양 후 증류수로 세척하고 봉입하여 관찰하면 양성반응은 핑크빛을 띈 갈색으로 관찰된다.

사. Chloracetylesterase

고정 후 PBS에 10분간 세척한 다음 실온에서 1사간 효소액과 반응시킨다. 효소액애 조성은 DMF 1 ㎖에 naphthol chloroacetate 6 ㎎을 용해시킨 액과 PBS 19 ㎖에 Fast Blue B 20 ㎎을 용해시킨 액을 혼합하여 사용한다. 반응 후 PBS에 10분간 세척하고 봉입하면 양성반응은 청색을 나타낸다.

아. Acrysulphate

고정 후 0.1 M sodium acetate buffer(pH 5.2)에 10분간 세척한 다음 효소액과 37℃에서 2시간 반응시킨다. 효소액은 p-nitrocatecholsulphate 0.16 g, distilled water 4 ㎖, sodium acetate buffer 12 ㎖, 8% $PbNO_3$ 4 ㎖의 혼합액이다. 배양 후 증류수에 씻고 ammonium sulphate solution(21%)를 증류수로 10배 희석액에 2분간 세척한다. 최

종적으로 다시 증류수에 세척하고 봉입하면 양성반응은 갈색기미를 띈 흑색으로 염색된다.

이러한 가수분해효소의 증명은 각각의 효소액을 제조하여 사용하여도 무방하지만 불편하기 때문에 시판되는 효소증명용 키트를 제조사의 지시에 따라 사용하는 것이 더욱 편리하다. 대표적인 것으로는 API ZYM(Bio-Merieux)로서 well당 65 ㎕의 혈구 부유액을 넣고 37℃에서 4시간 배양한 다음 반응액과 기질액을 첨가하여 제공된 비색표에 의해 색깔의 변화를 비교하는 것으로 alkaline phosphatase, esterase, esterase lipase, lipase, leucine arylamidase, valine aryalmidase, cystine arylamidase, trypsin, *α*-tymotrypsin, acid phosphatae, naphtol AS-BI-phosphohydrolase, *α*-glucosidase, *β*-galactosidase, *β*-glucuronidase, *α*-glucosidase, *β*-glucosidase, N-acetyl-beta-glucosaminidase, *α*-mannosidase, *α*-fucosidase 등 19가지 효소의 활성을 수치적으로 계측할 수 있다. 이 때 혈림프 전체, 혈림프 원심분리 상청액(혈장), 혈구의 종류별로 나누어 측정할 수 있다. 참고로 굴에서의 효소의 측정 방법을 설명하면 다음과 같다. 1 ㎖주사기에 항응고제로서 modified Alsever's solution(MAS) 0.5 ㎖ 흡입한 다음 위심강에서 채혈한다. 채혈한 혈액은 MAS로 3×106 cells/㎖로 조정한 다음 1/3은 전혈로 하고, 나머지는 1500rpm 4℃, 15분간 원심 분리한다. 상청액은 다시 4℃에서 6000rpm에 20분간 원심한 다음 혈구가 없는 혈림프액(혈장)으로 사용하고, 혈구의 펠렛은 여과멸균 증류수에 부유시켜 혈구용해액으로 사용하던가 또는 MAS에 현탁시켜 처음에는 percoll을 사용하여 과립구와 무과립구로 분획하고, 무과립구는 다시 percoll에 중층하여 대형 무과립구와 소형 무과립구로 분획한다. 이 때 혈구의 농도는 여과멸균한 증류수에 3×106 cells/㎖로 조정한 다음 초음파분쇄기로 100W에서 30초간 가한 다음 세포내의 효소를 방출시켜 사용한다. 참굴에서는 alkaline phospatase, esterase, esterase lipase, lipase, leucine arylamidase, valine arylamidase, cystine arylamidase, trypsin, acid phosphatase, naphtolo AS-BI-phosphohydrolase, *β*-glucuronidase, *α*-glucouronidase, *β*-glucosidase, N-acetyl-beta-glucosaminidase, *α*-mannosidase, *α*-fucosidase 등 16종의 효소활성이 전혈, 전혈구 및 전혈 상층액에서 관찰되지만, 넙적굴에서는 *β*-glucosidase의 활성이 없다. 전혈 상청액중의 효소활성은 전혈이나 전혈구 분쇄약중의 활성보다 낮다. 또 전혈이나 전혈구분쇄액중의 효소활성에는 차이가 없고, 전혈의 상청액중에는 *α*-glucosidse와 *α*-mannosidae의 활성이 없다. 이러한 효소는 패류의 혈구의 탐식작용과 밀접한 관계가 있는데 이러한 가수분해효소가 세포내외에서 작용하는 것으로 알려져 있다. 혈구내에서는 직접 이물질에 방출되어지며, 혈구의 바깥에서는 이물의 분자 구조를 변형시켜 쉽게 탐식되게 하는 작용을 가지고 있는다. 이러한 혈구의 기능을 평가하기 위하여 사용되어지는 효소로 대표적인 것은 lysozyme, acid phosphatase, esterase 및 β-glucuronidase가 평가의 지표로서 많이 활용되고 있다.

(2) 산화 효소(oxidative enzymes)

가. Peroxidase

고정 후 혈구는 PBS에 10분간 세척한 다음 반응액과 37℃에서 2시간 반응시킨다. 반응액은 3-3‘ diaminobenzidine tetrahydrochloride(DAB)를 과산화수소를 0.02% 함유한 증류수에 0.5 ㎎/ℓ의 농도로 녹인 액이다. 반응 후 증류수로 세척하고 봉입한다. 양성반응은 갈색을 띄게 된다.

나. Cytochrome C oxidase

고정한 혈구는 0.1 M sodium acetate buffer(pH 5.5)로 세척한 다음 37℃에서 반응액과 4시간 반응시킨다. 반응액은 $MnCl_2$를 0.1%, 과산화수소를 0.3%함유한 sodium acetate buffer에 DAB를 2 ㎎/ℓ의 농도로 용해시킨 액을 사용한다. 반응 후 증류수로 세척하고 봉입한다. 양성반응은 갈색을 나타낸다.

다. Phenoloxidase

7%의 sucrose와 5%의 glutaraldehyde를 첨가한 0.1M PBS(pH 7.2)액과 1:1로 채혈하여 실온에 5-10분간 방치한 다음 cytospine으로 슬라이드도말표본을 제작한다. 공기중에서 건조 후, 0.01M PBS로 3회 세척하고 기질로서 0.01M PBS에 2 ㎎/ℓ로 용해시킨 L-3,4 dihydroxyphenyl-alanine(L-dopa)액 1 ㎖를 첨가하여 실온에서 2시간 반응시킨다. 반응 후 증류수로 세척한 다음 현미경으로 검경하였다. 대조는 기질액 대신에 PBS를 사용한다.

라. Lysozyme activity

혈림프나 외투막액(extrapallial fluid)을 400 g, 4℃, 10분간 원심분리하여 상청액을 채취한 다음 -20℃에 보존한다. 펠렛에는 멸균여과해수를 첨가하여 부유시켜 혈구의 최종 농도가 10^6 cells/㎖가 되게 한다. 그 후 얼음물 속에서 40분간 초음파 분쇄한 다음 사용할 때 까지 -20℃에 보존한다. 리소자임 활성은 chicken egg albumin(CEA)으로 표준곡선을 제작하여 측정한다. 이 때 혈구의 용해액속의 단백질농도를 bovine serum albumin을 표준으로 측정하여 리소자임을 활성은 CEA lysozyme활성(㎍/㎎ of protein)으로 표시한다.

마. Superoxide anion assay

여과 멸균한 해수에 nitroblue tetrazolium(NBT)를 0.2%가 되도록 용해시킨 액에 효모를 부유시킨다. 효모 부유액 60 ㎕를 혈구를 부착시킨 슬라이드글라스의 혈구에 첨가하여 실온에서 60분간 배양한다. 그 후 효모 부유액을 버리고 혈구의 단층 배양층을 고정한 다음 세척하여 봉입한다. 양성반응은 청색으로 나타난다. 대조는 효모를 제외하거나 superoxide dismutase(SOD 6000 U/㎎) 25 ㎍을 첨가하여 특이성을 검정한다. formazon이 형성되어 흑청색의 침전이 생기는 것을 계수하여 전체 세포중의 양성비율로 나타낸다.

(3) 혈구 및 핵의 직경

항응고제를 함유한 주사기로 채혈한 다음 슬라이드글라스도말표본을 만들어 May-Grünwald Giemsa염색한 다음 광학현미경으로 관찰하면서 각 혈구의 종류별로 50개 이상의 혈구를 대상으로 핵과 세포의 장경과 단경을 현미경의 접안 마이크로메타를 이용하여 측정하여 각각의 평균치를 세포와 핵의 직경으로 나타낸다. 또 전체의 세포에서 핵이 차지하는 비율 즉 nuclear/cytoplasmic ratio(N/C)을 핵의 장경과 단경의 곱을 세포의 장경과 단경의 곱한 값의 비율로 나타내기도 하고 또는 핵의 면적을 세포질의 면적으로 나눈 값을 핵세포 지수(nucleo-cell index)로 하여 숫자로 표시하기도 한다. 또 주사기에 미리 글루탈알데하이드와 같은 고정액을 넣어 혈림프와 고정액의 비율이 1:1이 되게 채혈한 다음 4‘6 diamino-2-phenyl-indole로 DNA를 염색한 다음 형광위상차현미경하에서 각각의 크기를 측정하기도 한다.

혈구의 조성은 검체당 200개 이상의 혈구를 관찰하여 각 혈구의 종류별로 계수한 다음 전체의 혈구중에서 각 혈구가 차지하는 비율을 %로 표시한다.

3. 주요 이매패류의 혈구

1) 바지락(*Ruditapes philliphinarum*)

바지락은 심장이 소형이 소형이기 때문에 주사침이 심장을 관통하여 채혈이 불가능하기 때문에 혈구의 채취를 위해서 후폐각근 주변 부위를 70% 알콜면으로 소독한 다음 쇠줄로 패각에 "I"자형의 흠집을 내거나 드릴로 구멍을 내어 항응고제(modified anti-aggregant solution, MAS: glucose 20.8 g, sodium citrate 8 g, EDTA 3.36 g, sodium chloride 22.5 g, distilled water 1 ℓ, pH 7.5, Bachere *et al.*, 1991)로 내부를 적신 1 mℓ의 멸균 플라스틱주사기에 23G 주사침을 부착하여 패각의 흠집을 통해 후폐각근에 삽입하여 채혈한다(강 등, 2000).

후폐각근에서 채혈한 혈림프의 무염색 표본을 위상차 현미경하에서 관찰하면 3종류의 세포로 대별 할 수 있다. 하나는 10 ㎛ 정도의 원형 또는 불규칙의 난원형으로 중앙에 원형의 핵이 있고, 세포질의 바깥쪽으로 세포체의 1/3-1/2정도의 위족을 내고 있다. 다른 하나는 9.4 ㎛정도의 원형 또는 반구형의 세포와 핵을 가지고 있으며, 핵은 세포질의 한쪽에 편재되어 있다. 핵은 세포질의 대부분을 차지하고 있다. 또 세포질은 거의 없고, 위족도 발달이 미약하며 그 길이도 짧아 관찰하기 힘든 경우도 있다. 또 다른 하나는 14 ㎛ 정도의 크기로 다른 세포에 비해 크기가 크며, 내형질안에 핵과 굴절성의 공포가 관찰되는 것이 특징이며, 위족을 내고 있다.

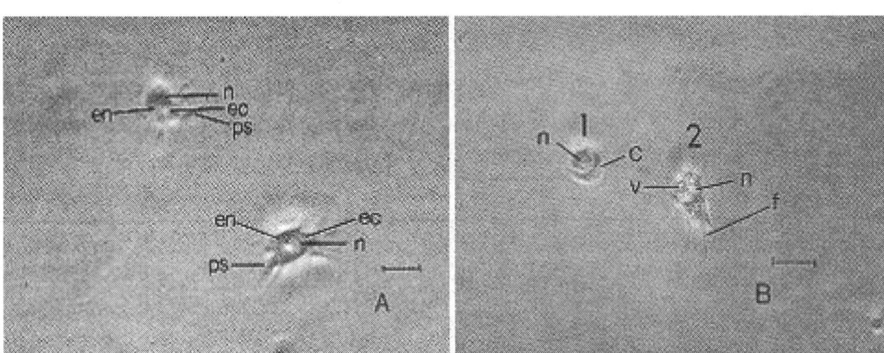

그림 7-14. 바지락 혈구의 무염색 표본.
c: 세포질, ec: 외형질, en: 내형질, f: 위족, n: 핵, ps: 위족, 위상차현미경, Bar: 10 ㎛.

혈림프를 염색하여 광학현미경으로 관찰하면 세포질내의 과립의 유무에 따라 과립구와 무과립구로 구분할 수 있다. 과립구는 세포의 크기가 12-14 ㎛정도이고, 세포질내에 과립이 있으며, 내형질과 외형질의 구분이 명확하다. 과립은 내형질내에 존재하지만, 외형질에는 존재하지 않는다. 또 이러한 세포는 위족을 내고 있는 경우가 많지만, 여러 개의 핵을 가진 세포는 없다. 이러한 과립구는 세포질내의 과립의 염색성에 따라 호염기성과립구와 호산성과립구 및 쇠퇴기에 있는 fibrocytes로 구분할 수 있다.

호염기성 과립구는 약 12 ㎛정도로 내형질내에 호염기성의 과립이 있으며, 크기가 약 7 ㎛ 정도인 원형 또는 타원형의 핵의 세포의 중심부 또는 가장 자리에 편재되어있다. 호산성 과립구는 크기가 14 ㎛정도이며, 내형질에 호산성의 과립을 가지고 있고, 크기가 7.5 ㎛정도인 핵이 세포의 가장 자리에 편재되어 있다. Fibrocytes는 크기가 16-17 ㎛이며, 핵과 세포질의 염색성이 다른 과립구에 비해 현저하게 떨어진다.

표 7-1. 바지락 혈구의 크기(n=50)와 세포에 대한 핵의 비율(N/C)

	호염기성 과립구	호산성 과립구	Fibrocytes	Hyalinocytes
세포	12.3±0.3 (6−14)	13.7±0.6 (7−26)	16.7±0.8 (12−20)	9.5±0.2 (5−10)
핵	6.8±0.2 (5−9)	7.5±0.3 (6−12)	9.9±0.3 (7−12)	6.6±0.1 (4−8)
N/C	0.6±0.1 (0.5−0.6)	0.5±0.2 (0.4−0.7)	0.6±0.2 (0.6−0.7)	0.7±0.1 (0.6−0.7)

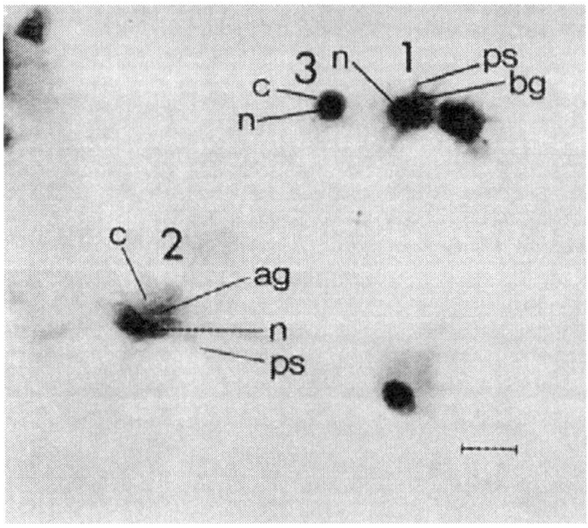

그림 7-15. 바지락의 혈구.
1, 호염기성 과립구, 2. 호산성과립구, 3, 무과립구.
ag: acidophilic granule, bg: basophilic granule, c: cytoplasm, n: nucleus, ps: pseudopodia (Glutaraldehyde fixed, Giema stain), Bar=10 ㎛.

무과립구는 약 10 ㎛정도의 크기로 세포질에는 과립이 관찰되지 않는다. 핵은 원형 또는 난원형으로 세포의 중심부에 위치하며, 크기는 6-8 ㎛정도 이다. 무과립구는 과립구에 비해 크기도 작을 뿐만 아니라 숫적으로는 적다.

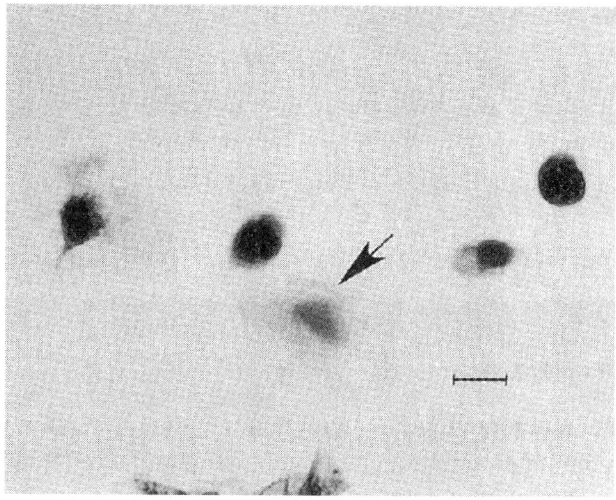

그림 7-16. 바지락의 fibrocytes(Glutaraldehyde fixed, Giema stain). Bar=10 ㎛.

한편 Cima *et al.*(2000)은 바지락의 혈구를 과립구, 무과립구, haemoblast 및 serous cell로 구분하고 있다. 즉 과립구는 크기가 3-16 ㎛인 난원형의 편재된 핵을 가지고 있으며, 세포질에 직경 0.5 ㎛정도인 호산성, 호염기성 또는 호중성의 과립을 가지고 있다. 이 중 호염기성 과립구와 호중성 과립구가 대부분을 차지하며, 호산성 과립구는 3%미만이다. 무과립구는 4-12 ㎛으로 원형의 핵을 가지고 있지만 세포질에는 과립을 가지고 있지 않다. Haemoblast는 직경이 3-5 ㎛정도인 타원형 또는 난원형의 세포로 핵 주변에 단지 소량의 세포질이 있을 뿐이다. 이 들 세포의 핵과 세포질은 Giemsa색소에 강한 친화성을 나타낸다. Serous cell은 비운동성의 혈구세포로 직경 7-15 ㎛의 타원형의 세포로 세포질속에는 직경 2 ㎛정도의 대형 황갈색 공포를 가지고 있으며 핵은 보통 편재되어 있거나 보이지 않는다. 이 세포가 가지고 있는 색소포는 acridine orange염색에 형광을 발한다. 이들 혈구의 염색방법에 따른 특성은 표 7-2와 같다.

표 7-2. 바지락 혈구의 염색방법에 따른 특성

염색 방법	Haemoblast	과립구	무과립구	Serous cell
Giemsa dye	+	+	+	+
Pappenheim's stainning	−	+	−	−
Ehrlichs's	−	+	−	+
Neutral red	−	+	−	−
Tolidine blue	−	−	−	+
Acridine orange	−	+	−	+

바지락의 혈구의 분획은 6% 포름알데히드를 첨가한 MAS와 1:1로 채혈한 혈림프를 percoll액(20.8 g/ℓ glucose, 8 g/ℓ, sodium citrate, 22.5 g/ℓ, NaCl, percoll 1 ℓ)액을 MAS로 10, 20, 30, 40, 50%되게 희석한 다음 원심관에 각 희석액의 2.5 ㎖를 중층하여 불연속 밀도 구배를 만든다. 그 위에 MAS에 $4x10^7$ cells/㎖이 들어있는 혈구희석액 2.5 ㎖를 중층하여 500g, 30분간 원심 분리한다. 각 경계면에 있는 혈구를 주사기로 수집하여 MAS로 희석한 다음 percoll을 제거하기 위하여 10% sucrose-MAS에 다시 중층하여 원심한 다음 펠렛을 MAS에 재부유시킨다. 이렇게 하면 혈구의 대부분은 20-30%와 30-40%사이에 모이게 된다. 각 혈구별의 분리 상태는 표 7-4와 같다.

표 7-4. Percoll불연속 밀도구배원심법(500g, 30분)한 후 각 계면에서의 혈구의 조성

	혈구의 조성(%)			
경계면	무과립구	산성 과립구	염기성 과립구	양성 과립구
10/20	23.16±2.16	61.00±2.00	14.50±1.17	1.33±1.34
20/20	23.45±0.91	60.66±1.20	12.44±0.99	3.45±1.13
30/40	23.33±1.39	60.89±1.44	12.89±1.55	2.89±0.48
40/50	21.00±3.33	62.50±0.83	14.50±4.50	2.00±2.00

강 등(2000)은 바지락 혈구의 초미세구조 관찰에서 과립구는 원형 또는 난원형이고 핵은 원형 또는 타원형이며 전자 밀도가 높은 공포가 많은 것이 특징이고, 지방 액포, 위족 및 중심체도 관찰된다. 무과립구는 원형 또는 타원형이고 핵은 과립구에 비해 크고 핵은 편재되어 있으며 전자밀도가 높은 공포는 과립구보다 적으나 작은 액상 공포들이 세포질 내에 산재해 있으며, 글리코겐 과립과 조면소포체가 세포질 내에서 관찰된다. 무염색표본과 도말표본에서 관찰되었던 fibrocyte는 초미세표본에서는 발견하기 어렵다.

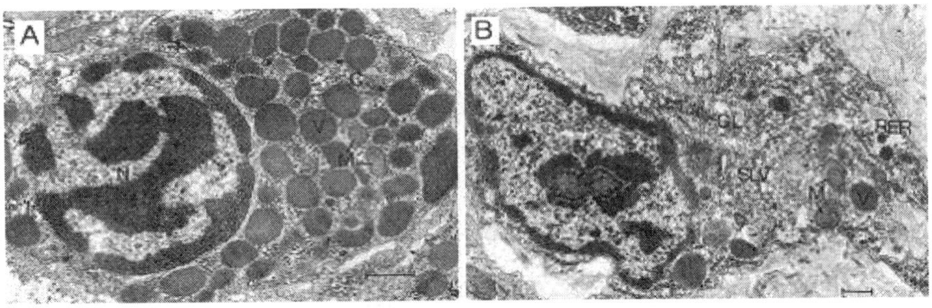

그림 7-17. 바지락의 과립구(A)와 무과립구(B).
C: centrosome, GL: glycogen granule, L: lipid droplet, M: mitochondria, N: nucleus, RER: rough endoplasmic reticulum, SLV: small lucid vesicle, V: electron-dense vesicle, Bar=0.5 ㎛

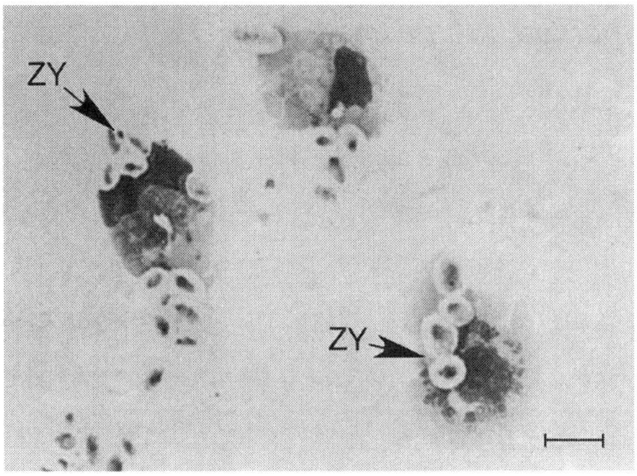

그림 7-18. Zymosan(ZY)을 탐식한 과립구.
Glutaraldehyde fixed, Giema stain), Bar=10 ㎛.

과립구는 활발한 탐식능을 가지고 있으며, 혈구당 탐식하는 zymosan 입자의 수는 일정하지 않으며, 같은 계열의 과립구에서도 탐식하는 입자의 수에는 차이가 있다.

한편 무과립구는 탐식능이 매우 미약하다. 또 호산성과립구가 호염기성과립구보다 활발한 탐식능을 가지고 있다. Zymosan을 탐식하고 있는 혈구의 핵은 원래의 형태인 타원형이 아닌 편재되어져 관찰된다.

월별 혈구 수에서 총혈구수는 4~7월이 높게 나타났으며, 10~12월이 적어지는 경향이다. 각 혈구의 조성을 보면 호염기성과립구가 50~60%, 호산성과립구가 25~40%, 무과립구는 8~20%로 호염기성과립구의 비율이 가장 많으며, 다음으로 호산성과립구, 무과립구의 순이다. Fibrocyte는 관찰하기 매우 힘들다.

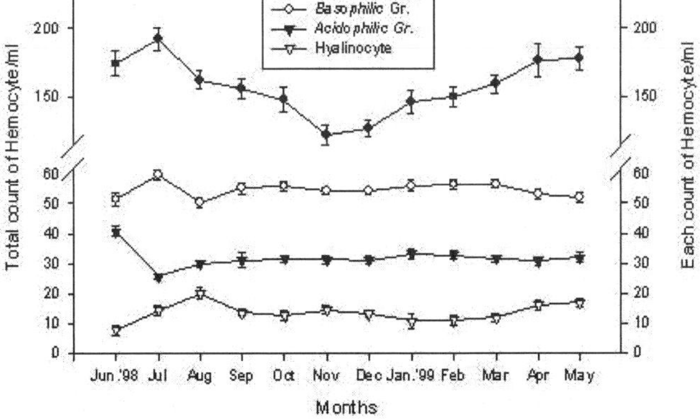

그림 7-19. 계절별 바지락 혈구수와 각 혈구의 조성 변화.

2) 진주조개(*Pinctada fucata martensii*)

(1) 과립구

과립구는 세포질속에 포함된 과립의 크기와 모양에 따라 2종류로 나눌 수 있다. 과립구 I은 직경 12.2 ㎛, 세포에 대한 핵의 비율은 0.15, 전체의 혈구중에서 2-20%를 차지하고 있다. 위상차현미경으로 관찰하면 핵은 원형 또는 타원형으로 편재되어 있으며, 핵속에 크로마틴이 뭉친 덩어리가 관찰된다. 세포질에는 많은 과립이 함유되어 있는데 과립의 크기, 모양 및 염색성에 따라 3종류의 과립으로 구분할 수 있다. 과립 I은 직경 1.5-2 ㎛로 원형의 공포모양을 한 것으로 세포질속에 다량으로 분포한다. 과립 II는 과립 I보다는 굴광성이 높은 편으로 크기는 0.5 ㎛의 원형 과립으로 그 숫자는 비교적 적다. 과립 III은 크기가 0.6-1.0 ㎛의 다각형의 굴광성이 높은 과립으로 세포질내에 아주 극소수로 2-3개 섞여 있다. 이러한 과립은 neutral red와 nile blue-sulfate 초생체염색(멸균해수에 1:5,000으로 희석액과 혈림프를 1:1로 혼합하여 관찰)에도 차이가 있어, 과립 I은 등색 또는 자색, 과립 II는 각각 핑크와 녹색 또는 청록색, 과립 III은 염색되지 않는다. 과립구 I은 위족을 내며 활발한 운동성을 나타내며 유리표면에 부착하면 부착하여 신장된다. Giemsa염색상은 핵은 적자색으로 염색되며, 그 속에 조대 크로마틴의 망공이 있고, 세포질은 엷은 핑크색으로 염색되며, 세포질속의 과립은 과립 II는 어두운 적자색으로 염색되지만, 과립 I과 III은 염색되지 않는다.

과립구 II는 직경 6.8 ㎛ 이며, 세포에 대한 핵의 비율은 0.47이다. 전혈구중에서 차지하는 비율은 1-3%이다. 위상차현미경으로 관찰하였을 때 타원형의 핵은 편재되어 있으며, 세포질에는 크기가 0.5 ㎛정도인 굴광성이 높은 원형의 과립이 세포질내에 충만되어 있다. 이 과립은 neutral red와 nile blue-sulfate의 초생체 염색에 각각 핑크색과 녹색 또는 청녹색으로 염색된다. 과립구 I과 마찬가지로 위족을 내어 운동성을 표시하지만 과립구 I에 비하면 완만하다. May-Grünwald Giemsa염색 후 관찰하면 핵은 과립구 I과 마찬가지로 적자색으로 염색되며 크로마틴 또한 조대 망목구조를 하고 있으며, 세포질 또한 과립구 I과 마찬가지로 엷은 핑크색으로 염색되며, 그 속의 과립은 과립구 I에서의 과립 II처럼 모두 적자색으로 염색된다.

(2) 무과립구

무과립구는 직경 8.3 ㎛정도이며, 세포에 대한 핵의 비율은 0.37이다. 전체의 혈구 중에서 차지하는 비율은 77-98%정도이다. 핵은 세포의 중앙 또는 약간 편재되어 있으며, 핵내에는 크로마틴이 응결된 덩어리가 관찰된다. 이중 직경이 5-7 ㎛인 소형의 무과립구는 작은 위족을 내며 유리에 부착하여 완만한 아메바운동을 한다. 이 보다 대형인 크기가 8 ㎛이상인 무과립구는 위족을 내며 완만한 운동과 활발한 운동을 나타내는 것들이 관찰된다.

May-Grünwald Giemsa염색 후 관찰하면 핵은 적자색으로 염색되며 그 속에 조대 크로마틴이 확인된다. 작은 무과립구의 핵은 타원형으로 한 쪽에 핵의 함몰부위가 있는 것도 있다. 세포질은 회백색으로 염색된다. 대형의 무과립구는 소형의 무과립구와 달리 세포질이 엷은 핑크색으로 염색되며, 핵은 타원형이지만 2～3개의 분엽 핵을 가진 것도 관찰된다. 세포질속에는 푸르게 염색되는 봉입체가 관찰되지만, 그 외의 세포내 구조물은 없다.

3) 백합(*Meretrix lusoria*)

Baker's formal-calcium으로 고정하여 위상차현미경으로 관찰하면 원형의 크기가 큰 과립구와 작은 무과립구로 구분 가능하다(Park *et al.*, 2002). 즉 세포질속에 과립이 존재함으로 어둡게 보이며, 그 중에서 대형의 과립을 가진 과립구는 원형의 과립이 선명하게 관찰되었다. 한편 소형인 무과립구는 세포질속에 과립이 존재하지 않기 때문에 중심부의 핵 부위를 제외하고는 밝게 관찰된다(그림 7-20a).

이들 혈구의 크기와 세포화학적 성상 및 식작용의 유무는 표 7-5와 그림 7-21에 나타내었다. May-Grünward Giemsa염색 후 광학현미경으로 검경하면, 세포질속에 호에진성의 과립을 가진 과립구(granulocytes)와 세포질속에 과립이 존재하지 않는 무과립구(agranulocyte, hyalinocyte)의 2그룹으로 구분되어진다. 과립구는 과립의 크기에 따라 다시 대형의 과립을 가진 호염기성 대과립구(large eosinophilc granulocyte, LEG)와 호염기성 대과립구보다 소형의 과립을 호염기성 소과립구(small eosinophilic granulocyte, SEG)로 다시 나눌 수가 있다(그림 7-20b).

LEGs는 크기가 16.2±3.3 ㎛정도인 대형의 세포로 세포질속에 에오진호성의 과립이 충만되어 있는 것이 특징으로 핵은 원형 또는 난원형으로 크로마틴은 농축되어 있으며, 대형의 과립 때문에 편재되어 있는 것이 대부분이며 때로는 핵의 관찰이 불가능한 경우도 있다. 이러한 세포들은 도말표본상에서는 이물질이 부착되어 있는 경우가 많다.

SEGs의 크기는 13.1±2.6 ㎛로 기본적으로는 LEGs와 유사하지만, 세포질속의 에오진호성과립이 LEGs보다 소형이며, LEGs의 과립은 세포질전체에 충만되어 있는 반면에 SEGs의 과립은 핵 주변보다는 세포의 주변부에 농밀하게 분포하고 있다. 세포질은 회색 또는 무색을 띠고 있는 경우도 있지만, 세포질의 바깥 부분에 호염기성으로 염색되는 부분이 존재하는 경우가 많다.

무과립구는 크기가 11.3±2.8 ㎛로 원형 또는 불규칙한 모양의 세포로 핵은 원형으로 대부분이 편재되어 있지만, 중심에 위치하는 것도 있다. 중심핵을 가진 세포일수록 핵의 크기가 편재된 핵보다 큰 경향이다. 무과립구의 세포에 대한 핵의 비율은 매우 큰 편으로 중심핵을 가진 세포일수록 그 비율은 높다. 세포질은 호산성으로 핵의 주변은 무색으로 염색되는 반면 세포질의 주변부일수록 호염기성이 강하다. 또한 대부분의 세포는 세포질 속에 과립이 관찰되지 않지만, 극소수의 세포에서는 세포질의 주변부에 소수의 에오진호성과립이 관찰되는 경우도 있다. 또한 무과립구중에서 세포의 크기가 큰 세포에서는 세포질에 커다란 공포를 가진 경우도 있다.

표 7-5. 백합 혈구의 형태학적 및 세포화학적 특징

혈구		Cell* size(㎛)	Shape		Cytochemistry				Phagocytosis
			Cell	핵	Sudan black B	PAS	Acid phosphatase	Phenol-oxidase	
과립구	LEGs	16.2±3.3	난원형 원형 불규칙	분엽 난원형	−	+	+	+	+
	SEGs	13.1±2.6	난원형 원형	원형	−	+	+	+	+
무과립구		11.3±2.8	난원형 원형	원형	−	±	−	?	±

* 10개체에서 채집한 60개의 혈구의 평균값과 편차.

세포화학적 성상에서 과립구와 무과립구는 모두 Sudan black B에 음성반응을 나타낸다. PAS반응은 과립구는 모두 세포질내에 양성반응이 나타나지만, PAS양성물질은 세포질내에 골고루 분포하고 있는 것이 일반적이다. 그러나 때로는 세포질의 바깥쪽에 과립상으로 강한 양성반응을 나타내는 것도 관찰된다. Giemsa염색에 강한 에오진성을 나타내는 과립은 PAS음성반응을 나타내어 PAS양성물질은 세포질내에 존재하는 것으로 나타났다. LEGs와 SEGs의 양자간의 PAS양성반응의 정도는 명확하게 구분할 수 없다. 한편 무과립구도 세포질에 PAS양성반응을 나타내는 세포가 대부분이지만, PAS음성반응을 나타내는 세포도 소수 존재하는데, 소형의 과립구는 모두가 양성반응인 반면 중심핵을 가진 대형의 무과립구 및 세포질내에 공포를 가진 무과립구는 음성의 경향이 강하다. 또한 과립구에서와 마찬가지로 세포질의 바깥쪽에서 강한 과립상의 강한 양성반응을 나타내는 세포도 존재한다. 이러한 과립구와 무과립구의 세포질속의 PAS양성물질은 타액소화시험 후에도 양성반응을 나타냄으로 글리코겐과는 다른 다당체인 것으로 생각된다.

Acid phosphatase는 단지 과립구만이 양성반응을 나타낸다. 과립구 중에서도 LEGs는 양성반응의 비율이 높은 반면, SEGs는 양성반응을 나타내지만 음성인 세포도 다수 존재한다. 한편 무과립구는 acid phosphatase를 가지고 있지 않다.

페놀옥시다제는 과립구의 세포질의 바깥 부분에 흑색으로 나타나며, 세포질속에는 관찰되지 않는다. 이 방법에서는 대비염색을 하지 않았기 때문에 LEGs와 SEGs의 구분은 곤란하지만 대형의 세포일수록 강한 반응을 나타내는 것으로 미루어 LEGs의 활성이 높을 것으로 생각되며 무과립구라 여겨지는 소형의 혈구는 음성으로 페놀옥시다제를 가지고 있지 않은 것으로 추정된다.

Zymosan에 대한 탐식능력은 과립구는 zymosan을 활발히 탐식하여 세포질내의 식포속에 탐식된 형태로 관찰되며, 탐식하고 있는 zymosan의 수도 많다. 반면 무과립구는 zymosan을 탐식하고 있는 세포 수도 적은 반면 무과립구 1세포당 탐식하고 있는 zymosan의 수도 소수에 불과하였다.

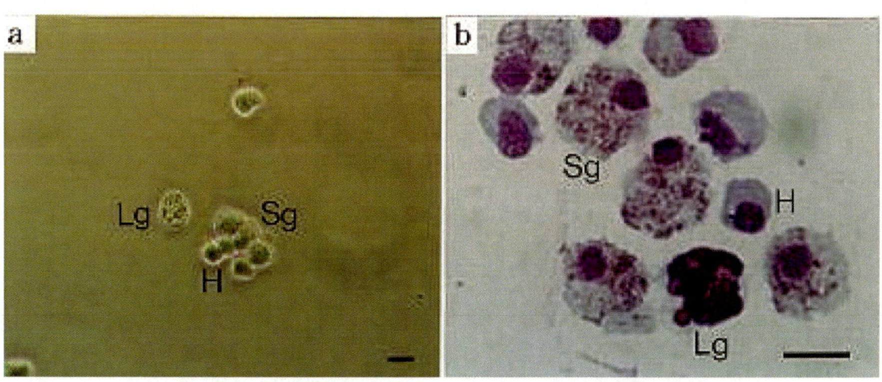

그림 7-20. 백합(*Meretrix lusoria*) 혈구의 광학현미경상.
a: 무염색 표본의 위상차 현미경 사진, 과립구(g)와 hyalinocyte(h), b: May Grünward Giemsa 염색. 대형에오진호성 과립구(lg), 소형에오진호성 과립구(sg), hyalinocyte(h). Bars=10 ㎛.

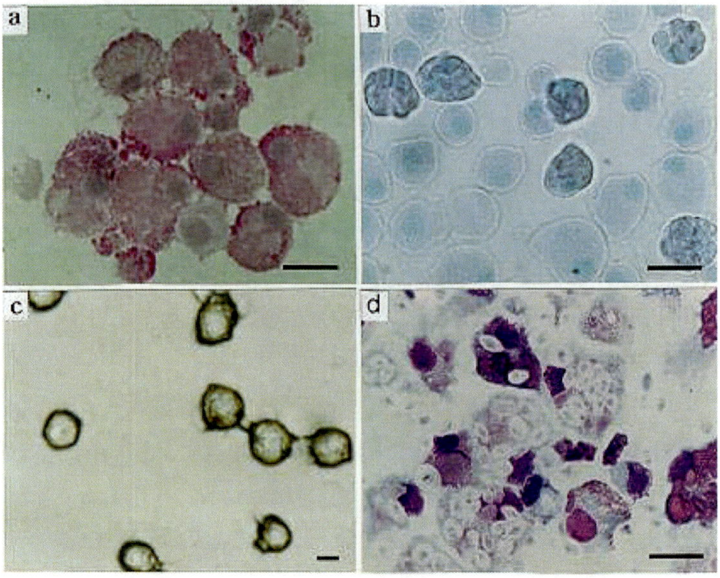

그림 7-21. 백합(*Meretrix lusoria*)혈구의 세포화학적 성상(a: PAS반응, b: Acid phosphatase. C: Phenoloxidsase)과 zymosan에 대한 식작용 (d). Bars= 10 ㎛.

한편 중국의 Shih *et al.*(1996)과 같이 과립구, 무과립구 및 fibrocytes로 구분하는 경우도 있다.

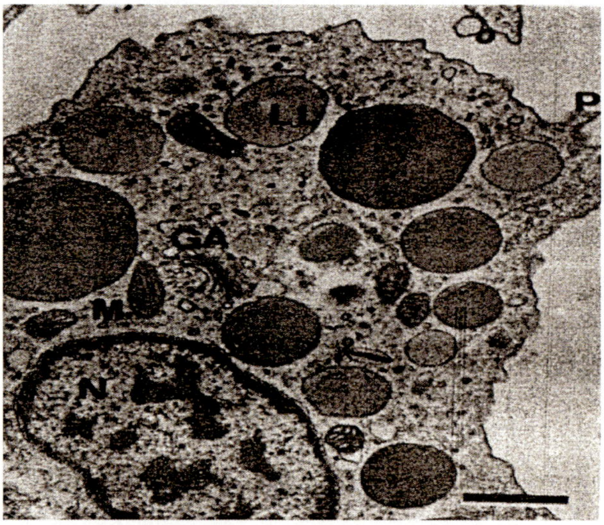

그림 7-22. 대형 에오진호성 과립구.

GA; 골지체, LL: large lysozyme-like vesicle; M: 미토콘도리아; p: 위족. Bar=1 ㎛.

백합 혈구를 전자현미경으로 관찰하였을 때 가장 두드러지는 것은 과립구의 막결합성 액포로 이것들은 광학현미경에서 대형 또는 소형의 에오진호성 과립으로서 관찰되는 것이다. 이러한 액포는 내형질에 골고루 흩어져 있지만 과립구의 종류에 따라 형태적으로 차이가 난다. 즉 직경이 0.4-1.3 ㎛정도인 소형의 액포로 그 속에는 미세한 전자밀도가 높은 물질로 채워져 있다. 또 다른 액포는 1.0～2.9 ㎛정도로 내부는 거의 균질성이다. 이 2종류의 액포의 가장자리도 차이가 있다. 즉 소형의 것은 불규칙한 반면 대형의 것은 거의 원형에 가깝다. 이 액포는 서로 다른 종류의 lysozyme의 형태라고 생각된다. 또 세포질속에는 이러한 전자밀도가 높은 액포 이외에도 전자밀도가 낮은 액포도 존재한다.

과립구는 세포질내에 조면소포체와 활면소포체가 세포질 전체에 산재하여 분포하고 있으며, 때로 골지체도 관찰된다. 핵은 대개 타원형, 원형 또는 분엽의 형태이다.

무과립구는 소형으로 원형 또는 난원형이며, 핵이 세포의 대부분을 차지하고 있다. 때로는 세포질내에 골지체도 관찰되며 소수의 전자 밀도가 높은 액포도 관찰된다.

Fibrocytes는 세포질속에 전자밀도가 높은 액포가 없는 것을 제외하고는 것의 과립구에 닮아 있다. Fibrocytes는 실과 같은 위족을 내고 있으며, 세포질에 글리코겐과 같은 물질이 들어있을 때도 있다.

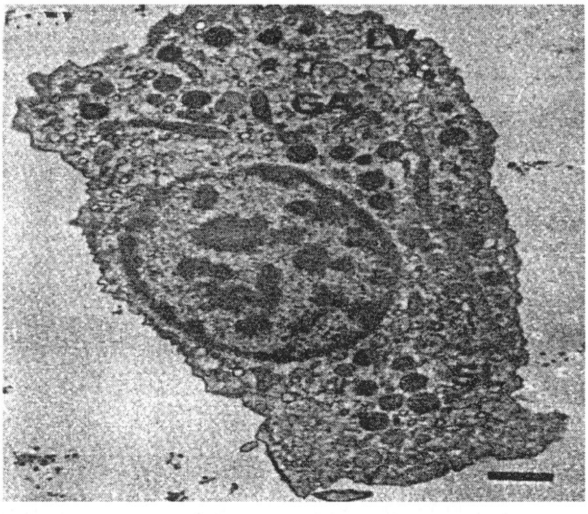

그림 7-23. 골지체와 미소관을 많이 가지고 있는 바지락의 소형 에오진호성 과립구.
GA: 골지체; LV: 투명액포; SL: small lysozyme-like vesicle. Bar=1 ㎛.

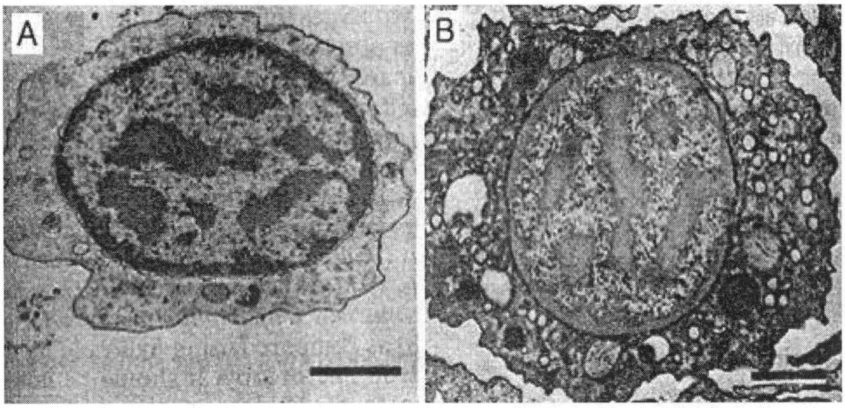

그림 7-24. 전형적인 무과립구(A)와 소수의 과립을 가진 무과립구(B).
과립을 가진 무과립구는 대형이며, 세포질이 풍부하고 세포질에 글리코겐과 같은 물질이 관찰된다. Bar=1 ㎛.

또 백합을 채취하여 플라스틱 봉지에 넣고 4℃의 냉장고에 밀봉하여 넣었을 때(*in vivo*)와 채취한 혈림프 160 ㎖를 배양병에 넣고 기포가 생기지 않도록 마개를 한 다음 냉장고에 넣고 경시적으로 꺼내어 혈구를 계수하였을 때는 시간이 경과함에 따라 혈구수가 심하게 감소한다.

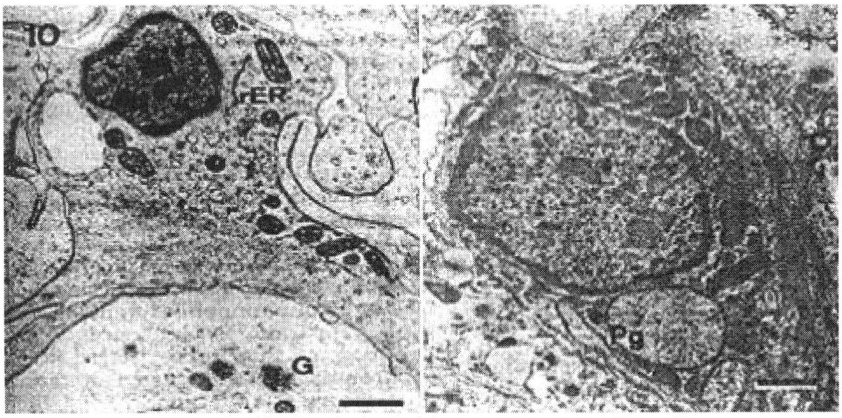

그림 7-25. Fibrocytes의 전자현미경상.
세포질내에 조면소포체(rER)와 글리코겐(G)이 풍부하고, 긴 위족을 내고 있으며, 식포(Pg) 및 원섬유(f)가 관찰됨. Bar= 1 ㎛.

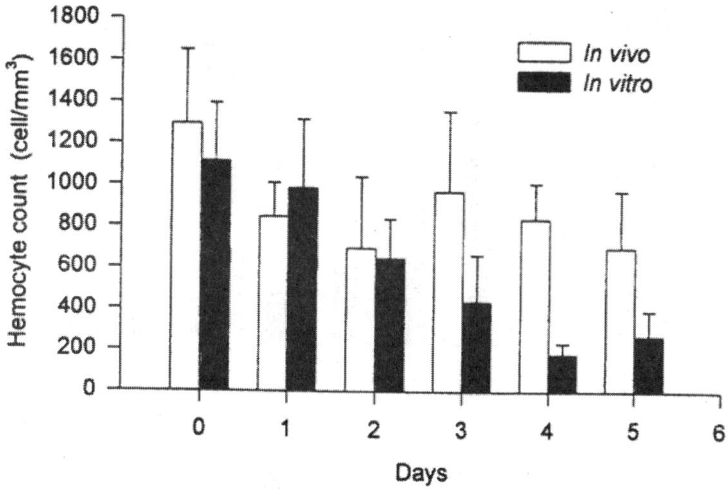

그림 7-26. 백합을 비닐봉지에 넣거나(*In vivo*) 또는 혈림프를 채취하여 밀폐 용기에 넣어 냉장고에 넣었을 때의 혈구수의 경시적 변화.

백합을 비닐 봉지에 넣어 냉장고에 넣었을 때의 경시적 혈구의 종류별 감소는 시간이 경과함에 따라 과립구의 감소가 가장 심하고, 무과립구는 증가하는 경향이며, fibrocytes는 거의 변화가 없다.

한편 백합을 그대로 또는 채혈한 혈림프를 냉장 보관하였을 때의 경시적 혈구수의 변화와 혈림프중의 포도당의 함량을 보면, 혈구수는 냉장보관함에 따라 급격히 감소하지만, 혈림프중의 포도당의 양은 변화가 거의 없다.

표 7-6. 백합을 비닐봉지에 넣거나 또는 혈림프를 밀봉병에 넣어 냉장 보관하였을 때의 혈구별 경시적 변화

시간	혈구의 조성(%)		
	과립구	무과립구	Fibrocyte
In vivo			
Day 0	68.4±22.3	24.3±23.3	5.5±4.0
1	65.4±24.8	25.0±26.2	7.4±5.4
2	61.3±28.4	31.4±29.4	5.8±6.1
3	63.8±22.4	28.7±25.7	5.6±6.5
	32.3±19.3	62.5±16.6	2.0±1.6
In vitro			
Day 0	81.7±12.3	22.4±18.7	6.2±3.1
1	58.2±17.1	33.1±14.5	6.8±4.4
2	48.0±15.3	38.7±20.1	7.2±4.1
3	45.6±31.0	44.3±19.7	6.0±3.3
4	46.3±10.4	50.8±21.2	3.3±2.1

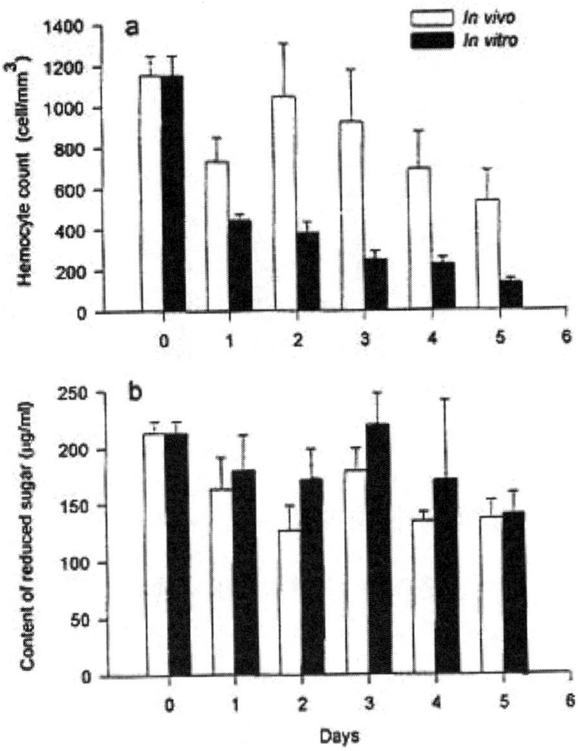

그림 7-27. 백합을 비닐봉지에 넣거나 또는 채혈한 혈액을 밀봉하여 냉장 보관하였을 때 혈구수의 변동(a)과 혈림프액의 포도당의 변화.

4) 버지니아굴(*Crassostrea virginica*)

(1) 무염색 표본

폐각근에서 채혈한 다음 슬라이드 글라스에 떨어 뜨려 위상차현미경으로 관찰하면 대부분의 혈구는 난원형이지만, 혈구의 크기에 따라 2 종류로 구분할 수 있다.

과립구는 장축의 직경이 13 ㎛정도인 대형의 굴광성이 있는 혈구로 세포질내에 크기가 0.4 ㎛인 과립을 가지고 있으며, 위족을 방출하고 있다. 위족의 길이는 세포의 직경의 약 1/3~1/2정도이다. 이러한 세포는 슬라이드글라스에 떨어 뜰인 직후에는 집합체를 만드는 것이 보통이지만, 시간이 경과함에 따라 집합체에서 분리되어지는 경향이다. 이렇게 슬라이드글라스위에 부유상태에 있던 혈구도 시간이 경과(5-15분, 22℃)하면 유리면에 부착하게 된다. 부착 후 시간이 경과하게 되면 세포질의 바깥쪽이 부풀어 오르고 위족을 뻗으면서 팽창하게 되는데, 대개 15-20분 후에는 완료된다. 무과립구는 과립구에 비해 굴광성도 낮으며, 과립을 거의 가지지 않은 것으로 핵은 매우 크지만 세포질에는 과립이 없거나 있는 경우에는 소수에 불과하고, 위족을 내지만, 분지는 생기지 않는다. 무과립구는 다시 2종류로 나눌 수 있다. 즉 세포질에 과립이나 공포를 가지고 있지 않는 것과 소수의 과립은 가지고 있지만 공포가 없는 것으로 구분할 수 있는데, 세포질에 과립이 없는 것이 숫적으로는 월등히 많다.

표 7-7. 무염색 표본을 위상차 현미경으로 관찰한 버지니아굴 혈구의 평균 크기(㎛)

혈구의 상태	길 이(㎛)	폭(㎛)
신선한 과립구	13.0±1.0	12.0±1.2
신전된 과립구	36.0±8.2	23.5±5.0
신선한 무과립구	9.3±1.6	8.2±1.5
신전된 무과립구	9.6±1.4	9.4±1.2

(2) 염색 표본

채혈한 혈림프를 슬라이드글라스에 떨어뜨린 다음 실온에 5분간 방치한 다음 10% 포르말린 해수, 2.5% 글루탈알데히드 해수, 무수 메틸알콜에 5분간 고정한 다. 이 때 포르말린 또는 글루탈알데히드 고정 표본은 95% 에탄올로 세척하고, 무수 메탄올 고정표본은 새로운 무수 메탄올에 세척한 후 Giemsa염색, Wright's methylene blue-acid fuchsin, HE염색 후 탈수하여 영구표본을 만든 다음 관찰하였을 때, 호염기성과립을 가진 과립구, 호산성 과립을 가진 과립구, 무염색의 과립을 가진 과립구의 3종류의 과립구가 관찰되는데, 이들의 염색성은 표 7-8과 같다.

그러나 때로는 호염기성과 호산성의 과립을 동시에 가지고 있는 과립구도 관찰된다. 과립구에 속하는 대형의 혈구중에서 과립을 가진 것과 가지고 있지 않는 2종류의 혈구가 쉽게 구분 가능하다. 이 중 과립이 거의 없고 위족의 많이 뻗어 있는 것은 조직 중에 보이는 fibrocytes와 유사하기 때문에 fibrocytes라 부르기도 한다.

표 7-8. 고정액과 염색법에 따른 버지니아굴 혈구중 과립구의 염색성

	호산성 과립구			호염기성 과립구		
	메탄올	글루탈알데히드	포르말린	메탄올	글루탈알데히드	포르말린
M-G						
과립	핑크, 자주	핑크, 자주	-	암청색	암청색	-
세포질	핑크	핑크	-	청색	청색, 자주	-
핵	적자색	적자색	-	적자색	적자색	-
공포	○	○	-	○	○	-
Giemsa						
과립	핑크, 자주	염색 안됨		암청색	청색	-
세포질	핑크	핑크		담청색	핑크	-
핵	적자색	적자색		적자색	적자색	-
공포	○	○		○	○	-
Wright						
과립	핑크	-	핑크, 자주	청색	-	암청색
세포질	핑크	-	핑크, 무색	담청, 무색	-	담청색
핵	담청색	-	적자색	담청, 적자	-	적자색
공포	○	-	○	○	-	○
M-AF						
과립	-	자주	자주	암청색	암청색	청색
세포질	-	청색	청색	담청색	담청색	청색
핵	-	청색	암청색	청색	암청색	청색
공포	-	○	○	○	○	○
HE						
과립	농적색	-	-	-	-	-
핵	핑크	농적색	-	-	-	-
세포질	자주	자주	-	-	-	-
공포	○	○	-	-	-	-

*M-G: May-Grunwald Giemsa (pH 6.75), M-AF: methylene blue-acid fuchsin, HE: hematoxylin-eosin.

표 7-9. 버지니아굴의 무과립구와 fibrocyte의 염색성

	무과립구			Fibrocytes		
	메탄올	글루탈알데히드	포르말린	메탄올	글루탈알데히드	포르말린
M-G						
세포질	청색	담청색	–	담청색	엷은 자주	–
핵	적자색	진한 자주	–	적자색	적자색	–
공포	○	○	–	○	○	–
Giemsa						
세포질	청색	진한 핑크			핑크	–
핵	진한 자주	진한 적자색		적자색	적자색	–
공포	○	○		○	○	–
Wright						
세포질	담청색	–	담청색	무색, 담청색	–	단청색
핵	적자색	–	적자색	적자색	–	적자색
공포	○	–	○	○	–	○
M-AF						
세포질	암청색	청색	암청색	담청색	담청색	담청색
핵	암청색	암청색	암청색	단청색	담청색	담청색
공포	○	○	○	○	○	○
HE						
세포질	담청색	담청색	–	○	담청색	–
핵	담청색	엷은 자주	–	담청색	엷은 자주	–
공포	○	○	–	○	○	–

Fibrocyte는 형태적으로도 과립구와 구분되는데 핵이 타원형이거나 난원형, 분절이 있는 것이 특징적이다. 때로는 핵의 특징에 따라 분절된 핵을 가진 것을 primary fibrocytes, 난원형의 핵을 가진 것을 secondary fibrocytes라 부르기도 하지만, 분류적인 의미라기보다는 형태의 특징을 고려한 명칭에 불과하다. 따라서 이러한 형태적 염색성을 고려하여 버지니아굴의 혈구를 분류하여 보면 표 7-10과 같이 된다.

표 7-10. 버지니아굴 혈구의 분류

<table>
<tr><td rowspan="2">대형 혈구</td><td>과립구</td><td>호산성과립구
호염기성과립구
호중성과립구</td><td rowspan="2">3종류의 과립을 모두 가진 과립구도 존재</td></tr>
<tr><td>Fibrocytes</td><td>1차 fibrocytes
2차 fibrocytes</td></tr>
<tr><td>소형 혈구</td><td>무과립구</td><td>무과립 혹은 소수의 과립을 가짐</td><td></td></tr>
</table>

5) 기타 이매패류(피조개, 키조개, 비단가리비 및 개량조개)

(1) 적혈구

이매패류중에서 오직 피조개의 혈림프에서만 적혈구가 관찰된다. 적혈구는 난원형 또는 원형으로 중앙부가 약간 솟아있는 것도 있으며 반대로 함몰되어 있는 것도 있다. 핵은 원형 또는 타원형으로 세포의 중앙 또는 한쪽에 편재되어 있다. 세포질내에는 헤모글로빈을 함유하고 있어 등색을 띄고 있으며, 그 속에 타원형 또는 난원형의 굴광성이 있는 과립(0.5~1.2 ㎛)이 있지만 세포의 운동성은 없다. 적혈구의 직경은 평균 15.9 ㎛, 세포에 대한 핵의 비율은 0.06정도 이다. 전체의 혈구중에서 적혈구가 차지하는 비율은 약 75-92%정도이다.

혈구를 May-Grünwald Giema염색하면 핵은 적자색으로 염색되며, 크로마틴은 조대망목구조를 하고 있다. 세포질은 핑크색으로 염색되며 세포질속에 들어있는 과립은 회흑색 또는 흑청색으로 염색된다.

전자현미경적으로는 핵막을 따라 크로마틴이 응집된 덩어리를 형성하고 있으며, 세포질내의 소기관의 수는 적어 소수의 미토콘드리아와 골지체가 확인될 정도이며, 과립은 전자밀도가 높은 소포로서 관찰된다.

(2) 과립구

피조개와 비단 가리비에서는 과립구가 없으며, 키조개에서는 직경이 7.01 ㎛이며, 세포에 대한 핵의 비율은 0.37이다. 전체의 혈구중에 차지하는 비율은 40-45%였다. 세포질속에는 크기가 다른 원형의 과립이 많이 분포하고 있는데 과립구의 크기가 적을수록 과립의 크기(0.5-1.0 ㎛)가 작은 것을 많이 가지고 있으며, 과립구의 크기가 커질수록 대형의 과립(1.0-3.8 ㎛)수가 많아지는 경향이다. 소형과립과 대형과립은 염색성에서도 차이가 있어, 소형의 과립은 Giemsa염색에 녹청색 또는 진한 청색으로 염색되지만, 대형 과립은 Giemsa염색에 염색되지 않는다. 그러나 소형 및 대형의 과립을 동시에 가지고 있는 과립구도 다수 발견된다.

(3) 무과립구

이매패류가 가지고 있는 무과립구는 종에 관계없이 모양이나 운동성이 비슷하지만, 종에 따라 특징적인 형태를 가진 것도 있다.

피조개는 무과립구는 크기가 8.9 ㎛, 세포에 대한 핵의 비율은 0.35정도이며, 전체 혈구의 약 8-25%를 차지한다. 세포질속에는 원형의 굴광성이 있는 과립이 10개 정도 들어있지만 때로는 그 이상일 때도 있으며, Giemsa염색에 적자색으로 염색된다.

키조개는 직경이 8.9 ㎛, 세포에 대한 핵의 비율은 0.33정도이며, 전체 혈구중의 55-60%를 차지한다. 비단가리비는 무과립구만 관찰되는데, 직경은 7.4 ㎛, 세포에 대한 핵의 비율은 0.4정도이며, 유리면에 부착하게 되면 신장되는데 세포질속에 액포가 형성되는 것이 특징적이다. 개량조개의 무과립구의 직경은 7.2 ㎛, 세포질에 대한 핵의 비율은 0.4정도이며, 전체 혈구중에 40-50%를 차지한다.

이러한 이매패류의 무과립구의 초미세구조를 살펴보면 소형의 무과립구일수록 세포질 내에 미토콘드리아나 조면소포체가 많고 특히 유리 리보소옴이 많지만, 대형의 무과립구일수록 유리 리보소옴은 감소하고, 조면소포체에 비해 활면소포체의 수가 많아지는 것이 특징적이다.

4. 이매패류 혈액 성상의 변화

항온동물인 인간의 혈구수와 혈구조성은 일정 범위 내에서 조절되고 있지만, 변온동물인 이매패류의 혈구 수는 종류에 따라 다르며, 동일종이라도 개체에 따라 심한 차이를 나타낸다. 패류의 대사 활성과 혈액성상은 주변 환경에 지배를 받아 특히 수온에 따른 분명한 계절적 변화를 보이고 있다. 이매패류의 심장의 박동수는 수온의 상승과 더불어 증가하기 때문에 혈림프의 흐름을 증가시켜 혈관이나 조직사이에 침전되어 정체되어 있던 혈구를 혈림프액 중에 현탁 부유시켜 순환시키는 결과가 되어 혈구수가 증가하게 된다. 또 혈구 수에 개체차가 현저한 것은 개체에 따른 심장 박동 수의 차이 및 영양상태, 배설 기능의 차에 기인하는 것이지만, 수온 변동에 따른 이매패류가 가진 개방혈관계의 변동성 등도 크게 관여하고 있다. 또 수온 외에 염분농도, 용존산소 및 먹이생물의 농도에 따라서도 크게 변동하고 있다. 이는 혈림프가 전신을 순환하면서 패류에 가장 호적한 내부 환경을 형성하기는 하지만, 그 성상은 계절적으로 또는 감염에 의해 변화하게 된다.

1) 혈구 수와 조성의 계절적 변화

혈구 수는 채혈한 혈림프를 직접 혈구계산판위에 한 방울 떨어 뜰인 다음 뒤집어서 샤레에 부은 포르말린 증기를 실온에서 10초간 접촉시킨 다음 카바글라스를 덮고 위상차

현미경하에서 계수한다. 동시에 혈림프의 일부는 고정액으로서 슬라이드글라스에 떨어뜰인 10%글루탈알데히드와 여과멸균 해수를 동량 혼합한 액 1방울과 혈림프 2방울의 비율로 혼합한 다음 20-40 ㎛의 유리섬유를 사이에 넣고 카바글라스를 덮고 주변을 봉입하여 위상차 현미경으로 관찰하거나 초생체염색 또는 일반 염색을 한 후 계수한다. 무과립구의 평균직경(mean agranular hemocyte diameter, MAHD)는 1개체당 50-100개의 무과립구의 직경을 측정하여 평균치를 산출한다.

진주조개의 혈구 수, 혈구의 조성 및 무과립구의 평균 직경은 개체차가 심하며, 계절적으로 분명한 변화가 보인다. 즉 혈구 수는 여름철의 고수온기에 가장 적고, 가을과 겨울에는 점차 증가하여 수온이 최저인 겨울철에 최대치가 된 다음 봄에서 여름 사이에는 점차 감소하는 경향을 나타낸다. 혈림프중에 출현하는 3종류의 혈구 즉 대형과립구, 소형과립구 및 무과립구의 조성변화는 소형과립구는 년중 소수에 불과하며, 계절적 변화는 보이지 않는다.

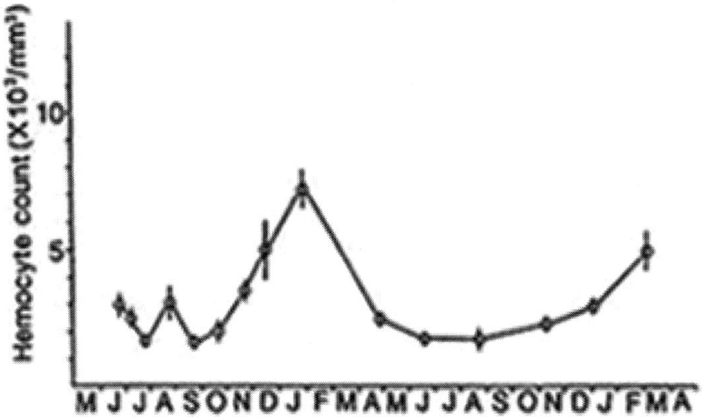

그림 7-28. 진주 조개(3년패)의 계절별 총혈구수의 변화.

그러나 대형과립구와 무과립구는 총혈구수의 변화와 비슷한 경향으로 수온이 높은 여름철에 최저가 되며, 수온이 낮은 겨울철에 최고치를 나타낸다. 그러나 대형과립구의 계절적 변화가 무과립구의 변동 폭보다 현저하기 때문에 2혈구간에는 서로 보완적인 관계의 계절적 변화를 보인다. 즉 대형과립구의 출현율은 여름철에 최저가 되며, 늦가을에서 겨울에 걸쳐 점차 증가하기 시작하여 겨울에 최고가 된 다음 봄에서 여름에 걸쳐 감소하는 경향이다.

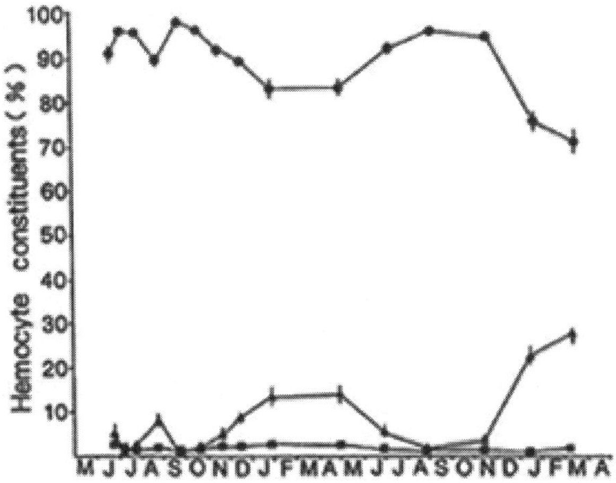

그림 7-29. 진주조개의 계절별 혈구별 조성의 변화.
●: 무과립구, ▲: 대형과립구; ■: 소형과립구.

한편 무과립구는 대형과립구와 반대로 여름철에 최고치를 나타내며 가을-겨울에 걸쳐 감소하기 시작하여 겨울의 저수온기에 최저치를 나타내고 봄에서 여름에 걸쳐 증가하는 경향이다.

진주조개의 총혈구수의 변화는 고수온기에 증가하고 저수온기에 감소하는 참굴에서의 총혈구수의 변동의 경향과 정반대이다. 한편 혈구의 조성이 계절적으로 변화를 보이는 원인으로서는 이매패류가 변온동물이기 때문에 대사활성이 수온의 영향을 크게 받기 때문에 혈구의 수명, 혈구의 생성과 영양분의 공급의 관계가 계절별 변동, 수온에 따른 주변 환경에서의 해적생물의 밀도의 변동에 따른 생체방어능력의 변화, 먹이 생물의 변화에 따른 영양과 배설의 생리 변화, 성숙 또는 산란과 같은 성숙에 따른 에너지 소비 등에 변화가 있을 것으로 추정되는데 특히 여름철에는 체내축적물질의 감모가 심한 시기로 생각된다.

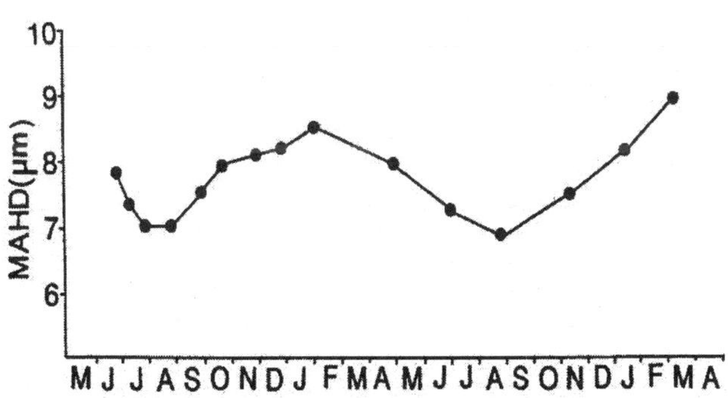

그림 7-30. 진주조개의 무과립구의 평균 직경(mean agranular hemocyte diameter, MAHD)의 변화.

무과립구의 평균 직경도 계절적으로 분명한 차이를 나타내는데 여름철의 고수온기에 최대로 작고, 가을에서 겨울에 걸쳐 커지기 시작하며, 겨울철 최저 수온기에 최대가 된 다음 그 후부터 여름철까지는 작아진다. 즉 여름에는 소형화, 겨울에는 대형화의 경향이 있다.

2) 수온, 용존산소 및 염분 농도의 영향

실내에서 서로 다른 수조의 수온에 수용하여(순치에 걸리는 시간은 24시간) 혈구수의 변화를 관찰하면 수온이 상승하면 심장 박동 수는 증가한다. 그러나 일반적인 경향과 달리 진주조개의 경우에는 심장의 박동의 느린 저수온일수록 혈구수가 증가하여 자연환경에서의 혈구수의 변화와 비슷한 경향을 보인다. 혈구의 종류별 변화를 보면 소형 과립구의 수는 매우 적고 또한 수온의 변화에 따른 변화도 거의 없다, 그러나 대형과립구와 무과립구는 수온이 낮을수록 증가하는 경향으로 대형과립구의 증가율이 무과립구의 증가보다 현저하기 때문에 수온이 낮을수록 대형과립구의 출현율은 높아지며 상대적으로 무과립구의 출현율은 낮아지는 경향이다. 즉 수온이 낮을수록 대형과립구의 출현율은 높은 반면 무과립구의 출현율은 감소하게 된다.

한편 용존산소는 항온수조에 수용한 다음 이매패류의 호흡에 따른 용존산소의 자연 감소와 통기에 의한 충분한 산소공급의 경우에 따른 혈구수의 변화를 조사한다.

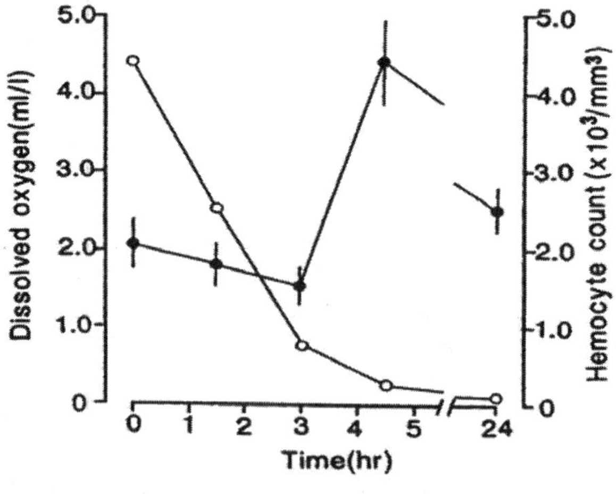

그림 7-31. 진주조개의 용존산소의 변동(○)에 따른 총혈구수의 변화(●).

충분히 통기하면서 28시간 사육한 경우에는 환수의 유무에 상관없이 혈구수와 혈구조성에는 변화가 없다. 그러나 통기하지 않고 호흡에 따른 용존산소의 감소를 유발시킨 수조에서는 혈구수와 혈구조성에 변화가 생긴다. 즉 정상의 진주조개의 혈구수는 평균 1790/㎣정도 이며, 무과립구, 과립구-I, 과립구-II의 비율이 각각 95%, 3% 및 2%정도이다. 그러나 무통기인 경우에는 용존산소량이 어느 정도 감소할 때까지는 혈구수의 변화는 없지만, 더욱 낮아지게 되면(4-5시간 경과) 일과성의 혈구수가 증가 현상이 나타난다. 이러한 증가는 과립구-I의 현저한 증가에 기인하는 것으로 혈구조성에서 이 혈구의 비율이 매우 높아지게 된다. 과립구-I이 증가할 때 혈구의 대부분을 차지하고 있는 무과립구도 증가하지만, 증가율이 매우 낮기 때문에 혈구의 조성에서는 차지하는 비율은 오히려 낮아진다. 이러한 혈구수의 증가는 무통기 상태에서 24시간이 증가되면 무통기 시작 시점의 혈구 수로 다시 감소하게 되며, 혈구의 조성은 과립구-I이 증가하고, 무과립구는 다시 감소하게 된다. 그러나 용존산소의 감소에도 불구하고 과립구-II는 뚜렷한 변화를 보이지 않고 그 비율이 거의 일정하다.

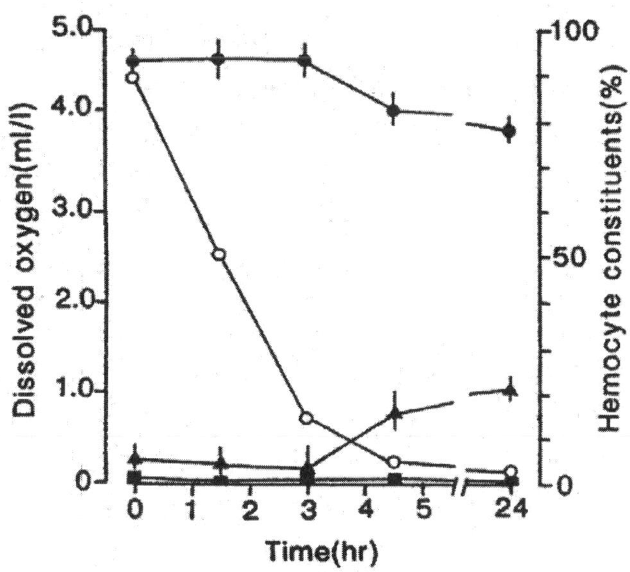

그림 7-32. 환경수의 용존산소(O)의 감소에 따른 혈구조성의 변화.
●: 무과립구; ▲: 대형과립구; ■: 소형과립구.

특히 대형 과립구가 현저하게 증가하지만 혈구의 대부분을 차지하는 무과립구는 증가의 폭이 심하지 않고, 소형 과립구는 거의 변화가 없다.

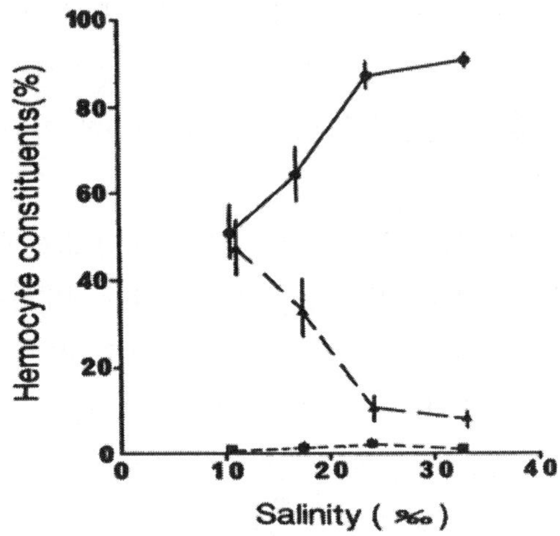

그림 7-33. 환경수의 염분농도에 따른 혈구조성의 변화(수용 24시간 후의 변화).
●: 무과립구; ▲: 대형과립구; ■: 소형과립구.

정상해수와 이보다 약간 저비중인 경우에는 혈구 수에 차이가 없다. 그러나 이 보다 저비중인 경우에는 혈림프중의 혈구는 서로 엉키어 덩어리를 형성하게 됨으로 혈구수의 측정이 곤란하지만, 혈구 수는 분명히 증가하는 경향이다. 이 때 대형 과립구가 현저하게 증가하며, 무과립구는 반대로 감소하는 분명한 변화가 보인다. 그러나 소형 과립구는 현저한 변화가 보이지 않는다.

3) 절식의 영향

절식 후 이매패류의 비만도는 감소하는데 절식구와 급이구 모두 절식 10일 후에는 총혈구수가 증가하지만, 30일 후에는 급이구에 비해 절식구가 더욱 현저하게 감소한다. 그러나 혈구 조성과 무과립구의 직경은 급이와 상관없이 거의 변화가 없다.

표 7-11. 절식에 따른 진주조개의 혈구수, 혈구 조성 및 MAHD의 경시적 변화

시간(일)	절식					급이				
		혈구의 조성(%)					혈구의 조성(%)			
	총혈구수 (cells/㎣)	무과립구	대형과립구	소형과립구	MAHD	총혈구수 (cells/㎣)	무과립구	대형과립구	소형과립구	MAHD
0						1466 ±180	96.5 ±0.8	2.3 ±0.7	0.9 ±0.2	
10	2580 ±420	93.9 ±1.7	4.5 ±1.4	1.4 ±03		2116 ±170	91.5 ±2.5	6.6 ±2.3	2.1 ±0.5	
30	1880 ±320	87.8 ±2.1	1.7 ±0.4	1.7 ±0.4	7.5 ±0.1	3548 ±530	91.9 ±1.3	6.7 ±1.3	1.1 ±0.2	7.4 ±0.1

5. 기능(functions)

이매패류의 혈구는 상처의 수복(wound repair), 패각의 재생(shell repair), 영양물질의 소화와 수송 (nutrient digestion and transport), 배설(excretion) 및 생체방어(internal defence)에 관여한다고 알려져 있다.

1) 상처의 수복

이매패류의 혈구가 실모양의 위족을 내어 인접 혈구와 연결한 다음 연결된 위족의 길이는 짧아지는 반면 두께는 두꺼워지면서 서로 엉켜 덩어리(clumping)를 만드는 성질이 있다는 것은 주지의 사실이다. 이 덩어리가 형성된 세포를 잠시 동안 방치하여 두면 덩어리에서 세포가 이탈하여 궁극적으로는 독립된 세포로 된다. 이처럼 이매패류의 혈구가 덩어리를 형성하는 것은 이매패류에는 섬유소(fibrinogen-thrombin-fibrin system)가 없기 때문에 척추동물의 혈구가 덩어리를 만드는 것과는 생리적으로 차이가 난다. 이매패류의 혈구가 덩어리를 만드는 성질은 상처의 수복과 관련되어 있어 상처부위에 출현하여 상처를 봉쇄하여 출혈을 방지한다.

상처의 수복에는 5과정이 있다고 하는데 상처수복의 첫 단계는 많은 숫자의 혈구가 상처부위로 침윤하는 것으로 모여든 혈구는 마치 상처부위를 그림을 그리듯이 덩어리를 만든 다음 덩어리를 이루고 있는 혈구에서 분화된 방추형(fusiform)의 대체세포(replacement cells)에 의해 상처의 내부에서 표면으로 수복이 이루어지는데, 참굴의 경우 인위적으로 상처를 내게 되면 144시간 후에 상처부위가 봉쇄되어진다. 뒤이어 덩어리를 형성하고 있는 세포사이에 콜라겐이 침착되어 시간이 경과함에 따라 혈구와 콜라겐은 Leydig cell로 교체되어진 다음 탐식능력이 있는 과립구가 침윤하여 괴사물을 탐식하게 된다. 최초의 혈구덩어리에서 분화되어 나온 혈구는 전능성의 분화능력이 있어 손상당한 표면의 상피를 대체할 상피세포로 분화할 수 있다.

한편 이러한 견해와는 달리 파괴된 상피세포가 새로 분화된 상피세포에 의해 대체되는 것이 아니라 손상부위에 인접하고 있는 상피세포가 이동하여 와서 대체된다는 설도 있다. 이 설은 참굴에 자외선을 조사하여 소화관상피의 손상이 회복되는 것을 조사한 결과 손상부위의 살아남은 세포의 감수분열과 손상부위에 인접하고 있는 건강한 세포의 이동에 의해 새로운 세포로 대체되는 것이 입증되어졌다. 또 참굴의 상처부위에 덩어리를 형성하는 혈구(무과립성 amebocytes)는 fibroblast또는 myoblast로 분화되어가기 때문에 이매패류의 혈구는 종말분화세포가 아니라고 할 수 있다. 그러나 실제 상처부위에 혈구가 만드는 덩어리는 상처의 수복에 별로 도움이 되지 않기 때문에, 상처의 표면 상피가 인접하고 있는 상피세포의 분열과 이동에 의해 대치되어지기 때문에 상처부위를 메우기 위하여 침윤하여 온 혈구가 덩어리를 형성하는 것은 척추동물에서의 상처 수복만큼 패류에서는 중요하지 않다는 것이 밝혀져, 현재의 단계에서 상처수복에 관여하는 혈구의 기능은 혈구가 모여 덩어리를 만드는 것이 상처수복의 전 과정에 부수적인 단계에 불과하며 혈액의 항상성유지를 위한 중요성은 없으며, 또 상처부위에 침윤하여 온 혈구가 상처수복을 위하여 새로운 상피세포로 분화되지 않는 것으로 생각되고 있다.

2) 패각의 재생

패각의 재생은 패각에 손상을 초래하는 자극이 있으면 이매패류의 다른 부위에 있는 칼슘을 비롯한 기타 물질에 변화가 생기고, 칼슘과 기타 물질이 손상을 당한 패각 부위로 이송되어져 유기성 기질과 탄산칼슘이 손상부위에 침착되는 단계를 거쳐 재생되는데, 이 재생의 과정에서 혈구가 칼슘과 단백질을 수송하는 역할을 담당하고 있다. 이매패류에서 혈구가 패각의 재생을 위해 칼슘과 단백질을 수송하는 메카니즘에 관해서는 불분명하지만, 이들 세포가 가지고 있는 산 또는 알칼리성 포스파타아제와 관련이 있다고 생각되고 있다. 또 혈구의 칼슘과 단백질 수송에 의문점을 제기하는 설도 있어, 혈구가 패각의 재생에 참여하기는 하지만 외투막이 패각 재생의 중요한 역할을 담당하고 있다고 하는 설도 있다.

3) 영양물질의 소화와 수송

혈구가 영양물질을 소화하고 수송하는 과정은 각각 독립된 과정이 아니라 생체방어라는 측면과 밀접한 관계가 있기 때문에 2과정을 독립시켜 생각할 수는 없다. 이매패류에는 세포내소화와 세포외소화의 2과정이 있는데 실제로는 세포내 소화가 중요한 것으로 받아들여지고 있다. 세포외소화는 소화효소에 의해서 위내에서 일어나는 것을 말하며, 세포내소화는 혈구나 소화관 맹낭부에 있는 세포에 의해 일어나는 소화를 말한다. 이매패류는 개방혈관계이기 때문에 혈구는 심장, 혈관, 류동 뿐만 아니라 모든 조직에서 찾아볼 수 있다. 따라서 어떤 혈구는 소화관의 상피세포를 빠져나와 소화관공내로 들어가서 위에서 소화효소에 의해 소화된 액상의 영양분을 음세포작용으로 세포내로 끌어들이든가 입자성 물질을 탐식할 수 있다. 이렇게 세포내로 받아들여진 영양분은 세포내소화가 이루어지며 영양분을 탐식한 혈구는 다시 조직의 깊숙한 곳까지 이동할 수 있기 때문에 여러 부위에 영양분을 수송하게 되는 것이다. 백합이나 굴의 혈구에는 식물만이 합성할 수 있는 카로티노이드계색소인 flavenoid, β-carotene, canthaxanthin, xanthophyll 등이 발견되는데, 이는 여과섭식(filter feeder)할 때 먹이인 단세포 식물성 조류를 이매패류의 혈구가 탐식하였다는 것을 말해주고 있다. 또 부착근 류동에서 채혈한 혈구에도 카로티노이드계 색소가 발견되어지는데 이는 소화관의 관공내에서 색소입자를 탐식한 혈구가 상피세포의 연결부위를 통과하여 이동하였음을 말해준다. 혈구가 소화관의 상피세포의 연결부위를 통과하는 데는 2가지 방법이 있으며, 이러한 혈구의 이동은 결코 랜덤운동(random phenomenon)이 아니라는 점을 지적하고 있다. 실제로 이매패류에 손상을 초래하지 않는 인디아 잉크(india ink), 세균의 포자 및 영양분 유래의 물질을 탐식한 혈구가 소화관의 관공에서 깊숙한 조직으로 이동하고 있는 것이 관찰되기 때문에 이매패류의 혈구가 일정한 방향으로 이동하는 것은 혈구가 탐식하고 있는 물질에 의해서 영향을 받는 것으로 생각된다.

이매패류에서 세포내 소화가 일어나는 또 한곳은 소화관맹낭(digestive verticula)이다. 여기에 있는 세포내에서 소화된 물질은 혈구나 혈장으로 보내어진 다음 체내의 여러 조직으로 운반되어진다.

4) 배설(excretion)

이매패류의 배설에 관여하는 혈구의 기능은 명확하지 않지만, 실험적으로 체내에 인디아잉크를 주입하면 재빨리 혈구에 탐식되어 신소관 상피(epithelia of the nephridial tubules)를 통하여 재빨리 체외로 방출되어지며, 변성된 색소, 지방방울, 괴사혈구, 세로이드 색소도 혈구에 탐식되어 같은 경로를 거쳐 체외로 방출되어지는 것이 밝혀졌지만 신소관이 패류의 주된 배설기관인지는 불확실하다.

혈구가 배설에 관여하는 또 다른 곳은 Keber's gland라고 불리는 위심선(pericardial gland)이다. 이 선은 심이(auricles)와 외투막에 있는 패류의 중요한 배설기관으로 위심강과 연결되어 있다. 이 선은 소위 갈색세포(장액세포)가 생성되는 곳으로, 여기서 만들어진 색소를 함유한 세포는 조직속 뿐만 아니라 순환계내에서도 관찰됨으로 이들 세포는 일종의 순환성이 있는 세포 이동성이 있는 세포라 추정된다. Takatsuki(1934)는 이들 세포는 아메바성의 세포로 카민 입자를 탐식할 수 있기 때문에 일종의 변형 백혈구(modified leucocytes)라 주장하였다. 세포질내소립 또는 과립의 주성분인 히푸릭산(hippuric acid)이 위심강에서 발견되어지며, 히푸릭산 또는 다른 대사 부산물이 위심강에서 발견된다는 보고를 근거로 장액세포가 배설을 담당하며 섬모를 가지고 있는 renopericardial channel을 통하여 신장(organ of Bojanus)에 운반되어져 온 혈액에서 산을 분리한다고 주장하였다. 그 외에 장액세포는 지방을 축적하고 패각 형성물질을 분비하며, 심이의 근육을 보호하며 성숙과도 관련이 있다고 한다.

장액세포의 가장 중요한 기능은 체내에서 죽은 기생충이나 죽어가고 있는 기생충과 같은 변성물질을 제거하는 것으로 *Polydora* sp. 및 *Minchinia nelsoni, Perkinsus marinus*에 감염된 굴류에서는 장액세포의 갈색이 증가되어지기 때문에 기생충의 감염에 의해 산화 및 환원반응이 증대되어져 생기는 지방대사의 불균형의 지표라고 주장하였다. 또 *Perkinsus* sp.나 *Bucephalus* sp.에 저항성이 강한 패류에 이들 기생충이 감염된 개체에서는 장액세포의 숫자가 현저히 증가되어져 있는 것을 알 수 있다. 이 들 장액세포는 직경 4~18 ㎛정도로 크기에는 변이가 많지만 세포질내에는 황갈색 또는 흑갈색의 소립으로 충만되어 있고, 세포자체가 분열능력을 가지고 있지만, 핵은 정상 장액세포의 그것과 차이가 없다.

장액세포는 지방과 티로신(tyrosine)이 다량으로 함유된 소립을 가지고 있는데 지질, 지단백 또는 지방산 유래의 지원성 색소인 리포푹신(lipofuchsin)과 유사한 성질을 가지고 있지만, 희석 산이나 알칼리에 불용성인 리포푹신이라는 설과 용해성인 리포푹신 유사물이라는 설이 있다. 이 장액세포의 소립에 대한 조직화학반응을 조사하여 보면 PAS양성이지만 diastase에 저항성이 있기 때문에 당단백이라는 설과 리포푹신과 유사한 지질과 단백질의 복합체인 sphingomyelin이라는 견해가 있으며, 무코다당체도 가지고 있다는 설도 있지만, 이 장액세포가 특별히 분화된 혈구의 일종이라면 배설에서의 그 역할은 명백하여 질 수 있다.

5) 생체방어

버지니아굴의 면역계(immune mechanism)를 식작용(phagocytosis), 세포내로 끌어들임(encapsulation) 및 백혈구수의 증가(leucocytosis)라는 3단계로 구성된 세포성 방어계(cellular defense)가 있으며, 이 방어체계가 진주형성(nacrezation)과도 관계가 있다는 것이 밝혀지고 있다.

(1) 식세포작용

척추동물 및 무척추동물에서 식세포작용은 중요한 생체방어 메카니즘이라는 것은 잘 알려져 있다. 식세포작용의 과정에는 체내에 유입된 생물성 또는 비생물성의 이질물질을 숙주가 가지고 있는 특정의 세포가 탐식하여 이물질과 숙주세포가 직접 접촉하는 것을 방지하는 역할을 하고 있는데 탐식당한 이물질의 운명이 모두가 같다고는 할 수 없다. 현재 일반적으로 인정되고 있는 것은 소화될 수 있는 입자 또는 분자량이 작은 물질은 세포내에서 분해되어지고, 소화될 수 없는 입자 또는 분자량이 큰 물질은 식세포에 탐식되어 앞의 배설에서 설명한 방식에 의해 체외로 배출되어진다. 그러나 탐식당한 모든 이물질이 체외로 배출되어지는 것은 아니며, 어떤 것은 숙주세포내에서 상당기간 머물러 있으며 어떤 미생물(세균 또는 균류인 *Perkinsus marinus*)는 숙주세포내에서 증식하기도 한다. 이렇게 배출되지 않고 세포내에 머무는 생물은 서서히 패류의 체내 환경에 적응하여 숙주세포와 공생하게 되는데 가장 충격적인 것은 해산 패류인 *Hippodus* sp., *Tridanna* sp., *Aelidiella* sp.의 세포내에서 갈충조(zooxanthellae)가 발견되는 것이다.

한편 이매패류의 체내에 침입한 모든 미생물이 혈구에 탐식당한다고는 할 수 없다. 버지니아굴에서는 *Minchinia nelsoni, Hexamita nelsoni, Staphylococcus aureus phage* 80은 혈구에 거의 탐식당하지 않으며, *Lymnaea* sp., *Anodonta* sp., *Unio* sp.의 혈구내에서 녹충조는 거의 발견되지 않기 때문에 이들 미생물이 세포외에서 적응하여 살아간다고 생각할 수 있다.

가. 식세포작용에 관여하는 세포

모든 이매패류의 혈구가 이물을 탐식하는 능력이 있으며 혈구중에서 과립구가 가장 탐식능력이 뛰어나다고 한다. 버지니아굴의 경우에는 탈과립을 일으킨 과립구인 fibrocyte도 탐식능력이 있다고 한다. 버지니아굴에 실험적으로 주입한 *Staphylococcus aureus*는 87.28%가 과립구에, 12.32%가 hyalinocyte에 탐식되며, *Escherichia coli*는 83.48% 가 과립구에, 16.8%가 hyalinocyte에 탐식된다. 백합은 주입된 세균의 12.82%가 과립구에, 2.56%가 hyalinocyte에 탐식된다고 한다.

또 실험적으로 4,℃ 22℃, 37℃에서 세균과 이매패류의 혈구를 반응시키면 온도가 높은 22℃와 37℃에서의 탐식지수가 낮은 온도에 비해서 높다고 하며, 이러한 경향은 수많은 연구자들에 의해 거의 일치된 견해로 받아들여지고 있다.

나. 이물질의 세포질내로 끌어들임

버지니아굴에서 세균이 과립구의 세포내로 받아들여지는 과정을 조사한 결과 그림

7-34와 그림 7-35와 같이 사상 위족(filopodia)의 표면에 부착한 다음 사상위족을 따라 미끄러지듯이 하여 외형질로 끌어들여진 다음 식포에 둘러 쌓이게 된다. 또 다른 세포질내로 끌어들이는 과정은 버지니아굴에서 관찰된 것으로 위의 과정과는 달리 전혀 사상위족은 관계없이 세균이 과립구의 표면에 부착한 다음 과립구의 세포막 표면에 함입이 생겨 세균이 내형질속의 공포속으로 받아들여지는 과정이다.

또 다른 과정은 버지니아굴이 생쥐의 적혈구를 탐식할 때 관찰되는 것으로 과립구와 hyalinocytes가 탐식을 하지만 주로 과립구가 그림 7-36와 같이 깔대기 모양의 위족을 내어, 그 위족 속을 미끄러지듯이 이물질을 내형질의 식포속으로 끌어들이는 과정으로 복족류(gastropod)인 *Biomphalaria glabrata*와 *Bulinus truncaus*의 과립구가 이런 과정을 통하여 이물질을 탐식한다고 보고되어졌으나, 기타 무척추동물에서는 처음으로 보고된 탐식과정이다.

다. 세포내 소화

세포내 소화의 과정은 전자현미경과 생화학적 연구를 통하여 비교적 상세하게 구명되어졌는데, 소화대상물이 먹이 이거나 탐식당한 이물질 또는 미생물이거나 세포내소화과정은 거의 유사하다. 과립구가 hyalinocytes보다 탐식능이 강하다는 것은 수차례 언급하였는데 과립구가 세포질내에 많은 과립을 가지고 있으며 이 과립의 용해에 의해 세포내 소화에 관여한다고 한다.

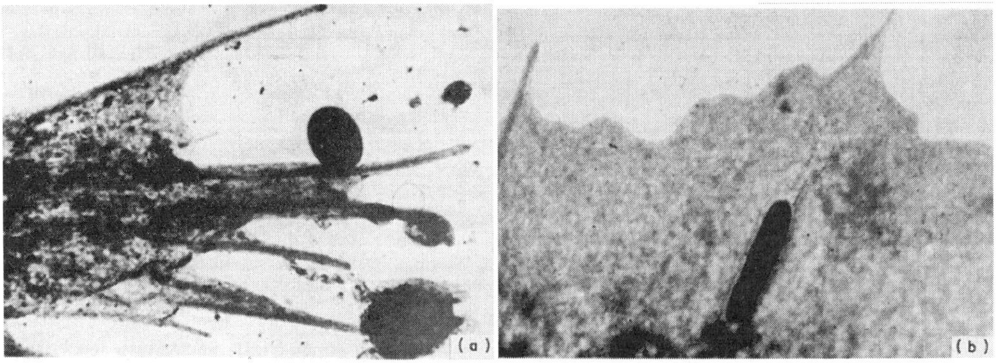

그림 7-34. 버지니아굴의 과립구의 세균 탐식.
(a)사상위족에 세균이 부착, ×13,500. (b)세균의 endocytosis.

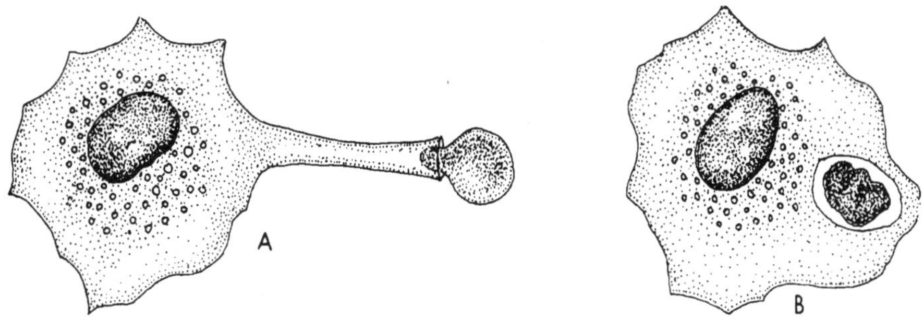

그림 7-35. 버지니아굴 과립구의 다른 방식의 탐식.
(A)깔대기 모양이 형성되어 적혈구를 끌어들이기 시작. (B)적혈구의 endocytosis.

백합의 과립구를 전자현미경을 사용하여 생화학적으로 조사하여 보면 과립구가 가지고 있는 과립은 산성가수분해효소가 저장되어 있는 저장고로서 포유류의 과립구나 단구가 가지고 있는 과립과 마찬가지로 리소조옴임을 알 수 있었다. 세포내소화가 일어나는 일련의 과정을 여러 종류의 패류를 사용하여 조사하여 보면 그림 7-35와 같이 거의 비슷하다는 것을 알 수 있다. 즉 과립구가 가지고 있는 과립의 효소에 의한 분해가 완료되면 단당류, 지방산과 같은 물질이 식포의 막을 통하여 세포질속으로 확산되어지고, 확산되어진 곳에서는 포도당이 글리코겐으로 합성되어져 많은 글리코겐과립이 세포질내에 집합체의 형태로 형성되어 잔류소체(residual body) 또는 공포(vesicles)로 되어 최종적으로 세포외로 방출되게 된다. 그러나 모든 리소조옴이 세포내소화에만 관여하고 있다고 생각하여서는 안 된다.

그림 7-36과 같이 과립구의 표면에 어떤 이물질이 부착하게 되면 세포내의 리소조옴효소의 과잉합성(hypersynthesis)이 유발되어 과립구로부터 혈장속으로 효소가 방출되어 세균과 같은 이물질을 소화시키는 과정도 있는데 이러한 과정을 탈과립(degranulation)이라 한다(Foley and Cheng, 1977).

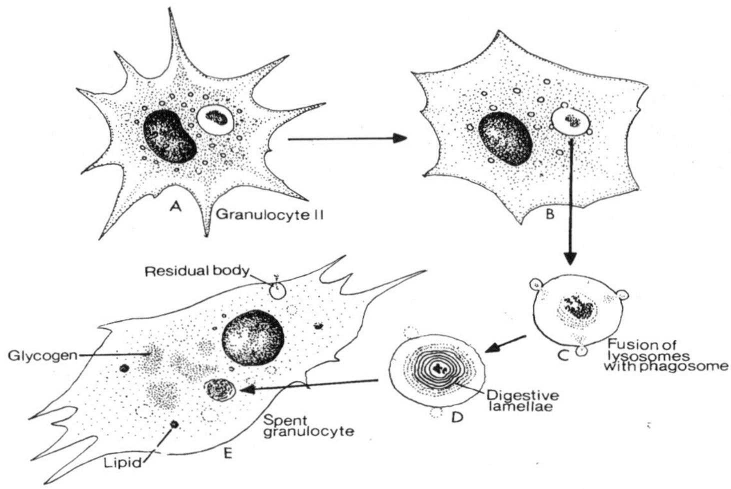

그림 7-36. 백합 과립구의 이물질의 세포내 소화과정.
(A)식포속의 이물질. (B-C)리소조옴의 식포로의 이동과 식포와의 융합. (D) 부분적 분해된 세균 주변에 소화성박판의 형성. (E)세포질속에 소화성박판이 들어 있는 식포, 지질 방울, 글리코겐입자 및 잔존소체를 가지고 있는 노쇠 과립구.

그러나 굴류의 세포내소화과정은 다른 패류와는 약간의 차이가 있는 것으로 보고되었다(Cheng, 1975). 굴의 세포내 소화과정의 특징은 그림 7-37에 나타낸 것처럼 분해된 세균의 주변에 소화성박판(digestive lamellae)가 만들어지는 것과 2차식포(secondary phagosome)내에 포도당에서 합성된 글리코겐입자가 축적되는 것이다. 최종적으로 2차식포의 벽이 파괴되어져 글리코겐입자는 세포질속으로 들어가게 된다. 세포질속의 글리코겐은 막결합성공포(membrane-bound vesicles)속으로 들어간 다음 혈장속으로 보내어지고 혈장속에서 유리 리소조옴효소(released lysosomal enzyme)의 분해를 받아 포도당으로 분해된 다음 에너지원으로 사용되게 된다. 이러한 과정을 동위원소(14C)로 표식한 *Bacillus megaterium*을 사용하여 추적하여 보면 동위원소가 과립구에서 방출된 글리코겐, 체내, 혈장의 순으로 시간적 간격을 두고 탐지됨을 알 수 있다.

(2) Encapsulation

이매패류의 생체에 침입하였거나 실험적으로 주입한 미생물이 숙주세포가 탐식하기에는 너무 크기 때문에 숙주세포가 침입한 미생물을 둘러쌓는 과정을 말한다. 이 과정에는 여러 종류의 숙주세포와 결합조직섬유가 둘러쌓는 능력이 있는 세포로써 알려져 있으며, 주로 숙주와 기생충간의 관계를 중심으로 연구되어지고 있다.

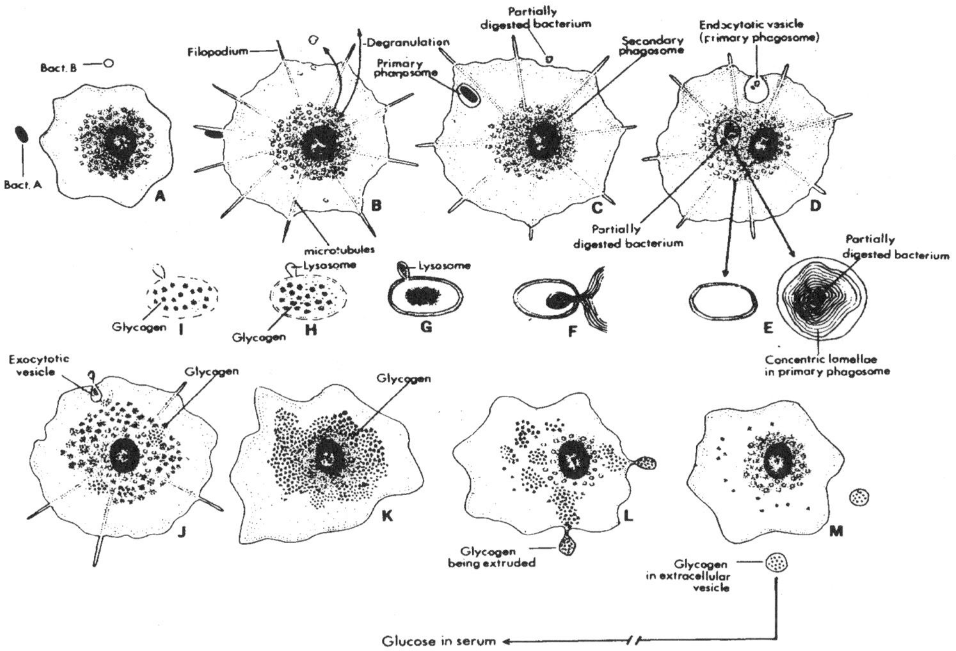

그림 7-37. 버지니아굴의 과립구에 의한 탐식과 세포내소화 과정.

(A)과립구와 세균(A, B). (B)A세균은 사상위족에 부착되고, B세균은 탈과립에 의한 효소의 분해를 받고 있다.(C)A세균은 1차식포내에 받아들여짐. (D)A세균은 1차식포내소화를 받고 있고 B세균은 endocytosis에 의해 세포질내로 끌어들여짐. (E)1차식포내의 소화된 세균주변에 소화성박판이 형성되고, 1차식포의 주변이 2차식포가 있음. (F)부분적으로 소화된 물질이 1차식포에서 2차식포로 운반됨. (G)2차식포의 리소조옴과의 융합. (H)분해된 세균의 당 성분을 이용하여 합성된 글리코겐, 식포의 벽은 완전함. (I)식포벽의 붕괴. (J)Exocytic vesicle을 통하여 불소화성물질의 방출; 세포질내에는 글리코겐이 축적. (K)글리코겐의 집합체 및 사상위족의 소멸. (L)혈장속으로 방출되고 있는 글리코겐. (M)글리코겐 방출 완료.

6) 진주형성(necrezation)

진주형성은 기생충이 외투막에 침입하여 외투막을 자극하게 됨으로서 기생충의 주변에 진주가 침착되는 것을 말한다. 수천년 전부터 패류에서 진주가 만들어진다는 것은 알고 있었다. 그러나19세기까지 동물성 기생체에 대한 생체반응이기는 하지만, 어떠한 원인과 방식에 의해 진주가 형성되는가는 밝혀지지 않았다. 20세기에 들어와 많은 학자들이 진주형성을 연구하여, 해산 부족류(斧足類, pelecypod)의 패각 안쪽과 외투막 사이에 기생하는 흡충류 특히 *Meigoymnphallusminutes*(=*Gymnophallus margarditarum*)의 메타세르카리아(metacercaria, 피낭유충)가 외투막의 진주성분의 분비를 자극하여 메타세르카리아를 둘러쌓고 침착되는 것으로 밝혀졌으며 진주형성에 혈구는 무관하다고 하였다.

7) 혈구와 체액성인자

척추동물에서 기생충이나 비자기 물질에 대한 저항성은 선천적(innate)과 후천적(획득, acquired)의 2가지로 구분하고 있지만, 무척추동물과 척추동물의 면역 방어에 관여하는 인자와 차이가 나기 때문에 척추동물의 어떤 세포가 무척추동물에 어떤 세포와 같은 기능을 수행하는가는 아주 애매하다. 예를 들면 무척추동물에는 면역 글로블린(immunoglobulin)이 형성되지 않으며, 또한 보체의 제 1경로(古典經路, classical complement system)도 없는 것으로 생각되기 때문에 무척추동물에서 획득면역이 형성된다면 이는 항원과 항체의 상호작용(antigen-antibody interactions)에 의한 것이라고 할 수 있을 것이다.

이매패류에 선천적 체액성면역인자가 존재한다는 것은 버지니아굴에 세균을 인위적으로 접종하였을 때 혈구에 의해서 세포의 바깥에서 재빨리 파괴되는 것과 또 다른 선천적 체액성인자로서 부족류 특히 버지니아굴의 혈청에는 *Himasthla quissetensis*의 메타세르카리아를 고정화(immobilization)시켜 둘러쌈으로서 제 2중간숙주로 침입하는 것을 막는 인자가 존재한다고 한다.

식작용과 encapsulation과 같은 비자기 물질에 대한 세포성반응은 무척추동물의 기본적인 생체방어반응이다. 탐식된 물질이 세포내에서 분해되는데 효소가 관계함으로 식세포내에 어떠한 효소가 존재하며 그들의 생화학적 특성을 조사하여 보면 매우 흥미롭다. 패류의 과립구의 리소조옴은 세포내소화와 관계있으며, β-glucoronidase, 산포스파타아제, 알카리포스파타아제, 리파아제, aminopectidase 및 리소조옴 등이 버지니아굴과 백합의 세포성면역 및 혈장성분과 관계가 있다고 하였다. 혈구나 혈장의 리소조옴성 효소의 기원은 혈장일 가능성이 높다. 왜냐하면 백합의 혈구가 *Bacillus megaterium*을 탐식할 때 혈구에서 혈장속으로 리소조옴이 유리되어 나오며, 열로 사균화시킨 *B. megaterium*을 탐식할 때 혈구나 혈장속에는 리파아제의 활성이 높아져 있는 것을 알 수 있다. 또 aminopeptidase도 열처리 *B. megaterium*사균으로 처리한 버지니아굴에서 혈구중의 농도가 증가되기 때문에 이는 사균 처리에 의해 유발된 것이라 추정할 수 있으나 혈장속의 활성은 변화가 없기 때문에 aminopeptidase는 세균자극에 의해 혈구내에서의 이 효소의 합성은 촉진되기는 하지만 식작용 동안에 혈장속으로는 방출되지 않는다는 것을 알 수 있다. 결론적으로 aminopeptidase는 어떤 항원 자극에 의해 혈구에서 혈장속으로 방출되지만 어떠한 자극에는 전혀 방출되지 않는다는 것을 의미하고 있음으로 이 효소 이외의 다른 리소조옴성 효소도 비슷한 경향을 가지고 있을 것으로 생각된다. 그러면 이러한 리소조옴성효소는 어떻게 혈장속으로 방출되어지는에 관해서는 버지니아굴의 과립구의 경우 식작용 동안 탈과립이 일어나며, 탈과립시에는 과립의 형태적 변화가 생김으로 과립이 가지고 있는 리소조옴효소가 탈과립시에 방출되어진다고 한다. 항원의 자극에 의해 세포질내의 효소의 광합성이 유발되어지고 탈과립시에 혈장속으로 효소가 유리되어진다면 혈장속의 효소가 생체방어에 작용하는 것에 관해서는 아직 불분명하다.

현재까지 리소조옴성효소 중에서 리소조옴만이 미생물에 대한 살균력이 있어 버지니아굴의 경우 그람양성세균 특히 *Micrococcus lysodeikticus, Bacillus megaterium*과 *Escherichia coli, Gaffkyu tetragena, Salmonella pullorum, Shigella sonnei, B. subtilus*을 용해시킬 수 있지만, *S. aureus*는 용해시키지 못하며 리소조옴효소의 활성이 높게 유지된 상태에서 항원과 항체의 상호작용처럼 특이적이지는 않지만 세균의 파괴가 일어나기 때문에 세균의 표면에는 이 효소의 특이 수용체가 있어야만 한다. 혈장속에 리소조옴의 활성의 증가가병원미생물에 대한 방어능력으로 작용하는 것은 분명하지만 어떠한 미생물에 대하여 효과가 있고 어떠한 생물에 대하여 효과가 없는가는 불분명하다.

이것에 관하여 생각할 수 있는 가정으로서는 첫째 혈장의 가수분해효소의 활성이 증가하였음에도 불구하고 비자기물질에 아무런 영향도 미치지 못하는 이유는 비자기물질의 표면에 효소에 의해 파괴될 수 있는 물질이 결여되어 있다는 가능성이다.

둘째 리소조옴서 효소가 합성되는 곳인 과립구에서 혈장내로의 유리는 기생충의 체세포 항원 또는 기생충에서 분비되는 어떤 성분에 의해서만 일어나기 때문에 침입한 이물질이 그러한 성분을 가지고 있지 않다면 기생충에는 전혀 손상을 끼치지 못한다는 것이다.

셋째로는 기생충이 리소조옴성 효소를 불활화시키는 항효소(antienzyme)를 분비한다는 것이지만 이러한 가능성에 관해서는 아직 상세히 조사되지 않았다.

결국 이매패류에도 후천성 체액성 방어물질이 있다는 것은 명백하지만 그러한 물질이 면역 글로블린이나 옵소닌(opsonin)물질은 아니라는 것과 과립구에서 유리되는 리소조옴성 효소는 그 특이성이 아주 강하다고 할 수 있다. 또 패류의 혈청중의 리소조옴성효소의 양은 매우 적기 때문에 침입하여 오는 기생충을 방지할 수 없어서 기생충질병에 감염되는 것이다.

6. 감염에 대한 이매패류의 혈구 반응

이매패류의 질병을 연구할 때 소화관의 상피에 기생하는 *Marteilia* sp.나 아가미에 감염되는 iridovirus같은 경우는 소화관의 상피세포나 생식소를 중요시하지만, 거의 대부분의 질병은 결합조직을 대상으로 하며, 그 중에서 결합조직내의 혈구의 반응에 초점을 맞추고 있다. 이는 모든 동물과 마찬가지로 이매패류에서도 결합조직이 가장 광범위하게 분포하고 있어 세포성 성분의 교환, 혈관이 분포하고 있기 때문에 병원균에 대한 세포의 반응이 가장 활발하게 일어나기 때문이다. 혈관내부나 세포간질에 출현하는 혈구는 2종류의 혈구 즉 과립구와 무과립구에 의해서 일어나게 된다. 이 2종류의 혈구는 환경변화, 석유오염, 기생충 감염 및 질병 등에 반응하게 되는데, 반응의 방식에 따라 과립구성 반응(granulocytic reactions)과 증식성 반응(proliferative reactions)으로 나눌 수 있다.

1) 과립구성 반응

(1) 생리적 또는 환경에 대한 반응

과립구는 생리적으로 또는 환경과 관계하여 반응하게 되는데, 암컷에서 성숙의 말기단계에서 볼 수 있는 생식소의 재흡수(gonad resorption)가 생리적 반응의 대표적이라 할 수 있다. 또 이매패류가 원유에 노출되게 되면 탄수화합물(hydrocarbon)이 생식세포의 지질과 결합하기 때문에 정상적이 생식세포 형성과 산란이 방해를 받게 되는데, 이 때 난모세포의 융해와 함께 생식소내에 다량의 과립구가 침윤하게 된다. 또 이매패류가 나쁜 환경에 있거나 오염물질에 노출되었을 때는 위나 소화관의 결합조직에 다량의 과립구가 침윤하는데, 혈구 침윤의 정도는 해수나 침전물중의 탄수화합물의 농도와 밀접한 관계를 가지고 있다.

(2) 기생충에 대한 반응

선충과 같은 기생충에 감염되었을 때는 기생충 주변에 육아종이 형성되어 충체를 둘러 쌓게 된다. 이 때 과립구의 모양에 현저한 변화가 생기게 된다. 이는 과립구의 기능적 변화 즉 세포질내 소기관의 활성의 변화가 일어나는 것을 의미하는 것으로 특히 세포질내의 과립의 수, 크기, 모양, 염색성에 변화가 생겨 최종적으로는 과립을 방출하여 버린 소위 노쇠한 과립구(spent granulocyte)인 fibroblast로 되게 됨으로 이물질이나 충체 주변에는 이러한 fibroblast가 많이 출현하게 된다.

원생동물이 기생하였을 때 과립구의 반응은 감염 기생충의 종류에 따라 매우 다양한 반응을 나타내는데 *Martelia* sp.나 *Haplosporidium* sp.이 감염되었을 때는 거의 염증 반응이 일어나지 않지만 *Bonamia* sp.가 감염되었을 때는 아주 강한 과립구의 반응이 일어나게 된다. 그럼으로 소화관이나 아가미의 결합조직에 많은 과립구가 침윤하고 있는 것이 이 병의 특징이라 할 수 있는데, 대개의 경우 혈구내에 충체가 탐식되어 활발하게 분열함으로 과립구는 퇴행성 변화를 일으키고 있다. 이처럼 체내를 순환하는 혈구세포가 충체를 탐식한 다음 혈구세포가 붕괴하게 됨으로서 조직의 다른 부위에 충체를 전파하는 결과가 초래하게 된다.

(3) 기타

결합조직이 심하게 괴사되고 혈구의 침윤을 특징으로 하는 국소적 농창에 관계하여 침윤하는 혈구는 대부분이 과립구이다.

2) 증식성 반응

무과립구는 혈구의 형성과정에 있어 미숙한 전구세포로 생각되는 것으로 조혈조직내의 신생물은 무과립구에 의해 생기는데, 패류의 종류에 관계없이 형태이나 기능면에서 매우 유사한 반응을 나타낸다. 병리조직 표본에서는 소화관, 외투막, 생식소 또는 아가미의 결합조직에 무과립구의 침윤이 현저한데, 이 때의 무과립구는 핵이 매우 크고 세포질의 양의 소수에 불과함으로 소위 핵과 세포질의 비율에서 핵의 비율이 매우 크다. 이 때의 무과립구는 자발응집반응이 일어나지 않으며, 유리면에도 부착하지 않는다.

참고문헌

Cheng, T. C. 1981. Bivlaves. Invertebrate blood cells I. (ed. Ratcliffe, N. A. and A. F. Rowley). Academic Press, London, pp 233-300.

Bachere, E., D. Hervio and E. Mialhe. 1991. Luminol dependent chemiluninescence by hemocytes of marine bivalves, *Ostrea edulis* and *Crassostrea gigas*. Dis. Aquat. Org., 11:173-180.

Balouet, G. and M. Poder. 1985. A consideration of the cellular reactions in bivalve molluscs, with emphasis on haemocytic diseases. Fish and Shellfish Disease (ed. A. E. Eliis). Academic Press, pp 381-385.

Cheng, T. C. 1975. Functional morphology and biochemistry of molluscan phagocytes. Ann. N. Y. Acad. Sci., 266:343-379.

Cheng, T. C. and A. Cali. 1974. An electron microscope study of the fate of bacteria phagocytozed by granulocytes of *Crassostrea virginica*. Contemp. Top. Immunobiol., 4:25-35.

Cheng, T. C. and R. W. Burton. 1966. Relationship between Bucephalus sp. and *Crassostrea virginica*: a histochemical study of some carbohydrates and carbohydrate complexes occurring in the host and parasite. Parasitol., 56:111-122.

Cheng, T. C. and D. A. Foley. 1975. Hemolymph cells of the bivalve mollusc *Mercenaria mercenaria*: an electron microscopical study. J. Invert. Pathol., 26: 341-351.

Cheny, D. P. 1971. A summary of invertebrate leucocytes morphology with emphasis on blood elements of the Manila clam, *Tapes semidecussatus*. Biol. Bull., 140:353-368.

Cima, F., V. Matozzo, M. G. Marine and L. Ballanrin. 2000. Haemocytes of the clam Tapes *phillliphinarum* (Adams & Reeve, 1850): morphofunc tional characterization. Fish & Shellfish Immunol., 10: 677-693.

Feng, S. Y., J. S. Feng, C. N. Burke and L. H. Khairalah. 1971. Light and electron microscopy of the leucocytes of *Crassostrea virginica* (mollusca: Palecypoda). Z. Zellforsch, 120: 222-245.

Foley, D. A. and T. C. Cheng. 1972. Interaction of molluscs and foreign substances: the morphology and behavior of hemolymph cells fo the American oyster, *Crassostrea virginica*, in vitro. J. Invert. Pathol., 19: 383-394.

McCormick-Ray, M. G. and T. Howard. 1991. Morphology and mobility of oyster hemocytes: Evidence for seasonal variations. J. Invert. Pathol., 58: 219-230.

More, M. N. and A. F. Eble. 1977. Cytochemical aspects of *Mecenaria mercenaria* hemocytes. Biol. Bull., 152:109-119.

More, M. N. D. M. Lowe. 1977. The cytology and cytochemistry of the hemocytes of *Mytilus edulis* and their response to experimentally injected carbon particles. J. Invert. Pathol., 29:18-30.

Park, S. W., K. S. Lee and E. Y. Chung. 2002. Morphological and cytochemical characteristics of hemocytes of *Meretrix lusoria* (Bivlaves: Veneridae). Malacologia. 44:325-331.

Shih, J. T., S. T. Liu, S. T. Chang, S. Y. Ho. M. H. Lia, C. Y. Pan and J. Y. Jair. 1996. Studies on the hemocytes of *Meretrix lusoria*. Biol. Bull. Natl. Taiwan Normal Univ. 31:131-139.

Takatsuki, S. 1934. On the nature and functions of the amoebocytes of *Ostrea edulis*. J. Microsc. Sci., 76:379-428.

Yoshino, T. P. and T. C. Cheng. 1976. Fine structural localization of acid phosphatase in granulocytes of the pelecypod *Mercenaria mercenaria*. Trans. Am. Micros. Soc., 95:215-220.

강선구, 박성우, 김영길. 2000. 한국산 바지락(*Ruditapes philliphinarum*) 혈구의 분류. 한국어병학회지, 13:129-136.

제 8 장
이매패류의 신경계물질, 호르몬 및 생리기능 조절물질

이매패류에서의 신경분포 및 기능에 대한 연구는 19세기부터 많은 학자들의 관심이 되어 왔다(Garner, 1837). 이들은 다양한 종의 이매패류에서 신경계가 어떻게 분포되어 있으며 신경계가 생리학적 조절에 어떤 역할을 하는가에 대해 주로 탐구하였다. 그러나 연구의 역사는 비교적 오래 되었음에도 불구하고 이매패류 종류의 다양성, 진화상의 하등성과 미발달 상태, 또한 정보의 실용적 활용가치의 부족 등의 이유로 이매패류의 신경계에 대한 정보는 인간이나 고등동물에서의 신경계와 비교하면 거의 알려진 바 없다. 그럼에도 최근에는 생물학적 연구에 활용되는 분자생물학, 생화학, 면역화학적 및 기기분석법 등의 발달로 이매패류의 신경계에 대한 연구가 급속히 발달하고 있다. 한편 이매패류에서의 내분비계가 존재하느냐 또는 어떤 물질이 존재하는가에 대해서는 아직 명확한 정의를 내릴 수는 없지만, 최근 고등동물에서 존재하는 내분비성물질과 유사한 성분들이 이매패류에서 발견됨으로서 비록 그 기능에 대해서는 의문점이 많지만 고등동물의 내분비계와 유사한 기능이 수행되고 있지 않는가 생각되고 있다.

신경계는 뉴론(neuron)이라고 불리는, 자극에 따라 전기생리학적으로 흥분이 가능한 특수한 세포군들로 구성되어서, 자극이 오면 자극이 기다란 뉴론의 말단까지 전달되고 세포말단부에서는 신경전달물질(neurotransmitter)라는 화학물질이 유리된다. 마지막으로 이 물질은 매우 인접한 세포에 존재하는 수용체(receptor)라고 하는 단백질성분과 결합함으로써 고유의 정보전달이나 생리기능을 매개하게 된다. 원래 신경전달물질이라고 함에는 거의 저분자물질을 의미하였지만 현재는 신경계에서 발견되는 다양한 펩타이드성 물질들도 신경전달의 기능을 하는 것으로 알려지고 있는데 이런 물질들을 특히 신경펩타이드(neuropeptide)라고 부른다. 그러나 신경세포에는 신경기능의 유지를 위해 신경전달물질만이 존재하는 것이 아니라 다른 화학물질, 즉 신경조절인자(neuromodulator: 신경계 기능을 간접적으로 조절), 2차 전령물질(2nd messenger: 신경전달물질의 자극으로 2차적으로 생성되는 물질) 등도 별도로 존재한다.

내분비계(endocrine system)는 생성된 생체내재성 물질이 유리되어 혈관내에서 혈액의 흐름에 따라 목적장기로 이동한 후, 신경전달물질과 유사하게 수용체에 작용하는 계로서 이들 내재성물질을 호르몬(hormone)이라 칭한다. 또한 어떤 경우에는 신경전달물질과 내분비계의 특성을 공유하는, 즉 뉴론에서 생성되어 혈관을 타고 이동하는 물질도 있는데 이 물질들을 신경호르몬(neurohormone)이라고 한다. 원래 내분비계물질 호르몬은 폐쇄혈관계를 가진 동물에서 혈관내에서 이동·운반되는 현상에 근거하여 사용되기 시작한 만큼, 이 용어를 폐쇄혈관계를 가진 이매패류에 적용하는 것이 엄밀한 의미에서 적절하지는 않다. 그러나 다른 동물에서 발견되는 호르몬과 화학적 특성이 유사한 물질들이 이매패류에서 보고되고 있으므로 여기에서는 편의상 호르몬이라는 용어를 사용하고자 한다.

한편 특정세포에서 생성된 후, 자신의 세포 또는 짧은 시간내에 확산·도달할 수 있는 인접한 세포에만 작용하는 물질을 국소호르몬(autacoid)이라고 하는데, 국소호르몬은 신경계나 내분비계에서 생성되는 물질과 비교하여 생리기능의 발휘를 위한 이동거리가 매우 짧은 것이 특징(endocrine과 대비하여 paracrine이라는 표현을 사용함)이다.

생체내에서 발견되는 강력한 생리기능을 발휘하는 물질들이 고등동물에서는 이와 같이 분류되지만 이매패류에서는 진화상의 하등성, 고등동물과의 해부학적 차이 등이 크기 때문에 동일한 방법으로 분류하는 것은 적절하지 않지만, 여기에서는 편의상 이런 분류방법을 사용하였다. 본 총설에서는 아직 미개척분야임은 분명하지만, 이매패류의 생리기능에 대한 이해는 인공양식과정에 필요한 정보를 제공할 수 있을 뿐 아니라 향후 이러한 정보들을 의학적, 산업적 또는 환경학적으로 활용할 수 있을 것으로 생각되어 지금까지 보고된 이매패류에서 발견된 중요한 생리기능성 물질들에 대해 간략히 서술하고 한다.

1. 저분자 신경전달물질

1) Acetylcholine(ACh)

아세틸콜린(acetylcholine: ACh)은 저분자성 신경전달물질로서 곤충에서 인간에 이르기까지 거의 모든 생물에서 발견되고 있다. 이매패류에서도 이 신경계의 존재가 확인되고 있는데, ACh가 신경전달물질로 존재하는 신경계를 콜린성신경계(cholinergic nervous system)이라고 칭한다. Gilloteaux(1978)는 진주담치(*Mytilus edulis*)의 전족사수축근(anterior byssus retractor muscle; ABRM)에 ACh를 분해하는 효소인 choline-esterase가 존재함을 보임으로써, 이 근육에 콜린성신경계가 분포함을 간접적으로 증명하였다.

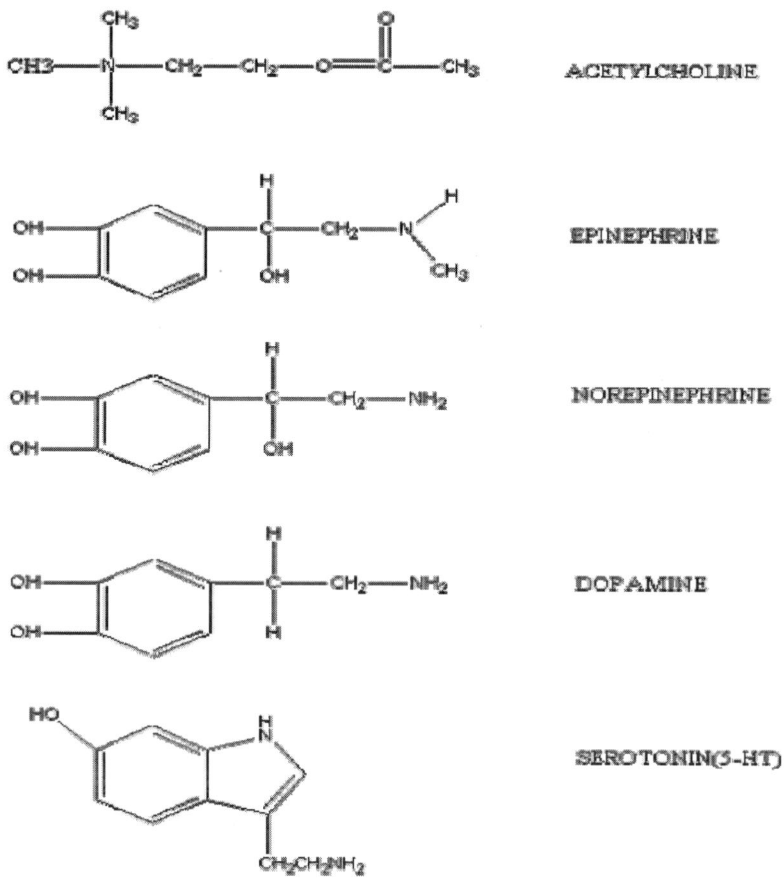

그림 8-1. 저분자 신경전달물질의 화학구조

백합의 심장을 분리하여 특별히 고안된 장치에서 박동이 가능한 상태로 유지하면서 심장의 수축력, 맥박수 및 활동전위를 측정하면 ACh이나 그 유사물질이 매우 낮은 농도(10 pM)에서 이들 심장활동도를 억제하는 것을 볼 수가 있다(Lee *et al.*, 1993). 그런데 이때의 억제반응에 대한 수종의 길항물질(antagonist)이 발휘하는 길항효과를 검토해 보면 척추동물에서 발견되는 현상과는 상이한 양상이 나타나기 때문에, 백합의 심장에 존재하는 수용체형은 지금까지 척추동물에서 발견된 결과에 따라 분류한 콜린성-니코틴성 수용체 분류체계(콜린성신경계는 무스카린성신경계와 니코틴성 신경계로 나눔)에는 속하지 않음을 알 수 있다(Lee et al., 1998). 또한 다양한 길항물질들 자체로써는 자율적인 심장기능에 아무런 영향을 미치는 것을 보면 비흥분상태에서는 상시적으로 ACh이 일정 부분

심장기능을 억제(tonic inhibition)하지는 않는 것 같다(Lee *et al.*, 1993).

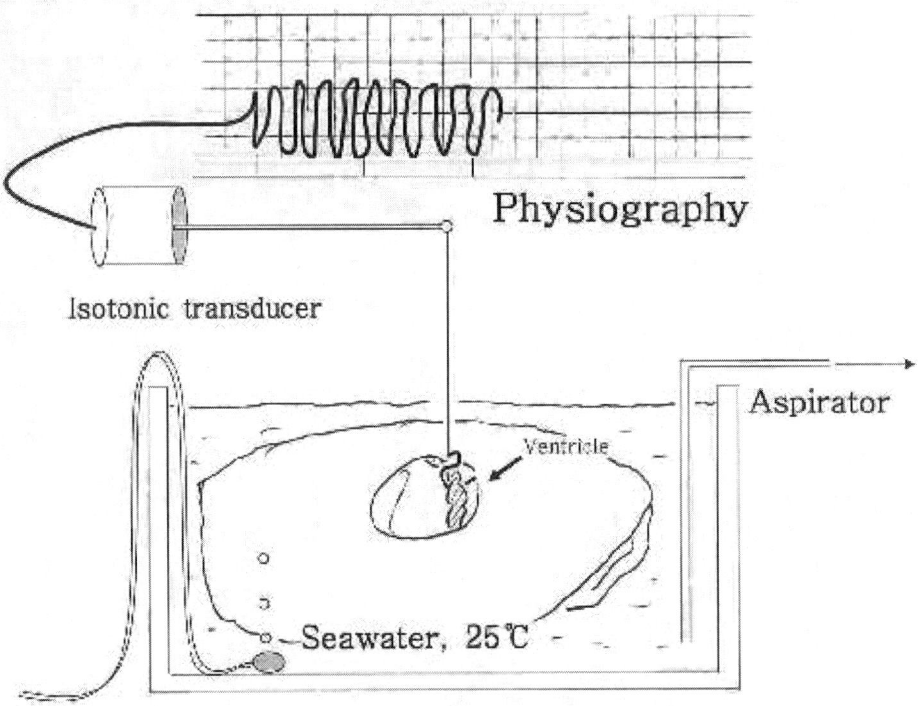

그림 8-2. 굴 심장기능을 측정하기 위한 실험 설계도

Kim(2000)은 굴의 패각을 천공하여 심장을 노출시킨 뒤 해수에 담구고, 심장의 수축 반응을 직접 측정할 수 있는 장치(in situ 실험)에 연결한 후 ACh 또는 ACh과 동일한 작용을 하는 물질들(예, carbachol, ACh 유사물질로 AChE로 분해가 안되기 때문에 작용이 강력함)을 해수에 가해 심장의 반응을 기록하였다(그림 8-2). ACh을 해수에 가하면, 심장 수축력은 억제하는 반면 심박수는 반사적으로 증가하는 현상이 발견된다. ACh은 신경말단에서 유리된 후 아세틸콜린가수분해효소(acetylcholine-esterase: AChE)에 의해 분해되는 바 유기인계살충제 농약은 AChE를 저해함으로써 ACh의 농도를 증가시켜 과도한 흥분을 유발, 곤충에 대한 살상작용을 발휘한다. 그러나 저자 등(Park *et al.*, 2004)의 연구에서 유기인계농약인 parathion, malathion 등을 굴에 가하면 ACh와는 상이하게 반응(표 8-1)하는 것으로 보아 포유동물에서 알려져 있는 콜린성신경계 생리가 이매패류에서 그대로 적용되지는 않는 듯하다.

진주담치의 ABRM에는 최소한 2종의 주요 신경섬유, 즉 수축성신경섬유와 이완성신경섬유가 분포되어 있다. 이들 신경계에서 생성·유리되는 신경전달물질로서 ACh, serotonin이 가장 중요하나, 부수적으로 뒤에서 설명하게 될 신경전달물질 또는 신경조절물질로는 도파민(dopamine)과 옥토파민(octopamine)과 같은 monoamine계, FMRF amide유연 peptide계, 진주담치근육억제 peptide(Mytilus inhibitory peptides), small cardioactive peptide(SCP)-related peptide류 및 부착-이완펩타이드(catch-relax peptide) 등이 알려져 있다. 따라서 ABRM은 복잡한 신경조절을 받는 대표적인 기관에 해당한다(Muneoka *et al.*, 1991). 이 ABRM이 ACh에 의해 수축할 때 Ca^{2+}가 동원되기 때문에 중금속물질(Ni^{2+}, Cd^{2+}, Co^{2+})은 ACh에 의한 수축반응을 방해한다(Raff et al., 1987).

표 8-1. 굴 심장기능에 대한 ACh 및 유사물질의 효과 (Park *et al.*, 2004)

Test substance		Inhibition of contraction (IC_{50}, μM)	
	Control	Washout	Atropinized
Ach	2.1±0.4	3.1±0.1	107.4±16.0
Carbachol	1.1±0.2	0.9±0.1	32.2±5.0
Physostigmine	0.3±0.02	0.5±0.06	26.5±4.6
Paraoxon	>100	-	-
Dimethylsulfoxide	>10 μl/liter	-	-

ACh는 진주담치 평활근의 수축을 유발할 수 있으며 수축에 동반하여 2차 전령물질인 inositol-tri-phosphate(IP_3)의 농도가 증가한다(Miyahara *et al.*, 1993). 이 수축반응이 유기 칼슘통로봉쇄제인 verapamil, diltiazem, nicardipine 또는 무기성 저해제 Mn^{2+}, Ni^{2+}, Co^{2+} 또는 Cd^{2+}과 같은 중금속이온에 의해 저해되는 것을 보면 ACh에 의한 평활근의 수축에 Ca^{2+}의 세포내유입이나 세포내 저장소로부터의 유리반응이 필요한 것으로 판단된다.

2) Catecholamines(NE, DA, Epi)

척추동물들의 부신에는 크롬에 의해 강하게 염색되는 크롬친화성세포(chromaffin cell)이라고 하는 특수세포가 있어서 카테콜라민(catecholamine)을 합성하여 다양한 생리적 반응을 매개한다. 그림 8-1에 나와 있는 epinephrine, norepinephrine 및

dopamine 등을 카테콜아민이라고 한다. Chromaffin cell의 중요한 기능 중 하나는 스트레스 상태에서 활성화되어 카테콜라민을 유리하는 것이다. 굴의 조직에도 마치 척추동물들에서 발견되는 chromaffin cell과 조직학적 및 생화학적으로 매우 유사한 특정 신경분비세포에서 카테콜라민들이 생성됨이 보고되어 있다. 노르에피네프린(norepinephrine: NE)은 굴의 혈구세포가 수행하는 탐식작용을 억제한다(Lacoste *et al.*, 2001b). 이 작용은 adrenoceptor subtype 중 β수용체(NE이 활성화하는 수용체를 aderenoceptor라 하며 크게 α-type과 β-type로 분류)에 의해 매개되며, 이 반응에서는 protein kinase A의 작용으로 생성되는 환형AMP(cAMP)가 2차 전령물질인 것으로 생각된다. 굴이 병원성 세균의 하나인 *Vibrio splendidus*에 감염되었을 때 NE이 치사율을 증가시키는 것(Lascote *et al.*, 2001a)으로 미루어 보아, NE은 굴이 스트레스 조건하에서 생성되어 부정적인 영향을 발휘하는 것 같다. Lacoste *et al.*(2001a)이 관찰한 바에 의하면 굴을 격렬하게 흔들어서 물리적으로 스트레스를 가했을 때, 순환 카테콜라민 중 도파민(dopamine: DA)과 NE의 농도가 즉각적(5분 이내)으로 증가하였다가 60-90 분 후 정상 수준으로 회복되었다. 이 때의 카테콜라민 증가정도는 가한 스트레스의 강도와 밀접한 관련성이 있었다. 반면 온도나 염도를 변화시켜서 가한 스트레스에 대해서는 매우 장기간(최장 72시간) 카테콜라민이 높은 농도 수준으로 유지됨이 관찰되어 스트레스의 유형에 따라 굴이 반응하는 형식도 변하는 것을 알 수가 있다. 이때의 카테콜라민 농도는 평상시의 최고 5-14배까지 증가하였으며 그런 정도의 카테콜라민 농도는 굴에서 심각한 생리적 반응을 일으킬 수 있는 수준으로 판단된다.

굴에서 스트레스에 의해 유발된 NE과 DA의 유리과정이 ACh이나 carbachol로 변화되지 않는다. 또한 nicotine 수용체 길항제 hexamethonium이나 muscarine 길항제 atropine으로 차단되지는 않았다. 이는 굴에서의 스트레스성 카테콜라민유리반응이 척추동물에서와는 다른 조절기전으로 수행됨을 의미한다(Lacoste *et al.*, 2001c).

굴이 유생단계에서 변태할 때 NE과 에피네프린(epinephrine: Epi)이 결정적인 역할을 한다(Coon and Bonar., 1987). 이 반응들은 α_1형의 아드레날린 수용체 작용물질로 알려진 cirazolone, epiphenyephrine 등으로 강하게 자극되며 β수용체에 유효한 isoproterenol과 α_2 수용체에 작용하는 물질인 methoxamine, clonidine 등에 의해서는 별로 반응하지 않기 때문에 여러 수용체 중에서도 α_1 수용체의 자극으로 나타나는 현상으로 해석된다. 이런 이유로 α_1 수용체에 대한 강력한 길항물질인 chlorpromazine, prazosin 등으로 이 반응들을 차단할 수 있다.

가리비(*Pacopecten magellanicus*)의 hemolymph에서 발견되는 카테콜라민은 DA, 3,4-dihydroxyphenyalanine, 3,4-dihydroxyphenylacetic acid이며, Epi와 NE는 고속 액체크로마토그래피법으로는 측정되지 않는 낮은 수준이었다(Pani and Croll, 2000). 특히 DA의 농도는 0.1-1.0μM 범위로써, 생리작용을 유발하는 농도가 nM-μM임을 감안하면 분명히 가리비에서도 중요한 신경전달물질임을 시사한다. 이 가리비를 인공적으로 온도를 올려 산란을 유도하게 되면 DA의 농도가 유의성 있게 감소하는 것이 발견되어 가리비에서는 카테콜라민이 스트레스뿐 아니라 생식기능에도 관여하는 것 같다.

NE은 0.1μM이상의 농도에서 굴의 면역기능 세포막에 존재하는 β형 아드레날린 수용체를 자극하여 활성산소를 생성하는 작용(chemiluminescence 반응으로 확인)을 억제한다(Lacoste *et al.*, 2001d).

따라서 이러한 억제반응은 β수용체 유사물질인 isoproterenol로도 유발할 수 있으며, β형수용체에 대한 길항물질인 propranolol로 차단이 가능하다.

백합의 심장에서 Epi, DA 등과 같은 카테콜라민들에 의해 실험적으로 수축반응을 유발할 수는 있으나(Lee *et al.*, 1993), 약효를 발휘하기 위해서는 필요한 카타콜라민 농도가 너무 높기 때문에 생리학적 의미는 확실하지 않다.

진주담치의 ABRM에서 DA가 억제성(이완성)기능을 수행하는데 관련 수용체가 adrenoceptor는 아닌 것이 분명하다(Iwayama and Takayanagi, 1982). 진주담치의 hemocyte에는 DA와 선택적으로 결합하는 수용체가 존재하는데, 이들 결합부위의 특성이 고전적인 dopamine D_1 및 D_2 수용체와는 다른 것 같다(Stefano *et al.*, 1989).

3) Serotonin (5-hydroxytryptamine, 5-HT)

세로토닌(Serotonin, 그림 8-1)은 신경전달물질로 분류하는 경우도 있고 autacoid로 간주하기도 하나 이매패류의 신경세포에서 발견되므로 여기서는 신경전달물질로 분류하고자 한다.

Ono *et al.*(1992)은 버지니아굴(*C. virginica*) 및 진주담치를 포함한 수종의 이매패류의 심장에 분포하는 serotonin성 신경섬유의 존재를 면역화학적기법 및 방사능효소법을 사용하여 확인하였다. 이 연구에 의하면 심실(ventricle), 심방(auricle) 및 심방-심실 밸브(auricular-ventricular valve)에 분명히 serotonin 함유 신경세포가 분포함을 보여준다.

Serotonin의 생리적기능 중 가장 많은 연구가 수행된 것은 난의 분화과정에서의 역할일 것이다. 감수분열시 전기단계에서 분화가 중단된 굴의 난을 serotonin으로 처리하면 이 난들은 다시 감수분열을 시작하여 germinal vesicle breakdown(GVBD)단계를 거쳐 중기 I 단계에서 다시 진행이 중단되게 된다(Kyozuka *et al.*, 1997). 이 단계에서 다시 정자나 탈분극유도(고농도의 KCl처리)로 분화를 재활성화 할 수가 있다. 굴의 경우에는 전기단계에서 중지된 상태에서 serotonin를 가하든지 탈분극시키면 분화가 유도 되는 반면 바지락에서는 처음부터 탈분극방법을 사용하면 무효하지만(Leclerc *et al.*, 2000), 중기단계에서 정지된 경우에는 serotonin으로 분화유도가 가능하다는 차이가 있다. Serotonin을 가해서 감수분열을 유도할 때 난의 세포막에 존재하는 Ca^{2+} channel이 활성화되기 때문인데, 바지락에서도 일단 칼슘통로(Ca^{2+} channel)를 활성화시키는 방법으로, 예를 들어 calcium ionophore, thapsigargin, BayK8644, 4-aminopyridine, thimerosal, 약염기 등을 가해서 세포내 칼슘농도를 증가시키면 유사한 효과가 나타난다(Moreau at al., 1996; Gobet et al., 1995; Lippai *et al.*, 1995). 위에서 언급한 바와 같이 바지락에서는 탈분극처리과정이 중기 I 단계에서는 유효하나 전기단계에서는 무효한 것으로 보아 굴의 난과는 달리 바지락의 난에서는 이 통로가 늦게(전기와 중기 단계 사이의 기간)나 되어야 생성되기 시작하기 때문에 이런 차이가 나타난다고 볼 수 있을 것이다.

바지락 난에서 serotonin에 의한 감수분열 재개시(reinitiation)과정에서 serotonin을 가하고 5분이 경과하면 ribosome에 존재하는 86-kDa 크기의 효소(PK85라 명명)로서 serine/threonine kinase계 일종인 효소의 활성이 5분이내에 17배로 증가한다(Durocher and Guerrier, 1996). 그 5-10분 후에는 GVBD가 관찰된다. 시간적으로 계산해 보면 PK85의 활성화는 난세포내 칼슘농도의 현저한 증가(surge)의 결과로 보이는데, protein kinase C(PKC)의 활성화와는 관련이 없는 것 같다. Serotonin은 여러 종류의 수용체(5HT-1, 2, 3 등)와 결합하는 것으로 알려져 있는데, 이 반응에 정확하게 어떠한 수용체가 관여하는지는 아직 분명하지 않다. 그러나 이때 난의 세포내에서는 성숙촉진인자(maturation-promoting factor: MPF)라는 단백질의 활성화가 수반된다.

Serotonin은 세포막에 존재하는 G-단백관련수용체(G-protein related receptor)와 결합하여 세포내 2차전령물질인 inositol triphosphate(IP3) 및 칼슘이온농도를 증가시킨다(Guerrier *et al.*, 1993; Gobet *et al.*, 1994). 진주담치의 ABRM에서 IP3가 serotonin에 의해 빠른 시간 내에 증가하기 시작하여 14-17시간에 되면 평형에 도달함이 확인되었다(Hellwig and Achazi, 1991). 진주담치나 바지락에서 인위적으로 증가된 칼슘이

Ca^{2+}-calmodulin-dependent kinase인 eEF-2 kinase를 활성화시키면, 이 kinase는 순차적으로 eEF-2(elongation factor: 단백질합성시 사슬연장에 필요한 인자)를 인산화함으로써 단백질의 합성이 억제되는 것이 중기 단계에서의 재개시 기전이다(Abdelmajid *et al.*, 1993).

일본에 서식하는 *Mactra chinensis*라는 이매패류에서도 serotonin은 산란(spawning)을 유도한다고 알려져 있다(Fong *et al.*, 1996). 이 연구에서는 이 이매패류에 serotonin을 비롯한 수종의 유연화합물을 이용하여 시험하였는데, 5-HT-2 수용체 작용물질(α-methy 5-HT), 5-HT-1A 작용물질(8-OH-DPAT이 전형적인 물질임)에 의해서는 산란이 유도되었지만 5-HT-3 작용물질(1-methyl-chlorphenyl biguanide)은 효과가 없었다. 따라서 serotonin이 유발하는 산란과정에는 5-HT-1와 5-HT-2 수용체가 복합적으로 관여한다고 보인다. 그런데 *M. chinensis*에서 발견된 매우 특이한 현상은 5-HT나 8-OH-DPAT가 산란을 유도하지만 GVBD는 유발하지 않는다는 사실이다.

가리비(*P. yessoensis*)의 난소 조직을 serotonin이 함유된 시험관에서 배양함으로써 난의 방출이 유도되며 이때 seronin의 농도 1μM로 최대 유발효과가 발휘되지만 더욱 농도를 높이게되면 오히려 감소하는 흥미로운 현상이 발견된다(Matsutani and Nomura, 1987). 예상되는 바와 같이 serotonin에 의한 방란유도 효과는 serotonin저해제인 methysergide에 의해 억제될 수 있다.

백합의 적출심장에서 낮은 농도(10pM)의 serotonin이나 5-HT-1A 수용체에 선택적인 약물인 8-OH-DPAT는 수축력과 심장박동수를 모두 증가시킬 수 있다(Lee *et al.*, 1993).

5-HT는 진주담치의 아가미섬모나 정자편모의 운동성을 자극하는데, 이때 이 물질이 아데닐산환상화효소(adenylate cyclase)를 활성화함으로써 cAMP를 생성하고 또 cAMP는 dyenin의 특정부위를 인산화시키기 때문인 것으로 보고되었다(Stephens and Prior, 1992).

아가미 측방상피세포에 존재하는 흥분성신경계는 serotonin인 반면 억제성신경계는 DA성으로 알려져 있다. 또 여기서 후자의 억제성신경계는 뇌신경절에서 시작하여 아가미까지 뻗쳐 있는데, 중간부위에 존재하는 장신경절에서 opioid성 물질(뒤에 설명)이 조절기능을 갖는다(Aiello *et al.*, 1986).

ABRM에서는 serotonin이나 DA 모두 근육의 이완을 유발하는데 이완과정에 adenylate cyclase의 활성화에 의한 cAMP의 생성이 관찰된다. 진주담치 아가미의 측방

운동(lateral beat) 빈도는 serotonin에 의해 증진되는데 이 과정에서도 cAMP가 2차 전령물질인 것으로 생각된다(Murakami, 1987). 진주담치의 ABRM에 carbachol이나 고농도의 KCl을 가하면 수축과 동시에 세포내 Ca^{2+}의 일시적 증가가 관찰된다. 이 수축반응이 serotonin 또는 forskolin(직접적 adenyl cyclase 활성화제)로 공히 감쇄하는 것을 보면 cAMP의 생성과 수축-이완 반응은 밀접한 관련성이 있음을 시사하고 있다(Ishii *et al.*, 1989).

2. 신경성 펩타이드(Neuropeptides)

1) FMRFamide

다른 동물에서는 발견되지 않는 고유한 신경성 펩티드 물질들이 이매패류에서 발견되고 있는데 그 대표적인 예가 tetra-peptide의 변형구조를 가진 FMRFamide라는 물질(그림 8-3: 이 물질들의 화학구조는 amino acid의 축약형으로 표현함) 및 나중에 설명하게 될 APGWamide이다. 이매패류에서 FMRFamide가 함유된 것으로 보이는 신경은 여러 종에서 발견되나, 엄밀하게 항상 동일한 펩타이드가 존재하는 것은 아니며 유사한 근연물질(FaRPs: FMRAmide-related peptides)인 경우가 일반적이다.

담수 이매패류인 *Corbicula fluminea* 및 *Dreissena polymorpha*에서 물의 수・출입량의 조절을 위해서는 interfilament 및 ostia의 크기가 관련 근육의 수축에 의해 조절되며, 이 과정을 FMRMamide와 ACh은 수축, serotonin은 이완을 각각 유발한다고 알려져 있다(Melder and Silverman, 1997).

가리비(*Peten maximus L.*)의 신경절 및 정소벽에 분포하는 신경섬유와 뉴론(신경세포체)도 FMRFamide성 신경의 종류인 것이 확인되었다(Henry *et al.*, 1995). 즉 뇌족신경절(cerebropedal ganglia), 내장낭신경절(visceral ganglia), 정소의 결체조직 및 정소상피조직에서 FMRFamide 항체들과 특이적으로 결합할 수 있다. 전자현미경으로 확인해 보더라도 결체조직을 지나는 신경섬유가 무수히 많은데 신경말단이 정소벽의 분비세포와 매우 가까이 접해있는 것을 보면 FMRFamide성 신경이 정소벽에서 특수한 분비조절기능을 하지 않을까 생각해 볼 수 있다.

Favrel *et al.*(1998)은 진주담치의 FMRFamide 전구체 단백질에 해당하는 cDNA를 클로닝하여 NRRFamide 이외에 어떤 펩타이드들이 생성되는가를 분석하였다. 그 결과 해당 전구체에는 FMRFamide가 16 카피, NFLRFamide, FLRFamide, ALAGDHFF-

RFamide가 각각 1카피씩 들어 있으며, 시험한 3종의 중추신경 신경절에 모두 동일한 전구체가 있음이 확인된다. 그러나 진주담치에서는 유폐류에서와 달리 전구체유전자가 스플라이싱(splicing)되는 부위가 일정하였다.

Phe−Met−Arg−Phe−NH_2

그림 8-3. FMRFamide의 화학 구조

가리비(*Pecten maximus*)에서의 FMRFamide의 또 다른 기능은 위-소화관(stomach-digestive gland)에서의 탄수화물 소화효소 α-amylase의 분비조절이며 이 패류에서 FMRFamide나 그 유사물질들을 분리된 소화관세포를 넣은 시험관(*in vitro*)에 가하면 처리시간 및 농도에 의존하여 상기 효소의 분비를 촉진한다(Favrel *et al.*, 1994). 척추동물들에서 호르몬(endocrine성 물질), 즉 생성장기에서 떨어져 있는 조직에서 작용을 유발하는 물질들이 일반적으로 소화효소들의 분비를 조절하지만 가리비에서는 생성조직과 접한 부위에서 생리기능을 수행(paracrine성 물질)하는 점이 차이라고 할 수 있을 것이다.

2) CGRP(calcitonin gene-related peptide)

Duvail *et al.*(1998)은 가리비(*P. maximus*)에서 연중 성장속도와 hemolymph내의 순환 칼시토닌유전자관련펩타이드(calcitonin gene-related peptide: CGRP)의 농도를 비교해 본 결과 양자간에 매우 깊은 관련성이 있음을 발견하였다. 또한 이때 CGRP의 농도와 아가미 및 외투막조직의 carbonic anhydrase 활성과도 상관성이 있고 CGRP를 인위적으로 투여하면 carbonic anhydrase 활성이 증가(최대 활성 증가가 50nM로 발현됨)하였다.

방사능물질 ^{125}I로 인간 CGRP를 표식한 다음 생체 조직과 반응시키면 이 신경호르몬에 반응하는 생분자(수용체)의 분포를 추적할 수 있다. 가리비(*P. maximus*)의 외투막 및 아가미에서 CGRP와 결합하는 물질이 다량 확인되었으며 CGRP분자와 1:1 결합반응하며, 이 패류에 CGRP를 투여하면 아가미 및 외투막의 adenylate cyclase활성이 각각 25 및 10%씩 감소하는데, 아마도 CGRP가 아가미 혈관을 수축하는 생리적 기능과 관련이 있지 않을까 추정된다(Fouchereau-Peron, 1996).

3) Neuropeptide F(NPF)

Leung *et al.*(1994)은 이매패류의 중추신경계 추출물을 대상으로 어디에 신경펩타이드 F(neuropeptide F: NPF)가 존재하는가를 면역화학적기법을 이용하여 탐색하였다. 그들은 NPF의 검출을 위해 2종의 항혈청을 조제하여 사용하였는데, 하나는 NPF3라고 명명한 복족류 *Helix aspersa*의 NPF N-말단부위로 생산한 항혈청이며, 또 하나는 PP221이란 이름을 가진 이 복족류의 NPF와 교차반응할 수 있는 포유류 췌장 폴리펩타이드 C-말단 6개아미노산 배열을 기초로 합성한 펩타이드로부터 제작한 항혈청을 활용하였다. 그 결과 검색한 4종의 복족류 중추신경세포 추출물이 NPF3와 반응한 반면 진주담치(*M. edulis*)와 가리비(*P. maximus*)는 PP221과만 반응하였다. 이 결과를 해석하여 NPF의 아미노산 배열이 복족류 생물간에는 상당히 유사하지만 이매패류에서는 N-말단부위의 배열이 상당히 상이하다고 추정하였다.

NPF가 진주담치 면역세포의 자발적 활성화나 (fMLP에 의해)유발된 활성화 반응을 저해하는 것을 보면 NPF가 이매패류에서 면역세포기능 조절에 관여하는 것 같다(Dureus *et al.*, 1993).

4) APGWamide

일본 Suntory사의 Ohtani *et al.*(2002)은 육산달팽이(Euhadra congenita)나 해산 진주담치에서 발견되는 특수 펩타이드 APGWamide(Ala-Pro-Gly-Trp-NH_2)의 역할을 규명하기 위해 총55종의 길항기능을 가진 구조유사체들(APGWGNamide가 기본구조)을 합성하여 이들 종들을 대상으로 실험하였다. APGWG(L-biphenylalanine)amide는 육상달팽(*Helix aspersa*)이의 모이주머니 근육에서, APGWG(D-homophenylalanine)은 진주담치의 ABRM에서 각각 APGWGNamide보다 훨씬 강력한 근육수축 저해물질이다. APGGNamide는 proline잔기성 endopeptidase와 달팽이모이주머니 균질액에 의해 분해가 용이하게 일어난다.

진주담치의 APGWamide의 전구 cDNA로부터 존재가 예상되는 APGWamide 유연펩타이드, 즉 KPGWamide, RPGWamide, TPGWamide 들을 HPLC-질량분석기를 사용하여 근육에서 검출하였다(Henry *et al.*, 2000). APGWamide자체도 물론 이 조직 중에서 검출(m/z 429에 해당)되었다. APGWamide와 근연물질들이 진주담치에서 검출되는 것은 당연하지만, 복족류인 *Lymnaea stagnalis*에서도 검출되면서도 이 복족류의 cDNA와는 상동부위가 없는 점을 고려하면 두 종의 생물종에서 존재하는 다른 유전자로

부터 펩타이드가 생성되는 듯하다. 따라서 이 유전자는 복족류와 이매패류가 진화과정 중에 분리되어 나가기 전에 아마도 동일한 유전자로부터 복제되지 않았을까 생각된다. 이들 펩타이드들은 근육을 수축하는 능력이 유사하면서 조직분포가 상이한 것을 보면 동종의 펩타이드가 수행하는 생리적 역할은 다양함을 의미한다.

Smith *et al.*(1997)이 APGWamide의 생리적 역할을 알아보기 위해 심해가리비(*Placopecten magellanicus*) 전신에서의 APGWamide-like immunoreactivity (APGWa-LIR)을 면역화학적 방법으로 측정하였다. 치패와 성패에서 모두 중추신경계에서의 분포는 뇌신경절, 조신경절 및 내장낭주변신경절의 세포체 및 축색에서 발견되었다. 또 이들 신경절에서 분지하는 신경섬유에서도 관찰되었으며, 치패에서는 횡문폐각근(striated adductor muscle), 족(foot), 아가미, 순변, 내・외순(lips), 촉수(tenacle) 및 생식소에 분포된 신경말단(nerve terminal)으로 추정되는 부분에까지 나타났다. 그러나 성패의 신경말단 중에서는 암・수 모두 생식소에서 확인되었다. 또 이들(Smith *et al.*, 1997)이 행한 기초적인 수준의 실험을 통해 진주담치와 버지니아굴의 신경세포체 및 신경돌기에도 APGWa-LIR이 확인되었다. 유폐류에서 웅성정소에서의 신경조절에 APGWamide가 관련되어 있다고 알려져 있는 것과 비교하면, Smith 등이 연구한 여러 종의 이매패류에서는 중추와 말초신경 모두에서 신경전달물질 또는 신경조절인자의 기능을 수행한다고 추측된다.

진주담치에서 연체동물 APGWamide 관련 neuropeptide 생산용 cDNA의 clone을 분석해 보면 이 neuropeptide는 peptide 전구체(preproprotein)로서 합성된 후에 20 아미노산의 signal sequence(peptide의 적정위치로의 운반기능만을 하며 운반후에는 절단・소실됨), Arg-Pro-Gly-Trp amide 5개, Thr-Pro-Gly-Trp 1개, 31개의 아미노산이 함유된 C-말단 등으로 쪼개진다(Favrel and Methieu, 1996). 진주담치 중추신경계 내에서 3개의 신경절에 대하여 이들 펩타이드의 존재를 검토한 바, 특정한 신경세포에서만 이들 염기서열을 조절하는 유전자가 발견되었다.

5) Opioid peptides

진주담치와 같은 이매패류에서부터 인간에 이르기까지 아편수용체(opioid receptor)가 발견된다는 것은 이 수용체가 무척추동물에서부터 나타나서 진화과정에서도 통해 지속적으로 소실되지 않았음을 의미한다.

진주담치는 다른 어떤 이매패류와 비교해서도 신경내분비계(neuroendocrine system)

의 면역기능조절에 관한 연구가 비교적 많이 되어 있다. 진주담치의 면역계는 아편계펩타이드(opioid peptide)를 생성하고 외부에서 가한 동일 opioid성 물질에 반응하는데 opioid→interleukin-1→tumor necrosis factor의 순차적 연쇄반응이 일어나는 것으로 생각된다(Hughes *et al.*, 1990). Andersen *et al.*(1986)은 진주담치의 전신을 절편화한 뒤 면역형광법을 사용하여 opioid류의 물질이 존재하는가를 검경하였다. 그 결과 methionine-enkephalin류의 물질이 소화선 상피세포, 간췌장, 신경계에서 높은 농도로 발견된 반면 α-endorphin과 β-endorphin은 위장상피세포나 족부신경절 또는 일부의 신경섬유에서 비교적 낮은 농도로 관찰되었다. 진주담치의 족신경절에 존재하는 opioid 수용체는 분자생물학적 방법으로도 확인되었다. 인간 신경계 mu 수용체 type인 mu1의 primer를 사용해서 PCR방법으로 mRNA를 증폭하여 확인할 수가 있다(Cadet and Stefano, 1999). 이 수용체의 RNA로부터 만들어진 PCR product는 인간 신경형 mu1수용체와 95%의 염기서열이 일치한다. 적출한 족신경절을 interleukin-1(IL-1)이나 morphine에 노출시키면 mu mRNA의 증가 및 감소를 각각 확인할 수 있다.

거머리와 같은 기생성 생물에서는 오래전에 prodynorphin(prodyn)의 존재가 확인된 바 있으나, 비기생성 무척추동물에서는 진주담치의 혈구 및 혈장에서 prodynorphin(prodyn)의 존재가 처음으로 보고되었다(Stefano *et al.*, 1998). 이 단백질은 분자량 16kDa정도로 C-말단쪽에 α-neo-endorphin, dynorphin-A, dynorphin-B을 함유하고 있는데, rat유래 prodyn의 해당 아미노산서열과 비교해보면 각각 100, 70.5 및 85%의 상동성이 있다. 또 이 전구체에 들어있는 leucine-enkephalin의 수는 척추동물에서와 같다. 진주담치의 prodyn은 거머리 것보다 N-말단이 더 길고 포유동물 것과 50%가 유사한 orphanin유사 펩타이드로서 존재한다.

진주담치의 면역성혈구(hemocyte)는 스트레스에 대한 반응, 면역반응, opioid와 같은 신경조절물질에 대한 반응 등에서 척추동물에 존재하는 과립구(granulocyte)와 생리적으로 매우 유사하다. 포유동물에서 증명된 바와 같이 진주담치의 면역세포도 리포다당류(lipopolysaccharide: LPS)에 의해 활성화된다. 즉, LPS는 진주담치의 면역세포(immunocytes)의 모양을 변형, 즉 활성화하는 작용을 한다(Ottaviani *et al.*, 1995). 이 활성화 작용이 morphine으로 차단되며, 이 때의 morphine의 작용은 또 morphine 길항제인 naloxone으로 억제된다. Morphine 자체만으로도 탐식작용을 감소시킬 수 있는데, 이러한 일련의 면역기능 조절작용은 척추동물에서 흔히 발견되는 현상으로서 무척추동물에까지 그 생리기능이 존재하는 것은 신기할 정도이다.

양서류에서 분리한 opioid neuropeptide의 일종인 [D-Ala2]deltorphin I을 진주담치의 면역세포에 가하면 세포간 유착과 형태의 변화가 시작되는데 이는 세포가 활성화되기 때문인 것으로 생각된다(Stefano *et al.*, 1992). 이 반응은 delta subtype 수용체에의 작용에 의해 나타나는 약리작용이다. Opioid성 물질이 진주담치의 면역세포를 활성화시킬 때 IL-1 유사물질이 2차적으로 생성되며 이런 IL-1 유사물질은 진주담치의 신경세포에도 존재한다(Stefano *et al.*, 1991).

6) 기타 neuropeptides

진주담치의 ABRM에서 이 근육을 수축하는 peptide성분과 전기적 자극에 의해 유발된 수축을 억제하는 성분이 모두 발견되었다(Fujisawa *et al.*, 1993). 이들 성분 중 수축성분은 GPFGTHIKamide(GPFG-8) 및 GPFGLNKHGamide(GPFG-9)이고, 억제성 물질은 담치근육수축억제펩타이드(Mytilus-inhibitory peptide: MIP) 계열인 RAPL-FIamide(MIP6)와 RSPMFVamide(MIP7)와 MIP근연 펩티드로 분류되는 MRYF-Vamide이다. 이 ABRM에서 분리한 저분자심장작용펩타이드(small cardioac- tive peptide: SCP)의 일종인 Ala-Pro-Asn-Phe-Leu-Ala-Ala-Tyr-Pro-Arg- Leu-NH_2는 전기적자극으로 발생하는 동일근육의 주기적수축반응을 강화하는 효과가 있다(Fujisawa *et al.*, 1993). 그러나 이 물질은 ACh나 FMRFamide로 유발된 수축에는 아무런 영향을 미치지 않았다. 또한 이 물질은 신경말단, 특히 전시냅스부위에서 작동하는 기능을 가지고 있다고 믿어진다.

3. 호르몬

1) Pro-opiomelanocortin(POMC) 및 Adrenocorticotropic hormone(ACTH)

POMC(pro-opiomelanocortin)는 ACTH(adrenocorticotropic hormone)를 포함하여 여러 가지 펩타이드성 신경호르몬물질을 생성할 수 있는 전구체로서, 이 단백질 전구체가 적절한 위치에서 절단되면 다양한 종류의 펩타이드성 신경호르몬 물질이 생성된다. 진주담치의 hemolymph에서 겔크로마토그라피, 친화성크로마토그라피 및 역상 HPLC 등의 기법을 이용하여 분리한 POMC 유사 물질은 분자량 20kDa의 단백질이다(Stefano *et al.*, 1999). 이 전구물질의 아미노산서열이 규명되었으며, 이 전구체로부터 적어도 6가지의 신경호르몬성 물질을 생산할 수 있다고 알려져 있는데, methionine-enkephalin, 색소체자극호르몬(melanocyte stimulating hormone: MSH)의 γ-형(γ-MSH), α-MSH, ACTH는 포유동물형과 비교하여 각각 100%, 80%, 85% 및 74%의 아미노산서열 상동성을 지닌다. 그 반면 β-endorphin과 γ-lipotropin(γ-LPH)의 경우는 25% 이하의 상동성밖에 없었다.

MSH와 ACTH의 C-말단 부위에 염기성아미노산 2개가 연속하여 붙어있는 것으로 보면 이 부위가 절단부위인 것 같다. 이런 현상은 α-MSH에서는 Gly-Lys-Lys 형태로, ACTH와 CLIP(이 두 물질은 80%상동)에서도 2개의 염기성아미노산이 존재한다.

진주담치를 morphine으로 자극하게 되면 morphine의 농도에 의존하여 hemolymph 중의 α-MSH와 ACTH(1-39)의 농도가 증가하는데 naloxone이나 phosphoramidon으로 길항할 수 있는 것을 보면 morphine이 endopeptidase의 일종을 자극하지 않는가 추정된다. 반면 LPS(10μg/animal)로 진주담치를 처리했을 때는 ACTH(1-39)로부터 ACTH(1-24)를 생성시키는데, 이때 관여하는 효소는 endopeptidase가 아니라 aspartyl protease의 일종이라고 한다. 아무튼 이 결과는 이매패류에도 POMC가 존재하며 이 전구체로부터 신경호르몬의 생성은 자극의 종류에 따라 상이하게 나타난다.

대부분의 척추동물에서 ACTH는 상위호르몬 조절부위(뇌하수체)에서 유리되어 부신에서의 카테콜라민의 분비를 촉진시킴으로서 간접적으로 스트레스에 반응하는 1차적인 호르몬성 물질이다. 굴에 ACTH을 노출시키면 NE이 현저하게 증가하는 것(Lacoste *et al.*, 2001c)을 보면 stress와의 관련성이 예측되지만 아직 충분한 정보는 없다.

2) Steroid성 성호르몬

무척추동물에서도 척추동물에서 알려진 것과 같은 성호르몬(그림 8-4, androgen, estrogen)들이 중요한 역할을 하는지에 대해서는 아직도 명확한 결론이 내려지지 않았으나, 지금까지의 실험결과들은 이들 물질들의 존재 중요성을 간접적으로 암시하주고 있다.

Le Curieux-Belfond *et al.*(2001)은 steroid성 성호르몬이 이 굴에서 어떤 의미 있는 역할을 하는가하는 의문에 대해 간접적인 방법으로 해답을 얻고자 하였다. 즉 굴의 조직을 분쇄하고 방사능으로 표지된 steroid성 물질, androstenedione, testosterone, estrone, estradiol 등과 일정시간 반응시킨 후에 크로마토그라피법을 통해 대사물물이 생성되는가를 시험하였다. 그 결과 그들은 굴의 조직중에는 17-β-hydroxysteroid dehydrogenase(17 β-HSD) 및 aromatase 유사 효소활성이 존재함을 발견하였는데, aromatase 유사활성은 척추동물에서처럼 cytochrome P-450(성호르몬 체내대사관련

효소)의 저해제로 억제되므로 굴에서도 steroid성 성호르몬이 어떤 역할인가를 할 것으로 추정된다. 흥미로운 사실은 이 시험계에서 이매패류에 대한 내분비장애물질로 알려진 유기주석물질이 효소의 활성을 억제함을 관찰한 바 있다.

큰가리비(*P. yessoensis*)와 동해진주담치(*Crenomytilus grayanus Dunker*)의 정소 및 난소에서도 17 β-HSD의 존재가 확인되었는데, 성장단계의 난에서의 농도가 성장이 완료된 난 보다 높았으며 전자현미경으로 관찰하면 무과립성 endoplasmic reticulum과 이 소기관의 외막 및 소구(globule)에 주로 집중되어 있었다(Varaksina and Varaksin, 1988).

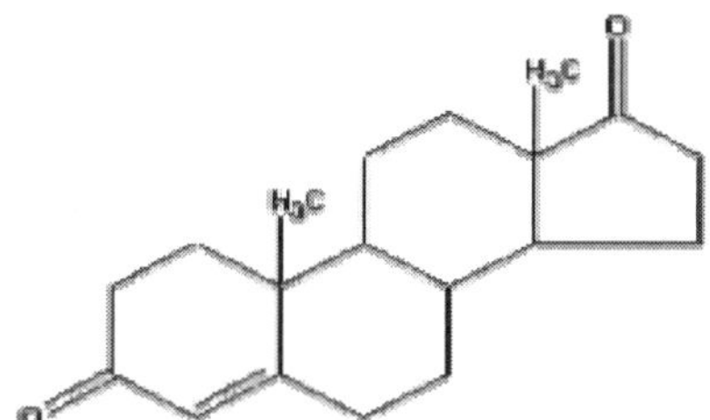

ANDROSTENEDIONE

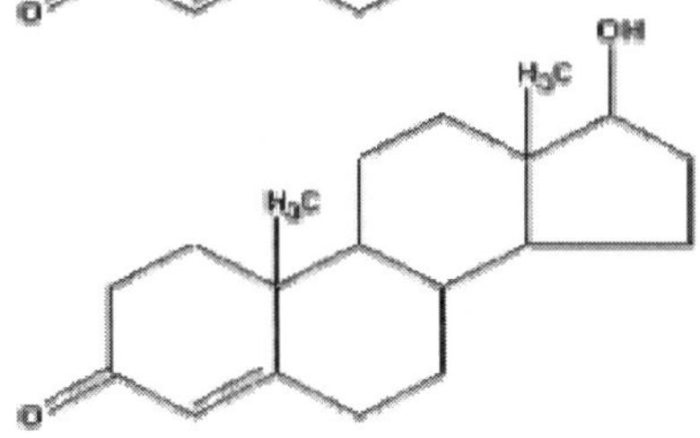

TESTOSTERONE

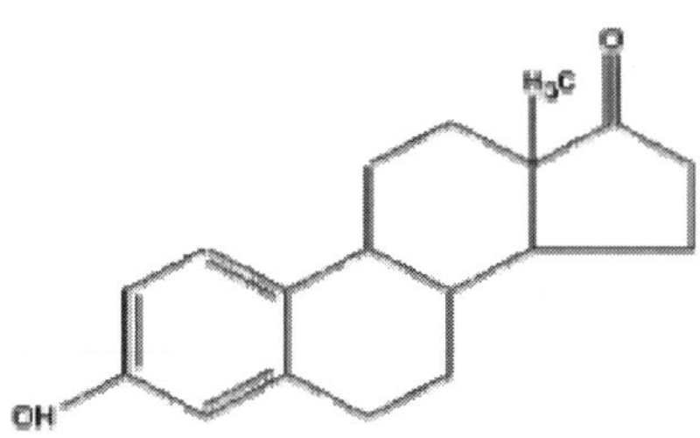

ESTRONE

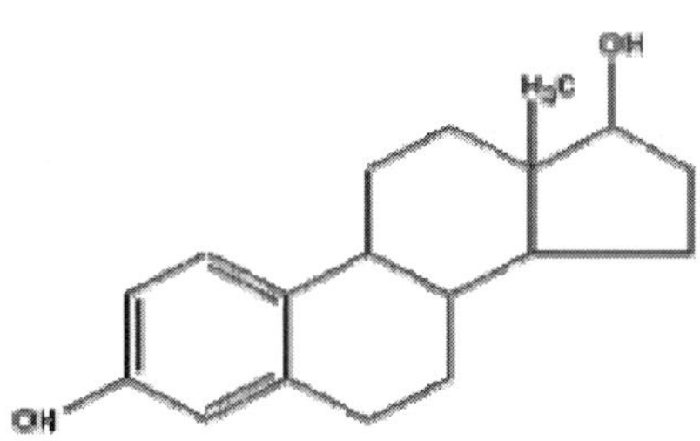

ESTRADIOL

그림 8-4. 스테로이드(steroid)계열 성호르몬의 화학구조.

3) Gonadotropin-releasing hormone(GnRH)

성선자극호르몬유리호르몬(Gonadotropin-releasing hormone: GnRH)은 척추동물에서 생식기능을 조절하는 매우 중요한 호르몬이다. Pazos and Mathieu(1999)는 굴(*C. gigas*)과 진주담치(*M. edulis*)의 생식원세포를 분리하여 다양한 부류의 GnRH를 시험관 내(*in vitro*)에서 처리하면서 이 호르몬이 DNA합성을 촉진(^{3}H-thymidine의 이용속도로 측정)시키는지를 관찰하였다. 굴의 생식원세포에서 DNA의 합성은 포유류, 연어, 닭 GnRH-I형, 닭 GnRH-II형, lamprey GnRH-I의 5종 모두 1.5부터 8시간까지 직선성으로 유지되었고 최대 135-140% 수준으로 증가하였다. 이 반응은 GnRH의 농도증가에 비례(10pM-1μM)하였고 정원세포의 성숙도나 생리상태에 따라 다소의 차이가 있었다. 포유동물형 GnRH에 의해 진주담치의 외투막 세포는 분열이 촉진되었고, 이러한 굴과 담치에서의 일련의 반응은 GnRH 특이성 길항물질인 (D-pGlu1,D-Phe22,D-Trp3,6)GnRH 1μM로 저해되었다. 이러한 길항제의 효과를 보면 GnRH에 의해 유도되는 효과는 GnRH 특이성수용체가 매개함을 증명한다. 면역조직학적 기법을 사용하여 GnRH 함유 신경계의 존재를 확인하여 보면(Pazos and Mathieu, 1999). 진주담치의 뇌신경절, 족부신경절 등에서 관찰된다. 뇌신경절에서는 뇌열쪽 전방내부에서, 족신경절에서는 후부에 각각 존재한다. 따라서 척추동물들에서와 매우 유사하게 이매패류에서도 GnRH와 매우 유사한 펩타이드성 신경호르몬이 존재한다고 생각할 수 있을 것이다.

4) Vitellogenin

비텔로제닌(Vitellogenin)을 호르몬으로 볼 수는 없겠지만 호르몬과의 직접적 관련성 때문에 여기에서 다루고자 한다. 어류에서는 estrogen의 자극에 의해 간장으로부터 vitellogenin이 생성된다. 따라서 어류의 순환혈액중에 vitellogenin의 농도가 높으면 이 어류가 estrogen 또는 유사한 오염 물질에 노출된 것으로 볼 수 있으며 따라서 환경호르몬(environmental endocrine disruptor)과 같은 해양오염물질에 대한 노출경력을 검출하는 지표로 활용되고 있다.

이매패류에서도 에스트로젠(estrogen)의 자극에 의해 어류와 유사한 vitellogenin 반응이 일어나지 않을까 의심하고는 있으나 아직 증거가 없다. Riffeser and Hock(2002)는 진주담치(*M. mytilus*)와 담수조개(*Anodonta cygnea*)를 17-β-estradiol 및 estrogen성 오염물질이 함유되어 있는 것으로 추정되는 하수처리장 배출물로 노출시킨 다음, gel electrophoresis에 의해 hemolymph 단백질 pattern이 변화하는지를 검토하였다. 그 결과 estrogen에 의해 반응하는 난황단백질(vitellogenin-like protein)이 혈장내에서 검출되지 않는 반면 중금속과 결합하는 것으로 알려져 있는 35±2 KDa 크기의 혈액단백질은 증가함이 관찰되었다. 또 이 단백질은 이전의 histidine 고함량 당단백질과 동일함을 증명되었다.

4. Autacoids

1) Eicosanoids

에이코사노이드(Eicosanoid)란 세포막에 존재하는 필수지방산 아라키돈산(arachidonic acid)을 전구물질로하여 일련의 효소작용을 거쳐 생성되는, 미량으로서도 강력한 생리작용이 있는 다양한 물질들을 칭한다. Eicosanoids는 크게 cyclooxygenase에 의해 생성되는 prostaglandin류(PGs)와 lipoxygenase에 의해 만들어지는 leukotriene류(LTs)및 thromboxane류(TXs)로 분류(그림 8-5)된다.

Ruggeri and Thoroughgood(1985)는 버자니아굴과 진주담치의 조직에서 RIA 및 HPLC법을 이용하여 prostaglandin류 물질, 즉 $PGF_{2α}$, PGE_2, 6-keto $F_{1α}$ 등을 분리동정하였다.

가리비의 난소 및 hemplymph내에 존재하는 protaglandin $F_{2α}$ 및 E_2의 농도는 성성숙 주기와 밀접한 관련성을 가지고 증가하였으며 산란기에 최고 농도에 도달하였다(Osada and Nomura, 1990). 또한 이들 두 PGs의 농도증가는 estrogen 길항제를 투여하였을 때 억제되었다. 이러한 결과는 마치 포유동물에서처럼 가리비에서도 estrogen이 PGs의 생성을 조절하는 한편 PGs는 성성숙에 중요한 신경내분비인자라고 추정 할 수 있다.

앞에서 기술한 serotonin에 의한 가리비의 난 방출효과는 2차적으로 prostaglandin의 매개작용이 필요한 듯하다. 왜냐하면 serotonin의 유발효과가 aspirin이나 indomethacin으로 차단되며 prostaglandin 류 물질인 PGE_2의 존재에 의해 회복되기 때문이다(Matsutani and Nomura, 1987). 그러나 이 반응의 기전이 단순하지는 않아 보이는데, $PGF_{2α}$는 오히려 serotonin의 작용을 저해한다.

진주담치에서 생식소의 균질화물에 방사능 표지된 전구물질 arachidonic acid를 반응시켜 eicosanoid의 생화학적 생성 profile에 대한 연구를 수행하였다(Coffa and Hill, 2000). 어떤 물질이 생성되느냐 하는 것은 HPLC와 방사능을 측정기를 결합시켜 대사생성물을 분석함으로써 파악하였다. 그 결과 정소에서는 방사능이 표지되지 않은, 즉 새로운 대사물이 전혀 생성되지 않은 반면 난소에서는 2 종의 주 생성물이 관찰되었는데 11(R)-hydroxy-5,8,12,14-eicosateraenoic acid 및 12(S)-hydroxy-5,8,10,14-eicosatetraenoic acid가 이 시험에서의 주요 생성물질이었다. 또 난소조직으로부터는 이미 조직내에 존재하던 (비방사성)전구물질로부터 4종의 대사물이 형성됨도 관찰되었는데, 질량분석기로 구조를 결정해 보면 eicosapentaenoic acid에서 유래하는 11-HEPE (11-hydroxy 물질의 일종)와 12-HEPE(12-hydroxy 물질의 일종) 및 stearidonic acid에서 유래하는 9-HOTE 및 13-hydroxy-6,9,11,15-octadecatetraenoic acid가 그들의 정체이다. 상기 11-hydroxy 및 12-hydroxy의 생성은 난소의 100,000xg 분획에서 이루어지는데 칼슘의 역할이 필수적이고 proadifen(monooxygenase 저해제) 으로 합성이 저해되지만 aspirin이나 indomethacin과 같은 PGs 합성저해제에는 영향을 받지 않는다.

이 결과를 종합하면 진주담치의 난소에서 형성되는 11(R)-hydroxy와 12(S)-hydro xy 유도체들의 생합성은 lipoxygenase 효소의 일종에 의해 매개된다고 볼 수 있을 것이다. 흥미로운 사실은 미성숙 난소에서는 12-HEPE가 주 생성물인 반면 성숙 난소에서는 11-HEPE가 주 생성물이다. 이들 생성물질중 11-HEPE와 9-HOTE가 산란된 난에서도 검출되는 것을 보면 친어로부터 난에까지 전이되어 가는 것 같다. 이 Coffa 및 Hill의 상당히 체계적인 연구(2000)결과를 종합하면 진주담치의 암컷 생식소에서 11(R)- 및 12(S)lipoxygenase 효소의 발현이 난소의 분화정도에 따라 변동된다고 추정할 수 있을 것이다(Coffa and Hill, 2000).

PGE_2를 적출한 백합의 심장에 적용하였을 때는 아무런 반응도 유발하지 않았다(Lee *et al.*, 1993).

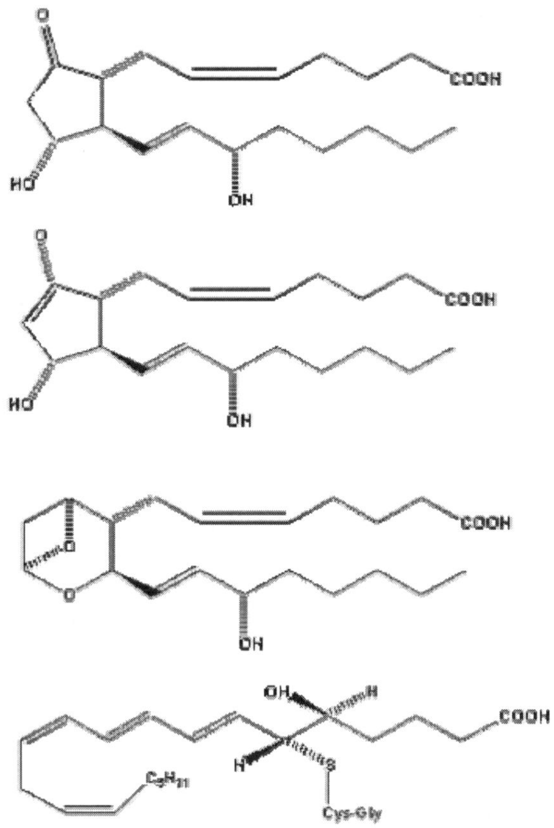

PROSTAGLANDIN E_2

PROSTAGLANDIN $F_{2\alpha}$

THROMBOXANE A_2

LEUKOTRIENE D_4

그림 8-5. 에이코사노이드(eicosanoid)계열물질의 화학구조

2) Renin-angiotensin system

포유류에서 존재가 잘 정립되어 있는 레닌-안지오텐신계(renin-angiotensin system)과 매우 유사한 구성요소가 진주담치에서도 존재하는 듯(Salzet and Verger-Bocquet, 2001)하나, 존재부위가 면역세포인 것을 고려하면 이매패류에서는 체액의 조절이 아니라 면역기능에 관여한다고 생각된다.

Laurent *et al.*(1997)은 안지오텐신전환효소(angiotensin-converting enzyme: ACE, angiotensin을 활성화하는 효소임)와 특이적 친화성이 있는 captopril-Sepharose affinity column을 사용하여 진주담치에서 ACE유사물질의 정제와 구조규명을 시도하였다. 정제된 효소는 당단백의 일종(glycosylated peptidyl dipeptidase)으로서 N-말단이 LDPELSPGCFVANQAGGGLF로 구성되어 있으며 angiotensin I의 Phe(8)-His(9) 결합을 절단하는 기능이 있다(Km=168μM). 이 효소의 분해능이 선택적 ACE 저해들제인

captopril과 lisonopril 등으로 저해(IC50=50nM)되는 반면, Cl^-이나 Zn^{2+}(400 mM)에 의해서는 기능이 증가한다. 이 결과를 보면 진주담치에서 발견되는 ACE 유사 효소는 Zn-metallopeptidase의 일종으로 볼 수 있는데 angiotensin I 이외에도 다른 종류의 peptide인 leucine-enkephalin이나 bradykinin의 Gly-His, Gly-Phe, Phe-His 부위들을 절단하는 능력도 있다. 하지만 진주담치의 ACE효소의 C-말단 부위는 인간의 효소과 상당히 유사한 구조를 가지고 있어서 진화과정에서 그 구조가 보존되어 왔으며 진주담치에서의 기능은 인간에서 보다는 여러 펩타이드성 물질의 구조변화에 다양하게 기여하고 있다고 추정된다.

3) Carotenoids

카로티노이드(carotenoids: fucoxanthin, alloxanthin, fucoxanthinol, diatoxanthin 등) 들이 두 종의 상이한 가리비, *Chlamys opercularis, Pecten jacobaeus*에서 기기분석학적 방법으로 검출되었다(Stancher *et al*., 1988). 그러나 이 물질들이 이들 종에서 어떤 역할을 수행하는지, 또 체내에서 생성되는 물질인지는 아직 명확하게 밝혀지지 않고 있다.

Hertzberg *et al*. (1988)은 수회에 걸쳐 수집한 진주담치 시료로부터 β-carotene을 포함한 총 19종의 다른 종류의 carotenoid류 물질을 박층크로마토그래피(TLC), HPLC, 분광분석기, 핵자기공명분석기(NMR) 등의 기기분석학적 방법을 동원하여 분리・확인하였는데 이들의 근원에 대해서는 언급하지 않았다.

4) Growth factors

포유류를 비롯한 다양한 척추동물에서 인슐린(insulin) 또는 인슐린유사펩타이드(insulin-like peptide)의 역할에 대해서는 상당히 많은 사실이 알려져 있다. 그러나 이매패류에서 이런 물질이 확실히 존재하는지 또는 특정의 생리기능이 있는지에 대해서는 명확하지 않다. 단지 진주담치에서 최초의 insulin 유사물질의 존재는 내장낭을 전자현미경으로 관찰하여 해당 물질을 함유한 것으로 보이는 과립을 확인함으로써 제시되었다(Fritsch and Sprang, 1977). 또한 담치류 *Mytilus galloprovincialis* 및 가리비류 *Chlamys glaber*에서 insulin의 역할을 간접적으로 검토한 바 있다. 즉 insulin의 기능을 anti-insulin serum을 투여하여 차단하였을 때 포도당의 이용이 감소한 반면 지방산이 이용되며, 연체동물유래의 insulin-like peptide는 포유동물에서 insulin의 작용과 매우 유사한 기능을 하고 있음을 확인하였다(Plisetskaia *et al*., 1979).

진주담치의 뇌신경절에는 insulin-like peptide가 존재함이 면역화학적방법으로 규명되었다(Kellner-Cousin *et al.*,1994). 진주담치의 외투막말단세포(mantle edge cell)들은 뇌신경절의 자극에 의해 단백질합성 반응이 촉진되는데, 이 과정이 insulin-like peptide에 대한 항체를 가하면 자극반응이 저해되는 것을 보면 이 peptide가 진주담치의 성장조절에 관여하는듯 하다.

Giard *et al.*(1998)은 *Pecten maximus*의 조직으로부터 각종 세포를 분리하여 포유류에서 보고된 몇 가지의 성장촉진 물질들이 세포분화과정에 어떤 역할을 하는가를 실험하였다. 장관세포 유래의 모든 세포집합체를 포함한 시스템에서 insulin, insulin-like growth factor I(IGF-1), 염기성섬유모세포성장인자(basic fibroblast growth factor: bFGF) 및 상피성자인자(epidermal growth factor: EGF) 등은 모두 ^{3}H-leucine과 ^{14}C-uridine의 이용을 촉진시켰다. 그러나 Percoll density gradient로 장관조직의 세포들을 세포 종류별로 분리하여 시험해 보면 stem cell과 미분화세포들이 주 반응 세포군이었다. 한편 외투막 주변부의 세포에서는 insulin과 IGF-1만이 유효한 것을 보면 이매패류에서는 insulin과 유사물질들은 광범위한 세포군의 성장을 촉진하는 반면 다른 물질들은 장관세포에서만 분화를 촉진하는 것으로 추측할 수 있다.

이매패류에서 영양소의 이용에 영향을 미치는 다른 물질에 관해서는 알려진 것이 거의 없다. 다만 Robbins *et al.*(1991)은 진주담치의 뇌신경절이나 hemolymph로부터 역시 글리코겐동원호르몬(glycogen mobilizing hormone: GMH)을 확인하였는데, 그 중 하나는 20kDa 이상의 분자량을 가진 물질로서 trypsin을 가하면 활성이 소실되고 가열에 의해 부분적으로 활성이 감소하는 성분이다. 나머지 하나는 1.5KDa로서 glycogen의 합성을 촉진하는 기능을 가지고 있다고 판단된다. 이 물질은 methanol에 용해하는 성분으로서 소수성경향이 강하다. 진주담치의 순변을 분리하고 [D-^{14}C]-glucose에 배양하여 glycogen을 합성시킨 뒤, 이 성분을 가하면 glycogen의 재이동이 촉진된다(Robbins *et al.*,1990).

일반적으로 해양무척추동물의 세포배양이 잘 되지 않는 이유는 이들 조직중에는 성장인자가 존재하지 않기 때문이라고 생각되지만 EGF유사 물질이 진주담치의 조직에 존재하는 것 같다.(Odintsova *et al.*,1992)

5) Nitric oxide(NO)

Stefano 등(2002)은 최근 진주담치의 신경절조직 및 면역세포(immunocytes)에서 일

산화질소(nitric oxide: NO)가 생성됨을 매우 감도가 높은 측정기술(NO-selective nanoprobe)을 사용하여 증명하였다. 적출된 진주담치의 족부신경절(pedal ganglia)에서는 4분간의 사이클을 가지면서 매 사이클마다 35pM의 NO를 생성함으로써 NO의 농도가 969로부터 1003pM의 범위를 오르락 내리락 한다. 그러나 전신에 신경절이 붙은 상태(*in situ*)에서 측정해 보면 사이클당 65pM의 비율로 7분의 생산지속시간의 비율로 사이클이 운영된다. *In vivo*에서 morphine을 가하면 신경절 NO생성이 자극되어 함량의 변동현상이 없어진다. 한편 면역세포에서는 사이클당 4분지속으로 한 사이클에서 27pM을 생성한다.

진주담치의 족부신경절에 morphine과 morphine-6-glucuronide(M-6-G)이 존재하는 것은 매우 특이한 현상이다(Zhu *et al.*, 2001). 정상상태에서의 진주담치 신경절 내 morphine과 M-6-G의 농도는 수 ng/ganglia의 수준인데 30일간 절식시키면 수배 내지 수십배의 수준으로 증가한다. 물론 사육수에는 이 두 종의 알칼로이드가 전혀 없었기 때문에 체내에서 합성되는 것이 확실하다. 또한 이 조직에는 포유동물에서 알려져 있는 mu-type의 opioid 수용체와 유사 염기서열을 가지 단백질이 존재한다. 진주담치 두부신경절에서 morphine이나 M-6-G가 NO의 생성을 촉진시키는 것으로 알려져 있다(Mantione *et al.*, 2002). 더욱 흥미로운 것은 전형적인 opiate 수용체 길항물질인 naloxone은 morphine으로 유도된 NO생성만을 차단하지만 CTOP(mu 수용체 길항제)는 morphine과 M-6-G에 의한 작용 모두를 차단한다는 사실이다.

진주담치 탐식성 hemocyte내에서 NO생성반응은 카테콜라민류나 cytokine류 물질의 경우처럼 외부 스트레스에 대항하는 반응이라고 하는 주장이 있다. Smith *et al.*(2000)은 진주담치의 hemocyte에서 생성되는 NO의 정도를, hemolymph내의 NO파괴 부산물인 NO_2^- 이온의 농도변화를 Griess assay법으로 측정함으로서 추적하는 시도를 하였다. 이때 15℃의 해수에서 유지하였던 진주담치를 유기주석화합물(0.001-0.1mg/l)에 24시간 노출시키면 hemolymph내의 NO 생성율이 증가하는 것이 관찰되었기 때문에 NO의 생성정도를 스트레스에 대한 지표로 활용할 수 있을 것으로 제안되었다.

신경계에서 NO가 신경전달물질의 유리조절 기능도 수행한다. 따라서 morphine이나 anandamine이 진주담치 족부신경절에서 NO의 생성을 촉진하면 이 NO가 이차적으로 이번에는 dopamine(DA)의 유리를 억제하게 된다(Stefano *et al.*, 1997). 방사능표지된 DA를 진주담치의 족부신경절에 미리 저장시키고 고농도의 K^+으로 자극하면 DA의 유리를 유도할 수 있다. DA의 유리현상이 morphine과 anandamine으로 억제되는데 NO 합성저해제 L-NAME에 의해서도 억제현상이 해제된다. NO를 직접 생성시키는 화학물질인 SNAP에 의해 DA의 유리가 저해되며 morphine 유사물질인 DAMA도 억제작용을 발휘한다. 이 결과는 진주담치의 족부신경절에 존재하는 카테콜라민의 유리가 cannabinoid(대마초활성성분)나 opioid성 수용체에 작용하는 물질들에 의해 조절되며 이때 NO가 중간 매개물질이 될 가능성을 제시한다. 그러나 serotonin의 유리는 이러한 system에 의해 조절되지 않는다.

진주담치의 적출신경절에 morphine을 2시간 처리하면 미신경교세포의 발아과정의 저하에 수반하여 NO의 생성이 촉진된다(Liu *et al.*, 1996). 이 과정들은 morphine의 수용체 작용을 차단하는 morphine 또는 NO 합성효소 억제제인 L-NAME에 의해 방어할 수 있다. Opioid성 수용체를 자극하는 peptide성 물질들은 morphine과 동일한 효과가 없기 때문에 alkaloid성 opioid가 선택적으로 자극하는 mu3 수용체만이 관련성이 있다고 생각된다. 인간의 내피세포에서는 morphine이 NO의 생성을 촉진하는 것이 잘 알려져 있는데, 이미 5억만년전에 분화한 두 종의 생물이 동일한 천연물질에 대해 유사하게 반응하는 것이 신기할 정도이다.

NO는 척추동물에서 비특이적 면역반응의 매개 물질로 알려져 있는데 무척추동물에서도 세균감염에 의해 생성이 촉진된다고 보고된 바 있다.

6) 기타 autacoids

다양한 종류의 해산 무척추동물에서와 같이 *Meretix lamarckii*의 중신신경 세포에서 바소토신/바소프레신유사물질(arg-vasotocin/arg-vasopressin-like substance) 및 옥시토신유사물질(oxytocin-like sunstance)이 확인되는데 이들 물질의 존재가 가진 생리학적 의미는 아직 잘 알지 못한다(Mizuno and Takeda, 1988a; 1988b).

피조개(*Scarpharca broughtonii*)의 근육에서 흥분성아미노산유도체 N-methyl-D-aspartic acid(NMDA)가 발견된 것(Sato *et al.*, 1987)은 매우 특이하다. 왜냐하면 이 아미노산유도체가 포유동물에서는 매우 강력한 흥분성 신경독성 물질로서 황체형성호르몬(luteinizing hormone)의 유리물질이지만 다른 하등생물에서는 발견된 바가 없기 때문이다.

전술한 바와 같이 진주담치의 족부신경절(pedal ganglia)에는 DA, serotonin, NE 등이 신경전달물질로서 존재하는데, Ca^{2+}의 유입에 의해 이들 물질의 유리가 개시된다(Barraco and Stefano, 1990). 또 이 신경전달물질들은 아데노신(adenosine)에 의해 조절되는 것 같다.

왜냐하면 adenosine 또는 그 유사체인 NECA(5′-N-ethylcarboxamidoadenosine)라는 물질이 serotonin이나 DA의 유리를 억제하고, adenosine 길항물질인 theophylline은 이들 억제제에 의한 효과를 방어하기 때문이다.

엔도텔린(endothelin)은 21개의 아미노산으로 구성된 강력한 혈관수축물질로서 진화학상 다양한 단계에 있는 생물들, 예를 들면 지렁이로부터 인간에 이르기까지 발견되는 독특한 신경호르몬이다. 진주담치의 중추신경계 조직에서도 면역생화학적 방법으로 발견(endothelin의 항체와 특이적으로 반응하는 성분이기 때문에 immunoreactive endothelin이라 명명)되는데 이 생물에서의 기능은 아직 잘 알려지지 않았다(Kasuya *et al.*, 1991). 백합의 심장에서 histamine과 GABA는 아무런 영향을 미치지 않는다(Lee *et al.*, 1993).

5. 기타 생리기능 조절물질

1) Calcineurin

가리비(*P. yessoensis*; Ezo-giant scallop)의 정소에서 칼시뉴린(calcinuerin)의 발현에 대해 검토한 결과, 20-80%의 정소부위가 spermatozoa로 채워지고 감수분열이 끝난 직후에 해당하는 시기인 1월에서 3월 사이에 최대 calcineurin mRNA가 발현됨을 관찰하였다(Uryu *et al.*, 2000). 가리비 정소에서의 calcineurin의 기능이 mouse에서와 매우 유사한 것으로 생각되며 가리비의 calcineurin amino acid sequence는 포유동물에서는 뇌에서 발견되는 종류와 매우 유사한 점은 특징적이다.

2) Metallothionein

메탈로타이오닌(metallothionein)은 포유동물, 조류, 어류 등에서 중금속과 결합하는 능력을 가진 가장 중요한 중금속해독 단백질의 하나로서 cysteine이 고함량 들어있다. 이 단백질은 중금속의 체내 농도가 증가하면 동반하여 증가한다고 보고되어 있다. 최근, 이매패류인 *Rudidapes decussatus, Mytilus galloprovincialis* 등에도 metallothionein이 존재할 뿐 아니라 중금속의 노출에 의해 metallothionein의 농도가 증가하기 때문에 중금속오염을 지표로서의 가능성이 제시된 바 있다(Hamza-Chaffai *et al.*, 2000; Serafim and Bebiano, 2001; Bebiano and Serafim, 1998). 동일한 카드뮴의 농도에 상기의 두 종의 이매패류를 노출시키면 아가미내의 카드뮴축적 농도와 아가미조직중의 metallothionein양과의 상관관계가 관찰된다(Bebianno and Serafim, 1998).

가리비(*P. maximus*)의 체내에 축적되는 cadmium이 어떤 형태로 존재하는가를 살펴보면 매우 흥미로운 결과를 얻을 수 있다. 이 종의 가리비에서 카드뮴이 습중량 기준 100ppm정도까지 축적이 될 수 있는데, 이중 60% 정도가 용해상태(soluble form)으로 존재하고, 이를 다시 Sephadex G-100 column을 사용해서 분리해 보면 3 가지의 존재형태로 나누어진다. 이들 3 가지 중 가장 많은 것(약 60%)가 분자량 55,000 부분에 들어있고 나머지는 분자량 10,000부분과 칼럼에서 즉시 유출되는 부분(비결합)에 각각 20%씩으로 나누어 진다. 이 분자량 10,000이 다른 사람들이 보고한 metallothionein과 유사한 단백질로 보이며 55,000부분에는 카드뮴이 중량비 1.4%로 결합하고 thiolate부위에 결합하지만 metallothionein의 경우처럼 강력한 결합력이 없는 것을 보면 지금까지 알려지지 않은 새로운 구조의 단백질이 아닌가 추정된다.

진주담치의 혈장에서 카드뮴합성 단백질이 ammonium sulfate 침전법과 금속이온 chromatography를 이용하여 정제된 바 있다(Nair and Robinson, 1999). 이는 당단백질의 일종으로서 외형상의 분자량이 63 kDa이며 등전점 4.8을 갖는다. 또 당의 함량이 11.6%이며 아미노산 중 histidine의 함량이 특히 높은(13.7%) 특징을 갖는다. 카드뮴과 특이적으로 결합하는 능력은 열변성이 진행된 후에도, 또polyacrylamide gel 전기영동으로 변성시킨 후에도 계속 유지된다. 이런 단백질들이 수서 무척추동물에서 처음으로 보고된 예로서, 이런 특징들은 포유동물에서 발견되는 종류의 하나인 고 histidine성 당단백질과 유사하다고 볼 수 있다.

Amiard-Triquet *et al.*(1998)은 북극해 주변에 서식하는 대양조개류 *Macoma balthica*와 진주담치를 수집하여 조직내 metallothionein의 함량을 polarography로 분석하였다. 채집장소에 따른 metallothionein의 농도에서 분명한 차이가 관찰되었는데, 실험 결과 저니와 조직중의 중금속 오염농도와 관련성이 있었다.

3) Interleukins

면역화학적 방법으로 조사해보면 진주담치 족부신경절에는 인간 인터류킨-10(interleukin-10: IL-10)유사물질이 존재함이 확인되었다(Stefano *et al.*, 1999). 또 이 신경절을 *in vitro*상태로 배양하면 24시간 이내에 소글리아(microglia)가 뻗어 나오는데, 이 과정이 IL-10에 의해 현저하게 저해된다. 그런데 IL-10에 대해 생산한 항체를 동시에 가하면 IL-10의 저해과정이 나타나지 않는다. 또 활성화된 아메바성 소글리아는 IL-10에 의해 둥글게 변해서 무력화되는데 이 작용도 IL-10특이항체로 차단할 수 있다. 이런 결과들을 종합하면 다른 시험계에서 주로 저해적으로 작용하는 cytokine의 하나인 IL-10이 무척추동물에서도 존재하며 소글리아에서 어떤 생리적 역할을 담당한다고 볼 수 있다.

IL-1의 생성에 관해서는 앞의 opioid peptides항에서 이미 간단히 다룬 바 있다.

4) Small cardioactive peptide(SCP)

진주담치의 ABRM에서 처음으로 발견된 저분자심장작용펩타이드(small cardioactive peptide: SCP)는 APNFLAYPRLamide의 1 차구조를 가지고 있는데 이 물질을 육상달팽(*H. aspersa*)이의 중추신경세포(F2 neurone)에 가했을 때 신경생리학적인 현상을 시험한 바 있다(Chen *et al*., 1995). 이 peptide는 50mM의 농도에서 F2 뉴론을 흥분시키는데 이 작용은 Na^+ 및 Ca^{2+}의 세포막투과성을 증가시키기 때문인 것으로 추정된다. Forskolin도 이 peptide와 동일한 현상을 유발하는 것으로 미루어 2 차전령물질이 이 심장작용성 peptide의 약리기전을 매개한다고 판단된다. 이 peptide의 구조 중 부분적인 C-말단부위를 가진 YPRLamide와 LAYPRLamide의 활성을 동일한 조건에서 비교해 보면, LYPRamide와는 달리 L이 없으면 활성이 전혀 없으므로 최소한 활성을 보유하기 위해서는 L까지는 필수적으로 요구되는 sequence인 것으로 생각된다.

5) Stress proteins

이매패류가 스트레스에 노출되었을 때 어떤 반응이 나타나는가하는 것은 환경오염의 지표로서 활용할 수 있는 측면 때문에 아주 중요하다. Sanders *et al*.(1994)은 진주담치를 중금속 구리이온에 1주일간 노출시키면 두 종의 스트레스단백질(stress protein)인 쉐퍼론60(chaperonin60) 및 스트레스단백질70(stress protein 70)의 농도가 아가미 및 외투막에서 증가하는 것을 발견하였다. Radlowska and Pempkowiak(2002) 는 stress-70(Hsp70)라는 단백질이 중금속의 노출에 의해 증가되는 것을 보고하였다. 즉, 진주담치를 카드뮴, 납, 구리 등에 노출시키고 단일클론항체를 이용하여 Western blotting법으로 Hsp70의 조직내 농도를 측정해 보면 이들 중금속의 노출농도에 비례하여 유도가 증가하며 두 종 이상을 동시에 노출하였을 때 훨씬 강력한 반응이 나옴을 관찰한 바 있다. 또 일단 유도된 단백질은 5주간 깨끗한 물에 사육해도 정상수준으로 낮아지지 않았다.

6) 담치족사단백질(Mefp)

물이 표면에 존재하는 상태에서도 물체에 고착할 수 있는 능력을 가진 족사의 기능은 분명 수중구조물이나 의학적 용도의 접착제를 개발하는 사람들에게는 대단히 매력적인 소재이다. 그런 이유로 진주담치의 족부로부터 분비되는 이 특수한 단백질(polyphenolic protein 종류)의 특성에 대해 많은 연구가 수행되어 왔다. 이 단백질은 담치(*M. edulis*)의 족부에 존재하는 단백질(foot protein)이라는 의미로 Mefp(Mytilus edulis foot prorein에서 유래; glue protein으로도 불림)로 불린다. 이 단백질이 제공하는 특이한 기능은 비정상적인 아미노산인 3,4-dihydroxyphenylalanine(DOPA)의 존재에 기인한다고 한다. DOPA는 족사가 물체(substratum)표면에 접착(cross-linking)하는 역할을 하는데 시간이 경과하면서 자연분해과정을 거친다. Akemi and Garrell(2000)은 진주담치의 족사가 어떤 형상으로 물체와 반응하는가를 규명하기 위해 Raman spectros copy로 콜로이드성금(colloidal gold)에의 흡착현상을 살펴보았다. Mefp는 크게 3 종류가 있는데, Mefp-1에는 Ala-Lys-Pro-Ser-Tyr-DHP-Hyp-Tyr-DOPA-Lys의 10개 아미노산이 반복되는 형태를 가지고 있는 바, Tyr-△-Lys, Hyp-Tyr-△-Lys, DHP-Hyp-Tyr-△-Lys(△는 DOPA를 의미)의 부분이 금입자에 접촉할 때 DO PA의 -OH부위와 $-NH_2$ 부위가 결정적인 역할을 한다. 또 DHP-Pro 부위가 흡착되는 펩타이드의 회전을 제한함으로써 전체의 형태에 영향을 미친다. Mefp가 유리표면에 접착하는 양상을 시험관에서 시험해 보면 낮은 농도에서 단층(monolayer)을 구성하지만 높은 농도를 가하면 다층(multilayer)을 형성한다(Nagafuchi, 1992). 이 물질은 74개의 아미노산잔기를 함유하는 9,500Da의 펩타이드성물질로서 방향족아미노산, lysine 및 glycine이 전체의 65%를 차지하는 편중된 구성을 가지고 있다(Waite and Quin, 2001). 단백질 합성 후 전체 아미노산의 1/3이상이 수산화와 인산화에 의한 구조변화과정을 겪는다. 물론 이런 구조변화가 모든 가능한 아미노산 부위에 완벽하게 일어나는 것은 아니지만, 수산화된 tyrosine(DOPA)의 75% 이상은 lysine기와 직접 접해있는 부위에서 나타난다. 인산화된 phosphoserine기들을 보면 statherin, osteopontin 등에서 볼 수 있는 금속결합부위와 상당히 유사한데 이는 진주담치가 주로 접합하는 부위가 석회물질인 사실과 관련이 있지 않은가 추정된다.

Mefp-1이나 Mefp-2와는 다소 구조적 차이가 있는 Mefp-3의 경우는 6KDa의 크기로, 등전점이 10.5 이상이며 glycine, asparagine, 3,4-dihydroxyphenylalanine(DOPA), tryptophan, arginine, 4-hydroxyarginine 등의 6가지 아미노산의 함량이 특히 높다

(Papov *et al.*, 1995). Arginine이 변형 없이 arginine 자체로 존재하기도 하며 hydroxyarginine으로 존재하기도 하는데 보통 40-80%가 hydroxy-형으로 존재한다. 이 분자 중에는 4-hydroxyarginine-DOPA의 서열이 4 번 반복되는데 이런 이유로 trypsin에 의해 가수분해가 되지 않는다. Mefp-1이나 2에서와는 달리 Mefp-3에서는 여러 개의 연속반복되는 아미노산 부위는 없으며 이 단백질이 족사의 접착과정에서 어떤 역할을 하는지는 아직 분명하게 밝혀져 있지 않다.

7) 약리활성 물질

리보솜단백질S19(ribosomal protein S19)는 암의 발생과 관련된 단백질로서 *Mya arenaria*에서는 난소 및 정소에서 일어나는 생식세포 생성과 관련성이 있다.

Anadara granossa 및 *Meretric casata*에서 수은의 축적과정이나 독성의 발현과정이 글루타치온(glutathione)에 의해 경감되는데(Patel *et al.*, 1988), 이 저분자 peptide성 해독물질의 다른 패류에서의 역할도 검토해 보아야 할 과제이다. 유럽지방에 서식하는 전복류(*Haliotis tuberculata*)와 대형굴(*Pinctada maxima*)의 진주층(nacre)에는 특이한 수용성단백질(water-soluble matrix로만 명명)이 존재하는데, 특정 세포군에 대해서는 증식촉진작용이 있음이 관찰되었다(Almeida *et al.*, 2000).

해산 무척추동물들의 알에서 발견되는 항산화성물질인들은 오보치올(ovothiol)이라는 수종의 유연물질들이 있는데, 가리비의 일종인 *Chlamys hastada*의 알에는 ovothiol B라는 물질이 존재한다고 한다(Turner *et al.*, 1987). Ovothiol은 glutathione과 더불어서 난의 분화과정에 관여하는 것으로 추정된다.

진주담치의 hemolymph로부터 항균작용이 있는 peptide성 물질 1종, 항진균작용이 있는 물질 1종을 각각 분리하였다(Charlet *et al.*,1996). 이 두 물질 모두 -SH를 함유한 아미노산 cysteine을 다량 함유하고 있으며 이 peptide들은 곤충에서 발견되는 디펜신(defensin)이라는 물질과 동족의 성분인 것으로 추정된다. 곤충과 이매패류의 분화가 5억년 이상인 캄브리아기에 일어난 것을 고려하면, 이러한 peptide성 물질이 매우 오래된 공통의 방어기전의 일종으로 존재하였다고 볼 수가 있을 것이다.

참고문헌

Akemi OA and Garrel RL. Surface enhanced Raman spectroscopy of DOPA-containing peptides related to adhesive protein of marine mussel, *Mytilus edulis*. Biopolymers 57:92-102, 2000.

Aiello E, Hager E, Akiwumi C and Stefano GB. An opioid mechanism modulates central and not peripheral dopaminergic control of ciliary activity in the marine mussel *Mytilus edulis*. Cell. Mol. Neurobiol. 6:17-31, 1986.

Andersen AC, L'Hermite A, Ferrand R and Dubois MP. Immunohistological detection of methionine-enkephalin-like and endorphin-like materials in the digestive tract and in the nervous system of the mussel: *Mytilus edulis* L. Gen. Comp. Endocrinol. 62:111-119, 1986.

Barraco RA and Stefano GB. Pharmacological evidence for the modulation of monoamine release by adenosine in the invertebrate nervous system. J. Neurochem. 54:2002-2006, 1990.

Bebianno MJ and Serafim MA. Comparison of metallothionein induction in response to cadmium in the gills of the bivalve molluscs *Mytilus galloprovincialis* and *Ruditapes decussatus*. Sci. Total Environ. 214:123-131, 1998.

Cadet P and Stefano GB. *Mytilus edulis* pedal ganglia express mu opiate receptor transcripts exhibiting high sequence identity with human neuronal mu1. Brain Res. Mol. Brain Res. 74:242-246, 1999.

Charlet M, Chernysh S, Philippe H, Hetru C, Hoffmann JA and Bulet P. Innate immunity, isolation of several cysteine-rich antimicrobial peptides from the blood of a mollusc, *Mytilus edulis*. J. Biol. Chem. 271:21808-21813, 1996.

Chen ML, Muneoka Y and Walker RJ. Action of a small cardioactive peptide from *Mytilus*, APNFLAYPRLamide, on central neurons of *Helix aspersa*. Gen. Pharmacol. 26:273-283, 1995

Coffa G and Hill EM. Discovery of an 11(R)- and 12(S)-lipoxygenase activity in ovaries of the mussel *Mytilus edulis*. Lipids 35:1195-1204, 2000.

Coons SL and Bonar DB. Pharmacological evidence that alpha 1-adrenoceptors mediate metamorphosis of the Pacific oyster, *Crassostrea gigas*. Neuroscience 23:1167-1174, 1987.

Dureus P, Louis D, Grant AV, Bilfinger TV and Stefano GB. Neuropeptide Y inhibits human and invertebrate immunocyte chemotaxis, chemokinesis, and spontaneous activation. Cell. Mol. Neurobiol. 13:541-546, 1993.

Durocher Y and Guerrier P. Activation of an 85 kDa ribosomal S6 kinase during serotonin-induced oocyte maturation. Int. J. Dev. Biol. 40:557-566, 1996.

Duvail L, Moal J and Fouchereau-Peron M. CGRP-like molecules and carbonic anhydrase activity during the growth of *Pecten maximus*. Comp. Biochem. Physiol. C. 120:475-480, 1998.

Favrel P, Giard W, Benlimane N, Boucaud-Camou E and Henry M. A new biological activity for the neuropeptide FMRFamide: experimental evidence for a secretagogue effect on amylase secretion in the scallop *Pecten maximus*. Experientia 50:1106-1110, 1994.

Favrel P, Lelong C and Mathieu M. Structure of the cDNA encoding the precursor for the neuropeptide FMRFamide in the bivalve mollusc *Mytilus edulis*. Neuroreport 9:2961-2965, 1998.

Favrel P and Mathieu M. Molecular cloning of a cDNA encoding the precursor of Ala-Pro-Gly-Trp amide-related neuropeptides from the bivalve mollusc *Mytilus edulis*. Neurosci. Lett. 205:210-214, 1996.

Fong PP, Deguch R and Kyozuka K. Serotonergic ligands induce spawning but not oocyte maturation in the bivalve *Mactra chinensis* from central Japan. Biol. Bull. Mar. Biol. Lab. Woods Hole 191:27-32, 1996.

Fouchereau-Peron M. Characterization of binding sites for calcitonin gene-related peptide in the mollusc gill. Regul. Pept. 61:57-61, 1996.

Fritsch HA and Sprang R. On the ultrastructure of polypeptide hormone-producing cells in the gut of the ascidian, Ciona intestinalis L. and bivalve, *Mytilus edulis* L. Cell. Tissue Res. 177:407-413, 1977.

Fujisawa Y, Kubota I, Nomoto K, Minakata H, Yasuda-Kamatani Y, Ikeda T and Muneoka Y. A *Mytilus* peptide related to the small cardioactive peptides

(SCPs): structure determination and pharmacological chracterization. Comp. Biochem. Physiol. C 104:469-475, 1993.

Fujisawa Y, Takahashi T, Ikeda T, Muneoka Y, Kubota I, Minakata H, Nomoto K, Nose T and Miki W. Further identification of bioactive peptides in the anterior byssus retractor muscle of *Mytilus*: two contractile and three inhibitory peptides. Comp. Biochem. Physiol. C 106:261-267, 1993.

Garner R. On the nervous system of molluscous animals. Transactions of the Linnean Society of London, vol. 17, pp. 485-501, 1837.

Giard W, Lebel JM, Boucaud-Camou E and Favrel P. Effects of vertebrate growth factors on digestive gland cells from the mollusc *Pecten maximus* L.: an in vitro study. J. Comp. Physiol. B 168:81-86, 1998.

Gobet I, Durocher T, Leclerc C, Moreau M and Guerrier P. Reception and transduction of the serotonin signal responsible for meiosis reinitiation in oocytes of the Japanese clam *Ruditapes philippinarum*. Dev. Biol. 164:540-549, 1994.

Gobet I, Lippai M, Tomkowiak M, Durocher Y, Leclerc C, Moreau M and Guerrier P. 4-Aminopyridine acts as a weak base and a Ca^{2+} mobilizing agent in triggering oocyte meiosis reinitiatior and activation in the Japanese clam *Ruditapes philippinarum*. Int. J. Devel. Biol. 39:458-491, 1995.

Guerrier P, Leclerc-David C and Moreau M. Evidence for the involvement of internal calcium stores during serotonin-induced meiosis reinitiation in oocytes of the bivalve mollusc *Ruditapes philippinarum*. Dev. Biol. 159:474-484, 1993.

Hamza-Chaffai A, Amiard JC, Pellerin J, Joux L and Berthet B. The potential use of metallothionein in the clam *Rudidapes decussatus* as a biomarker of *in situ* metal exposure. Comp. Biochem. Physiol. C 127:185-197, 2000.

Hellwig G and Achazi RK. ACh and 5-HT induced changes in the concentration of cytosolic inositol triphosphate ($InsP_3$) and inositol biphosphate ($InsP_2$) in the ABRM of *Mytilus edulis* L. Comp. Biochem. Physiol. 100:343-348, 1991.

Henry M, Benlinmame N, Belhsen OK, Jule Y and Mathieu M. Immunohistochemical localization of FMRFamide-containing neurons and nerve fibers in the ganglia and the gonad wall of the scallop, *Pecten maximus* (L.).

Neuropeptides 28:79-84, 1995.

Henry J, Zatylny C and Favrel P. HPLC and electrospray ionization mass spectrometry as tools for the identification of APGWamide-related peptides in gastropod and bivalve mollusks: comparative activities on *Mytilus muscles*. Brain Res. 862:162-170, 2000.

Hertzberg S, Partali V and Liaaen-Jensen S. Animal cartenoids. 32. Carotenoids of *Mytilus edulis* (edible mussel). Acta Chem. Scand. B 42:495-503, 1988.

Hughes TK, Jr., Smith EM, Chin R, Cadet P, Sinisterra J, Leung MK, Shipp MA, Scharrer B and Stefano GB. Interaction of immunoactive monokines (interleukin 1 and tumor necrosis factor) in the bivalve mollusc *Mytilus edulis*. Proc. Natl. Acad. Sci. USA, 87:4426-4429, 1990.

Ishii N, Simpson AW and Ashley CC. Effects of 5-hydroxytryptamine (serotonin) and forskolin on intracellular free calcium in isolated and fura-2 loaded smooth-muscle cells from the anterior byssus retractor (catch) muscle of *Mytilus edulis*. Pfluger's Arch. 414:162-170, 1989.

Iwayama Y and Takayanagi I. Photoaffinity labelling of dopamine receptors in molluscan smooth muscle. J. Pharm. Pharmacol. 34:729-730, 1982.

Kasuya Y, Kobayashi H and Uemura H. Endothelin-like immunoreactivity in the nervous system of invertebrates and fish. J. Cardiovasc. Pharmacol. 17(Suppl. 7):S463-466, 1991.

Kellner-Cousin K, Mialhe E and Mathieu M. Identification of insulin-like peptides in cerebral ganglia neurosecretory cells of the mussel *Mytilus edulis*. Tissue Cell 26:891-899, 1994.

Kim YS. Effects of endogenous substances on the cardiac function of the Pacific oyster, *Crassostrea gigas*. Mater's Degree, Kunsan National University, Korea, 2000.

Kyozuka K, Deguchi R, Yoshida N and Yamashita M. Change in intracellular Ca^{2+} is not involved in serotonin-induced meiosis reinitiation from the first prophase in oocytes of the marine bivalve *Crassostrea gigas*. Devel. Biol. 182:33-41, 1997.

Lascote A, Jalabert F, Malham SK, Cueff A and Poulet SA. Stress and stress-induced neuroendocrine changes increase the susceptibility of juvenile oysters (Crassostrea gigas) to *Vibrio splendidus*. Appl. Environ. Microbiol. 67:2304-2309, 2001.

Lacoste A, Malham SK, Cueff A and Poulet SA. Noradrenaline modulates oyster hemocyte phacocytosis *via* a beta-adrenergic receptor-cAMP signaling pathway. Gen. Comp. Endocrinol. 122:252-259, 2001.

Lacoste A, Malham SK, Cueff A, Jalabert F, Gelebart F and Poulet SA. Evidence for a form of adrenergic rsponse to stress in the mollusc *Crassostrea gigas*. J. Exp. Biol. 204:1247-1255, 2001c.

Lacoste A, Malham SK, Cueff A and Poulet SA. Noradrenaline modulates hemocyte reactive oxygen species production *via* beta-adrenergic receptors in the oyster *Crassostrea gigas*. Dev. Comp. Immunol. 25:285-289, 2001d.

Laurent V, Stefano G and Salzet M. Presence and biochemical properties of a molluscan invertebrate angiotensin-converting enzyme. Regul. Pept. 69:53-61, 1997.

Le Curieux-Belfond O, Moslemi S, Mathieu M and Seralini GE. Androgen metabolism in oyster *Crassostrea gigas*: evidence for 17-β-HSD activities and chracterization of an aromatase-like activity inhibited by pharmacological compounds and a marine pollutant. J. Steroid Biochem. Mol. Biol. 78:359-366, 2001.

Lee CM, Lin JT and Hwang JC. Pharmacological properties of ACh receptors on the heart of the marine bivalve *Meretric lusoria*. Chin. J. Physiol. 41:19-24, 1998.

Lee CM, Lin JT and Tsai TS. Effects of neuroactive agents on the isolated heart activities of marine bivalve *Meretrix lusoria*. Chin. J. Physiol. 36:165-170, 1993.

Leclerc C, Guerier P and Moreau M. Role of dihydropyridine-sensitive calcium channels in meiosis and fertilization in the bivalves molluscs *Ruditapes philippinarum* and *Crassostrea gigas*. Biol. Cell 92:285-299, 2000.

Leung PS, Shaw C and Irvine GB. Quantitation and chromatographic characterisation of neuropeptide F (NPF) immunoreactivity in molluscan nervous tissue using region-specific antisera. Gen. Comp. Endocrinol. 93:288-293, 1994.

Lippai M, Gobet I, Tomkowiak M, Durocher Y, Leclerc C, Moreau M and Guerrier P. Thimerosal triggers meiosis reinitiation in oocytes of the Japanese clam *Ruditapes philippinarum* by eliciting an intracellular Ca^{2+} surge. Int. J. Dev. Biol. 39:401-407, 1995.

Liu Y, Shenouda D, Bilfinger TV, Stefano ML, Magazine HI and Stefano GB. Morphine stimulates nitric oxide release from invertebrate microganglia. Brain Res. 722:125-131, 1996.

Mantione K, Zhu W, Rialas C, Casares F, Cadet P, Franklin AL, Tonnesen J and Stefano GB. Morphine-6-glucuronide stimulates nitric oxide release in mussel neural tissue: evidence for a morphine-6-glucuronide opiate receptor subtype. Cell. Mol. Life Sci. 59:570-574, 2002.

Matsutani T and Nomura T. In vitro effects of serotonin and prostaglandins on release of eggs from the ovary of the scallop, *Patinopecten yessoensis*. Gen. Comp. Endocrinol. 67:111-118, 1987

Melder S and Silverman H. Muscular regulation of interfilament distance and ostial dimension in three species of freshwater bivalves. J. Shellfish Res. 16:338-339, 1997.

Miyahara Y, Kizawa Y, Sano M and Murakami H. Effects of organic Ca^{2+}-antagonists on acetylcholine-induced contraction in molluscan (*Mytilus edulis*) smooth muscle. Gen. Pharmacol. 24:1419-1423, 1993.

Mizuno J and Takeda N. Phylogenic study of the oxytocin-like immunoreactive system in invertebrates. Comp. Biochem. Physiol. A 91:733-738, 1988a.

Mizuno J and Takeda N. Phylogenic study of the arginine-vasotocin/arginine-vasopressin-like immunoreactive system in invertebrates. Comp. Biochem. Physiol. A 91:739-747, 1988b.

Moreau M, Leclerc C and Guerrier P. Meiosis reinitiation in *Ruditapes philippinarum* (Mollusca): involvement of L-calcium channels in the release of metaphase I block. Zygote 4:151-157, 1996.

Motavkin PA and Varaksin AA. Small granule-containing cells of the central nervous system of the bivalve mollusk *Patinopecten yessoensis* (Jay). Arkh. Anat. Gistol. Embriol. 88:13-16, 1985.

Muneoka Y, Fujisawa Y, Matsuura M and Ikeda T. Neurotransmitters and neuromodulators controlling the anterior byssus retractor muscle of *Mytilus edulis*. Comp. Biochem. Physiol. C 98:105-114, 1991.

Murakami A. Control of ciliary beat frequency in the gill of Mytilus-1: activation of the lateral cilia by cyclic AMP. Comp. Biochem. Physiol. C 86:273-279, 1987.

Nagafuchi T. Mechanism of adhesion of polyphenolic protein and its potential for clinical application. Nippon Seikeigeka Gakkai Zasshi 66:1176-1183, 1992.

Nair PS and Robinson WE. Purification and characterization of a histidine-rich glycoprotein that binds cadmium from the blood plasma of the bivalve *Mytilus edulis*. Arch. Biochem. Biophys. 366:8-14, 1999.

Odintsova NA, Nesterov AM and Korchagina DA. Growth factor from the tissues of the marine mollusk *Mytilus edulis*. Tsitologia 34:90-96, 1992.

Ohtani M, Minakata H and Aimoto S. Potent antagonistic action of synthetic analogues of APGWGNamide, an antagonist of molluscan neuropeptide APGWamide. Peptides 23:843-852, 2002.

Ono JK, Hampton JD and Koch RA. Immunohistochemical localization and radioenzymatic measurements of serotonin (5-hydroxytryptamine) in hearts of *Aplysia* and several bivalve mollusks. Cell Tissue Res. 269:421-430, 1992.

Osada M and Nomura T. The levels of prostaglandins associated with the reproductive cycle of the scallop, *Patinopecten yessoensis*. Prostaglandins 40:229-239, 1990.

Ottaviani E, Franchini A, Sonetti D and Stefano GB. Antagonozing effect of morphine on the mobility and phagocytic activity of invertebrate immunocytes. Eur. J. Pharmacol. 276:35-39, 1995

Pani AK and Croll RP. Catechol concentrations in the hemolymph of the scallop,

Placopecten magellanicus. Gen. Comp. Endocrinol. 118: 48-56, 2000.

Papov VV, Diamond TV, Biemann K and Waite JH. Hydroxyarginine-containing polyphenolic proteins in the adhesive plaques of the marine mussel *Mytilus edulis*. J. Biol. Chem. 270:20183-20192, 1995.

Park KH, Kim YS, Choi SH, Choi MS, Kim YG, Chung EY, Choe SN and Joo JJ. Cardiac responses of Pacific oyster *Crassostrea gigas* to agnets modulating cholinergic function. Comp/ Biochem. Physiol C 139:303-308, 2004.

Pazos AJ and Mathieu M. Effects of five natural gonadotropin-releasing hormones on cell suspensions of marine bivalve gonad stimulation of gonial DNA synthesis. Gen. Comp. Endocrinol. 113:112-120, 1999.

Plisetskaia EM, Soltitskaia LP and Leibson LG. Participation of insulin in regulating the metabolism of marine bivalve mollusks. Zh. Evol. Biokhim. Fiziol. 15:288-294, 1979.

Patel B, Chandy JP and Patel S. Do selenium and glutathione inhibit the toxic effects of mercury in marine lamellibranchs? Sci. Total Environ. 76:147-165, 1988.

Raffa RB, Bianchi CP and Narayan SR. Reversible inhibition of acetylcholine contraction of molluscan smooth muscle by heavy metals: correlation to Ca^{++} and metal content. J. Pharmacol. Exp. Ther. 243:200-2004, 1987.

Rhodes LD and Van Beneden RJ. Isolation of the cDNA and chracterization of mRNA expression of ribosomal protein S19 from the soft-shell clam, *Mya arenaria*. Gene 197:295-304, 1997

Riffeser M and Hock B. Vitellogenin levels in mussel hemolymph: a suitable biomarker for the exposure to estrogen? Comp. Biochem. Physiol. C 132:75-84, 2002.

Robbins I, Lenoir F and Mathieu M. A putative neuroendocrine factor that stimulates glycogen mobilization in isolated glycogen cells from the marine mussel *Mytilus edulis*. Gen. Comp. Endocrinol. 79:123-129, 1990.

Robbins I, Lenoir F and Mathieu M. Neuroendocrine factors affecting the glycogen metabolism of purified *Mytilus edulis* glycogen cells: partial characterization of the putative glycogen mobilization hormone-demonstration of a factor that stimulates glycogen synthesis. Gen. Comp. Endocrinol. 82:45-52, 1991.

Ruggeri BA and Thoroughgood CA. The identification of several prostaglandin moeties in *Crassostrea virginica* and *Mytilus edulis* by radioimmunoassay and high performance liquid chromatography. Prostaglandins Leukotrienes Med. 20:69-77, 1985.

Salzet M and Verger-Bocquet M. Elements of angiotensin system are involved in leeches and mollusks immune response modulation. Brain Res. Mol. Brain Res. 94:137-147, 2001.

Sanders BM, Martin LS, Howe SR, Nelson WG, Hegre ES and Phelps DK. Tissue-specific differences in accumulation of stress proteins in *Mytilus edulis* exposed to a range of copper concentrations. Toxicol. Appl. Pharmacol. 125:206-213, 1994.

Sato M, Inoue F, Kanno N and Sato Y. The occurrence of N-methyl-D-aspartic acid in muscle extracts of the blood shell, *Scapharca broughtonii*. Biochem. J. 241:309-311, 1987.

Serafim MA and Bebianno MJ. Variation of metallothionein and metal concentrations in the digestive gland of the clam *Rudidapes decussatus*: sex and seasonal effects. Environ. Toxicol. Chem. 20:544-52, 2001.

Smith KL, Galloway TS and Depledge MH. Neuro-endocrine biomarkers of pollution-induced stress in marine invertebrates. Sci. Total Environ. 262:185-190, 2000.

Smith SA, Nason J and Croll RP. Detection of APGWamide-like immunoreactivity in the sea scallop, *Placopecten magellanicus*. Neuropeptides 31:155-165, 1997.

Stancher B, Zonta F and Favretto LG. High-performance liquid chrpomatography of carotenoids from some marine shellfish. J. Chromatogr. 440:37-46, 1988.

Stefano GB, Kahoud J and Hughes TK. Inhibition of microglial egress in excised ganglia by human interleukin 10: implications for its activity in invertebrates.

Acta Biol. Hung. 50:247-256, 1999.

Stefano GB, Melchiorri P, Negri L, Hughes TK, Jr. and Scharret B. [D-Ala2]deltorphin I binding and pharmacological evidence for a special subtype of delta opioid receptor on human and invertebrate immune cells. Proc. Natl. Acad. Sci. USA 89:9316-9320, 1992.

Stefano G, Salzet M and Magazine H. Cyclic nitric oxide release by human ganulocytes, and invertebrate ganglia and immunocytes: nanotechnological enhancement of amperometric nitric oxide determination. Med. Sci. Monit. 8:BR199-204, 2002.

Stefano GB, Salzet B, Rialas CM, Pope M, Kustka A, Neenan K, Pryor S and Salzet M. Morphine- and anandamide-stimulated nitric oxide production inhibits presynaptic dopamine release. Brain Res. 763:63-68, 1997.

Stefano GB, Salzet-Raveillon B and Salzet M. *Mytilus edulis* hemolymph contains prodynorphin. Immunol. Lett. 63:33-39, 1998.

Stefano GB, Salzet-Raveillon B and Salzet M. *Mytilus edulis* hemolymph contains proopiomelanocortin: LPS and morphine stimulate differential processing. Brain Res. Mol. Brain Res. 63:340-350, 1999.

Stefano GB, Smith EM and Hughes TK. Opioid induction of immunoreactive interleukin-1 in *Mytilus edulis* and human immunocytes: an interleukin-1-like substance in invertebrate neural tissue. J. Neuroimmunol. 32:29-34, 1991.

Stefano GB, Zhao XH, Bailey D, Metlay M and Leung MK. High affinity dopamine binding to mouse thymocytes and *Mytilus edulis* (Bivalvia) hemocytes. J. Neuroimmunol. 21:67-74, 1989.

Stephens RE and Prior G. Dynein from serotonin-activated cillia and flagella: extraction chracteristics and distinct sites for cAMP-dependent protein phosphorylation. J. Cell. Sci. 103:999-1012, 1992.

Turner E, Klevit R, Hager LJ and Shapiro BM. Ovothiols, a family of redox-active mercaptohistidine compounds from marine invertebrate eggs. Biochemistry 26:4028-4036, 1987.

Uryu M, Nakatomi A, Watanabe M, Hatsuse R and Yazawa M. Molecular cloning of cDNA encoding two subunits of calcineurin from scallop testis: demonstration of stage-specific expression during maturation of the testis. J. Biochem. 127:739-746, 2000.

Varaksin AA, Deridovich II and Shvaleva NI. Gonad innervation in bivalve mollusks. Arkh. Anat. Gistol. Embriol. 84:43-49, 1983.

Varaksina GS and Varaksin AA. Localization of 17 beta-hydroxysteroid dehydrogenase in the gonads of bivalve mollusks-the sea pecten (*Patinopecten yessoensis* Jay) and Gray's mussel (*Crenomytilus grayanus* Dunker). Arkh. Anat. Gistol. Embriol. 95:79-82, 1988.

Waite JH and Quin X. Polyphosphoprotein from the adhesive pads of *Mytilus edulis*. Biochemistry 40:2887-2893, 2001.

Zhu W, Baggerman G, Goumon Y, Casares F, Brownawell B and Stefano GB. Presence of morphine and morphine-6-glucuronide in the marine mollusk *Mytilus edulis* ganglia determined by GC/MS and Q-TOF-MS: starvation increases opiate alkaloid levels. Brain Res. Mol. Brain Res. 88:155-160, 2001.

제 9 장
이매패류 자원보호를 위한 모패보호지역 탐색연구

해양생물의 효율적인 자원관리를 위해서 필요한 일로는 해양환경을 오염으로부터 지키는 일, 과도한 어획으로 인한 자원감소를 방지하는 일, 일단 감소된 생물자원을 증대시키는 일 등으로 크게 구분할 수 있을 것이다. 이 중에서 오염방지와 남획에 의한 자원감소는 인구증가와 소비증가에 따른 영향이며, 이들의 영향으로부터 환경을 회복시켜 해양생물자원을 회복하는 작업에는 막대한 비용이 소요된다. 이 중에서 해양의 어장에 새로운 생물자원을 투입하는 것이 단기간에 자원을 회복하는 방법이며, 이러한 자원증대방안에도 대상자원생물의 (1) 치어/치패를 대량 생산하여 살포하는 방법, (2) 성어/성패를 대량 투입/방류하는 방법, (3) 수정란이나 유생/치어를 대량으로 살포하는 방법 등이 있을 수 있다. 이 중에서도 현재 양식장에서 가장 많이 사용하는 방법이 치어나 치패를 대량으로 생산하여 어장에 투입하여 성체로 키우는 방법이다. 최근 어장의 서식지 개선 등으로 해양환경의 자원수용한계를 늘려서 최대한의 자원을 유지시키는 "해양목장화 방법"이 자원증대의 방안으로 제시되고 있다. 이러한 방법에는 인위적인 조작이나 간섭이 많이 투입되어 관리비용이 많이 소요된다. 만일 뚜렷한 해양환경의 오염이나 파괴가 없는 상태에서 단지 남획에 의해서 자원이 감소한 경우라면 어장 내에 특정지역을 선정하여 치어나 모패를 투입하여 이들로부터 산란, 수정된 어린 개체들이 어장에 가입되게 하는 등 자연적인 개체군의 가입이 이루어지도록 함이 경제적인 자원증대방안이 될 것이다. 여기서 우리가 알아야 할 내용은 어장 내 치어나 모패를 투입하고 보호할 적절한 특정지역은 어디이며, 어떠한 조건을 가지고 있어야 하는가이다. 이에 대한 답을 도출하기 위해서는 해양생물학적인 정보뿐만 아니라 물리해양학적인 정보가 필요하다.

해양에서의 물리적 과정, 특히 해수유동과 확산이 패류의 수정란과 유생의 분산에 미치는 영향은 매우 크다. 개개의 수정란과 유생이 이동하는 규모는 기껏해야 100~1,000 m 사이와 1~10일 정도의 시간범위에서 중요하지만, 그 수정란과 유생이 적절한 서식지 환경을 가진 해저면에 안착하여 성패로서 생존하느냐 또는 (생존여부에 상관없이) 물의 흐름을 따라 서식지 환경이 부적절한 다른 유역으로 분산되어 버리느냐를 결정하는 중규모 해수유동은 보통 그보다 훨씬 큰 10~100 km 규모의 범위에서 더 중요한 것으로 알려져 있다 (Wolanski and Hamner, 1988). 특히 유생이나 수정란의 확산에 대한 생물

물리학(bio-physics)의 중요성이 인식되어 해양생물학자들과 해양물리학자들의 공동연구가 산호군집, 어류개체군, 불가사리류, 새우와 바다가재 등의 갑각류 개체군, 가리비와 같은 연체동물의 개체군 등을 대상으로 진행되어 왔다 (Sammarco, 1994; Gay and Andrews, 1994; Dight and James, 1994; Lyne and Thresher, 1994; Black, 1994; Heron *et al*., 1994; Craig and McLoughlin, 1994; Young, 1994).

본장에서는 이러한 유생의 확산모델로부터 수산자원을 보존하는 것이 가능하다는 관점에서 거제도 장목면 주변해역, 특히 거제도와 가덕도 사이의 진해만 입구에서 주로 잠수부에 의해 어획되는 개조개(*Saxidomus purpuratus*)의 자원보호를 위한 방안의 하나로서 개조개 모패보호해역을 결정하기 위한 연구에 이러한 방법을 적용한 결과를 소개하고자 하였다. 과거에 풍부함을 자랑하던 이 해역의 개조개자원도 매년 설정되어 어획량이 한정되는 총허용어획량(TAC: Total allowable catch)에도 불구하고 어획되는 개조개의 체장크기가 매년 감소하는 경향을 보이고 있으며, 실제 현장에서 어획하는 잠수부의 작업시간이 점차 길어지고 있는 실정이다. 전체적인 개조개 자원량은 아직 충분한 것으로 추정되었지만 (장 등, 2004), 실제로 개조개에 대한 어획활동은 일부 한정된 해역에서 이루어지고 있어서 국부적으로는 개체군의 크기는 급격히 줄어들고 있다.

먼저 개조개 수정란과 초기 유생 개체군의 산란과 발생 및 성장에 적합한 공간적 규모는 이 해역의 지형 및 지리적 특성에 의해서 결정되는 조류 및 해류순환체계와 어떠한 관계가 있을 것으로 예상되었다. 또한, 거제도와 가덕도 사이를 포함하는 거제도 주변해역에서는 외해역로부터 대마난류 세력에 의해 북상하는 고온 고염해수가 내만으로부터는 강수량이 집중되는 여름에서 가을 사이에 담수유출의 영향을 크게 받은 저온 저염분 해수를 만나 마치 하구역에서 형성되는 2층 구조를 이루면서 수직혼합이 부분적으로 발생하는 수리역학적 환경을 가진다. 이러한 수직혼합에 의해서 유생이 수평적으로 퍼지는데 기여하지만 유생은 일반적으로 수직전단응력(vertical shear stress)의 효과를 어느 정도 억제하여 하구역에 유생이 집적되는 효과를 나타낼 수 있는 것으로 알려져 있다 (Pritchard, 1953).

본장에서 소개되는 내용은 거제도 주변 해역의 수온, 염분, 밀도 등 해수의 물리적인 환경을 이해하고, 조류 및 해류에 의한 어패류 난치어의 확산 및 분산 또는 이동범위의 가능성을 적정 수준으로 추정하고 예측함으로써 개조개 모패를 투입하고 장시간 보호할 “모패 보호해역”을 설정할 수 있고, 나아가 개조개 자원의 회복 또는 증대에 효율적으로 기여하는 방안이 될 것으로 기대된다.

1. 패류 수정란 및 유생이동 수치모형실험 방법

개조개 어획이 집중되고 있는 경남 거제도 장목연안과 마산시, 창원시, 가덕도 일원으로 둘러싸여진 어장해역을 중심으로 연구해역을 설정하였다 (그림 9-1).

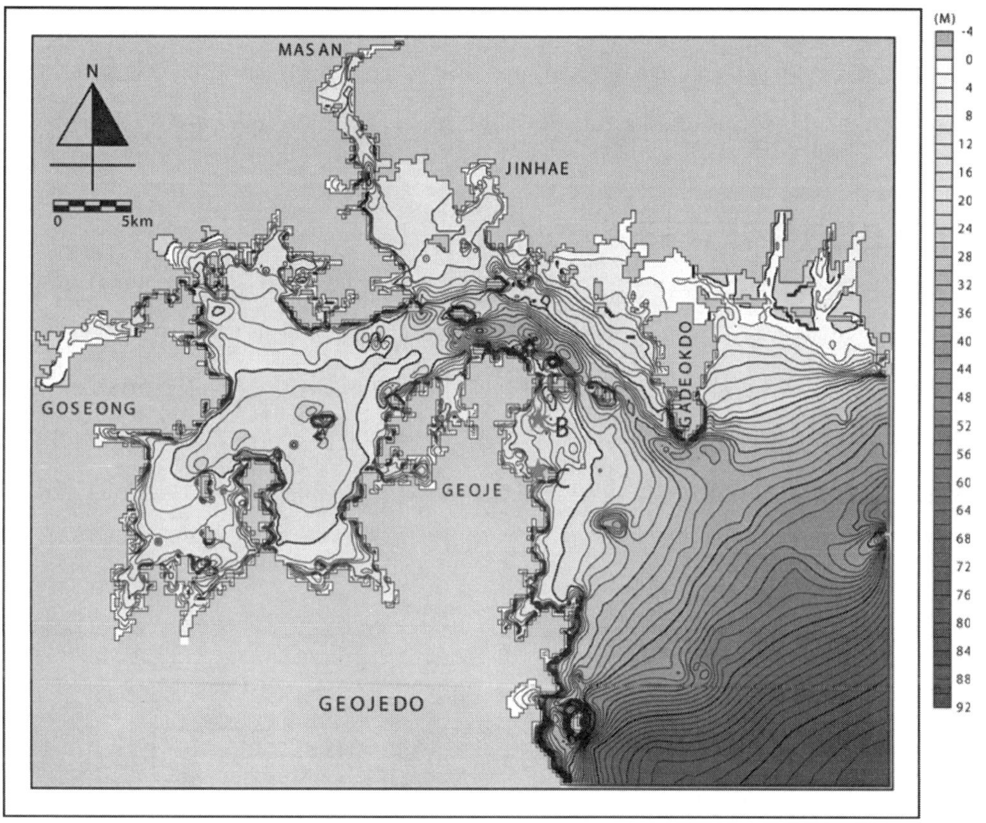

그림 9-1 수치실험영역 및 유생 살포지점.

입자추적방법(particle tracking method)을 포함하는 3차원 수치모형을 수립하여 해수유동 양상을 재현하고 유생의 이동범위를 계산하는데 목적을 두었다. 수치모형을 수립한 후 3개 지점에 각각 1,000개의 수정란 및 유생을 살포한 후 60일 동안의 확산 범위를 계산하였고 바람의 영향을 검토하였다.

대상해역은 진해만 전체를 포함하고 동쪽으로는 다대포, 남쪽으로는 서이말에 이르는 넓은 해역을 포괄한다. 외해역인 거제도 동측 및 동남측은 수심이 깊고 외해의 해류에 영향을 받는 반면 진해만 대부분 해역은 수심이 30 m 이내의 천해역에 속한다. 해수유동 양상을 결정짓는 주요한 요인은 조석이며, 그 외에 낙동강으로부터의 담수유입과 물성이 다른 외해수의 유입에 따른 경압 흐름이 발생할 수도 있으나 조석에 비하면 그 영향이 그리 크지는 않을 것으로 판단된다.

조석조건을 외해경계에 부과하여 진해만 및 가덕도 주변 해역의 해수유동 현상을 재현하였다. 균질유체(homogeneous fluid)로 가정하고 수온과 염분장은 계산하지 않았다.

Craig & McLoughlin (1994)의 경우 확산에 의한 이동을 고려치 않고 이류에 의한 수정란 및 유생 하나의 이동 경로를 추적하는 방법을 사용하였으나, 본 연구에서는 다량의 수정란 및 유생을 일시에 투하한 후 전체적인 확산범위를 파악하는 방법을 사용하였다.

1) 기본방정식 및 경계조건

본 연구에서 사용한 3차원 모형은 연안해의 해수순환과 .퇴적물 및 오염물질 확산 현상을 재현 및 예측하기 위하여 한국해양연구원에서 자체 개발한 ESCORT모형이다. 격자체계로는 직교좌표계 또는 지구좌표계에서 가변 유한차분 격자(variable finite difference grid system)를 사용하며(그림 9-2), 연직으로는 σ-격자와 z-격자를 각각 또는 혼용하여 사용할 수 있다. 오염물질 이동/확산을 예측하기 위하여 Eulerian 수송모듈과 Lagrangian 입자추적 모듈을 모두 포함하고 있다. 조간대 지역에 적용하기 위하여 조간대 노출 모듈이 포함되어 있다.

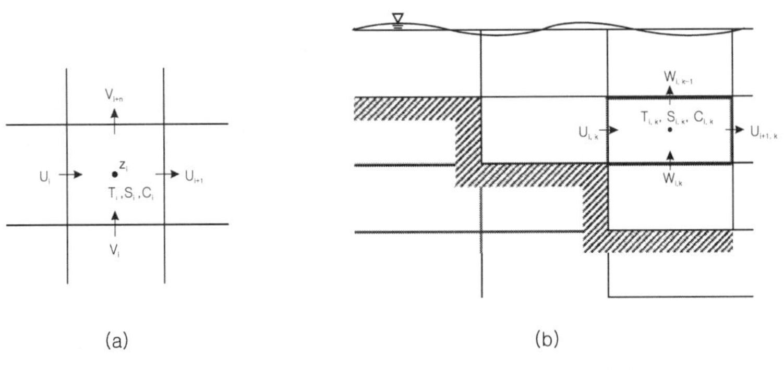

그림 9-2. 수치모델의 수평(a), 연직(b) 격자체계.

유생의 위치를 계산하기 위해서는 해수유동 모델을 이용한 수위, 유속분포 등 해수유동장 정보의 확보가 선결요건이며, 유생이 운동성을 가진 경우에는 실험대상 유생의 운동행태에 대한 정보도 필요하게 된다. 대부분의 3차원 해수유동 모델에서는 수위와 수심평균 유속(depth mean velocity)을 계산하는 외부모드(external mode)와 연직변이 유속(vertical variation of velocity)을 계산하는 내부모드(internal mode)를 분리하여 실행하는 모드분리기법(mode splitting method)을 채택하는데 내부모드 유속을 먼저 계산한 뒤 이를 외부모드 유속으로 보정하는 절차를 거친다. 입자추적 모듈에서는 해수유동장에 따른 유생의 수동적 이동을 계산하고 여기에 유생의 운동행태에 따른 운동을 더하게 된다.

수치모형의 지배방정식(governing equation)은 다음과 같다.

(1) External mode 모듈

해수유동모델(hydrodynamic model)의 지배방정식은 운동방정식(momentum equation)과 연속방정식(continuity equation)으로 구성된다. 운동방정식에서는 유속(velocity) U, V의 분포를 계산하며, 연속방정식에서는 수위(sea surface elevation) ζ의 분포를 계산한다.

운동방정식 : $$\frac{\partial U}{\partial t} + U\frac{\partial U}{\partial x} + V\frac{\partial U}{\partial y} = -g\frac{\partial \zeta}{\partial x} + fV - \frac{\tau_{xb}}{\rho h} \quad (1)$$

$$\frac{\partial V}{\partial t} + U\frac{\partial V}{\partial x} + V\frac{\partial V}{\partial y} = -g\frac{\partial \zeta}{\partial y} - fU - \frac{\tau_{yb}}{\rho h}$$

연속방정식 : $$\frac{\partial \zeta}{\partial t} + \frac{\partial}{\partial x}(HU) + \frac{\partial}{\partial y}(HV) = 0 \quad (2)$$

여기서, t : 시간(s),

$x,\ y$: 직교좌표계 좌표,

U, V : 수심평균 유속벡터의 x, y 성분(㎧)

ζ : 해수면(m)

H : 순간 총 수심($= h + \zeta$),

f : 전향력 계수(Coriolis parameter),

g : 중력가속도(㎨),

τ_{xb}, τ_{yb} : x, y 방향 해저마찰력

조석·조류에너지의 감쇠를 나타내는 해저마찰력은 비선형 마찰법칙(quadratic friction law)에 의거하여 다음과 같이 주어진다.

$$\tau_{xb} = \rho k_b U (U^2 + V^2)^{1/2} \quad (3)$$

$$\tau_{yb} = \rho k_b V (U^2 + V^2)^{1/2}$$

여기서, ρ는 해수밀도(sea water density)이며, k_b는 해저면 마찰력계수로 0.00235의 값을 이용하였다.

해양 수치모델 실험에서는 대상해역의 특성에 따라 여러 가지 외력(forcing) 조건을 고려해야 한다. 대상해역의 경우 조석의 영향이 지배적이며 외해경계면의 조위변화가 모델영역 내의 해수유동 양상을 결정한다. 외해경계면에서의 조위조건은 다음과 같다.

$$\zeta(x,y,t) = \zeta_0(x,y,t) + \sum_j A_j \cos(\omega_j t - g_j) \tag{4}$$

여기서, ζ_0 : 평균해면,

A_j : 경계면에서의 조석 분조(tidal constituent) 진폭,

ω_j : 위상속도(phase velocity),

g_j : 지각 (phase lag).

또한 육지 경계면에서는 법선 방향(해안선에 직각인 방향)의 유속은 없는 것으로 정의된다. 즉,

$$U_n = 0 \tag{5}$$

(2) Internal mode **모듈**

운동방정식 :

$$\frac{\partial u}{\partial t} + u\frac{\partial u}{\partial x} + v\frac{\partial u}{\partial y} + w\frac{\partial u}{\partial z} - fv \tag{6}$$

$$= -\frac{1}{\rho_0}\frac{\partial p}{\partial x} + \frac{\partial}{\partial x}\left(A_h\frac{\partial u}{\partial x}\right) + \frac{\partial}{\partial y}\left(A_h\frac{\partial u}{\partial y}\right) + \frac{\partial}{\partial z}\left(A_v\frac{\partial u}{\partial z}\right)$$

$$\frac{\partial v}{\partial t} + u\frac{\partial v}{\partial x} + v\frac{\partial v}{\partial y} + w\frac{\partial v}{\partial z} + fu \tag{7}$$

$$= -\frac{1}{\rho_0}\frac{\partial p}{\partial y} + \frac{\partial}{\partial x}\left(A_h\frac{\partial v}{\partial x}\right) + \frac{\partial}{\partial y}\left(A_h\frac{\partial v}{\partial y}\right) + \frac{\partial}{\partial z}\left(A_v\frac{\partial v}{\partial z}\right)$$

$$\frac{\partial p}{\partial z} = -\rho g \tag{8}$$

연속방정식 :

$$\frac{\partial u}{\partial x} + \frac{\partial v}{\partial y} + \frac{\partial w}{\partial z} = 0 \tag{9}$$

수온, 염분방정식 :

$$\frac{\partial T}{\partial t}+u\frac{\partial T}{\partial x}+v\frac{\partial T}{\partial y}+w\frac{\partial T}{\partial z} \tag{10}$$

$$=-\frac{1}{\rho_0 c_p}\frac{\partial I}{\partial z}+\frac{\partial}{\partial x}\left(K_h\frac{\partial T}{\partial x}\right)+\frac{\partial}{\partial y}\left(K_h\frac{\partial T}{\partial y}\right)+\frac{\partial}{\partial z}\left(K_v\frac{\partial T}{\partial z}\right)$$

$$\frac{\partial S}{\partial t}+u\frac{\partial S}{\partial x}+v\frac{\partial S}{\partial y}+w\frac{\partial S}{\partial z} \tag{11}$$

$$=\frac{\partial}{\partial x}\left(K_h\frac{\partial S}{\partial x}\right)+\frac{\partial}{\partial y}\left(K_h\frac{\partial S}{\partial y}\right)+\frac{\partial}{\partial z}\left(K_v\frac{\partial S}{\partial z}\right)$$

상태방정식 :

$$\rho=\rho_0\left(1+\beta_S(S-S_0)-\beta_T(T-T_0)\right) \tag{12}$$

여기서, u, v, w : 유속 성분, T : 수온, S : 염분, p : 압력,

A_h : 수평난류점성계수, A_v : 연직난류점성계수, K_h : 수평난류확산계수,

K_v : 연직난류확산계수, c_p : 일정 압력에서의 해수 비열,

I : 태양복사, ρ_0 : 기준밀도, S_0 : 기준염분, T_0 : 기준수온.

식(12)의 상태방정식에서는 수온, 염분방정식에서 계산한 수온과 염분분포를 사용하여 밀도분포를 계산한다. 그러나 이번 실험에서는 균질류(homogeneous fluid)를 가정하였기 때문에 식(10) - 식(12)는 계산하지 않았다.

경계조건은 크게 해수면 경계에서 특정 값을 부과해주는 Dirichlet 조건과 변수의 변화량을 부과해주는 Neuman 조건이 있다. 두 가지 조건을 결합한 일반화된 해수면 경계조건은 다음과 같다.

$$\lambda_v^{\Psi}\frac{\partial \Psi}{\partial z}=F_{s0}^{\Psi}+F_{s1}^{\Psi}\left(\Psi_{s,e}-\Psi_{s,i}\right) \tag{13}$$

여기서, Ψ는 수평유속 성분이나 일반적인 스칼라량을 나타내고 λ_v^{Ψ}는 Ψ에 대한 연직확산 계수이다. F_{s0}^{Ψ}는 부과되는 해수면 수지(prescribed surface flux)이고 F_{s1}^{Ψ}는 전달계수(transfer coefficient)이다. $\Psi_{s,e}$는 외부의(해수면 위) 자료, $\Psi_{s,i}$는 표층 첫 격자에서 계산된 값이다. 위의 식에서 유속조건의 경우에는 다음과 같은 값을 준다.

$$F_{s0}^{u}=\tau_{sx},\quad F_{s0}^{v}=\tau_{sy},\quad F_{s1}^{u}=F_{s1}^{v}=0,\quad \lambda_v^{\Psi}=A_v \tag{14}$$

여기서 τ_{sx}, τ_{sy}는 바람응력으로써 $\tau_{sx}=\rho_a C_D^s W_x|W|$, $\tau_{sy}=\rho_a C_D^s W_y|W|$로 표현되

는데, ρ_a는 공기밀도(air density), W_x, W_y는 각각 x, y방향 풍속, $|W|$는 풍속(wind speed)이다. 위의 조건을 쉽게 표현하면 $A_v(\partial u/\partial z)|_s = \tau_{sx}$, $A_v(\partial v/\partial z)|_s = \tau_{sy}$가 된다. 이는 해수면 전단응력(surface shear stress)을 바람응력(wind stress)으로 준다는 의미이다.

일반화된 해저 경계조건은 다음과 같다.

$$\lambda_v^{\Psi} \frac{\partial \Psi}{\partial z} = F_{b0}^{\Psi} + F_{b1}^{\Psi} \left(\Psi_{b,e} - \Psi_{b,i} \right) \tag{15}$$

여기서, F_{b0}^{Ψ}는 부과되는 해저면 수지(prescribed bottom flux)이고 F_{b1}^{Ψ}는 전달계수(transfer coefficient)이다. $\Psi_{b,e}$는 외부의(해저면 아래) 자료, $\Psi_{b,i}$는 최하층 격자에서 계산된 값이다. 유속조건의 비선형 조건을 적용하면 다음과 같이 된다.

$$F_{b0}^{u} = F_{b0}^{v} = 0, \qquad F_{b1}^{u} = F_{b1}^{v} = C_D^b \left(u_b^2 + v_b^2 \right)^{1/2}, \qquad u_{b,e} = v_{b,e} = 0 \tag{16}$$

위의 조건을 쉽게 표현하면, $A_v(\partial u/\partial z) = C_D^b u_b (u_b^2 + v_b^2)^{1/2}$, $A_v(\partial v/\partial z) = C_D^b v_b (u_b^2 + v_b^2)^{1/2}$가 되는데, u_b, v_b는 각각 x, y방향 최하층 유속이다.

개방경계에서는 다음과 같이 유속 또는 스칼라량의 공간변화를 0으로 하는 조건(zero gradient condition)을 부과하였다. 즉, 개방경계 외측에서는 개방경계에서와 같은 유속 또는 스칼라량을 준다. 그러나 스칼라량을 계산하는 경우 이 조건은 실험영역이 내부의 변화가 미치지 않을 정도로 충분히 넓다는 것을 전제로 한다.

$$\lambda_h^{\Psi} \frac{\partial \Psi}{\partial n} = 0 \tag{17}$$

육지 경계에서는 불투수 조건(impermeable condition)을 적용하여 유속과 스칼라 수지(scalar flux)를 0으로 하였다. 즉 육지경계에서는 법선방향 유속이 0이고 수온, 염분 등이 육지경계면을 통과하지 못한다.

$$u\Psi = 0, \quad \text{or} \quad v\Psi = 0, \qquad \lambda_h^{\Psi} \frac{\partial \Psi}{\partial n} = 0 \tag{18}$$

(3) 입자추적 모듈

입자추적 모듈에서는 이류(advection)와 난류확산(eddy diffusion)에 의한 이동을 고려하였다. 3차원 수치모형을 기준으로 기술하였으며, 2차원 모형의 경우 연직방향을 무시한다.

이류에 의한 이동경로는 다음과 같다.

$$x_{p,a}^{n+1} = x_p^n + u_p^n(x_p^n, y_p^n, z_p^n)\ dt \tag{19}$$

$$y_{p,a}^{n+1} = y_p^n + v_p^n(x_p^n, y_p^n, z_p^n)\ dt$$

$$z_{p,a}^{n+1} = z_p^n + w_p^n(x_p^n, y_p^n, z_p^n)\ dt$$

여기서, x_p^n, y_p^n, z_p^n : 입자 p의 현재 위치

$x_{p,a}^{n+1}, y_{p,a}^{n+1}, z_{p,a}^{n+1}$: 입자 p의 이류에 의한 다음 위치

u_p^n, v_p^n, w_p^n : 입자 p의 현재 속도

dt : 시간간격

위에서 입자의 x_p^n, y_p^n, z_p^n에서의 현재 속도 u_p^n, v_p^n, w_p^n 는 각 격자의 유속 u, v, w을 내삽하여 구하며, 2차원 수치모형에서는 수심평균 유속 U, V을 이용한다.

난류확산에 의한 이동은 다음과 같다.

$$x_p^{n+1} = x_{p,a}^{n+1} + u'^n_{\max}\ dt\ (2\gamma_x^n - 1) \tag{20}$$

$$y_p^{n+1} = y_{p,a}^{n+1} + v'^n_{\max}\ dt\ (2\gamma_y^n - 1)$$

$$z_p^{n+1} = z_{p,a}^{n+1} + w'^n_{\max}\ dt\ (2\gamma_z^n - 1)$$

여기서, $x_p^{n+1}, y_p^{n+1}, z_p^{n+1}$: 입자 p의 다음 위치

$\gamma_x^n, \gamma_y^n, \gamma_z^n$: 0과 1 사이의 값을 갖는 Random number

$u'^n_{\max}, v'^n_{\max}, w'^n_{\max}$: 최대 난류유속(maximum velocity of turbulence)

Maier-Reimer(1980)는 최대 난류유속을 다음과 같이 주었다.

$$(u'^n_{\max}, v'^n_{\max}, w'^n_{\max}) = \sqrt{\frac{6\ (\lambda_H^C, \lambda_H^C, \lambda_V^C)}{dt}} \tag{21}$$

여기서, λ_H^C, λ_V^C는 균일 수평 및 연직 난류확산계수(uniform horizontal eddy diffusion coefficient)이다.

2) 수치모형 수립

수치모형의 영역 및 수심은 다음과 같다. 수치모델링 영역은 동서방향으로는 128°22 ′

부터 128°58.5′까지 약 55 ㎞, 서쪽으로 진해만 전체와 동쪽으로 서도를 포함하는 영역이며, 남북방향으로는 34°47′부터 35°13.5′까지 약 48 ㎞, 남쪽의 거제도 서이말부터 북쪽의 마산만을 모두 포함하는 영역으로 그림 9-3과 같이 유한차분 격자망을 구성하였다. 격자 크기는 균일하게 270 m × 270 m로 하여 총 격자의 수는 209 × 178 = 37,202개이다.

모델영역의 수심은 국립해양조사원에서 발행한 해도 No.229, 204, 206, 237로부터 읽어서 투입하였다. 수치모형의 안정성을 고려하여 투입과정에서 급경사 지형과 노출지역 등에 평활화의 과정을 거쳤다. 투입된 수심 분포는 그림 9-4와 같다.

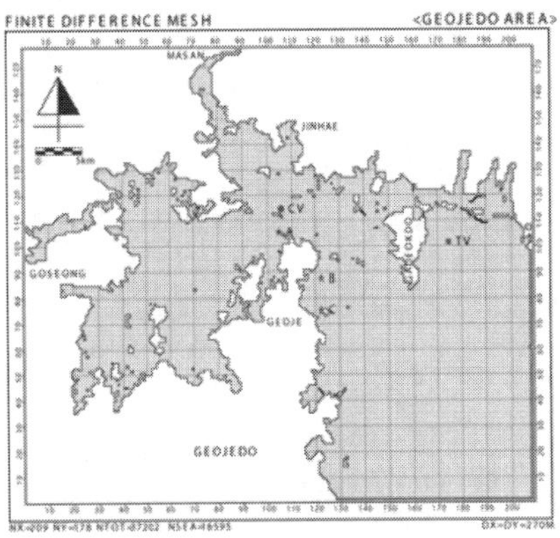

그림 9-3. 수치모델 격자망도.

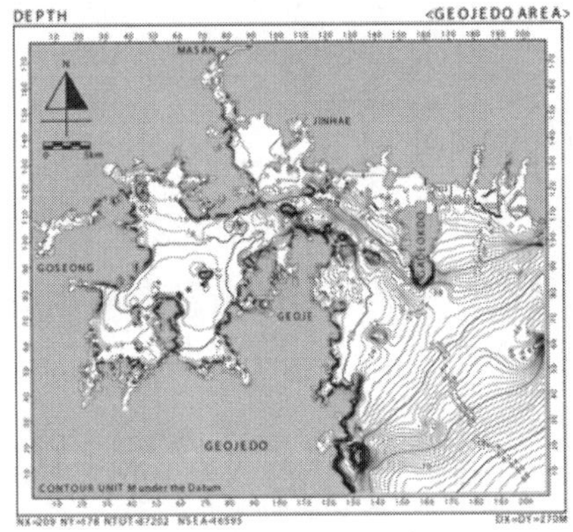

그림 9-4. 수치모델 수심도.

외해 개방경계면에서는 한국해양연구소 (1996), 부산직할시 (1990, 1992), 한국해양연구소 (1991) 등의 기존 관측치를 참조하여 주요 2개 분조(M2, S2)의 조화상수를 경계조건으로 주었다. 동측경계의 서도, 목도, 북형제도와 남측 경계의 서이말 지점, 견내량 해협에서는 기존 관측치를 참조하여 부과하였으며, 동남단 경계에서는 관측치를 근거로 한 추정치를 부과하였다. 위 지점의 값을 서쪽 및 남쪽 경계면의 각 격자에 내삽하여 투입하였다.

연직격자는 대상해역의 최고조위(1.0～1.5 m)를 고려하여 표층 격자를 1.0 m로 하였으며, 전 수심을 13개의 z-격자로 구성하고, 조간대 노출처리를 위하여 상층 4개 격자를 σ-격자로 처리하였다 (표 9-1). CFL 조건에 따른 계산시간 간격을 줄이기 위해 최대 수심을 70 m로 제한하였다. Internal mode의 시간간격(Δt)은 60초로 주고 External mode의 시간간격(Δt_e)은 CFL조건에 맞춰 3.0초로 하였으며, 하천경계에서는 낙동강의 평균유량 325 ㎥/s, 서낙동강의 평균유량 20 ㎥/s (부경대학교 해양과학공동연구소, 1999)을 일정하게 부과하였다.

표 9-1. 3차원 수치모형의 연직격자 크기

번호(표층부터)	1	2	3	4	5	6	7	8	9	10	11	12	13
격자두께(m)	1.0	1.0	1.0	2.0	2.0	3.0	5.0	5.0	10.0	10.0	10.0	10.0	10.0
깊이(m)	1.0	2.0	3.0	5.0	7.0	10.0	15.0	20.0	30.0	40.0	50.0	60.0	70.0

패류의 유생이 일정기간 (약 30일 정도) 부유생활 기간을 거쳐서 해저에 정착하는 특성을 가지기 때문에 (한국해양연구원, 2003) 유생의 이동, 분포는 표층류의 분포에 큰 영향을 받는다. 따라서 연안에서 왕복성을 가지는 조류와 함께 해면잔차류(surface residual current)에 큰 영향을 미칠 수 있는 바람의 영향도 검토하였다. 부경대학교 해양과학공동연구소 (1999)는 동 지역에 대한 부니토 확산 수치모형실험에서 바람의 효과를 고려한 바 있다. 상기 보고서에서는 기상청의 1987~1996년의 10년 동안 부산지방 월별 기상자료 가운데 바람자료를 제시하고 이 자료의 바람 장미도를 도시하였다. 동 보고서에서는 봄, 가을에는 북동풍(NE), 겨울에는 북서풍(NW), 여름에는 남남서풍(SSW)을 탁월풍향으로 제시하였으며, 평균풍속은 3.9 ㎧였다. Hsu(1986)는 육상에서 관측한 바람(onshore wind)을 인근 해상풍(offshore wind)으로 변환하기 위하여 다음 식을 사용하였다.

$$W_{sea} = 1.62 + 1.17\, W_{land} \tag{22}$$

위의 식에 따라 육상의 연안관측바람 풍속 3.9 ㎧를 해상풍으로 변환하면 이 값은 6.2 ㎧가 된다. 유생의 번식이 주로 여름철에 이루어지는 특성을 감안하여 본 사업에서는 위의 세 풍향 가운데 하계 탁월풍(dominant wind)인 남남서풍(6.2 ㎧)을 입력조건으로 수치모형실험을 실시하였다.

패류의 수정란을 투하하는 위치는 그림 9-1(영역도)에서 A, B, C로 표시된 3개 지점이며, 수정란 및 유생을 살포한 위치는 다음과 같다.

A: 잠도-광지말 사이 (128°41′E, 35°03′N)

B: 농소-저도 사이 (128°44′E, 35°00′N)

C: 거제-이수도 사이 북부(128°44′E, 34°58′N)

표층에 수정란을 투하하는 것으로 가정하였으며, 투하하는 수정란 또는 유생의 수량은 각 지점 모두 1,000개씩 일시에 투하하는 것으로 하였다.

3) 수치모형 검증

수치모형의 재현성능을 검증하기 위하여 조위검증 실험을 실시하였다. 조위검증 자료로는 가덕도 동쪽 (128°53′05″E, 35°01′55″N; 그림 9-3에 TV로 표시된 지점)에서 2002년 6월 19일부터 약 15일간 관측한 1시간 간격 조위자료를 사용하였다. 관측자료 기간에 대하여 실제 조석을 계산한 결과를 관측조위와 비교하여 그림 9-5에 제시하였다.

조류 검증 자료로는 한국해양연구소 (1992)에 수록된 A22 지점 (진해만 입구 잠도 북동쪽, 그림 9-3에 CV로 표시)의 자료(약 1주일)를 사용하였다. 조류 자료를 U, V 성분 자료로 분리하고 같은 기간에 대하여 계산한 모델 결과와 비교하였다. 그림 9-6에서 모델결과는 관측치를 비교적 양호하게 재현하고 있음을 보여준다.

그림에서 모델결과와 관측치가 약간의 차이를 보이는 것은 모델결과에는 2개 분조의 조석성분 입력에 의한 결과만 포함된 반면 관측치에는 2개 분조 외의 조석성분뿐만 아니라 기압, 바람, 밀도 등 비조석 성분에 의한 변화도 포함되어 있기 때문이다.

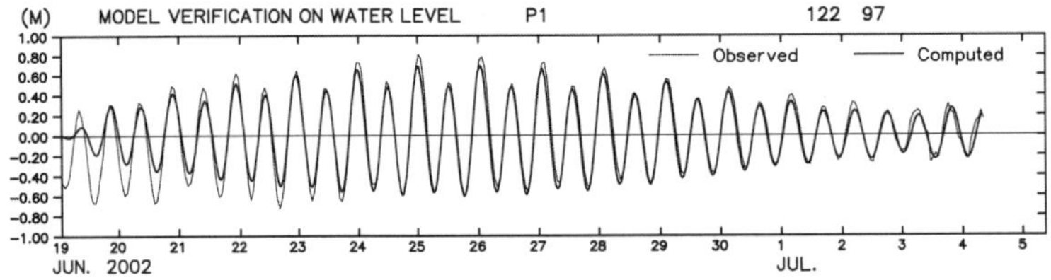

그림 9-5. 수치모델의 조위검증.

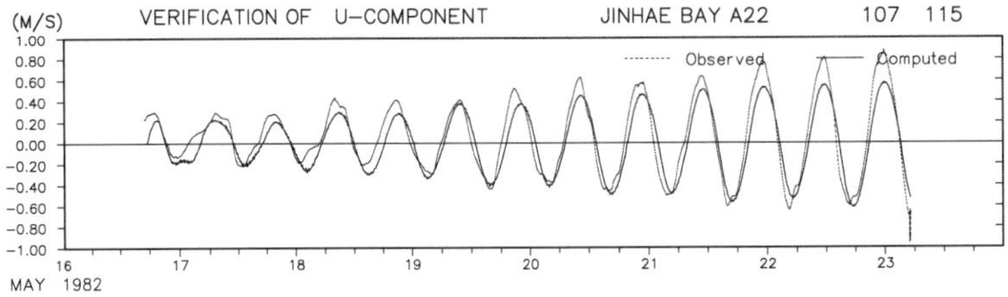

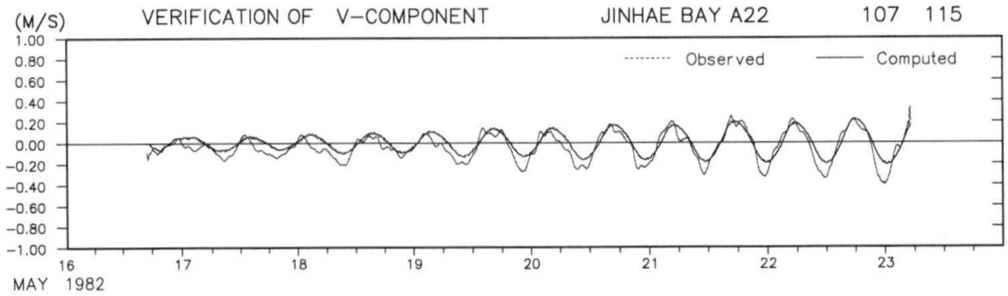

그림 9-6. 수치모델의 유속검증.

2. 수치모형실험 결과

1) 최강 창조류 및 낙조류 크기

수치모델로 계산한 최강 창조류 분포와 최강 낙조류 분포를 각각 그림 9-7 및 그림 9-8에 제시하였다. 창조류는 동쪽에서 서쪽으로 흐르며 거제도 동쪽에서 분리되어 일부는 가덕수로를 통하여 진해만으로 유입되고 일부는 거제도 남단을 돌아서 서진한다. 낙조류는 진해만에서 가덕수로를 통하여 동남쪽으로 흐르고 거제도 남단을 돌아 나와 북동쪽으로 흐르는 흠과 만서서 동진한다. 거제도 북측 마산항로의 최대 유속은 60 cm/s 이상인 곳도 나타나나 대체로 30 ~ 40 cm/s 정도이다.

균질류(homogeneous fluid)를 가정한 3차원 수치모형을 사용하여 유속분포를 계산하였으며, 계산된 해수유동장 조건에서 수정란 및 유생의 3차원적 이동 거리를 계산하였다. 실험기간은 실제로 수정란 및 유생이 30일 동안의 유생시기를 거쳐 정착하는 것을 감안하여 2003년 7월 2일부터 8월 1일까지의 약 30일간으로 하였다. 수정란 및 유생의 부유생활 기간이 여름인 점을 감안하여 대상해역 하계 탁월풍인 남남서풍(SSW)을 부과하여 바람의 영향을 검토하였다.

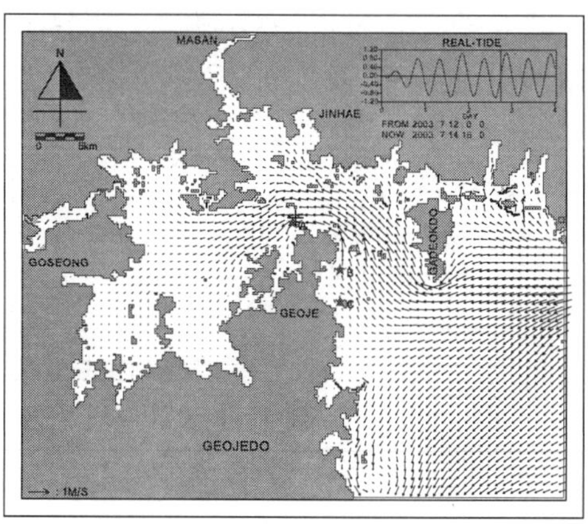

그림 9-7. 수심평균 최강창조유속 분포.

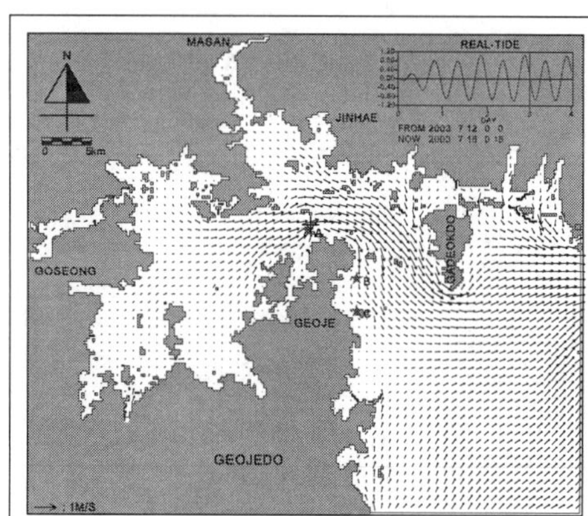

그림 9-8. 수심평균 최강낙조유속 분포.

2) 개조개 유생의 이동확산 범위

(1) 살포지점 A

모델 가동 초기에 1,000개의 수정란 및 유생을 살포하여 시간에 따른 이동, 확산범위를 계산하였다. 살포 지점 A에 대하여 30일 후의 분포도를 바람이 없는 경우를 그림 9-9에, 바람을 고려한 경우를 그림 9-10에 제시하였다. 잠도-광지말 사이에 살포한 유생은 10일 후에는 칠천도 북단과 거제도 북단을 조류에 따라 왕복하였으며, 20일 후에는 칠천도 북측에서 북동쪽 소쿠리섬 근처까지 길게 분포하였다. 30일 후에는 거제도와 진해시 사이의 수로를 중심으로 넓게 분포하는 것으로 계산되었다.

남남서풍 바람을 고려한 경우에 대부분의 유생은 바람에 의해 북동쪽 마천만 해안까지 밀려갔으며, 30일 후에도 이 지역에 머물렀다. 일부는 가덕도 동측으로 흩어졌다. 그러나 이 경우 현재 건설 또는 완공 상태인 신항만에 의해 이동 경로가 차단될 수 있기 때문에 신항만 해역이 주요 유생 분포지가 될 가능성이 있다.

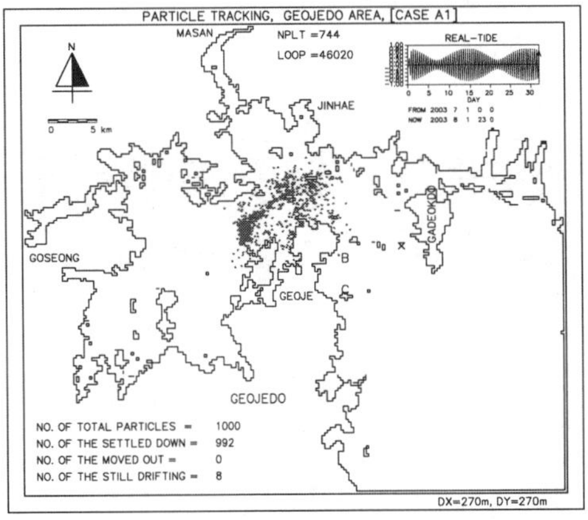

그림 9-9. 살포지점 A에 대한 30일후의 유생분포 (바람이 없는 경우).

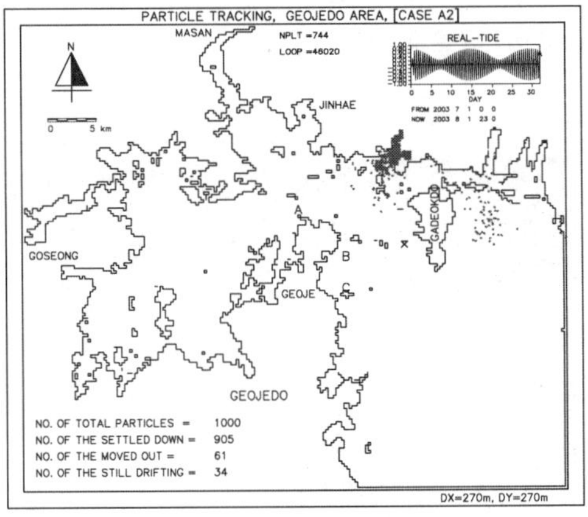

그림 9-10. 살포지점 A에 대한 30일 후의 유생분포 (바람이 있는 경우).

(2) 살포지점 B

살포 지점 B(농소-저도 사이)에 대하여 30일 후의 분포도를 바람이 없는 경우를 그림 9-11에, 바람을 고려한 경우를 그림 9-12에 제시하였다. B 지점에 투하된 유생은 남쪽으로 이동하여 이수도 주변에 상당수가 분포하고 일부는 가덕수도 남동쪽 해역에 폭넓게 분포하는 것으로 나타났다.

남남서풍이 부는 경우 유생은 A지점에 살포한 경우와 마찬가지로 상당수가 마천만에 집중적으로 분포하였지만 일부가 낙동강 하구, 진우도 부근 및 가덕도 동쪽 지역에 넓게 분포하는 것으로 나타났는데 A지점에 살포한 경우보다는 동쪽에 분포하는 유생이 훨씬 많았다.

(3) 살포지점 C

C지점(이수도 북측)에 살포한 유생에 대하여 30일 후의 분포도를 바람이 없는 경우를 그림 9-13에, 바람을 고려한 경우를 그림 9-14에 제시하였다. C 지점에 살포된 유생은 B지점에 살포된 유생의 분포를 나타낸 그림 9-11과 거의 비슷한 분포를 나타냈다. 그러나 바람이 부는 경우 C 지점에 투하된 유생은 A, B의 경우와 달리 일부가 가덕도 동측 해역에 분포하고 대부분은 동쪽 경계를 넘어 외부로 빠져나가는 양상을 보인다.

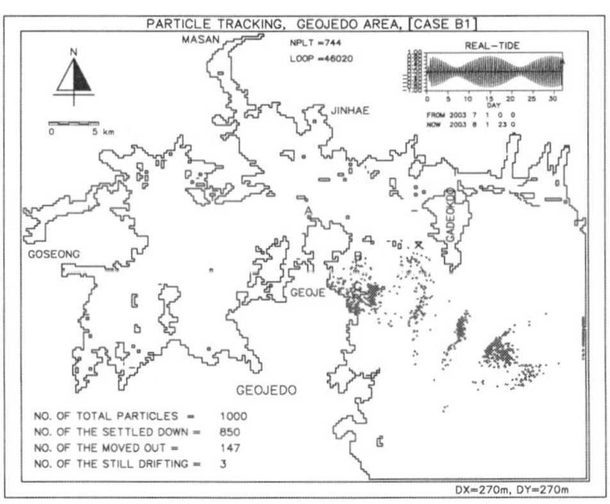

그림 9-11. 살포지점 B에 대한 30일후의 유생분포 (바람이 없는 경우).

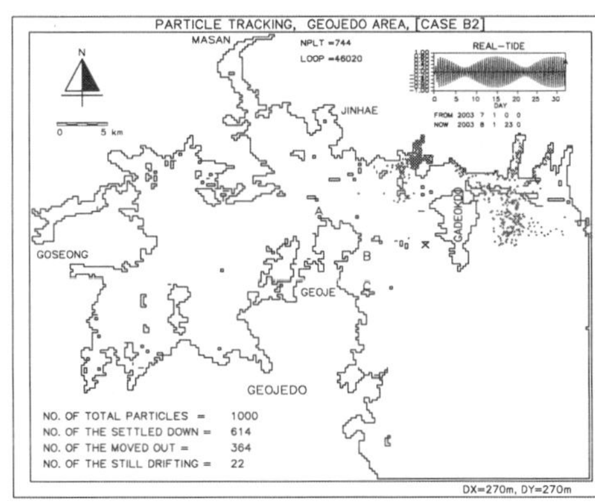

그림 9-12. 살포지점 B에 대한 30일후의 유생 분포 (바람이 있는 경우).

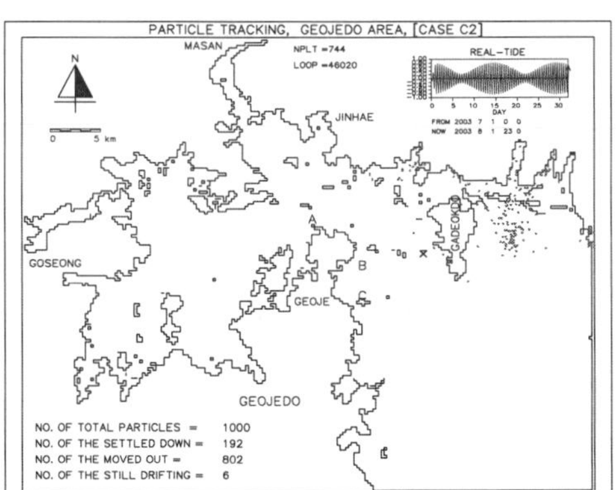

그림 9-14. 살포지점 C에 대한 30일후의 유생 분포 (바람이 있는 경우).

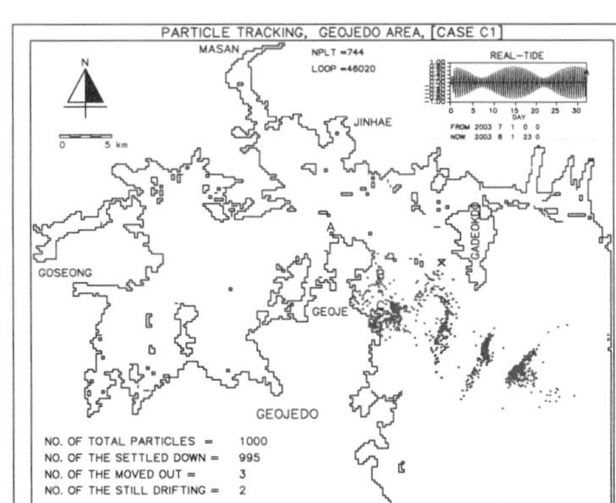

그림 9-13. 살포지점 C에 대한 30일후의 유생 분포 (바람이 없는 경우).

이상에서 본 바와 같이 수정란 및 유생의 이동이 바람에 크게 영향을 받는 것으로 나타났는데, 이는 수정란 및 유생이 주로 표층에서 부유생활을 한다는 가정 하에 실험이 진행된 결과이다. 그러나, 실제로 이매패류의 유생은 성장함에 따라 퇴적물에 착저를 위하여 점차 표층에서 바닥쪽으로 분포수심을 옮겨 가는 성향이 있어서 바람이 있는 경우에도 정착시기의 유생은 본 시뮬레이션 결과보다는 덜 동쪽으로 이동해 있을 것으로 예상된다. 위에서 본 바와 같이 개조개 유생의 확산범위를 고려하면 개조개 모패 보호지역을 잠도 부근 (살포지점 A)에 설정하면 진해만과 장목 연안에 효율적으로 유생을 살포시킬 수 있는 적지라고 판단된다.

3. 요 약

거제도 주변 연안 해역에서 3차원 모형 수치실험을 통한 유생부유생활 추정기간 30일간의 분포범위를 계산하여 얻은 결론은 다음과 같다.

대상해역은 동남쪽 외해 경계 부근을 제외하면 수심이 30 m 이내의 천해지역이다. 또한 낙동강 등 육지로부터의 담수유입과 특성이 다른 외해수의 영향으로 해수 특성의 연직분포 및 연직유동이 일부 나타나기도 하지만 조석의 영향이 해수유동의 주된 요인이 되는 지역이다. 따라서 2차원 수심평균 모형을 적용하여도 전체적인 해수유동 양상을 재현하고 수정란 및 유생의 이동과 확산을 예측하는 데는 큰 무리가 없으나 바람에 의한 영향 등을 검토하기 위해서는 3차원 수치모형 실험이 필요하였다.

3차원 모형실험 연구에서는 확산의 영향을 최소화하면서 이류에 의한 수정란 및 유생의 이동을 파악하는 데 중점을 두었으며, 또한 하계 탁월풍인 남남서풍을 부과하여 바람에 의한 분포범위 변화를 검토하였다. 분포범위는 바람에 의해 크게 영향을 받는 것으로 나타났으나 이는 수정란 및 유생이 주로 표층에서 부유생활을 한다는 가정에 따른 결과이므로 실제와는 차이가 있을 수 있다.

열-염분순환이 중요한 지역에서는 수온과 염분계산을 포함하는 완전한 3차원 모형을 적용하여야 하며, 이러한 지역에서 완전한 3차원 모형을 적용하여 수정란 및 유생의 이동과 확산 범위를 예측하기 위해서는 먼저 외해경계 및 대상해역 내부의 충분한 수온과 염분 분포자료를 확보하여 밀도장을 정확히 계산할 수 있어야 한다. 그러나, 대상해역인 진해만의 경우 하계에 수온, 염분 변화에 따른 경압흐름이 일부 나타나기도 하지만 주로 조석에 의한 수평흐름이 우세하며, 따라서 수정란 및 유생 분포의 개략적인 범위를 파악하는 데에는 균질류 가정하의 3차원 모형의 적용으로도 충분히 그 목적을 달성할 수 있을 것으로 판단된다. 다만, 확산범위를 결정짓는 확산계수의 결정에는 충분한 검토가 필요하였다.

개조개 유생의 확산범위를 고려하면 개조개 모패 보호지역을 잠도 부근에 설정하면 진해만과 장목 연안에 효율적으로 유생을 살포시킬 수 있는 적지라고 판단되었다.

참고 문헌

부산직할시. 1990. 해상신도시건설 기본계획 연구용역 수치모형실험 보고서.

부산직할시. 1992. 인공섬주변 정밀 해수유동예측(수치실험) 연구용역 보고서.

장창익, 윤상철, 이선길, 최진우. 2004. 거제 연안산 개조개, *Saxidomus purpuratus*의 자원생태학적 연구. 한국수산자원학회지, 6: 126-139.

한국해양연구소. 1991. 거제장승포지구 공유수면 매립사업 시행에 따른 어업손실 보상에 대한 조사연구.

한국해양연구소. 1996. 한반도 주변 조석 조화상수 자료집.

한국해양연구원. 2003. 남해어패류 우량화를 위한 생태환경조성 기반기술연구. BSPG 36100-0000-0, 645 pp.

Black, K.P. 1994. Developments in our knowledge of dispersal on the Great barrier Reef. In: Coastal and Estuarine Studies 45, The Bio-Physics of Marine Larval Disposal, Sammarco, P.W. and M.L. Heron, eds. American Geophysical Union, 159-192.

Craig, P.D. and R.J. McLoughlin. 1994. Modeling scallop larvae movement in Great Oyster Bay. In: Coastal and Estuarine Studies 45, The Bio-Physics of Marine Larval Disposal, Sammarco, P.W. and M.L. Heron, eds. American Geophysical Union, 307-326.

Dight, I.J. and M.K. James. 1994. Physical aspects of large-scale dispersal in the crown-of-thorns starfish *Acanthaster planci*. In: Coastal and Estuarine Studies 45, The Bio-Physics of Marine Larval Disposal, Sammarco, P.W. and M.L. Heron, eds. American Geophysical Union, 193-214.

Gay, S.L. and J.C. Andrews. 1994. The effects of recruitment strategies on coral larvae settlement distributions at Helix Reef. In: Coastal and Estuarine Studies 45, The Bio-Physics of Marine Larval Disposal, Sammarco, P.W. and M.L. Heron, eds. American Geophysical Union, 73-105.

Heron, M.L., H.X. Wang, and D.J. Staples. 1994. Transport processes affecting banana prawn postlarvae in the estuaries of the Gulf of Carpentaria. In: Coastal and Estuarine Studies 45, The Bio-Physics of Marine Larval Disposal,

Sammarco, P.W. and M.L. Heron, eds. American Geophysical Union, 253-277.

Hsu, S.A. 1986. Correction of land-based wind data for offshore applications: A further evaluation. J. Phys. Oceanogr., 14: 390-394.

Lyne, V.D. and R.E. Thresher. 1994. Dispersal and advection of *Macruronus novaezealandiae* (Galiformes: Merluciidae) larvae off Tasmania: simulation of the effects of physical forcing on larval distribution. In: Coastal and Estuarine Studies 45, The Bio-Physics of Marine Larval Disposal, Sammarco, P.W. and M.L. Heron, eds. American Geophysical Union, 109-136.

Pritchard, D.W. 1953. Distribution of oyster larvae in relation to hydrographic conditions. Proc. Gulf Caribbean Fish. Inst., 5: 123-132.

Sammarco, P.W. 1994. Larval dispersal and recruitment processes in Great Barrier Reef corals: analysis and synthesis. In: Coastal and Estuarine Studies 45, The Bio-Physics of Marine Larval Disposal, Sammarco, P.W. and M.L. Heron, eds. American Geophysical Union, 35-72.

Wolaski, E. and W.M. Hamner. 1988. Topographically controlled fronts in the ocean and their biological influence. Science, 241: 177-181.

Young, P.C. 1994. Recruitment variability in scallops: potential causes for loss of Bass Strait populations. In: Coastal and Estuarine Studies 45, The Bio-Physics of Marine Larval Disposal, Sammarco, P.W. and M.L. Heron, eds. American Geophysical Union, 327-342.

찾아보기

【영문】

【국문】